Kosmos Himmelsjahr 2008

Sonne, Mond und Sterne im Jahreslauf

Herausgegeben von Hans-Ulrich Keller
unter Mitarbeit von Erich Karkoschka

KOSMOS

Fujinon FMT-SX
Hervorragende Optik, robuste Marinequalität. 10x50 FMT-SX: „Es besitz eine Sternabbildung, wie man sie sich besser nicht wünschen kann, und zwar über das gesamte Blickfeld!" SuW 7/2004
Fujinon Techno-Stabi
Takahashi
Bild: Eckhard Slawik
Erleben Sie das Weltall von seiner schönsten Seite. Gestochen scharfe Sterne in ihrer unverfälschten Farbenpracht machen den Blick durch Takahashi Refraktoren zum ästhetischen Genuß.
Fragen? Wir beraten Sie gerne
Alle dargestellten Produkte und vieles mehr können Sie in unserer großen Ausstellung besichtigen.
Deneb
Ferngläser mit Schrägeinblick
Komfortable astronomische Beobachtungen auch im Zenit.
Epsilon
ICS Nebelfilter
machen Cirrus, Helix, Rosetta & Co. ein vielfaches heller.
TheSky
Ihr Sternhimmel für jeden Zeitpunkt und jeden Standort. Kinderleichte Bedienung, professionelle Leistung, komplett deutsche Benutzeroberfläche. Der Hintergrund dieser Anzeige ist ein unveränderter Ausdruck mit TheSky. Ab € 59,90*
Pentax
Teleskope und ergonomische Okulare
M71
Pfeil
M15
Mondatlas
TeleVue
Apochromaten und Okulare der Spitzenklasse
ICS SkyDob
die azimutale Montierung für kleine Refraktoren. Kompakt, ruckfrei und ultrastabil.
Computer-Teleskope
führen Sie automatisch zum Himmelsobjekt.
M2
Vixen Sphinx
Go-To Computermontierung mit kinderleichter, intuitiver Bedienung in deutscher Sprache.
STAR BOOK
Vixen
Celestron
NexStar Computerteleskope mit GPS.
Meade
GPS-Go-To Advanced Ritchey-Chretien

Inhalt

Wichtige Abbildungen und Tabellen

Anhang und Service

Monatsthemen

Inhalt

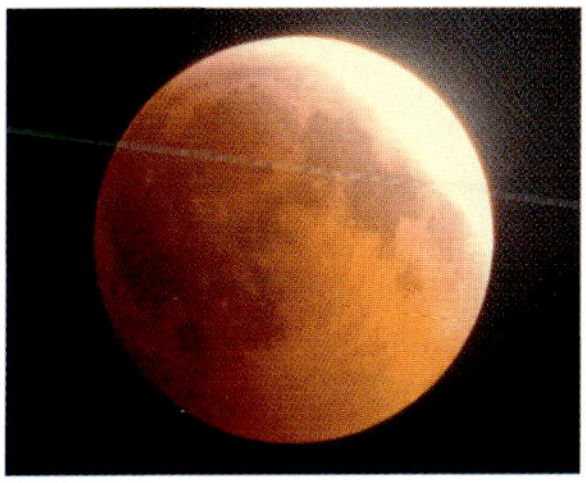

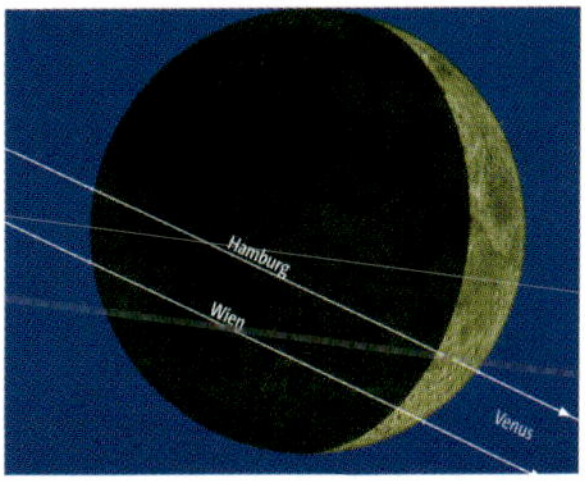

Das Kosmos Himmelsjahr – ein Begleiter durch die Sternenwelt

Die dunklen Seiten des Universums

Es ist kaum zu glauben, aber wahr: Nur vier Prozent der im Universum vorhandenen Materie sind den Astronomen bekannt. Der Löwenanteil von 96 Prozent entzieht sich einer direkten Beobachtung. Eine geheimnisvolle „dunkle Materie" macht sich lediglich durch ihre Schwerkraftwirkung bemerkbar. Niemand kann heute sagen, was genau diese dunkle Materie ist. Und dennoch verdanken wir ihrem Vorhandensein unsere Existenz. Denn ohne sie wären keine Galaxien, keine Sterne, keine Planeten und damit auch kein Leben entstanden. Der Anteil der dunklen Materie wird auf 23 Prozent der Gesamtmasse des Universums geschätzt.

Noch seltsamer erscheint uns die mysteriöse „dunkle Energie". Gemäß der Einstein-Formel: „Energie ist gleich Masse mal Lichtgeschwindigkeitsquadrat" trägt die dunkle Energie zu fast drei Viertel, nämlich zu 73 Prozent zur Masse des Universums bei. Sie bewirkt auch, dass sich das Universum in Zukunft noch schneller ausdehnen wird als heute und ein Zusammenbruch des Kosmos nie stattfinden wird. Noch sind die Eigenschaften dieser dunklen Energie weitgehend unbekannt.

Andererseits hat die Astronomie in den letzten Jahrzehnten ungeheure Fortschritte gemacht. Das Alter des Universums wurde zu knapp 14 Milliarden Jahren bestimmt, man beobachtete fernste Galaxien, die sich bald nach dem Urknall bildeten, erkannte riesige Schwarze Löcher in den Zentren der Galaxien und unsere eigene Milchstraße, erforschte die Geburt, das Leben und die Endstadien der Sterne und eroberte mit unbemannten Raumsonden unser Sonnensystem, unsere nähere kosmische Heimat.

Funkelnder Fixsternhimmel
Der Wintersternhimmel ist besonders reich an hellen Sternen. Diese Aufnahme von Stefan Seip zeigt das Sternbild Orion, den Himmelsjäger.

Den Sternenhimmel live erleben

Das Interesse an der Astronomie und der Weltraumfahrt nimmt in weiten Kreisen der Bevölkerung stetig zu. Man möchte aber nicht nur Fernsehberichte über Weltraumereignisse konsumieren, Bücher und Zeitschriften lesen oder Vorträge zu astronomischen Themen besuchen, sondern auch selbst den Sternenhimmel durch eigene Beobachtungen wahrhaftig erleben.

Auch im Jahr 2008 bietet uns der gestirnte Himmel etliche interessante Schauspiele, die man mit bloßen Augen, mit dem Fernglas oder Fernrohr (zum Beispiel bei einem Besuch auf der Sternwarte) verfolgen kann. Wer aber selbst den Sternenhimmel beobachten möchte, benötigt einen Leitfaden, damit er Planeten, Sterne, Galaxien finden und sich am gestirnten Firmament orientieren kann.

Das *Kosmos Himmelsjahr* informiert über alle wichtigen und interessanten Himmelsereignisse im Jahre 2008. Einer jahrzehntelangen Tradition folgend, berichtet das *Kosmos Himmelsjahr* in klarer und allgemein verständlicher Form, wann, wo und wie welche Gestirne und astronomischen Ereignisse im aktuellen Jahr zu beobachten sind.

Das Kosmos Himmelsjahr kann auf eine jahrzehntelange Tradition zurückblicken. Auch für den vorliegenden 99. Jahrgang gilt: Sowohl der interessierte Laie und Naturfreund als auch der ernsthaft beobachtende Amateurastronom wird dem Himmelsjahr alle nötigen Informationen über die astronomischen Ereignisse des Jahres entnehmen können.

Ideal für Einsteiger

Jedes Jahr kommen stets neue Leserinnen und Leser hinzu, die sich erst in die astronomischen Fachbegriffe und in die spezifische Materie der Himmelskunde einarbeiten wollen. Sie schätzen eine möglichst einfache und doch vollständige Darstellungsweise auch komplizierter Sachverhalte. Für die Erstbenutzer ist das Kapitel „Erläuterungen zum Gebrauch" in erster Linie gedacht, das man ab dieser Ausgabe im Anhang ab Seite 279 findet. Nicht nur dem Neuling in der Himmelskunde will vorliegendes Jahrbuch dienen. Für fortgeschrittene Sternfreunde und systematisch arbeitende Amateurastronomen bringt es alle notwendigen Zahlenangaben (so genannte „Ephemeriden") für eigene Beobachtungen. Um möglichst allen Benutzern – vom Einsteiger bis zum versierten Beobachter – zu dienen, wird in den Monatsübersichten eine einfache, beschreibende Darstellung aller interessanten Himmelsvorgänge gebracht, während im Tabellenteil am Schluss wichtige Beobachtungsdaten in Form von Zahlentafeln vermerkt sind.

Das Kapitel „Kurzhinweise zum Gebrauch" auf der vorderen Umschlagklappe verschafft einen raschen Überblick über die in diesem Jahrbuch verwendeten Konventionen, ohne dass man lange die „Erläuterungen zum Gebrauch" durcharbeiten muss.

Dem Hauptteil des Buches ist eine Zusammenfassung der im Jahre 2008 stattfindenden Sonnen- und Mondfinsternisse vorangestellt. Auf Seite 11 findet man eine kalendarische Übersicht für das Jahr 2008 mit chronologischen Daten und Angaben der Festtage.

Der Anhang enthält ein Verzeichnis von Planetarien und Sternwarten sowie eine Liste von amateurastronomischen Einrichtungen, die den Kontakt zu Gleichgesinnten erleichtern soll.

Eine ausführliche Erläuterung zu den einzelnen Fachbegriffen findet man in dem kleinen *Wörterbuch der Astronomie*, in dem alle wichtigen Begriffe verständlich erklärt werden. Das *Wörterbuch der Astronomie* ist im Kosmos-Verlag erschienen.

Die Daten für das vorliegende Jahrbuch stammen, soweit nicht nachstehend besonders vermerkt, vom Planetarium Stuttgart. Das *Bureau des Longitudes*, Paris, lieferte die Daten für die Jupitermonderscheinungen, die Angaben für die Sternbedeckungen das *International Lunar Occultation Centre (ILOC)*, Tokio, die Sonnenfleckenrelativzahlen das *Observatoire Royal de Belgique*, Brüssel, und die Daten für die Sternschnuppenströme die *International Meteor Organization (IMO)*. Herrn Dr. Jürgen Rendtel, Präsident der IMO (Astrophysikalisches Institut Potsdam) danke ich für wertvolle Hinweise zu den Sternschnuppenströmen.

Mein besonderer Dank gilt meinem Mitarbeiter, Herrn Dr. Erich Karkoschka *(Lunar and Planetary Laboratory,* University of Arizona, Tucson) für seine Ephemeridenberechnungen und Anfertigung vieler Skizzen.

Dank schulde ich auch Herrn Gerhard Weiland, der mit großer Sorgfalt und Umsicht die Reinzeichnungen der Grafiken angefertigt hat, sowie Herrn Wil Tirion für die Herstellung der Monatssternkarten. Dankbar bin ich auch allen dienstbaren Geistern, die sorgfältig Korrektur gelesen haben.

Zu danken habe ich ferner den Mitgliedern der *Beobachtergruppe des Planetariums Stuttgart* für die hervorragenden Astroaufnahmen, die sie auf der Sternwarte Welzheim gewonnen haben. Dank gebührt auch Frau Claudia Dintner für die sorgfältige Reinschrift des Manuskripts sowie den Mitarbeiterinnen und Mitarbeitern des Verlages, namentlich den Herren Siegfried Fischer und Sven Melchert für die hervorragende Zusammenarbeit, ohne die dieses Jahrbuch nicht pünktlich erscheinen könnte.

Stuttgart, im März 2007
Hans-Ulrich Keller

Das Jahr 2008 auf einen Blick

Das Jahr 2008 ist nach dem Gregorianischen Kalender ein Schaltjahr mit **366** Tagen.
Beginn der Jahreszeiten:
Frühling (Tagundnachtgleiche):
20. März, 6^h48^m MEZ
Sommer (Sonnenwende):
21. Juni, 0^h59^m MEZ
Herbst (Tagundnachtgleiche):
22. September, 16^h44^m MEZ
Winter (Sonnenwende):
21. Dezember, 13^h04^m MEZ
Sommerzeit: Die Mitteleuropäische Sommerzeit (MESZ) geht gegenüber der Mitteleuropäischen Zeit (MEZ) um eine Stunde vor. Sie soll vom **30. März bis 26. Oktober 2008** gelten. Kurzfristige Änderungen sind möglich.

Fest- und Feiertage 2008

Neujahrstag:	**Dienstag,**	1. Januar
Aschermittwoch:		6. Februar
Karfreitag:		21. März
Ostersonntag:		**23. März**
Ostermontag:		24. März
Christi Himmelfahrt:	Donnerstag,	1. Mai
Pfingstsonntag:		11. Mai
Pfingstmontag:		12. Mai
Fronleichnam:	Donnerstag,	22. Mai
Allerheiligen:	Samstag,	1. November
Buß- und Bettag:	Mittwoch,	19. November
1. Advent:	Sonntag,	30. November
Heiliger Abend:	Mittwoch,	24. Dezember
1. Weihnachtstag:	**Donnerstag,**	25. Dezember
2. Weihnachtstag:	Freitag,	26. Dezember
Silvester:	**Mittwoch,**	31. Dezember

Staatsfeiertage 2008

Tag der deutschen Einheit:	Freitag,	3. Oktober
Österreich. Nationalfeiertag:	Sonntag,	26. Oktober
Schweizer Bundesfeier:	Freitag,	1. August
Liechtensteiner Staatsfeiertag:	Freitag,	15. August

Kalenderären 2008

Das **jüdische Jahr** 5769 beginnt am 29. September mit Sonnenuntergang. Der jüdische Neujahrstag fällt daher auf den 30. September.

Das **islamische Jahr** 1429 beginnt am 19. Januar mit Sonnenuntergang. Der erste Tag des islamischen Jahres 1429 korrespondiert mit dem 10. Januar 2008. Das islamische Jahr 1430 beginnt am 24. Dezember mit Sonnenuntergang. Der erste Tag des islamischen Kalenders 1430 korrespondiert mit dem 30. Dezember 2008.

Am 14. September beginnt in der **byzantinischen Ära** das Jahr 7517.

Am 1. Januar beginnt das **japanische Jahr** 2668.

Am 11. September beginnt das Jahr 1725 der **Ära Diokletians**.

Am 14. September beginnt das Jahr 2320 der **Seleukidenära**.

Am 14. Januar beginnt das Jahr 2761 der **römischen Ära a.u.c.**

Der 14. Januar 2008 des **Gregorianischen** Kalenders korrespondiert mit dem 1. Januar 2008 des Julianischen Kalenders.

Das Jahr 2008 entspricht dem Jahr 6721 der **Julianischen Periode**.

Der 1. Januar 2008 (0^h Weltzeit = 1^h Mitteleuropäische Zeit) hat die **Julianische Tagesnummer** 2454466,5.

Chronologie 2008

Sonnenzirkel: 1
Goldene Zahl (Mondzirkel): XIV
Sonntagsbuchstabe: F, E
Indiktion (Römerzinszahl): 1
Epakte: 22
Jahresregent: Jupiter
(Nähere Erläuterungen siehe Seite 297).

Finsternisse 2008

Im Jahr 2008 ereignen sich vier Finsternisse. Die ringförmige Sonnenfinsternis vom 7. Februar bleibt von Mitteleuropa aus unbeobachtbar. Die totale Mondfinsternis vom 21. Februar findet in den Morgenstunden statt und kann in ihrem gesamten Verlauf verfolgt werden. Die totale Sonnenfinsternis vom 1. August ist in ihren partiellen Phasen von Mitteleuropa aus in den Vormittagsstunden beobachtbar. Die partielle Mondfinsternis in der Nacht vom 16. auf 17. August kann ebenfalls von Mitteleuropa aus gesehen werden. Außerdem bedeckt der Mond am 1. Dezember in den frühen Abendstunden den Planeten Venus, ein Ereignis, das ebenfalls von Mitteleuropa aus beobachtbar ist – wolkenloses Wetter vorausgesetzt wie bei allen Himmelsereignissen.

Nähere Erläuterungen zu den Finsternissen findet man im Kapitel „Finsternisse 2008“ ab der nächsten Seite.

Planeten 2008

Merkur zeigt sich in der zweiten Januarhälfte sowie Ende April bis Mitte Mai am Abendhimmel tief im Westen nach Sonnenuntergang. Am Morgenhimmel kann der flinke Planet in der zweiten Oktoberhälfte bis Anfang November knapp über dem Osthorizont in der Morgendämmerung gesehen werden.

Venus leuchtet von Jahresbeginn bis zweites Märzdrittel als Morgenstern. Ende März beendet sie ihre Morgensternperiode. Am 9. Juni steht sie in obere Konjunktion mit der Sonne. Ab August bis über das Jahresende 2008 kann man unseren inneren Nachbarplaneten dann als Abendstern nach Sonnenuntergang am Westhimmel sehen.

Mars ist in der ersten Jahreshälfte am Abendhimmel vertreten. Im Juli zieht sich der rote Planet vom Abendhimmel zurück und wird unsichtbar. Am 5. Dezember wird er von der Sonne eingeholt und steht in Konjunktion mit ihr.

Jupiter kommt am 9. Juli im Sternbild Schütze in Opposition zur Sonne. Ab Mitte Januar kann der Riesenplanet am Morgenhimmel gesehen werden. Bis zur Opposition dehnt er seine Sichtbarkeitszeit auf die ganze Nacht aus. Ende Dezember zieht Jupiter sich vom Abendhimmel zurück und wird unsichtbar. Am 24. Januar 2009 steht er in Konjunktion mit der Sonne.

Saturn steht am 24. Februar im Sternbild Löwe in Opposition zur Sonne. Bis Mitte Juli ist der Ringplanet am Abendhimmel vertreten. Am 4. September wird er von der Sonne überholt und steht in Konjunktion mit ihr. Im Oktober erscheint der Ringplanet wieder am Morgenhimmel. Bis Jahresende wird Saturn zum Planeten der zweiten Nachthälfte.

Uranus kommt am 13. September im Sternbild Wassermann in Opposition zur Sonne.

Neptun erreicht bereits am 15. August im Sternbild Steinbock seine Oppositionsstellung.

Pluto, der prominenteste Zwergplanet unseres Sonnensystems, steht am 20. Juni im Sternbild Schütze in Opposition zur Sonne.

Ausführliche Angaben über die Sichtbarkeit der Planeten entnehme man jeweils der Rubrik „Planetenlauf“ in den Monatsübersichten.

Sonnen- und Mondfinsternisse 2008

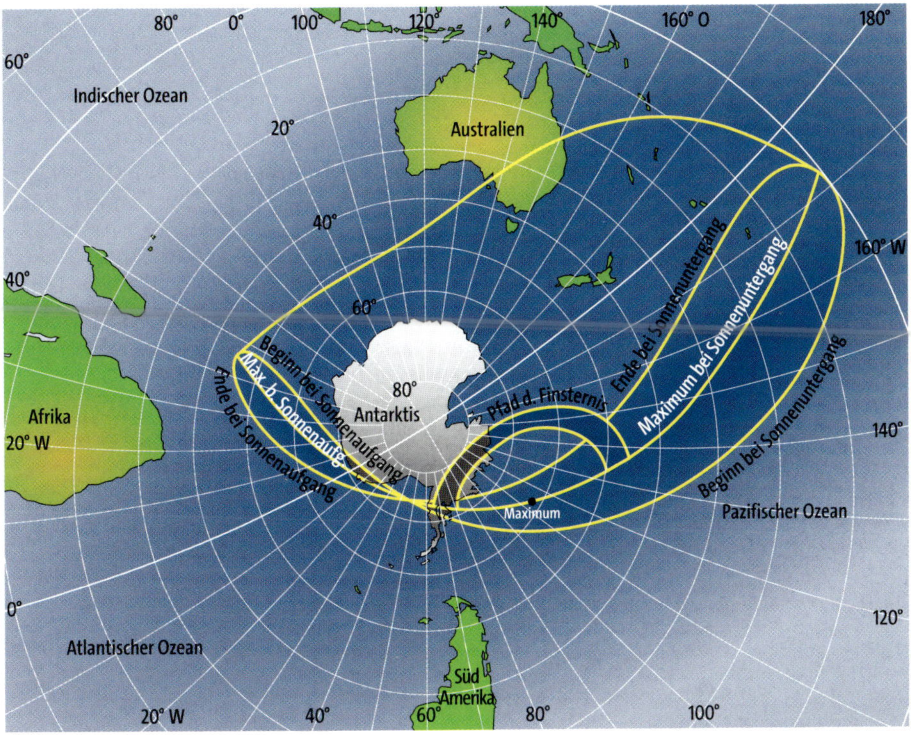

F.1 Sonnenfinsternis am 7. 2. 2008: Globaler Verlauf der ringförmigen Sonnenfinsternis vom 7. Februar 2008. Die Zone der ringförmigen Phase zieht sich über Teile der Antarktis in den Südpazifik hinein.

Im Jahr 2008 finden zwei Sonnen- und zwei Mondfinsternisse statt. Von den vier Finsternissen sind drei von Mitteleuropa aus beobachtbar.

Außerdem bedeckt der Mond am 1. Dezember den hellsten Planeten, die Venus. Auch dieses Himmelsschauspiel ist von Mitteleuropa aus zu verfolgen. Phänomenologisch gehören Bedeckungen durch den Mond zu den Finsternissen, weshalb die Venusbedeckung in diesem Kapitel ausführlicher dargestellt ist als in der Tabelle „Sternbedeckungen durch den Mond" auf Seite 258.

Die ringförmige Sonnenfinsternis vom 7. Februar bleibt in Mitteleuropa unbeobachtbar. Dagegen kann die totale Mondfinsternis vom 21. Februar und die partielle Mondfinsternis vom 16./17. August in ihrem gesamten Verlauf von Mitteleuropa aus verfolgt werden. Die totale Sonnenfinsternis vom 1. August kann in ihren partiellen Phasen von Mitteleuropa aus in den Vormittagsstunden gesehen werden.

Ringförmige Sonnenfinsternis am 7. Februar

Diese Sonnenfinsternis ereignet sich in den frühen Vormittagsstunden am Dienstag,

7. Februar 2008 noch vor Sonnenaufgang in Mitteleuropa. Sie bleibt deshalb auch in ihren partiellen Phasen bei uns unbeobachtbar. Sie ist im Übrigen von der gesamten Nordhalbkugel der Erde aus unbeobachtbar. Die Zone der ringförmigen Phase zieht sich über die nordwestlichen Teile der Antarktis in den südlichen Pazifik hinein. Im Maximum dauert die ringförmige Phase 2^m12^s. Das Maximum wird am Ort 72°57′ westlicher Länge und 72°36′ südlicher Breite um 4^h24^m MEZ zu Sonnenuntergang erreicht. Die Zone der ringförmigen Phase ist dort 558 Kilometer breit. Die Finsternis beginnt um 2^h38^m MEZ (1. Kontakt) am Ort 42°35′ östlicher Länge und 51°54′ südlicher Breite und endet um 7^h12^m MEZ (4. Kontakt) am Ort 175°29′ westlicher Länge und 13°59′ südliher Breite. Der scheinbare Durchmesser der Mondscheibe entspricht dabei 96,5 % des Durchmessers der Sonnenscheibe.

Die partielle Phase kann von fast der gesamten Antarktis, südöstlichen Teilen Australiens, Tasmaniens und Neuseelands sowie von großen Gebieten des südwestlichen Pazifik aus beobachtet werden. Die maximale Sonnenhöhe der ringförmigen Phase erreicht lediglich 16°.

Die Finsternis gehört zum Saros-Zyklus Nr. 121.

Totale Mondfinsternis am 21. Februar

Diese Finsternis findet in der Nacht von Mittwoch, 20. auf Donnerstag, 21. Februar statt und ist in ihrer gesamten Länge von Mitteleuropa aus beobachtbar. Sie beginnt eineinhalb Stunden nach Mitternacht mit dem Eintritt des Mondes in den Halbschatten der Erde um 1^h35^m MEZ. Dieser Vorgang bleibt prinzipiell unbeobachtbar. Erst mit dem Eintritt des Mondes in den Kernschatten der Erde wird die Finsternis für Naturfreunde und Amateurastronomen interessant. Er erfolgt um 2^h43^m. Zum Höhepunkt der Finsternis um 4^h26^m steht der Mond das 1,11-fache seines Durchmessers tief im Kernschatten der Erde.

Der sichtbare Teil der Finsternis endet mit dem Austritt des Mondes aus dem Kernschatten um 6^h09^m. Da der Vollmond am 21. Februar erst um 7^h25^m untergeht, so ist die Finsternis in ihrem vollen Verlauf bei uns sichtbar. Der Austritt aus dem Halbschatten um 7^h17^m ist

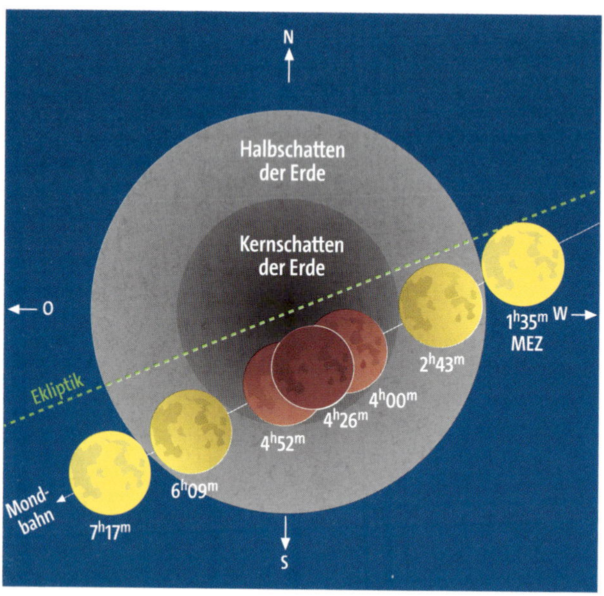

F.2 Mondfinsternis am 21. 2. 2008: Verlauf der totalen Mondfinsternis vom 21. Februar 2008.

ebenso wie der Eintritt in den Halbschatten auch dann nicht erkennbar, wenn der Mond über dem Horizont steht.

Die Finsternis nimmt folgenden Verlauf:

	MEZ
Eintritt des Mondes in den Halbschatten	1^h35^m
Eintritt des Mondes in den Kernschatten	2^h43^m
Beginn der totalen Verfinsterung	4^h01^m
Mitte der Finsternis	4^h26^m
Ende der totalen Verfinsterung	4^h52^m
Austritt des Mondes aus dem Kernschatten	6^h09^m
Austritt des Mondes aus dem Halbschatten	7^h17^m

Der Verlauf der Finsternis ist in Abb. F.2 auf Seite 14 dargestellt. Die Größe der Finsternis beträgt das 1,111-fache des Mondscheibendurchmessers. Sie ist die 26. Finsternis im Saros-Zyklus Nr. 133.

Die Finsternis ist von Mittel- und Westeuropa sowie von Skandinavien, Westafrika, dem Nord- und Südatlantik, der Arktis und von ganz Nord- und Südamerika mit Ausnahme Alaskas in ihrem gesamten Verlauf beobachtbar.

Der Beginn der Finsternis ist außerdem sichtbar von Afrika, West- und Zentralasien und westlichen Gebieten des Indischen Ozeans. Der Mond geht in diesen Gebieten noch vor Ende der Finsternis unter. Das Ende der Finsternis ist beobachtbar in Alaska sowie weiten Bereichen des östlichen Pazifik. Dort geht der Mond erst nach Beginn der Finsternis auf.

Eine ausführliche Darstellung über Entstehung, Verlauf, Erscheinungsbild und Beobachtung einer Mondfinsternis sowie ein Hinweis zum Begriff „Saros-Zyklus“ findet sich im *Kosmos Himmelsjahr 2007* im „Monatsthema März“ auf Seite 95. In diesem Kapitel ist auch die Tabelle „Internationales System von Mondformationen zur Messung von Kernschatten-ein- und -austritten“ enthalten.

Totale Sonnenfinsternis am 1. August

In den Vormittagsstunden am Freitag, 1. August, findet eine totale Sonnenfinsternis statt, die von Mitteleuropa aus in ihrer partiellen Phase beobachtbar ist. Sie ist die 47. Sonnenfinsternis im Saros-Zyklus Nr. 126, der insgesamt 72 Sonnenfinsternisse umfasst.

Für die meisten Orte in Mitteleuropa beginnt die Sonnenfinsternis zwischen 9^h35^m MEZ (= 10^h35^m MESZ) und 10^h05^m MEZ (= 11^h05^m MESZ). Die maximale Phase wird gegen 10^h30^m MEZ (= 11^h30^m MESZ) erreicht. Sie fällt allerdings recht bescheiden aus. Je nach Standort werden lediglich zwischen zwei (Mailand) und 24 Prozent (Stralsund) der Sonnenscheibenfläche vom Mond bedeckt. Die Sonnenfinsternis endet in Mitteleuropa für die meisten Orte zwischen 10^h55^m MEZ (= 11^h55^m MESZ) und 11^h35^m MEZ (= 12^h35^m MESZ). Eine ausführliche Tabelle mit den Kontaktzeiten und der maximalen Phase findet man im „Monatsthema Juli“ auf Seite 146.

Global betrachtet beginnt die Sonnenfinsternis (1. Kontakt) am 1. August um 9^h04^m MEZ am Ort 52°14′ westlicher Länge und 50°12′ nördlicher Breite und endet um 13^h38^m MEZ am Ort 85°36′ östlicher Länge und 11°10′ nördlicher Breite. Der 1. Kontakt erfolgt somit im

Norden Kanadas an der Atlantikküste, während der Ort des 4. Kontakts im Golf von Bengalen vor der Ostküste Indiens liegt.

Die Kernschattenspritze des Mondes berührt erstmals die Erdoberfläche im hohen Norden Kanadas um $10^{h}23^{m}$ MEZ am Ort 103°07′ westlicher Länge und 68°17′ nördlicher Breite. Der Mondschatten rast über die Nordküste Grönlands, überquert das Nördliche Eismeer und die Arktis, wobei er sich bis auf 720 Kilometer Distanz dem Nordpol nähert. Weiter eilt der Kernschatten, wobei er das Franz-Josef-Land passiert, die Halbinsel Norwaja Semlja überstreicht, Sibirien überquert und bis tief nach China hinein vordringt.

Die maximale Totalitätsdauer beträgt $2^{m}30^{s}$ bei einer Kernschattenbreite von 237 Kilometern. Sie wird erreicht um $11^{h}21^{m}$ MEZ am Ort 72°16′ östlicher Länge und 65°38′ nördlicher Breite. Dieser Ort liegt an der sibirischen Nordküste.

Die Größe der Finsternis beträgt das 1,039-fache des scheinbaren Sonnendurchmessers.

Eine ausführliche Beschreibung der Sonnenfinsternis bringt das Monatsthema Juli „Ein Blick zur Sonne" auf Seite 146.

Partielle Mondfinsternis am 16./17. August

Diese Mondfinsternis findet in der ersten Hälfte der Nacht von Samstag, 16. auf Sonntag, 17. August statt. Sie ist in ihrer vollen Länge von Mitteleuropa aus beobachtbar. Zum Höhepunkt der Finsternis um $22^{h}10^{m}$ (= $23^{h}10^{m}$ MESZ) steht der Vollmond immerhin 81 % seines scheinbaren Durchmessers tief im Kernschatten der Erde. Für den in Mitteleuropa zentralen Ort 50° Nord und 10° Ost geht der Vollmond am Samstag, 16. August um $19^{h}26^{m}$ MEZ (= $20^{h}26^{m}$ MESZ) auf. Eine Stunde später wird die Finsternis erkennbar, wenn der Mond kurz vor Eintritt in den Kernschatten der Erde steht und seine Ostkalotte schon über 90 % tief im Halbschatten der Erde steht.

Die Finsternis nimmt folgenden Verlauf:

	MEZ	MESZ
Eintritt des Mondes in den Halbschatten	$19^{h}23^{m}$	$20^{h}23^{m}$
Eintritt des Mondes in den Kernschatten	$20^{h}36^{m}$	$21^{h}36^{m}$
Mitte der Finsternis	$22^{h}10^{m}$	$23^{h}10^{m}$
Austritt des Mondes aus dem Kernschatten	$23^{h}45^{m}$	$0^{h}45^{m}$
Austritt des Mondes aus dem Halbschatten	$0^{h}57^{m}$	$1^{h}57^{m}$

Die Größe der Finsternis beträgt immerhin das 0,813-fache des scheinbaren Mondscheibendurchmessers. Sie gehört zum Saros-Zyklus Nummer 138

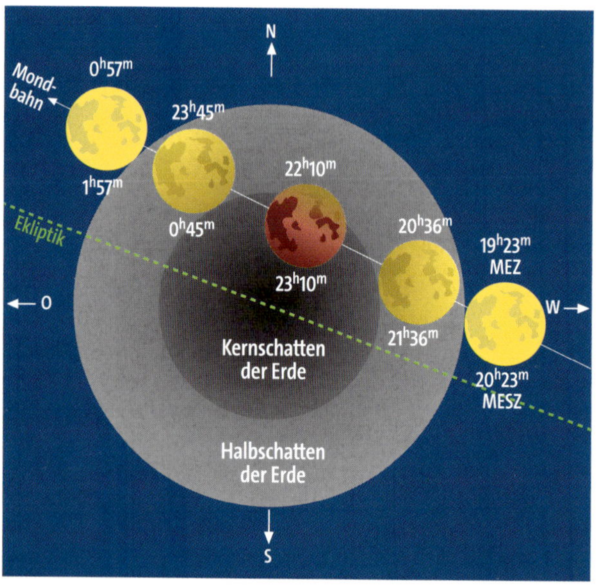

F.3 Mondfinsternis am 16. 8. 2008: Verlauf der partiellen Mondfinsternis vom 16. August 2008.

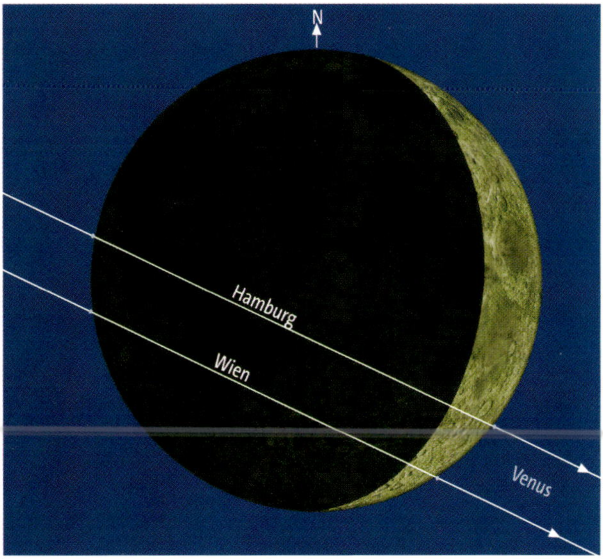

F.4 Venusbedeckung am 1. 12.: **Verlauf der Venusbedeckung durch den Mond am 1. Dezember 2008 für die Städte Hamburg und Wien.**

und ist die 29. Mondfinsternis von 83 dieses Zyklus.

Der Beginn der Finsternis ist sichtbar in Asien, Australien, Neuseeland, Indischer Ozean, Afrika und Europa.

Das Ende der Finsternis ist beobachtbar von Afrika, Europa, West- und Zentralasien, vom Indischen Ozean und vom Atlantik aus sowie von Südamerika mit Ausnahme der nordwestlichsten Gebiete.

Venusbedeckung am 1. Dezember

In den frühen Abendstunden am Montag, 1. Dezember wird unser innerer Nachbarplanet, die strahlend helle Venus, vom Mond bedeckt. Die Bedeckung dauert je nach Beobachtungsort etwa eineinhalb Stunden und ist in ihrem gesamten Verlauf von Mitteleuropa aus zu beobachten. Sie beginnt gegen fünf Uhr nachmittags und endet kurz vor halb sieben Uhr abends. In nachstehender Tabelle sind für einige Städte die ortsabhängigen Zeiten des Ein- und Austritts der Venus vermerkt. Die Abbildung F.4 zeigt den Verlauf der Bedeckung für Hamburg und Wien. Der Eintritt erfolgt auf der dunklen Mondseite, der Austritt am hellen Rand der Mondsichel. Besonders reizvoll ist die Beobachtung des kosmischen Schauspiels mit einem Fernglas oder Teleskop. Das Venusscheibchen hat einen scheinbaren Durchmesser von knapp 17″ und zeigt sich zu 76 % beleuchtet. Der Vorgang des Ein- und Austritts dauert etwa je fünfzig Sekunden.

Die Entfernung der Venus von der Erde misst an diesem Tag 151 Millionen Kilometer (= 1,01 AE), was einer Lichtlaufzeit von acht Minuten und 23 Sekunden entspricht. Der scheinbare Monddurchmesser beträgt zur Bedeckung 29′32″, die Mondentfernung misst 404 780 Kilometer.

Die $-4^{m}{,}1$ helle Venus geht um $19^{h}13^{m}$ MEZ unter (am zentralen Ort 50° Nord und 10° Ost). Der Monduntergang erfolgt um $19^{h}19^{m}$.

Außer Venus und Mond ist auch noch Jupiter mit von der Partie. Der Riesenplanet steht ganz in der Nähe von Mond und Venus, was den beobachterischen Reiz noch erhöht. Der Abstand beider Planeten beträgt rund zwei Grad (siehe auch Abb. 12.3., Abb. 12.4. und Abb. 12.5. auf Seite 233).

Verlauf der Venusbedeckung vom 1. Dezember 2008 für einige Orte in Mitteleuropa

Ort	Eintritt MEZ	Austritt MEZ
Aachen	$16^h58^m25^s$	$18^h22^m30^s$
Amsterdam	16 55 30	18 20 45
Antwerpen	16 55 20	18 21 05
Augsburg	17 08 50	18 25 40
Baden-Baden	17 03 40	18 24 35
Basel	17 03 35	18 24 25
Berlin	17 08 20	18 25 25
Bern	17 03 40	18 24 25
Bielefeld	17 01 25	18 23 25
Bochum	16 59 40	18 22 55
Böblingen	17 05 10	18 24 55
Bonn	17 00 05	18 23 15
Bozen	17 11 55	18 25 40
Braunschweig	17 04 15	18 24 20
Bregenz	17 07 45	18 25 20
Bremen	17 01 00	18 22 55
Brünn	17 18 00	18 26 45
Brüssel	16 55 25	18 21 15
Chemnitz	17 09 35	18 25 55
Coburg	17 07 00	18 25 25
Darmstadt	17 03 25	18 24 25
Dortmund	17 00 10	18 23 05
Dresden	17 10 35	18 26 05
Düsseldorf	16 59 15	18 22 45
Duisburg	16 59 10	18 22 40
Eisenach	17 05 10	18 24 50
Emden	16 58 20	18 21 40
Erfurt	17 06 15	18 25 10
Essen	16 59 25	18 22 45
Frankfurt/Main	17 03 15	18 24 25
Frankfurt/Oder	17 10 25	18 25 55
Freiburg/Br.	17 03 35	18 24 30
Genf	17 01 50	18 23 50
Görlitz	17 12 25	18 26 25
Graz	17 19 20	18 26 15
Halle	17 07 20	18 25 20
Hamburg	17 02 20	18 23 15
Hannover	17 03 00	18 23 50
Heidelberg	17 03 55	18 24 35
Heilbronn	17 05 05	18 24 55
Innsbruck	17 11 10	18 25 50
Kaiserslautern	17 02 15	18 24 05
Karlsruhe	17 03 40	18 24 35
Kassel	17 03 35	18 24 20

Ort	Eintritt MEZ	Austritt MEZ
Kiel	$17^h01^m50^s$	$18^h22^m50^s$
Klagenfurt	17 17 45	18 26 05
Koblenz	17 01 10	18 23 40
Köln	16 59 50	18 23 05
Konstanz	17 06 25	18 25 10
Krefeld	16 58 50	18 22 35
Leipzig	17 08 05	18 25 35
Linz	17 15 15	18 26 30
Ludwigshafen	17 03 20	18 24 25
Lübeck	17 03 00	18 23 25
Lüttich	16 57 35	18 22 15
Luxemburg	16 59 15	18 23 05
Magdeburg	17 06 05	18 24 55
Mailand	17 08 45	18 24 55
Mainz	17 02 40	18 24 10
Mannheim	17 03 30	18 24 30
Mönchengladbach	16 58 35	18 22 30
München	17 10 30	18 25 55
Münster	17 00 00	18 22 50
Nürnberg	17 08 00	18 25 35
Osnabrück	17 00 20	18 22 55
Potsdam	17 08 05	18 25 20
Prag	17 12 55	18 26 30
Regensburg	17 10 20	18 26 00
Reutlingen	17 05 40	18 25 05
Rostock	17 04 50	18 24 00
Rotterdam	16 55 05	18 20 45
Saarbrücken	17 01 00	18 23 45
Salzburg	17 13 40	18 26 15
Schwerin	17 04 20	18 24 00
Stralsund	17 06 00	18 24 15
Straßburg	17 02 55	18 24 20
Stuttgart	17 05 25	18 25 00
Trier	17 00 00	18 23 20
Tübingen	17 05 20	18 25 00
Ulm	17 07 15	18 25 25
Wien	17 19 10	18 26 35
Wiesbaden	17 02 30	18 24 10
Wilhelmshaven	16 59 35	18 22 10
Worms	17 03 10	18 24 25
Würzburg	17 05 40	18 25 05
Wuppertal	16 59 40	18 22 55
Zürich	17 05 35	18 24 55

Die Angaben beziehen sich auf den Mittelpunkt des Venusscheibchens. Eintritt und Austritt beginnen je 25 Sekunden vor der Tabellenangabe und enden 25 Sekunden nach der Tabellenangabe.

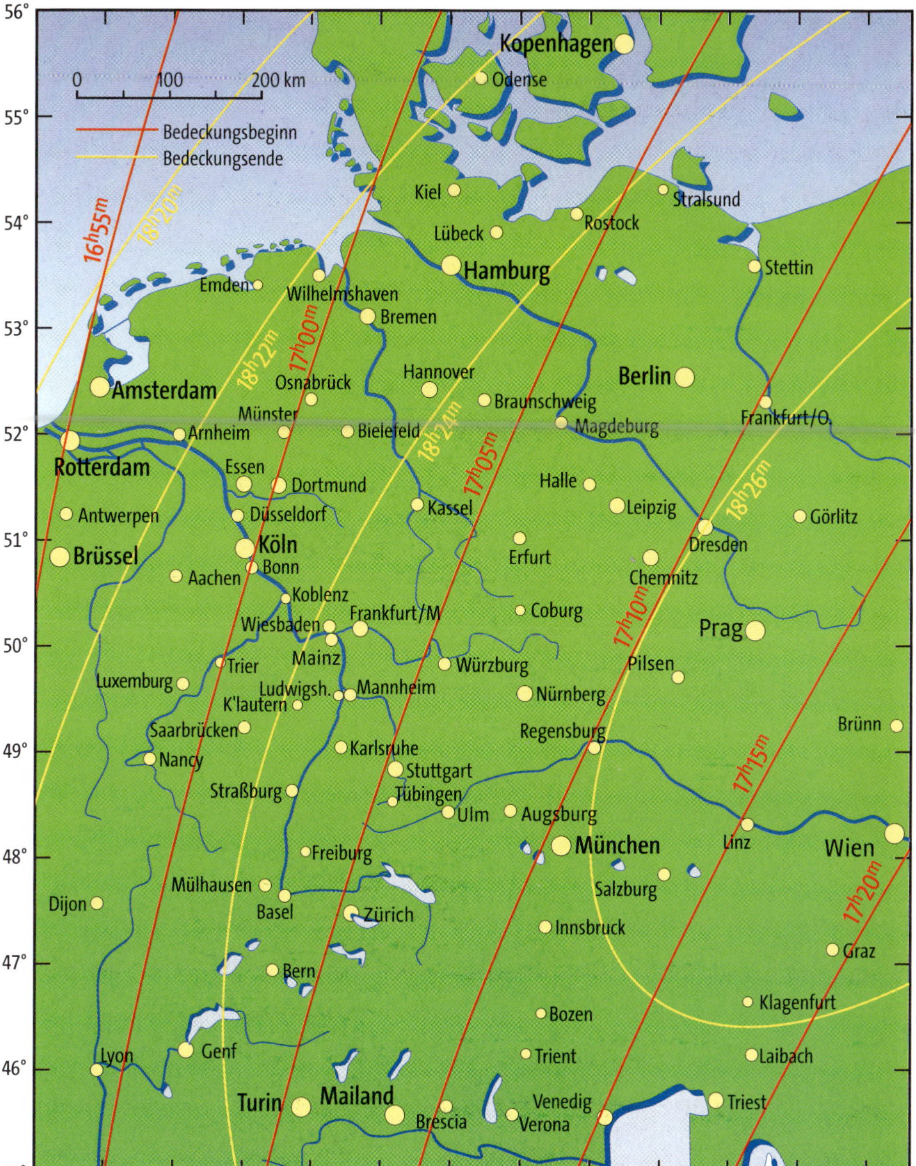

F.5 Venusbedeckung am 1. 12.:
Beginn und Ende der Venusbedeckung durch den Mond am 1. Dezember 2008.

Januar 2008

- Merkur bietet in der zweiten Monatshälfte eine Abendsichtbarkeit
- Venus eröffnet den Jahresreigen als Morgenstern
- Mars beherrscht die erste Nachthälfte
- Saturn wird zum Planeten der ganzen Nacht
- Die Erde kommt am 3. mit 147 Millionen Kilometer in Sonnennähe

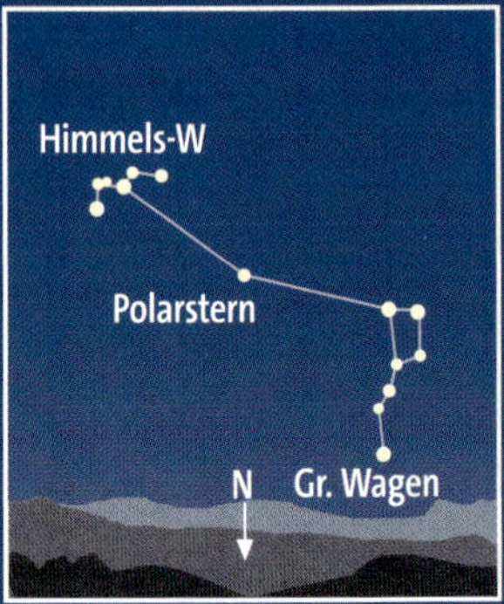

Großer Wagen und Himmels-W Anfang Januar um 22 Uhr

1.1 Himmelsanblick am 19. Januar gegen 19ʰ MEZ. Über dem Osthorizont strahlt der rötlich-gelbe Mars. Zu ihm gesellt sich der fast volle Mond.

1 Di Neujahr

2 Mi

3 Do Erde in Sonnennähe, 1^h
Sternschnuppen Quadrantiden

4 Fr

5 Sa Mond bei Venus, Abstand 7°,1 um 7^h

6 So Heilige drei Könige

7 Mo Mond bei Jupiter, Abstand 4°,3 um 11^h

8 Di **Neumond**

9 Mi Mond bei Merkur, Abstand 0°,3 um 16^h

10 Do

11 Fr Mond bei Neptun, Abstand 0°,4 um 2^h

12 Sa

13 So Mond bei Uranus, Abstand 2°,6 um 2^h

14 Mo

15 Di **Mond erstes Viertel**

16 Mi

17 Do Sternschnuppen Delta-Cancriden

18 Fr

19 Sa

20 So Mond bei Mars, Abstand 0°,6 um 2^h

21 Mo

22 Di **Vollmond**
Merkur in größter östlicher Elongation

23 Mi Merkur bei Neptun, Abstand 0°,3 um 5^h

24 Do Venus bei Pluto, Abstand 5°,2 um 8^h

25 Fr Mond bei Saturn, Abstand 3°,3 um 3^h

26 Sa

27 So Merkur im Perihel

28 Mo Merkur im Stillstand, dann rückläufig

29 Di

30 Mi **Mond letztes Viertel**
Mars im Stillstand, dann rechtläufig

31 Do

Sonne – Sternbilder

20. 1. 13h:
Sonne tritt in das Sternbild Steinbock
20. 1. 19h:
Sonne tritt in das Tierkreiszeichen Wassermann
Julianisches Datum am
1. Januar, 1h MEZ: 2454466,5

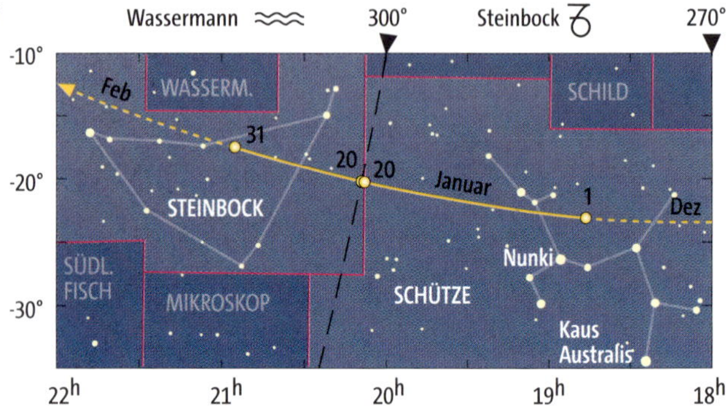

Tabelle Sonnenlauf

Tag	Dämmerg. Anfang	Aufgang MEZ	Kulmination	Untergang MEZ	Dämmerg. Ende	Mittagshöhe	Zeitgleichg.	Rektaszension	Deklination
	h m	h m	h m	h m	h m	o	m	h m	o
1.	6 59	8 18	12 23	16 28	17 48	17,0	– 3	18 43	–23,1
5.	6 59	8 18	12 25	16 32	17 51	17,3	– 5	19 00	–22,7
10.	6 58	8 16	12 27	16 39	17 57	18,0	– 7	19 22	–22,1
15.	6 56	8 13	12 29	16 45	18 03	18,8	– 9	19 44	–21,3
20.	6 52	8 09	12 31	16 53	18 09	19,8	–11	20 05	–20,3
25.	6 48	8 04	12 32	17 01	18 16	20,9	–12	20 26	–19,2
31.	6 42	7 56	12 33	17 11	18 25	22,5	–13	20 51	–17,7

Tages- und Nachtstunden

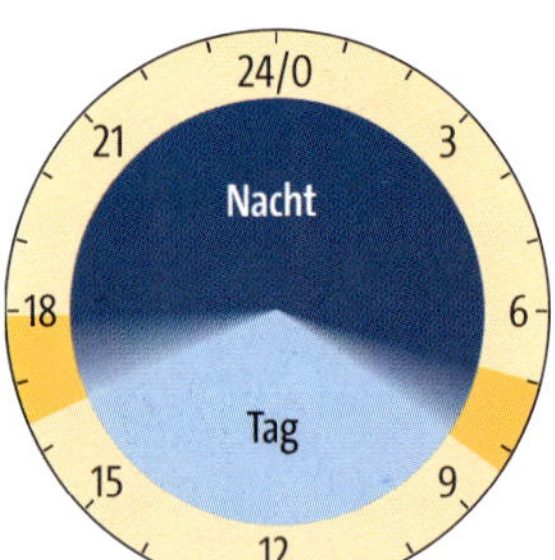

5. Januar

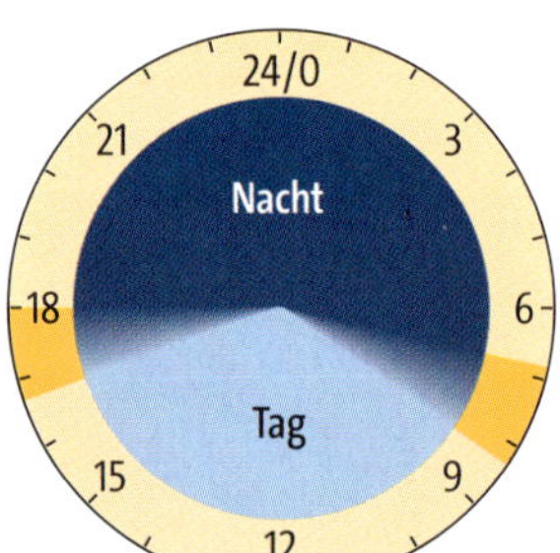

15. Januar

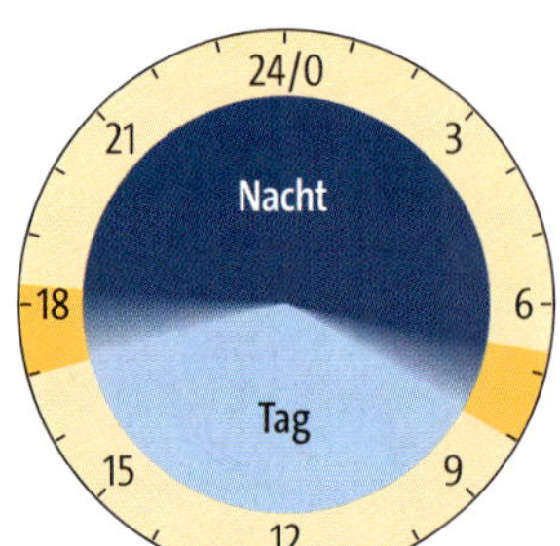

25. Januar

Tabelle Mondlauf

Datum		Aufg. MEZ	Kulmination	Unterg. MEZ	Rektaszension	Deklination	Sterne und Sternbilder	Phase	MEZ
		h m	h m	h m	h m	o			
Di	1.	1 30	6 47	11 53	12 57	−10,3	Spica		
Mi	2.	2 40	7 29	12 08	13 42	−15,3	Spica		
Do	3.	3 50	8 13	12 28	14 28	−19,8	Waage	Erdferne 405/29',5	9^h
Fr	4.	5 01	9 00	12 53	15 16	−23,4	Waage	Größte Südbreite	
Sa	5.	6 09	9 50	13 26	16 07	−26,1	Antares		
So	6.	7 11	10 42	14 11	17 00	−27,6	Antares		
Mo	7.	8 03	11 35	15 10	17 56	−27,9	Schütze		
Di	8.	8 43	12 28	16 19	18 51	−26,7	Schütze, Nunki	**Neumond**	**$12^h\ 37^m$**
Mi	9.	9 14	13 20	17 34	19 46	−24,2	Schütze		
Do	10.	9 37	14 09	18 53	20 38	−20,4	Steinbock		
Fr	11.	9 55	14 57	20 11	21 29	−15,6	Steinbock	Aufsteigender Knoten Libration Ost	
Sa	12.	10 10	15 42	21 29	22 18	−10,1	* Wassermann		
So	13.	10 24	16 28	22 47	23 06	− 4,0	Wassermann		
Mo	14.	10 38	17 14	–	23 54	+ 2,4	* Fische		
Di	15.	10 54	18 02	0 07	0 44	+ 8,7	Fische	**Erstes Viertel**	**$20^h\ 46^m$**
Mi	16.	11 12	18 54	1 30	1 35	+14,7	Fische		
Do	17.	11 36	19 50	2 56	2 30	+20,1	Widder, Hamal		
Fr	18.	12 10	20 51	4 23	3 29	+24,3	Stier, Plejaden	Größte Nordbreite	
Sa	19.	12 58	21 55	5 45	4 32	+27,0	Stier	Erdnähe 366/32',6	10^h
So	20.	14 03	22 59	6 53	5 37	+28,0	Stier, Al Nath		
Mo	21.	15 22	–	7 44	6 42	+27,0	Zwillinge		
Di	22.	16 47	0 00	8 20	7 45	+24,2	Pollux	**Vollmond**	**$14^h\ 35^m$**
Mi	23.	18 12	0 56	8 46	8 43	+20,0	Krebs, Krippe		
Do	24.	19 32	1 48	9 05	9 37	+14,8	Löwe, Regulus	Absteigender Knoten	
Fr	25.	20 49	2 35	9 20	10 26	+ 9,1	* Löwe, Regulus	Libration West	
Sa	26.	22 02	3 19	9 33	11 13	+ 3,1	Löwe		
So	27.	23 13	4 01	9 45	11 58	− 2,9	Jungfrau		
Mo	28.	–	4 42	9 58	12 42	− 8,6	Jungfrau		
Di	29.	0 24	5 24	10 13	13 26	−13,8	Spica		
Mi	30.	1 35	6 07	10 30	14 12	−18,5	Jungfrau	**Letztes Viertel**	**$6^h\ 03^m$**
Do	31.	2 46	6 53	10 53	15 00	−22,4	Waage	Erdferne 405/29',5 Größte Südbreite	5^h

Treffen von Mond und Saturn

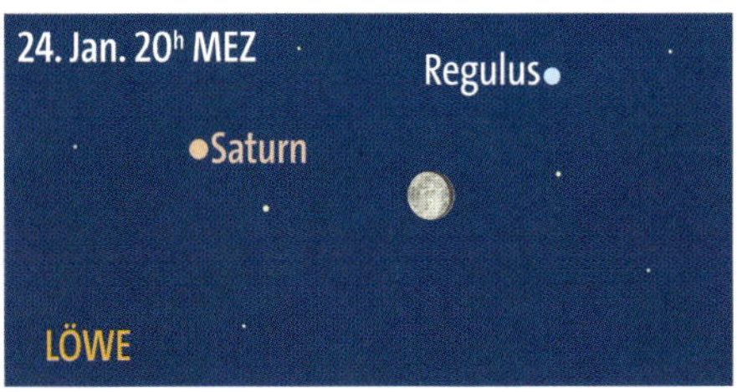

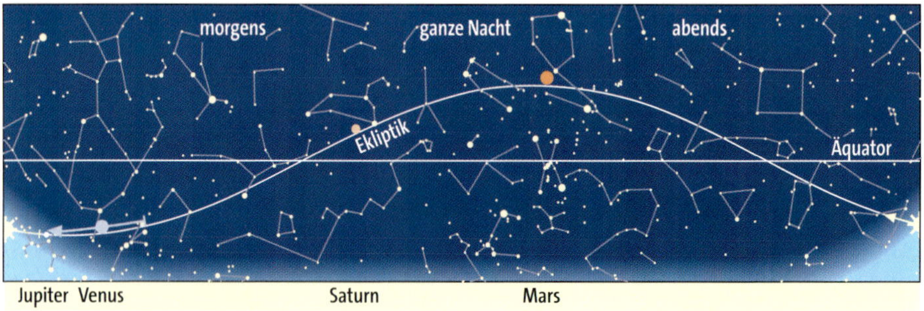

Merkur bietet in der zweiten Monatshälfte eine Abendsichtbarkeitschance. Am 17. Dezember des Vorjahres überholte Merkur die Sonne. An diesem Tag stand er in oberer Konjunktion mit ihr. Sein östlicher Winkelabstand wächst bis zum 14. auf rund 16° an. Mit $-0\overset{m}{,}8$ scheinbarer Helligkeit reicht dies, um Merkur für etwa eine Viertelstunde am Abendhimmel sichtbar werden zu lassen. Am 14. wird der flinke Planet gegen 17^h30^m in der Abenddämmerung tief im Südwesten erkennbar. Sein Untergang erfolgt um 18^h05^m. Rund zwanzig Minuten vorher wird Merkur von den horizontnahen Dunstschichten verschluckt.

Am 22. erreicht Merkur mit 18°39′ seine größte östliche Elongation von der Sonne. Bis zu

1.2 Heliozentrischer Anblick des Planetensystems im ersten Jahresviertel 2008. Eingetragen sind im linken Teil die Positionen der inneren Planeten für den 1. Januar (1), 1. Februar (2) sowie 1. März (3) und 1. April (4). Der rechte Teil zeigt das äußere Planetensystem samt einiger Planetoiden zu Anfang und Ende des ersten Jahresviertels. Die Pfeile deuten die Richtungen zu den ferneren Planeten sowie zum Frühlingspunkt an.

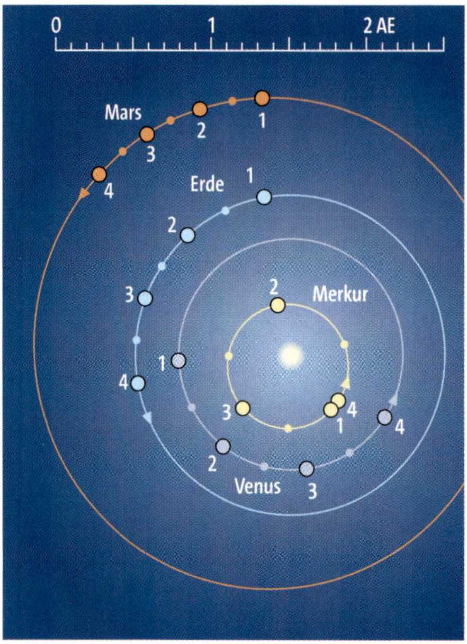

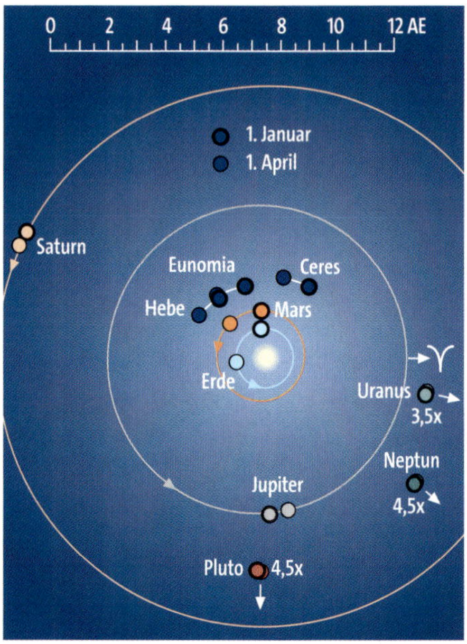

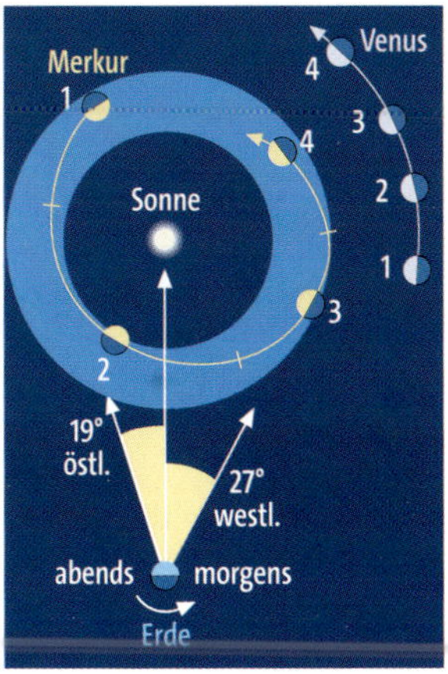

1.3 Bahnen von Merkur und Venus: Heliozentrische Bewegungen von Merkur und Venus relativ zur Erde. In den dicker ausgezogenen Bahnteilen sind die Planeten beobachtbar. Die Zahlen markieren die Positionen jeweils zum Monatsersten. Östlicher Winkelabstand bedeutet Abendsichtbarkeit, westliche Elongation: Planet steht am Morgenhimmel.

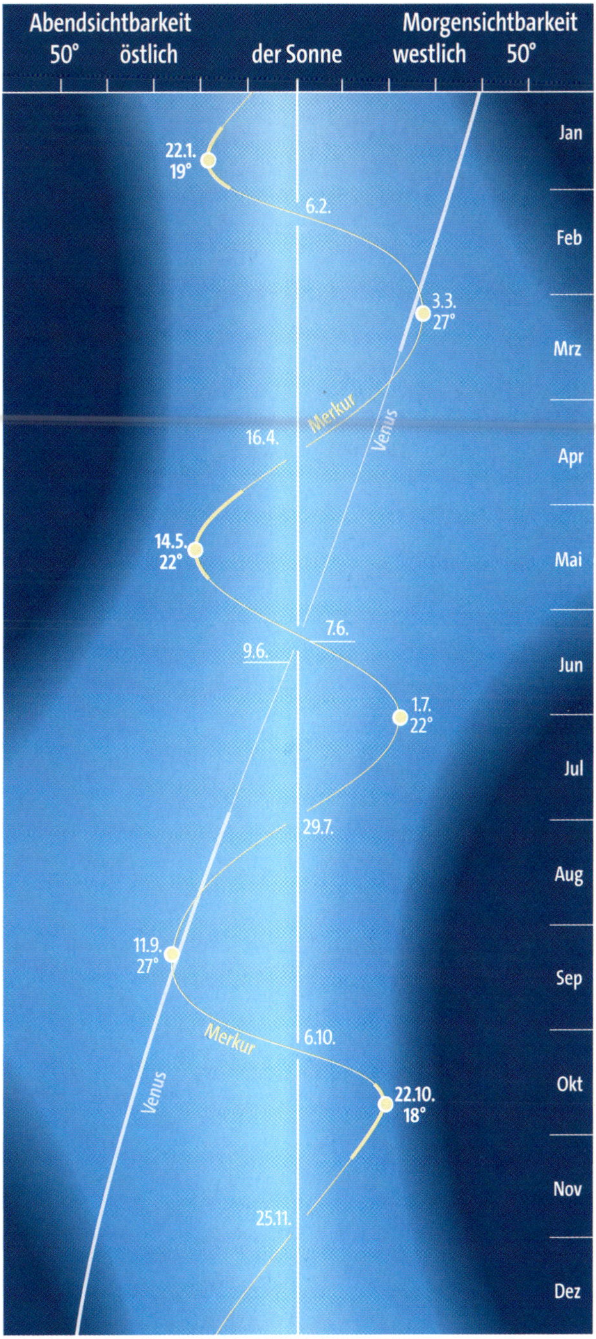

1.4 Winkelabstand zur Sonne von Merkur und Venus: Elongationen und Konjunktionen der inneren Planeten Merkur und Venus von der Sonne im Jahre 2008. Die Datumsangaben beziehen sich jeweils auf die größten Elongationen sowie die Konjunktionen. Fettgedrucktes Datum bedeutet: in Mitteleuropa mit freiem Auge sichtbar. Unterbrochener Sonnenbalken weist auf eine untere Konjunktion hin, unterbrochene Planetenlinie auf eine obere Konjunktion.

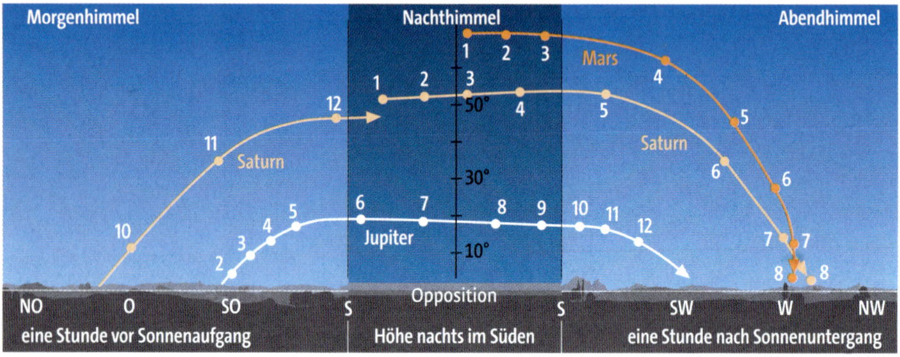

1.5 Mars, Jupiter und Saturn: **Stellungen der Planeten Mars, Jupiter und Saturn im Jahr 2008. Im linken Teil sind die Positionen am Morgenhimmel jeweils eine Stunde vor Sonnenaufgang eingetragen, im rechten Teil die Positionen am Abendhimmel jeweils eine Stunde nach Sonnenuntergang. Im Mittelteil sind die Stellungen zur Zeit um Mitternacht angegeben sowie die Kulminationshöhe.**

diesem Tag verspäten sich die Merkuruntergänge auf 18^h38^m, die Merkurhelligkeit sinkt auf $-0^m{,}5$ ab. Einen Tag später tritt Dichotomie (Halbphase) ein: Das $7''{,}2$ große Merkurscheibchen zeigt sich halb beleuchtet. Danach nimmt die Phase ab und der scheinbare Durchmesser wächst bis 28. auf $8''{,}3$ an. An diesem Tag zeigt sich der sonnennahe Planet letztmals dem freiäugigen Beobachter. Bis 28. sinkt die Helligkeit von Merkur rapide um mehr als eine ganze Größenklasse auf $0^m{,}6$ ab, die Merkuruntergänge bleiben hingegen fast konstant. Nach dem 28. wird man vergeblich nach Merkur Ausschau halten (siehe auch Abb. 1.6 und 1.7 unten).

Am Tag der größten östlichen Elongation trennen uns von

1.6 Merkur am Abendhimmel: **Stellung von Merkur über dem Westhorizont zu den angegebenen Daten jeweils eine Stunde nach Sonnenuntergang. Die Pfeile geben die Bewegung von Merkur und Sonne während der letzten halben Stunde an.**

1.7 Sichtbarkeitsdiagramm für Merkur: **Es gilt genau für 50° nördlicher Breite und 10° östlicher Länge. Dunkelgelbe Fläche: Unter günstigen Sichtbedingungen kann man Merkur mit bloßen Augen erkennen, hellgelbe Fläche: Merkur ist leicht zu sehen.**

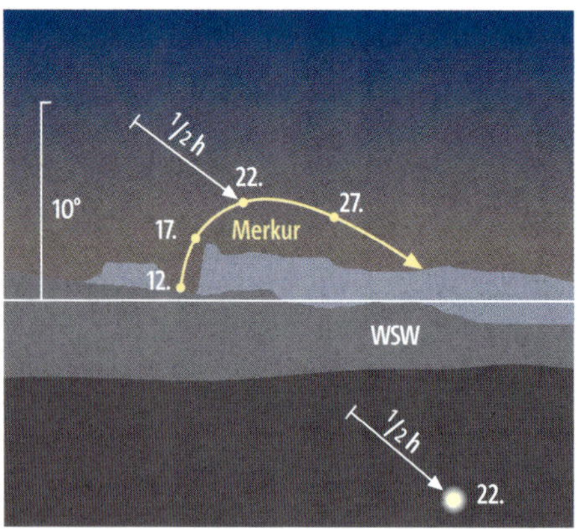

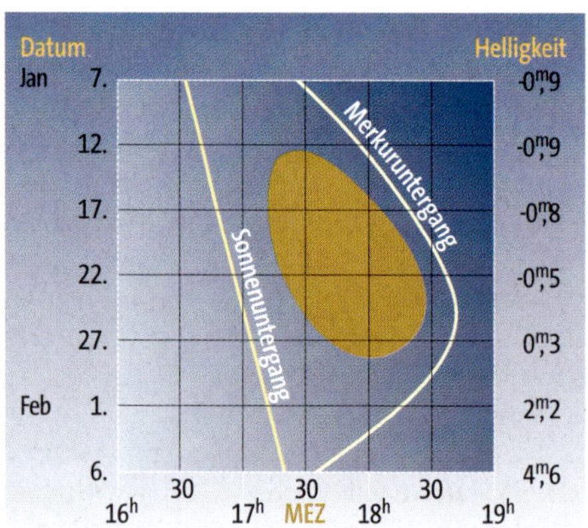

Merkur 145 Millionen Kilometer (= 0,969 AE). Diese Strecke überbrückt das Licht in acht Minuten und drei Sekunden.

Merkur wandert am 23. nur $0\overset{\circ}{,}3$ nördlich am fernen Neptun vorbei. Neptun bleibt allerdings verborgen und kann in der Abenddämmerung nicht mehr aufgespürt werden.

Merkur wird am 28. stationär und eilt anschließend rasch rückläufig auf die Sonne zu, die ihm im Tierkreis entgegenkommt. Schon im ersten Februardrittel kommt er in untere Konjunktion mit ihr. Sein Perihel (sonnennächster Bahnpunkt) durchrast Merkur am 27., wobei er an diesem Tag nur 46 Millionen Kilometer (= 0,307 AE) von der Sonne entfernt ist.

Venus eröffnet den Jahresreigen als Morgenstern. Allerdings nimmt ihre Sichtbarkeitsdauer am Morgen deutlich ab. Ihre Glanzzeit als Morgenstern ist vorbei.

Am 1. geht die $-4\overset{m}{,}1$ helle Venus um 5^h09^m auf. Wenige Minuten später kann man unseren inneren Nachbarplaneten bei freier Horizontsicht tief im Südosten erkennen. Bis Monatsende verspäten sich die Venusaufgänge um mehr als eine Stunde auf 6^h11^m, die Venushelligkeit nimmt kaum merkbar auf $-4\overset{m}{,}0$ ab. Da die Sonne morgens immer früher erscheint, schrumpft die Sichtbarkeitsdauer von Venus um rund eineinhalb Stunden während des Monats.

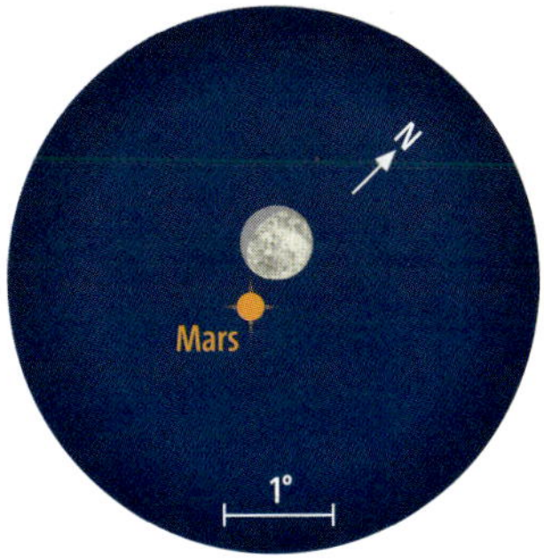

1.8 Der Mond begegnet Mars: Begegnung des fast vollen Mondes mit Mars am 20. Januar gegen 2^h MEZ. Anblick im Fernglas bei 5° Gesichtsfelddurchmesser.

Venus wandert rechtläufig durch den Skorpion und Schlangenträger in den Schützen hinein. Am 2. zieht sie ein Grad nördlich an Acrab (β Scorpii, $2\overset{m}{,}4$) vorbei und am 7. passiert sie 6° nördlich Antares, den Hauptstern im Skorpion. Am 5. wandert der abnehmende Mond an Venus $7\overset{\circ}{,}1$ südlich vorbei. Den Winterpunkt passiert Venus am 24. in $1\overset{\circ}{,}1$ nördlichem Abstand. Am gleichen Tag kommt Venus in Konjunktion mit Pluto, wobei sie sich $5\overset{\circ}{,}2$ südlich von ihm befindet.

Im Teleskop sieht man ein relativ kleines Planetenscheibchen, das im Laufe des Monats von $14\overset{''}{,}6$ auf $12\overset{''}{,}6$ an scheinbarem Durchmesser abnimmt. Der Beleuchtungsgrad nimmt hingegen von 76 % auf 85 % zu. Der erfahrene Sternfreund weiß: Venus strebt ihrer oberen Konjunktion mit der Sonne zu, die sie aber erst Anfang Juni erreicht. Die Entfernung unseres inneren Nachbarplaneten von der Erde wächst von 172 Millionen Kilometer (= 1,15 AE) bis Ende Januar auf 200 Millionen Kilometer (= 1,37 AE) an. Damit ist Venus deutlich weiter als die Sonne von uns entfernt.

Mars stand am 24. Dezember des Vorjahres in Opposition zur Sonne. Nach Einbruch der Dämmerung zeigt sich der rote Planet als auffälliges Gestirn im Sternbild Stier hoch am Himmel. Zu Monatsende stoppt Mars seine rückläufige Bewegung und wird wieder rechtläufig. Der Umkehrpunkt seiner scheinbaren Bahn am irdischen Firmament liegt nahe bei Al Nath (β Tauri). Al Nath kann gut verwendet werden, um die Umkehrung der Marsbewegung zu verfolgen (siehe Abb. 3.3 auf Seite 67 und 1.9 unten).

Die Helligkeit des roten Planeten sinkt rapide. Zu Monatsbeginn noch $-1\overset{m}{,}5$ hell, leuchtet er zu Monatsende nur noch mit $-0\overset{m}{,}6$. Damit ist Mars allerdings immer noch ein auffälliges Objekt, das in der ersten Nacht-

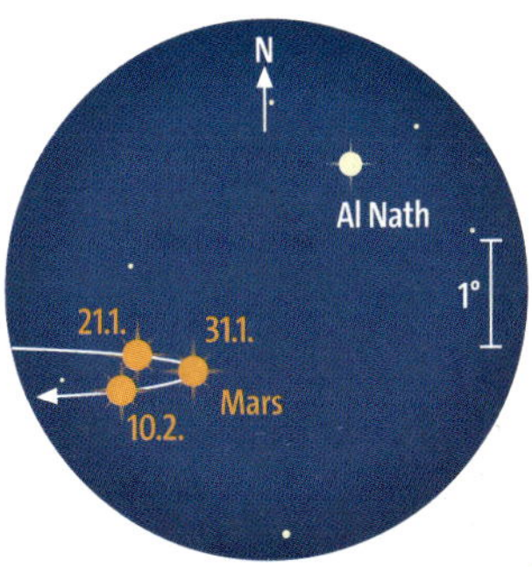

1.9 Bewegung des Planeten Mars: Ende Januar wird Mars wieder rechtläufig. Umkehrschleife im Sternbild Stier bei 5° Gesichtsfelddurchmesser.

hälfte nur noch von Sirius übertroffen wird.

Am Abendhimmel kann man Mars hoch im Südosten sehen. Am 7. erreicht er mit 26°59′ Deklination seine nördlichste Position im Tierkreis. Zu Monatsbeginn ist Mars die ganze Nacht über beobachtbar. Er geht um $15^{h}02^{m}$ auf, passiert um $23^{h}34^{m}$ den Meridian und geht um $8^{h}12^{m}$ schließlich unter. Bis Monatsende verfrühen sich seine Untergangszeiten auf $5^{h}47^{m}$. Am 31. kulminiert Mars bereits um $21^{h}12^{m}$.

Im Fernrohr zeigt sich Mars zu Jahresbeginn voll beleuchtet. Während des Monats nimmt der Beleuchtungsgrad unwesentlich auf 95 % ab. Deutlich schrumpft der scheinbare Durchmesser des Planetenscheibchens von $15''{,}4$ auf $12''{,}1$ im Laufe des Januars.

In der Nacht vom 19. auf 20. wandert der schon fast volle Mond an Mars vorbei (siehe Abb. 1.1 auf Seite 20 und Abb. 1.8 auf Seite 27).

Jupiter hat seine Konjunktion mit der Sonne gerade hinter sich. Am 23. Dezember des Vorjahres hat ihn die Sonne im Tierkreis eingeholt. Da der Riesenplanet recht langsam durch den Tierkreis läuft, wächst sein westlicher Winkelabstand von der Sonne rasch an. Da Jupiter mit $-1^{m}{,}8$ nach Venus der hellste Planet ist, taucht er bereits um die Monatsmitte am Morgenhimmel auf.

Erstmals kann man den Riesenplaneten freiäugig am 15. erkennen. Jupiter wandert rechtläufig durch den Schützen. Am 15. geht er um $7^{h}09^{m}$ auf. Etwa eine Viertelstunde später kann man ihn als hellen, gelblichen Lichtpunkt tief im Südosten ausmachen. Am 31. geht der inzwischen $-1^{m}{,}9$ helle Jupiter um $6^{h}20^{m}$ auf.

Zu Monatsende pirscht sich die strahlende Venus an Jupiter heran.

Jupitermonde

Tag	MEZ h	MEZ m	Vorgang	
1.	6	28	I	DE
6.	7	48	III	VA
8.	6	17	I	DA
	7	42	I	SE
9.	5	49	I	BE
12.	7	41	II	VA
14.	6	59	II	DE
15.	7	26	I	SA
16.	7	48	I	BE
17.	7	08	III	DE
21.	5	20	II	SA
	7	11	II	DA
	7	52	II	SE
23.	6	39	I	VA
24.	5	31	III	SA
	5	58	I	SE
	6	56	I	DE
	7	29	III	SE
30.	6	49	II	BE
31.	5	42	I	SA
	6	44	I	DA
	7	51	I	SE

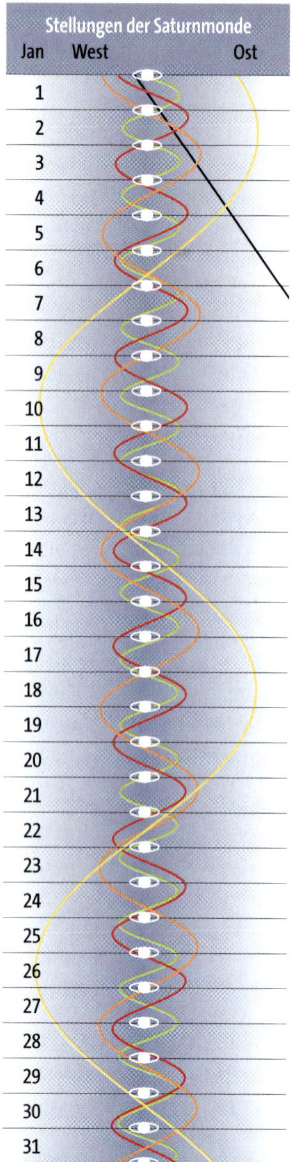

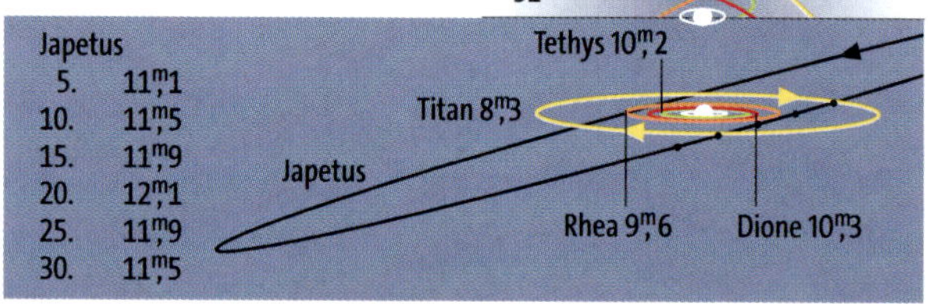

Saturn, rückläufig im Löwen, steuert auf seine Oppositionsstellung zur Sonne zu, die er im letzten Februardrittel erreicht. Der Ringplanet verlagert seine Aufgänge in die frühen Abendstunden. Sieht man von den ersten beiden abendlichen Stunden Dunkelheit ab, ist Saturn inzwischen die ganze Nacht über beobachtbar. Um seinen Ring zu sehen, benötigt man ein Fernrohr oder großes Fernglas mit mindestens dreißigfacher Vergrößerung.

Am 1. geht der $0^{m},6$ helle Saturn um 21^h27^m auf, am 15. um 20^h29^m und am 31. bereits um 19^h21^m. Bis Monatsende nimmt seine Helligkeit leicht auf $0^{m},4$ zu. Die scheinbare Jahresbahn mit der Oppositionsschleife von Saturn findet man auf Seite 48 (Abb. 2.5).

Im Teleskop zeigt sich der Saturnring nur zu 7° geöffnet. Gegenwärtig blicken wir auf die Südseite der Ringebene. Ebenso ist zurzeit der Südpol der Saturnkugel der Erde zugekehrt. Der scheinbare Längsdurchmesser des Ringes misst $43'',3$, der scheinbare senkrechte Durchmesser $5'',1$. Man sieht dem Ring fast auf die Kante. Die nächste Passage der Erde durch die Ringebene erfolgt am 4. September 2009.

Das Saturnscheibchen weist einen scheinbaren Äquatordurchmesser von $19'',1$ und einen Poldurchmesser von $17'',0$ auf.

Zu Jahresbeginn ist Saturn 1304 Millionen Kilometer (= 8,72 AE) von der Erde entfernt. Das Saturnlicht ist somit eine Stunde und zwölf Minuten zur Erde unterwegs. Die Entfernung des Ringplaneten von der Sonne beträgt am 1. genau 1386 Millionen Kilometer (= 9,26 AE).

Am 25. begegnet der noch fast volle Mond in den Morgenstunden dem Ringplaneten (siehe auch Mondlaufgrafik auf Seite 21).

Uranus, rechtläufig im Wassermann, ist nur noch kurze Zeit am frühen Abend beobachtbar. Im nächsten Monat zieht sich der grünliche Planet völlig vom Abendhimmel zurück. Anfang März steht er dann mit der Sonne am Taghimmel.

Am 1. geht der $5^{m},9$ helle Uranus um 22^h16^m unter, am 15. um 21^h24^m und am 31. bereits um 20^h25^m. Die Uranuskulminationen verfrühen sich vom 16^h45^m zu Monatsbeginn auf 14^h51^m am Monatsende. Um den recht lichtschwachen Uranus mit Fernglas oder Teleskop aufzuspüren, nutze man die Aufsuchkarte Abb. 9.2 und 9.3 (auf Seite 181). Der Stern φ Aquarii ($4^{m},2$) kann dabei als Aufsuchhilfe dienen.

Neptun, rechtläufig im Steinbock, nähert sich seiner Konjunktion mit der Sonne, die er aber erst im zweiten Drittel des Folgemonats erreicht. Der sonnenferne und mit $8^{m},0$ scheinbarer Helligkeit recht lichtschwache Planet kann nicht mehr am Abendhimmel auf-

Konstellationen und Ereignisse

Datum	MEZ	Ereignis
3.	1^h	Erde im Perihel (Sonnennähe, Abstand Erde – Sonne 147,099 Millionen Kilometer)
5.	7	Mond bei Venus, Mond 7°,1 südlich
7.	11	Mond bei Jupiter, Mond 4°,3 südlich
9.	16	Mond bei Merkur, Mond 0°,3 südlich
11.	2	Mond bei Neptun, Mond 0°,4 südlich
13.	2	Mond bei Uranus, Mond 2°,6 nördlich
20.	1	**Mond bei Mars**, Mond 1°,1 nördlich **Abstand 0°,6 um 2^h**
22.	6	**Merkur in größter östlicher Elongation** (19°)
23.	5	Merkur bei Neptun, Merkur 0°,3 nördlich
24.	8	Venus bei Pluto, Venus 5°,2 südlich
25.	7	**Mond bei Saturn**, Mond 3°,0 südlich **Abstand 3°,3 um 3^h**
27.	19	Merkur im Perihel
28.	8	Merkur im Stillstand, anschließend rückläufig
30.	22	Mars im Stillstand, anschließend rechtläufig

gefunden werden. Auch die Begegnung mit Merkur am 23. entgeht uns.

Pluto, seit August 2006 von der Internationalen Astronomischen Union (IAU) zum Zwergplaneten erklärt, sei aus Traditionsgründen in diesem Jahrbuch aufgeführt (siehe auch „Monatsthema Juni" auf Seite 128).

In den Planetenläufen April, Juni, September und Dezember wird Pluto erwähnt. In Opposition zur Sonne steht Pluto am 20. Juni dieses Jahres (siehe auch Aufsuchkärtchen Abb. 7.6 auf Seite 140).

Planetoiden

Ceres – Planetoid Nr. 1 – wird am 1. im Sternbild Widder stationär und eilt anschließend wieder rechtläufig durch die Sternbilder, wobei sie auch nordwärts strebt (siehe Abb. 10.7 auf Seite 200). Mit ihrem Stillstand beendet sie ihre Oppositionsperiode, was man auch an der sinkenden Helligkeit bemerkt. Sie geht um eine halbe Größenklasse im Januar auf $8^{m}{,}7$ zurück.

Ceres passiert den Meridian am 1. um $20^{h}13^{m}$, am 15. um $19^{h}20^{m}$ und am 31. schon um $18^{h}26^{m}$. Am Monatsbeginn kann μ Ceti ($4^{m}{,}3$) als Aufsuchhilfe dienen. Am 28. zieht Ceres knapp an 38 Arietis ($5^{m}{,}2$) vorbei.

Zu Jahresbeginn ist Ceres 323 Millionen Kilometer (= 2,16 AE) von der Erde entfernt. Von der Sonne trennen sie zum gleichen Zeitpunkt 415 Millionen Kilometer (= 2,77 AE).

Hebe – Planetoid Nr. 6 – wandert schnell rückläufig in nordwestlicher Richtung durch den Löwen. Sie strebt ihrer Opposition zur Sonne entgegen, die sie Anfang Februar erreicht. Am 7. zieht sie nur $0^{\circ}{,}7$ nördlich an ο Leonis ($3^{m}{,}5$) vorbei (siehe Aufsuchkärtchen Abb. 2.6 auf Seite 50).

Mit $9^{m}{,}6$ scheinbarer Helligkeit ist Hebe noch kein leichtes Objekt – insbesondere für Fernglasbeobachter. Im Laufe des Monats nimmt ihre Helligkeit um $0^{m}{,}6$ deutlich zu.

Hebe kulminiert am 1. um $3^{h}26^{m}$, am 15. um $2^{h}24^{m}$ und am 31. bereits um $1^{h}08^{m}$.

Eunomia – Planetoid Nr. 15 – kommt am 10. im Sternbild Zwillinge in **Opposition** zur Sonne. Mit $8^{m}{,}2$ Oppositionshelligkeit ist Eunomia auch Sternfreunden mit bescheidenerer Ausrüstung zugänglich, vor allem, da sie recht große Kulminationshöhen erreicht. Am 16. passiert sie bei ihrer rückläufigen Bewegung $1^{\circ}{,}0$ nördlich Wasat (δ Geminorum), der mit $3^{m}{,}5$ als Aufsuchhilfe dienen kann (siehe auch Aufsuchkärtchen Abb. 3.3 und Abb. 3.4 auf Seite 67). Bis Monatsende sinkt die Helligkeit von Eunomia merklich auf $8^{m}{,}8$ ab.

Am 1. geht die noch $8^{m}{,}4$ helle Eunomia um $1^{h}18^{m}$ durch den Meridian, am Tag der Opposition um $0^{h}32^{m}$ und am Monatsletzten bereits um $22^{h}43^{m}$.

Die Oppositionsentfernung von Eunomia beträgt 221 Millionen Kilometer (= 1,48 AE). Von der Sonne ist Eunomia am Oppositionstag 368 Millionen Kilometer (= 2,46 AE) entfernt.

Periodische Sternschnuppenströme

Vom 1. bis 6. Januar sind die **Quadrantiden** (Ausstrahlungspunkt oder Radiant im Sternbild Bootes) in der zweiten Nachthälfte zu erwarten. In der Nacht vom 3. auf 4. Januar ist das spitze Maximum zu erwarten. Rund 120 Objekte pro Stunde tauchen im Maximum auf. In manchen Jahren wurden sogar über zweihundert pro Stunde beobachtet. Helle Sternschnuppen kommen dabei nur selten vor.

Ein Erzeugerkomet ist nicht bekannt. Die einzelnen Meteorite haben mittlere Geschwindigkeiten um 40 Kilometer pro Sekunde. Da der Radiant im Sternbild Bootes liegt, wird dieser Strom auch **Bootiden** genannt.

Ein wenig bekannter Strom sind die **Delta-Cancriden**. Sie tauchen zwischen dem 1. und 24. Januar auf.

Das Maximum fällt auf den 17. Januar. Die Meteore entströmen dem Sternbild Krebs.

Es handelt sich um langsame Sternschnuppen mit Geschwindigkeiten um 30 Kilometer pro Sekunde. Pro Stunde ist lediglich mit etwa vier Meteoren zu rechnen.

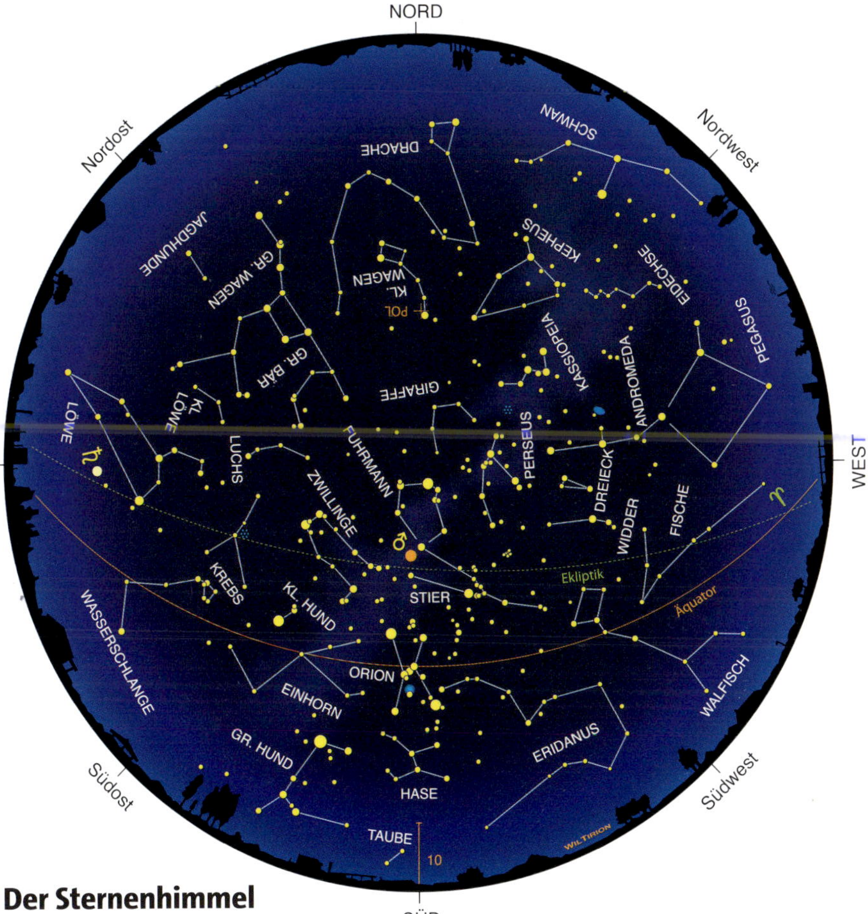

Der Sternenhimmel am 15. Januar um 22^h MEZ

Die Sternkarte ist auch gültig für:

	MEZ	MESZ
1.10.	5^h	6^h
15.10.	4	5
1.11.	3	
15.11.	2	
1.12.	1	
15.12.	0	
1. 1.	**23**	
15. 1.	**22**	
31. 1.	**21**	
15. 2.	20	

Wer in einer wirklich klaren, mondlosen Nacht fernab irdischer Lichter zum abendlichen Winterhimmel blickt, mag über die Fülle heller Sterne staunen. Dann kommt vielleicht der Wunsch auf, mehr zu erfahren über die Sternenwelt. Wie heißen die Sterne, welche Sternbilder sehe ich? Man greift zur Sternkarte und versucht, sich zu orientieren. Das ist gar nicht so leicht. Denn die Einsteigerin oder der Einsteiger in die Astronomie vermuten die Bilder am Himmel viel zu klein – nämlich so, wie man sie in der monatlichen Übersichtssternkarte sieht.

Oft staunt der Laie über die wahre Größe der Sternbilder am Firmament, wenn er beispielsweise das markanteste der Wintersternbilder, den Himmelsjäger Orion, halbhoch im Süden erkannt hat.

Orientierung am Sternenhimmel

Will man Sterne und Sternbilder identifizieren, so sollte man zunächst die Himmelsrichtung kennen. Denn wer nicht weiß, wo Norden, Osten, Süden und Westen ist, wird kaum ein Sternbild finden. Man beginnt daher die Himmelsbeobachtung am besten mit dem Polarstern. Der Polarstern markiert recht genau den Ort des Himmelsnordpols, den einen Angelpunkt, um den sich das gesamte Himmelsgewölbe im Laufe der Nacht dreht. Der Polarstern ist daher in jeder klaren Nacht des Jahres stets an derselben Stelle zu finden. Als Stern zweiter Größenklasse ist er nicht übermäßig auffällig, aber anhand der sieben Sterne des Großen Wagens schnell zu entdecken. Die Stellung des Himmelswagens ist daher für den Monatsanfang um 22^h MEZ in einer kleinen Grafik zu Monatsbeginn zu ersehen (siehe beispielsweise für Januar auf Seite 20).

Nicht nur den Großen Wagen zeigt diese Grafik, sondern auch das Himmels-W. Denn wegen seiner horizontnahen Stellung an Winterabenden kann man den Großen Wagen gelegentlich übersehen. Das Himmels-W, auch unter dem Namen Kassiopeia bekannt, steht dem Großen Wagen diametral gegenüber, nimmt man den Polarstern als Mitte. Steht der Große Wagen tief, so erblicken wir das Himmels-W steil über unseren Köpfen. Es ist leicht zu erkennen, denn die Sterne der Kassiopeia bilden ein markantes, großes „W". Seine mittlere Spitze deutet ungefähr auf den Polarstern (siehe Abb. 1.11). Hat man einmal das Himmels-W oder den Großen Wagen und den Polarstern gefunden, so ist die weitere Orientierung nicht allzu schwierig. Denn nun kann man die Monatssternkarte korrekt halten entsprechend der Himmelsrichtung, in die man blickt.

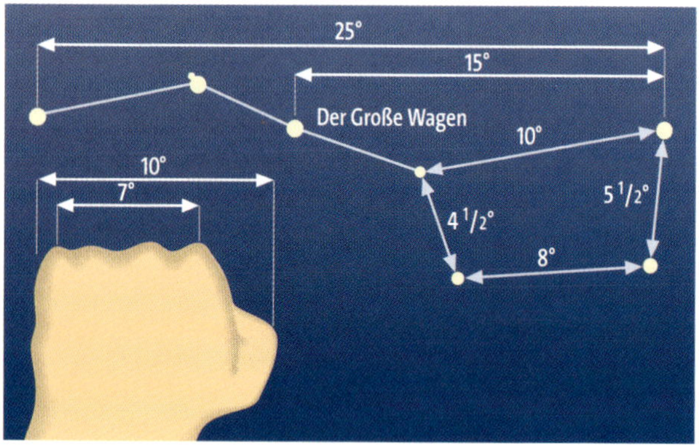

1.10 Den Himmel vermessen: Der Große Wagen dient als universelle Himmelselle. Mit ihr lässt sich das Abschätzen von Sterndistanzen am Firmament leicht üben. Zum Vergleich ist eine ausgestreckte Durchschnittsfaust eingetragen.

Sternbilder selbst entdecken

Wer steil nach oben blickt, sieht nicht nur das Himmels-W, die Kassiopeia, sondern auch einen hellen, gelblichen Stern erster Größe. Er ist der nördlichste Stern erster Größe und heißt Kapella, was aus dem Lateinischen kommt und soviel wie „Ziegenstern" bedeutet. Kapella ist der Hauptstern im Sternbild Fuhrmann (α Aurigae). Auriga

Veränderliche Sterne im Januar

Algol-Minima	13. 3^h37^m	16. 0^h26^m	18. 21^h15^m	21. 18^h05^m	
β-Lyrae-Minima	5. 7^hN	11. 18^hH	18. 5^hN	24. 16^hH	31. 4^hN
δ-Cephei-Maxima	5. 18^h	11. 3^h	16. 12^h	21. 20^h	27. 5^h
Mira-Helligkeit	1. 6^m	10. 5^m	20. 4^m	31. 3^m	

1.11 So findet man den Polarstern: Das Sternbild Kassiopeia, auch als Himmels-W bekannt, dient als Polweiser.

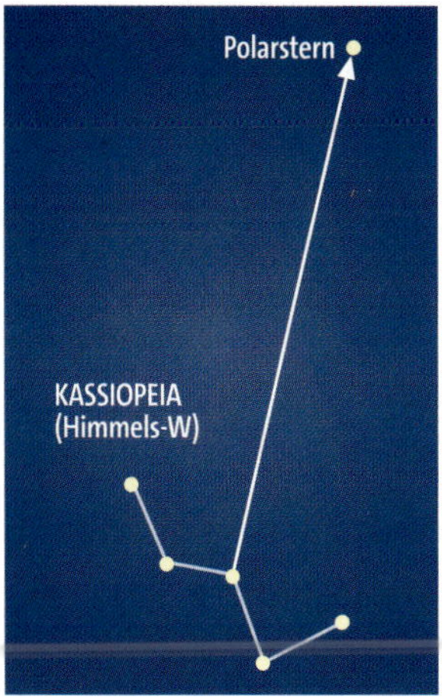

ist die lateinische Bezeichnung für den Fuhrmann, der der Sage nach der Erbauer des Himmelswagens sein soll. Nach dem Sternatlas von Johannes Bayer werden die helleren Sterne eines Sternbildes mit griechischen Buchstaben und dem Genitiv des lateinischen Sternbildnamens bezeichnet. Das Sternenpolygon des Fuhrmanns lässt sich leicht einprägen – ein großes unregelmäßiges Sternensechseck. Der südlichste Stern in diesem Sechseck, der der Kapella gegenüber liegt, gehört dabei schon zum Stier, dessen nördliche Hornspitze er markieren soll. Er heißt Al Nath oder β Tauri. Ganz in der Nähe von Al Nath an der Grenze zu den Zwillingen ist in diesem Winter der Planet Mars zu sehen. Hauptstern des Stiers ist Aldebaran (α Tauri). Er soll das blutunterlaufene Auge des Stiers andeuten. Aldebaran strahlt ein orange-gelbes Licht aus. In Horizontnähe erscheint er jedoch blutrot durch die Absorption der Erdatmosphäre; sie verfärbt die Gestirne.

Aldebaran steht mitten vor dem Sternhaufen der Hyaden, auch als Regengestirn bekannt. Noch eindrucksvoller, weil dichter beieinander stehend, erscheinen die Sterne des offenen Haufens der Plejaden, auch Siebengestirn genannt. Die Plejaden gehören ebenfalls zum Stier.

Der Sage nach sind die Plejaden die sieben Töchter des Atlas und seiner Gemahlin Plejone. Atlas trägt bekanntlich den schweren Erdglobus auf seinen starken Schultern.

Die Indianer des Kiowa-Stammes sahen ebenfalls in den Plejaden sieben Mädchen, die von einem Rudel wilder Bären verfolgt wurden. In ihrer Not klettern die Mädchen auf einen riesigen Baumstumpf. Als die Bären versuchen, den Baumstumpf zu erklimmen, beginnt dieser plötzlich zu wachsen. Er wächst so lange, bis die Mädchen das Himmelsgewölbe erreichen, wo man sie nachts sehen kann. Der riesige Baumstumpf ist noch heute zu sehen: Es soll der Devils Tower (Teufelsturm) sein, ein 450 Meter hoher Felsstumpen im US-Bundesstaat Wyoming.

Zwischen den Hyaden und Plejaden geht die scheinbare Sonnenbahn hindurch. Im letzten Maidrittel passiert die Sonne diesen Bereich, weshalb man vom „Goldenen Tor der Ekliptik" spricht. Auch Mond und Planeten wandern durch dieses Goldene Tor. In der Monatssternkarte ist die Ekliptik durch eine grüne Linie markiert.

Der funkelnde Fixsternhimmel

Südlich des Stieres, auch für den blutigen Laien schnell zu entdecken, präsentiert sich der schon erwähnte Himmelsjäger Orion. Ihm folgt ein wenig südöstlich ein strahlend heller, auffällig blau-weiß funkelnder Stern. Es handelt sich um Sirius, den Hauptstern des Großen Hundes. Sirius (α Canis Maioris) ist der hellste Fixstern am irdischen Himmel. Nur die Planeten Venus und Jupiter sowie gelegentlich Mars übertreffen Sirius an scheinbarer Helligkeit. Ein wenig höher im Südosten leuchtet Prokyon im Kleinen Hund (α Canis Minoris).

Hoch im Südosten, fast schon im Zenit, fallen zwei helle Sterne auf, nämlich Kastor und Pollux. Sie stehen an den Spitzen zweier Sternenketten, die die Zwillinge darstellen sollen.

Das Schwergewicht des Winterhimmels liegt jetzt eindeutig im Süden, wo sich zahlreiche Sterne erster Größenklasse tummeln. Relativ leicht lässt sich das Wintersechseck einprägen, das sich aus folgenden Sternen zusammensetzt: Kapella im Fuhrmann, Aldebaran im Stier, Rigel im Orion, Sirius im Großen Hund, Prokyon im Kleinen Hund und Pollux in den Zwillingen.

In der westlichen Himmelshälfte finden sich noch die Herbstbilder Perseus, die Sternenkette der Andromeda und das Pegasusquadrat, das jetzt den Eindruck einer überdimensionalen Vorfahrtstafel macht. Im Westen ist noch der Widder zu erspähen, ein kleines, aber gut erkennbares Bild. Schwieriger sind da schon die Fische, die bereits horizontnah im Südwesten stehen und das ausgedehnte Bild des Walfisches mit dem veränderlichen Stern Mira Ceti.

Am Osthorizont macht sich schon der Frühling bemerkbar: Der mächtige Löwe mit seinem Hauptstern Regulus ist soeben aufgegangen. Wer das Sternbild Löwe schon kennt oder mit einer Sternkarte vergleicht, wundert sich womöglich: Im Löwen leuchtet ein heller Lichtpunkt, der eigentlich nicht dorthin gehört. Es ist der Planet Saturn, der sich zurzeit im Löwen aufhält.

Zwischen den Zwillingen und dem Löwen ist der unscheinbare Krebs beheimatet, den man nur unter sehr guten Sichtbedingungen erkennt. Mitten im Krebs ist der offene Sternhaufen Krippe oder Praesepe (lat., Katalogbezeichnung: M44) zu erspähen, ein sehr attraktives Fernglasobjekt.

Vom Südosten her zieht sich das Lichtband der winterlichen Milchstraße durch den Großen Hund, die Zwillinge, den Fuhrmann, und über den Zenit weiter durch Perseus und Kassiopeia nach Nordwesten zum Horizont herab.

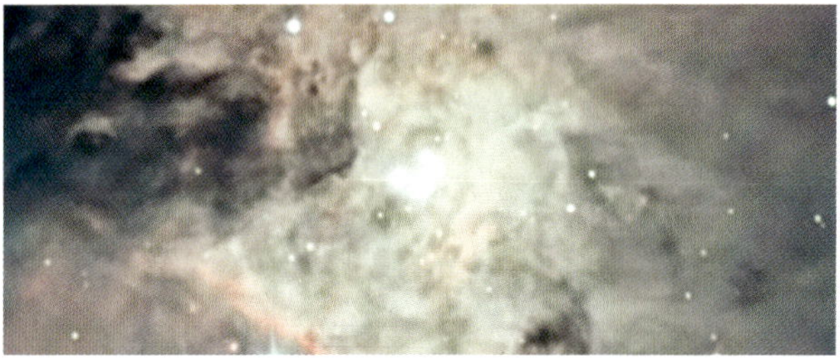

1.13 Der Orionnebel:
Das berühmte Sternentrapez im Zentrum des Orionnebels (M 42). Heiße junge Sterne leuchten in bläulichweißem Licht. Aufgenommen von Martin Gertz auf der Sternwarte Welzheim.

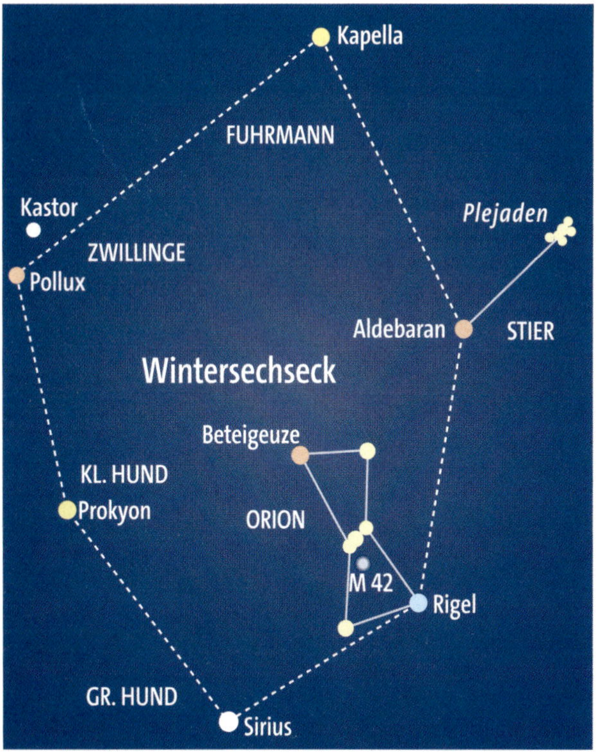

1.12 Das Wintersechseck:
Es setzt sich aus den Sternen Kapella im Fuhrmann, Aldebaran im Stier, Rigel im Orion, Sirius im Großen Hund, Prokyon im Kleinen Hund und Pollux in den Zwillingen zusammen.

Das Ende des dunklen Zeitalters

1.14 **Die Sterne im Kugelhaufen gehören zur älteren Population II. Ihr Alter liegt bei zehn Milliarden Jahren.**

Viele Schöpfungsmythen berichten, alle Sterne des Himmels wären zu Beginn der Welt geschaffen worden. Doch die Beobachtungen zeigen, dass der Sternentstehungsprozess längst nicht abgeschlossen ist. Es gibt somit alte und junge Sonnen im Weltall. Auch heute noch flammen neue Sterne auf, und dies wird auch noch eine Zeitlang der Fall sein. Es gibt regelrechte Sternentstehungsnester: Im Sternbild Orion sieht man südlich der drei Gürtelsterne ein schwach glimmendes Nebelfleckchen, den berühmten Orion-Nebel (M42). Im Fernglas erkennt man eine Fülle von bläulich-weißen Sternen – alles junge, heiße Sonnen, erst wenige Millionen Jahre alt. Auch Sternenembryos lassen sich hier in 1700 Lichtjahren Entfernung mit großen Instrumenten aufspüren.

Ein zehn Millionen Jahre alter Stern ist ein junges Gebilde. Unsere Sonne hingegen, um die wir mit der Erde kreisen, ist knapp fünf Milliarden, also 5000 Millionen Jahre alt. Dabei ist unsere Sonne gar nicht besonders alt, sondern zählt zu den jüngeren Sternen. Es gibt Sterne, die mehr als zehn Milliarden Jahre alt sind. Unsere Sonne ist ein Stern der dritten Generation.

Sterne unterschiedlicher Bauart

Ganz grob teilt man die Sterne in zwei Bevölkerungsgruppen ein, in die Sonnen der Population I und die der Population II. Diese Einteilung geht auf den deutschen Astronomen Walter Baade (1893–1960) zurück, der in den Vierziger Jahren des vorigen Jahrhunderts auf

1.15 Der Astronom Walter Baade (1893–1960) teilte die Sterne im Andromedanebel in zwei Bevölkerungsgruppen ein: Population I und II.

dem Mt. Wilson-Observatorium in Kalifornien beobachtete. Das nahe gelegene Los Angeles war während des Zweiten Weltkrieges weitgehend verdunkelt. Baade, der sich als „feindlicher Ausländer" nur im Distrikt Los Angeles aufhalten durfte, nutzte den zeitweilig recht dunklen Nachthimmel, um den Andromedanebel, unsere Nachbarmilchstraße, zu studieren. Dabei fiel ihm auf, dass es zwei Gruppen von Sternen gibt: Junge, bläuliche Sterne in den Spiralarmen sowie rötliche, ältere Sterne im Zentralbereich der Andromedagalaxie (M 31). Der ersten Gruppe gab er die Bezeichnung „Population I", die zweite nannte er „Population II". Bald stellte sich heraus, dass die Sterne der Population II deutlich älter sind als die der Population I. Sterne der Population II sind „metallarm", das heißt, sie haben einen relativ geringen Anteil an Elementen schwerer als Helium. Population-I-Sterne, zu denen auch unsere Sonne gehört, sind in interstellaren Gaswolken geboren worden, die bereits von schwereren Elementen angereichert waren. Ohne schwerere Elemente gäbe es übrigens auch keine Planeten, Monde, Kometen und Meteoroide, kurz keine Sonnensysteme.

Zu Beginn des Universums, im Feuerball des Urknalls, wurden lediglich Wasserstoff und Helium gebacken sowie Spuren von Lithium. Alle schwereren chemischen Elemente, aus denen die Erde und wir Menschen bestehen, wie Kohlenstoff, Sauerstoff, Stickstoff, Silizium bis hin zum Eisen wurden und werden im Inneren von massereichen Sternen in Atomkernfusionsprozessen erzeugt. Massereiche Sterne leben kürzer als solche mit nur einer Sonnenmasse. Sie detonieren als Supernovae und schleudern die produzierten Elemente ins Weltall hinaus. Dadurch reichern sie die interstellare Materie mit schwereren Elementen an. Neu entstehende Sterne besitzen dann einen höheren Anteil an Elementen schwerer als Helium. Bei ihrer Geburt sind sie von einer Gas- und Staubscheibe umgeben, aus der sich schließlich ein Planetensystem formt. Je nachdem, wie groß die Endmasse eines explodierenden Sterns ist, bleibt ein rasch rotierender Neutronenstern oder gar ein stellares Schwarzes Loch als Rest übrig. Sterne bis maximal eineinhalb Sonnenmassen gehen nicht so spektakulär zu Grunde. Sie blasen oder schleudern ihre äußeren Schichten ab. Der übrig bleibende Sternenkern wird zum Weißen Zwerg, wie beispielsweise der Begleiter des hellen Wintersterns Sirius. Sterne der Population I findet man zur Milchstraßenhauptebene konzentriert, während im galaktischen Halo und in den Zentralbereichen der Milchstraße die Sterne der Population II zu finden sind. So setzen sich die Kugelsternhaufen, die den galaktischen Halo füllen, aus Sternen der älteren Generation zusammen. In ihnen gibt es kaum interstellare Materie – ganz im Gegensatz zu den offenen Sternhaufen, die jung und mit Gas- und Staubmassen angereichert sind. So sind die Plejadensterne gerade einmal sechzig Millionen Jahre alt, die Sterne des Kugelhaufens M 13 im Herkules haben hingegen ein Alter von rund zehn Milliarden, also 10.000 Millionen Jahren.

Aber selbst die ältesten Sterne der Population II haben einen, wenn auch geringen, Anteil von schwereren Elementen. Da aber diese nicht im Feuerball des Urknalls produziert wurden, muss es noch ältere Sterne geben, sozusagen die Sterne der ersten Generation, der Population III. Doch wo sind diese Sterne und wann leuchteten sie erstmals auf und beendeten das „Dunkle Zeitalter" des Universums? Es gibt sie heute nicht mehr, diese Energiemonster der ersten Generation. Die Population-III-Sterne waren ganz ungewöhnliche Gebilde mit extremen Eigenschaften. Ihr Aufflammen beendete nicht nur das Dunkle Zeitalter, sondern hatte auch einen nachhaltigen Einfluss auf die Entwicklung des Universums. Ohne sie gäbe es auch kein Leben im Weltall, wahrscheinlich auch keine Sterne der zweiten und dritten Generation.

Ein Leben in Finsternis

Der primordiale Feuerball kühlte sich relativ schnell ab. In den ersten drei Minuten, teils in den ersten Sekunden, ja winzigen Bruchteilen von Sekunden, wurden die Weichen für die Entwicklung des Kosmos und aller in ihm vorhandenen Strukturen gestellt. Durch die abnehmende Energiedichte, gleichbedeutend mit sinkender Temperatur, kam es zu einer Reihe von Symmetriebrechungen: Kräfte entkoppelten sich, Elementarteilchen bildeten sich, erste Dichtefluktuationen traten auf. Nach knapp 400.000 Jahren war die Temperatur unter 3000 K gesunken. Protonen und Alphateilchen fingen sich Elektronen ein und wurden zu neutralen Atomen. Man spricht vom Zeitalter der Kombination (manchmal auch von Rekombination, was aber nicht zutrifft: denn davor waren niemals Elektronen an Protonen gebunden). Dabei wurde das Universum durchsichtig: Die Photonen (Lichtquanten) konnten sich ungehindert ausbreiten und wurden nicht mehr an hochenergetischen Elektronen gestreut, ähnlich wie beim Morgennebel, wenn das Licht von den winzigen, schwebenden Wassertröpfchen gestreut wird und uns den Blick auf die weitere Umgebung versperrt. Mit ansteigender Tagestemperatur verdunsten die Nebeltröpfchen, unser Blick kann in die Ferne schweifen.

Mit zunehmender Expansion und fallender Temperatur wurden auch die Photonen immer energieärmer, also langwelliger. Nach wenigen Millionen Jahren gab es fast keine Photonen mehr mit Wellenlängen des sichtbaren Lichtes – nur noch Photonen im Radiofrequenzbereich, die man heute noch als kosmische Hintergrundstrahlung mit speziellen Detektoren registrieren kann.

Kurz, wenige Millionen Jahre nach dem heißen Start herrschte absolute Finsternis im Universum, es war zappenduster, nicht einmal unsere Hand vor den Augen hätte man sehen können. Es gab aber weder uns, noch Planeten, noch Sterne und damit auch keine Galaxien.

Langsam, doch unaufhaltsam, formte die Schwerkraft Klumpen von Urmaterie und bereitete so die Voraussetzungen für die Bildung der ersten Sterne. Dass die Materie sich überhaupt so weit verdichten konnte, dass erstmals Sterne aufleuchteten, verdanken wir der bis heute weitgehend mysteriösen „Dunklen Materie". Denn der thermische Druck, der bei Verdichtungen auftritt, hätte eine weitere Materiekonzentration verhindert. Doch die Dunkle Materie koppelt weder elektromagnetisch noch unterliegt sie der starken Wechselwirkung, sie spürt keinen thermischen Druck, weshalb sie gewissermaßen als Kondensationskeim wirken kann. Die dunkle Materie macht sich allein durch ihre Schwerkraftwirkung bemerkbar (siehe auch Monatsthema „Wo verbirgt sich die dunkle Materie?" auf Seite 57 im *Kosmos Himmelsjahr 2001*).

Die Dunkle Materie überwand den thermischen Druck und bildete kugelrunde Wolken mit rund hunderttausend Sonnenmassen, die zu kollabieren begannen. Dabei wurde der thermische Druck noch durch einen Kühleffekt verringert. Im Dunklen Zeitalter entstand nicht nur atomarer Wasserstoff (H) sondern auch etwas molekularer Wasserstoff (H_2), etwa im Verhältnis 1000:1. H_2 wirkte als Kühlmittel bei vergleichsweise niedriger Temperatur. Beide Effekte – Schwerkraftwirkung der Dunklen Materie und Kühlwirkung von H_2 – führten zum Kollaps der primordialen Klumpen, wobei sie gleichzeitig in Portionen von einigen Sonnenmassen fragmentierten.

Und es ward Licht!

Rund 200 Millionen Jahre nach dem Big Bang flammten die ersten Sterne auf – es wurde Licht, das Dunkle Zeitalter ging zu Ende. Die ersten Sterne der Population III waren wahre Monster mit extrem großen Massen und enormer Leuchtkraft, allerdings auch von außerordentlich kurzer Lebensdauer. Nur zwei bis drei Millionen Jahre leuchtete ein Pop-III-Stern mit millionenfacher Sonnenleuchtkraft, dann zerriss ihn eine gigantische Explosion vollständig. Dies ist deutlich kürzer als ein Tausendstel der Lebenszeit unserer Sonne.

Je mehr Masse ein Stern zu seiner Geburt mitbekommt, umso schneller verbraucht er seinen Vorrat an Fusionsenergie und umso kürzer lebt er. Sterne mit mehr als zwanzig bis dreißig Sonnenmassen sind recht selten. Rote Zwergsterne mit einer halben Sonnenmasse oder noch weniger sind sehr zahlreich und werden auch sehr alt – ihre Lebensdauer liegt weit über zehn Milliarden Jahren. Für Sterne gibt es eine Massenobergrenze. Sie liegt bei etwa hundert Sonnenmassen. Darüber hinaus sind Sterne nicht mehr stabil. Die Energieausbeute ist wegen der hohen Zentraltemperatur so stark, dass der Strahlungsdruck den Stern auseinander fegt. Dies hängt auch unmittelbar mit dem Vorhandensein von schwereren Elementen in der Sternmaterie zusammen. Sie erhöhen nämlich die Opazität der Sternschichten, die Materie wird für Strahlung weniger durchlässig. Der Strahlungsdruck wächst an, ebenso die Zentraltemperatur, die das Atomfeuer weiter anfacht, und der Stern wird auseinander geblasen.

Nicht so bei den ersten Sternen. Denn die Pop-III-Sterne setzten sich aus der primordialen Materie zusammen – Wasserstoff, Deuterium und Helium. Schwerere Elemente fehlten völlig. Die Pop-III-Sterne waren wahre Monsterkraftwerke, die den Weg für zukünftige Sternengenerationen vorbereiteten. In den rund drei Millionen Lichtjahre großen primordialen Blasen – gebildet durch die Schwerkraftwirkung der Dunklen Materie – flammten einige hundert Pop-III-Sterne auf. Sie hatten bis zu 500 Sonnenmassen und Oberflächentemperaturen von 100.000 Grad und mehr.

Ein solcher Stern strahlt heller als eine Million unserer Sonnen. Mit seiner intensiven, kurzwelligen und energiereichen Strahlung ionisiert er die interstellare Gaskomponente im Umkreis von einigen tausend Lichtjahren. Im tiefen Inneren werden schwerere Elemente fusioniert. Nach nur zwei bis drei Millionen Jahren detoniert ein Pop-III-Stern in einer gewaltigen Explosion, die bis zu hundertmal mehr Energie freisetzt als eine gewöhnliche Supernova. Man spricht daher von einer Hypernova. Während bei einer Supernovaexplosion ein kompakter Neutronenstern oder gar ein Schwarzes Loch übrig bleibt, wird bei einer Hypernova der massereiche Stern völlig zerrissen. Die gesamte Materie wird ins Weltall geschleudert und reichert die interstellaren Wolken, den Baustoff für die künftige Sternengeneration, mit schwereren Elementen an. Bereits weniger als ein Tausendstel Anteil der schwereren Elemente, die sich in unserer Sonne befinden, reicht aus, um die Bildung neuer Monstersterne zu verhindern. Eine einzige Hypernova liefert für hundert Millionen Sonnenmassen an interstellarem Gas ausreichend schwerere Elemente, so dass keine Monstersterne mehr entstehen können.

1.16 Entwicklung einer Hypernova und einer normalen Supernova vom Typ II.

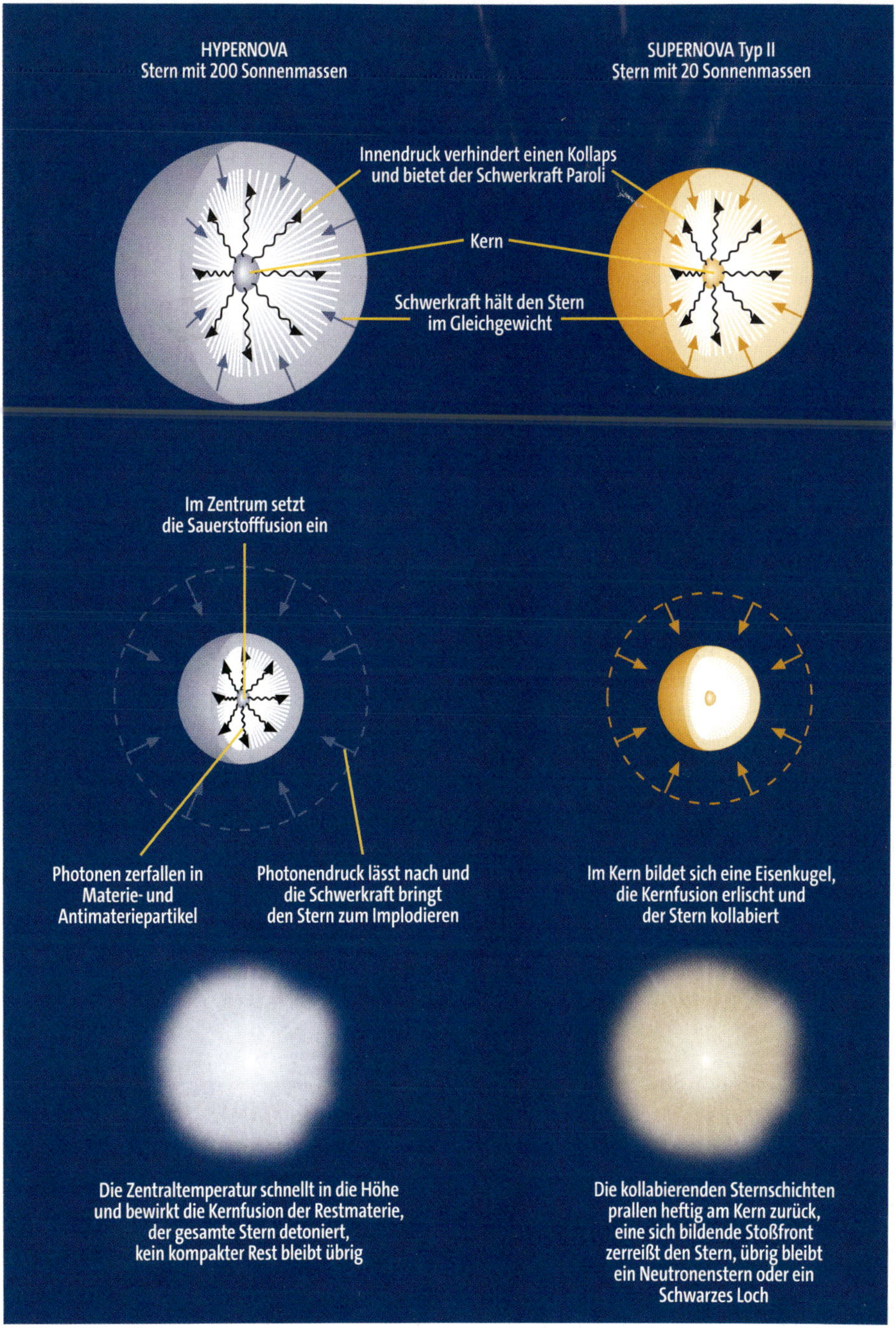
HYPERNOVA
Stern mit 200 Sonnenmassen
SUPERNOVA Typ II
Stern mit 20 Sonnenmassen
Innendruck verhindert einen Kollaps
und bietet der Schwerkraft Paroli
Kern
Schwerkraft hält den Stern
im Gleichgewicht
Im Zentrum setzt
die Sauerstofffusion ein
Photonen zerfallen in
Materie- und
Antimateriepartikel
Photonendruck lässt nach und
die Schwerkraft bringt
den Stern zum Implodieren
Im Kern bildet sich eine Eisenkugel,
die Kernfusion erlischt und
der Stern kollabiert
Die Zentraltemperatur schnellt in die Höhe
und bewirkt die Kernfusion der Restmaterie,
der gesamte Stern detoniert,
kein kompakter Rest bleibt übrig
Die kollabierenden Sternschichten
prallen heftig am Kern zurück,
eine sich bildende Stoßfront
zerreißt den Stern, übrig bleibt
ein Neutronenstern oder ein
Schwarzes Loch

Die Sup[illegible] Universums

Wie theoretische Kalkulat[illegible] mit leistungsfä-higen Computern zeigen, ble[illegible] mehr als etwa 150 Sonnen[illegible] eine[illegible]-tonation kein Kern mehr ü[illegible] Neu-tronenstern noch ein Sch[illegible] Eine Hypernova-Exp[illegible] zerreißt einen solch su-permassereiche[illegible] seine Materie ins weit[illegible] Mechan[illegible] ist da-bei ein anderer [illegible] Supernova er-zeug[illegible] Hypernova [illegible] zess die e[illegible] den man „Paar-Instabi-lität“ [illegible] eraturen von wei[illegible] denen Sauerstoff z[illegible] die Pho-tonen so ho[illegible] dass sie Teilchenpaa-re aus Materi[illegible] nämlich ein Elektron u[illegible] Positro[illegible] Photo-nen die Ruhema[illegible] und Elektronen und Positronen [illegible] Ge-mäß der allgemei[illegible] Einsteinformel $E = mc^2$ wird also [illegible] enenergie gewissermaßen in de[illegible] der Elektro-nen und Positrone[illegible] froren. Damit sinkt aber der Strahlungsdr[illegible] rapide, das Gleichge-wicht zwischen Schwerkra[illegible] nd innerem Druck ist gestört, der Stern kollabiert. Dies führt zu einem enormen Temperaturanstieg, der eine thermonukleare Explosion auslöst, die den Stern völlig zerstört.

Die ersten Sterne beendeten als gewaltige Leuchtfeuer das Dunkle Zeitalter des jungen Universums. Doch nur kurz war ihre Existenz. Längst sind sie alle in Hypernova-Explosionen zugrunde gegangen. Wie oben beschrieben, konnten sich danach keine Monstersterne der Population III mehr bilden.

Gab es wirklich diese Superleuchten des Universums? Nun, ein Blick in die Tiefen des Universums ist auch ein Blick in der Zeit zurück, in die Vergangenheit. Leider reichen selbst unsere größten Teleskope nicht aus, Sterne der Population III direkt zu sehen. Selbst die leuchtkräftigsten Monstersterne sind in zwölf oder gar dreizehn Milliarden Lichtjahren Entfernung nicht hell genug, um erkannt zu werden. Hinzu kommt die enorme kosmologische Rotverschiebung, die sie zu Objekten im Infraroten macht. Und solche Quellen gibt es in ungeheurer Zahl. Kaum möglich, darunter einen Pop-III-Stern zu identifizieren.

1.17 Der NASA-Satellit SWIFT registriert Gamma-Strahlenblitze, die „Todesschreie“ detonierender, massereicher Sterne.

Wenn schon keine direkte Beobachtung einzelner Monstersterne der ersten Generation möglich ist, so sucht man nach Spuren von ihnen, die vom kollektiven Licht aller Pop-III-Sterne vorhanden sein dürften. Mit dem Spitzer-Weltraumteleskop glauben einige Astronomen, Fluktuationen im nahen Infrarot-Hintergrundleuchten gefunden zu haben, die auf Pop-III-Sterne hindeuten. Sichere Beweise gibt es dafür noch nicht.

Hypernovae hingegen müssten hell genug sein, um mit dem geplanten James-Webb-Space-Telescope (JWST) detektiert zu werden. Man geht davon aus, pro Quadratgrad einige hundert

Hypernovae zu finden. Immerhin wird das JWST über eine wirksame freie Öffnung von 6,5 Metern verfügen.

Eine andere Methode ist die Suche nach Strahlungsausbrüchen im extrem kurzwelligen Spektralbereich, nämlich nach Gammastrahlen zu fahnden. Solche Gamma Ray Bursts (GRBs) werden auch bei bestimmten Supernovatypen und beim Verschmelzen von Neutronensternen erzeugt. Man schätzt, dass etwa zehn Prozent der GRBs von Hypernovae erzeugt werden, die in der ersten Milliarde Jahre des Universums detonierten. So registrierte der NASA-Satellit SWIFT im September 2005 einen GRB, der vom Ende eines Sternes in 12,8 Milliarden Lichtjahren Entfernung kündete.

Dies war vermutlich eine Hypernova, das finale Schauspiel eines Pop-III-Sternenmonsters. Man hofft, in den nächsten Jahren mehr über jene Superleuchten zu erfahren, die vor mehr als dreizehn Millionen Jahren das Dunkle Zeitalter des Universums beendeten und die weiteren Entwicklungen im Kosmos erheblich beeinflussten.

Februar 2008

- Zu Monatsbeginn kommt es zu einer engen Begegnung von Venus mit Jupiter am Morgenhimmel
- Am 21. Februar findet eine totale Mondfinsternis statt, die von Mitteleuropa aus in den Morgenstunden beobachtbar ist.
- Saturn steht am 24. in Opposition zur Sonne

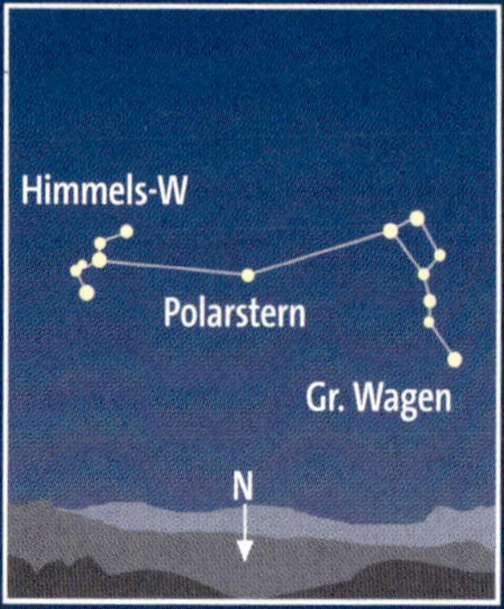

Großer Wagen und Himmels-W Anfang Februar um 22 Uhr

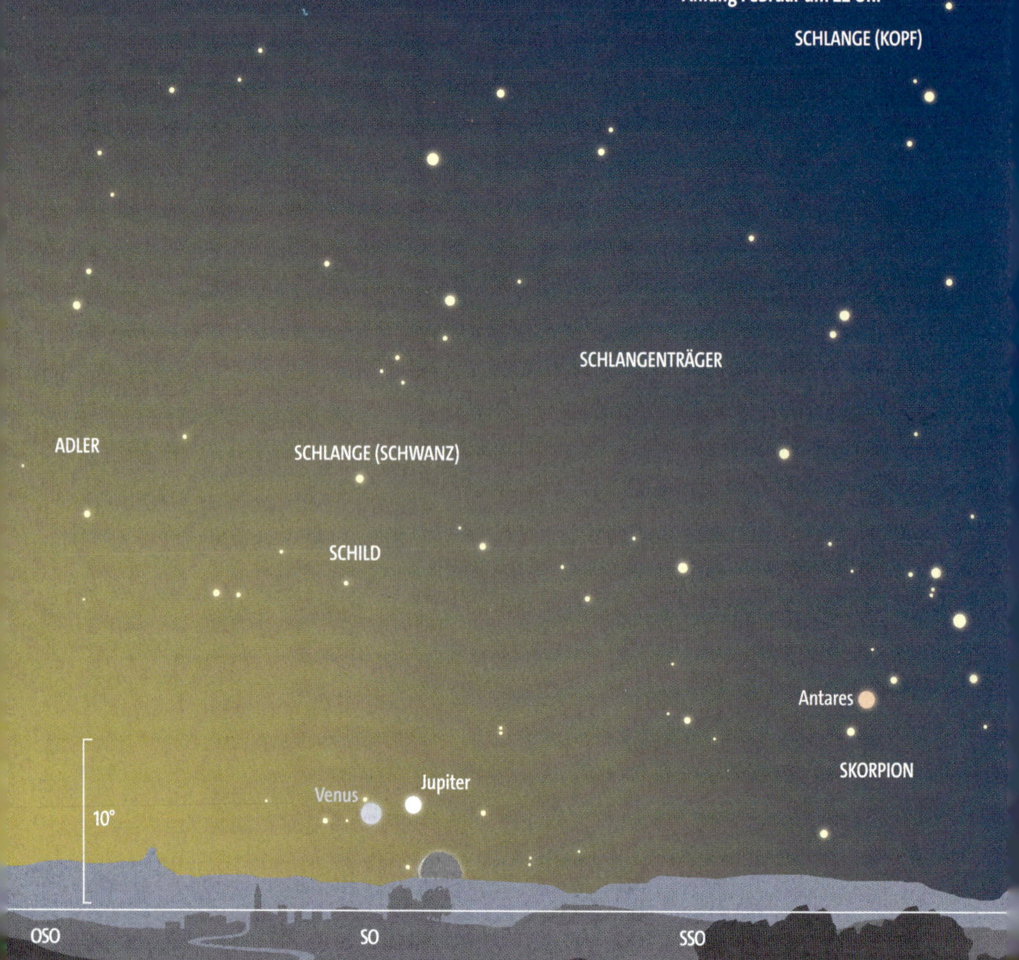

2.1 Anblick des morgendlichen Südosthimmels am 4. Februar gegen 7h MEZ. Knapp über dem Horizont ist das Dreigestirn Venus, Jupiter und die dünne Sichel des abnehmenden Mondes zu erkennen.

1 Fr	Venus bei Jupiter, Abstand 0°,6 um 7^h Merkur bei Neptun, Abstand 3°,2 um 21^h
2 Sa	
3 So	
4 Mo	Mond bei Jupiter, Abstand 4°,8 um 7^h Mond bei Venus, Abstand 5°,9 um 7^h
5 Di	
6 Mi	Aschermittwoch Merkur in unterer Konjunktion mit der Sonne
7 Do	**Neumond** – Sonnenfinsternis Mond bei Merkur, Abstand 4°,9 um 1^h
8 Fr	
9 Sa	Mond bei Uranus, Abstand 2°,8 um 11^h
10 So	
11 Mo	Neptun in Konjunktion
12 Di	
13 Mi	
14 Do	**Mond im ersten Viertel**
15 Fr	
16 Sa	Mond bei Mars, Abstand 3°,5 um 4^h
17 So	
18 Mo	Merkur im Stillstand, dann rechtläufig
19 Di	
20 Mi	
21 Do	**Vollmond** – Totale Mondfinsternis Mond bei Saturn, Abstand 4°,4 um 6^h
22 Fr	
23 Sa	
24 So	Saturn in Opposition
25 Mo	Sternschnuppen Delta-Leoniden
26 Di	
27 Mi	Merkur bei Venus, Abstand 1°,1 um 7^h
28 Do	
29 Fr	**Mond im letzten Viertel**

Sonne – Sternbilder

16. 2. 24h:
Sonne tritt in das Sternbild Wassermann
19. 2. 9h:
Sonne tritt in das Tierkreiszeichen Fische
Julianisches Datum am
1. Februar, 1h MEZ: 2454497,5

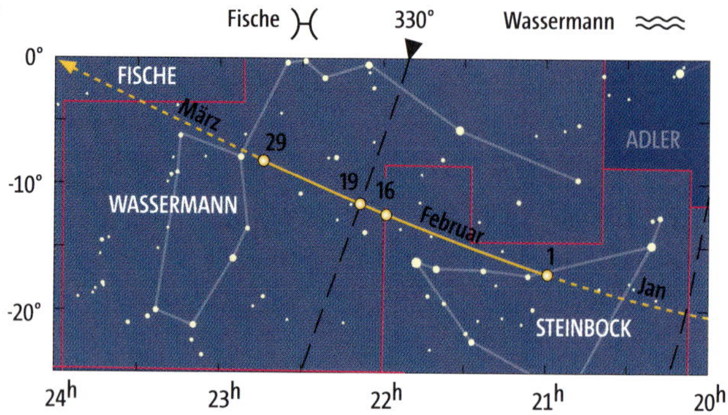

Tabelle Sonnenlauf

Tag	Dämmerg. Anfang	Aufgang MEZ	Kulmination	Untergang MEZ	Dämmerg. Ende	Mittagshöhe	Zeitgleichg.	Rektaszension	Deklination
	h m	h m	h m	h m	h m	°	m	h m	°
1.	6 41	7 55	12 33	17 13	18 27	22,8	–13	20 55	–17,4
5.	6 36	7 49	12 34	17 20	18 33	24,0	–14	21 11	–16,2
10.	6 28	7 41	12 34	17 28	18 41	25,5	–14	21 31	–14,7
15.	6 21	7 32	12 34	17 37	18 48	27,2	–14	21 51	–13,0
20.	6 12	7 23	12 34	17 46	18 56	28,9	–14	22 11	–11,3
25.	6 03	7 13	12 33	17 54	19 04	30,8	–13	22 30	– 9,5
29.	5 55	7 05	12 32	18 01	19 11	32,3	–12	22 45	– 8,0

Tages- und Nachtstunden

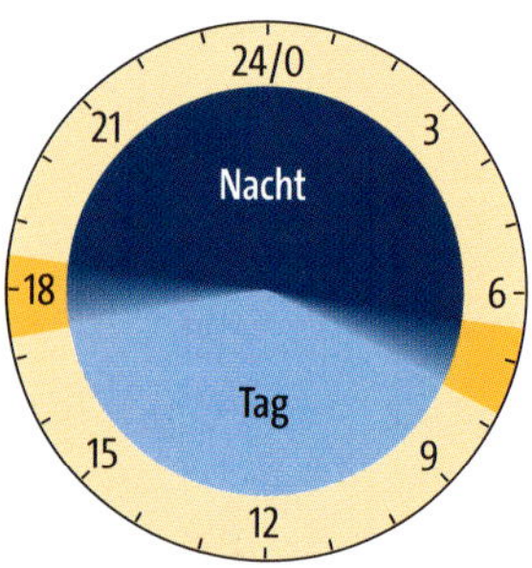

5. Februar

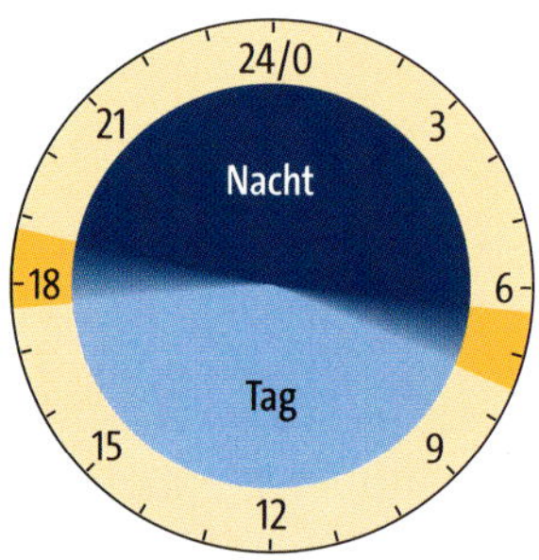

15. Februar

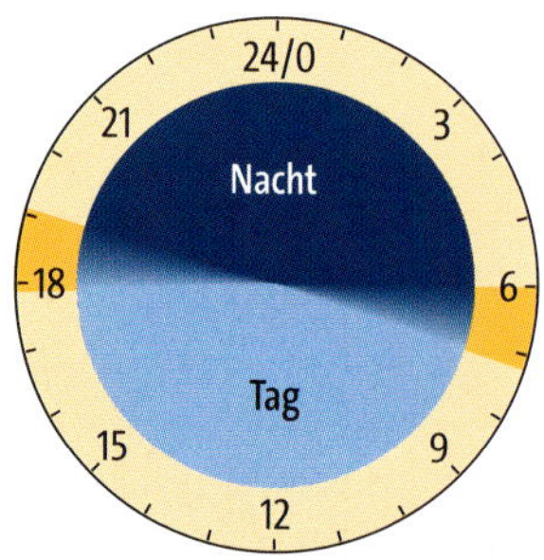

25. Februar

Tabelle Mondlauf

Datum		Aufg. MEZ	Kulmination	Unterg. MEZ	Rektaszension	Deklination	Sterne und Sternbilder	Phase	MEZ
		h m	h m	h m	h m	°			
Fr	1.	3 55	7 41	11 22	15 50	−25,5	Skorpion		
Sa	2.	5 00	8 32	12 03	16 42	−27,4	Antares		
So	3.	5 56	9 25	12 56	17 37	−28,0	Schlangenträger		
Mo	4.	6 41	10 18	14 01	18 32	−27,3	Schütze, Nunki		
Di	5.	7 15	11 11	15 15	19 27	−25,2	Schütze, Nunki		
Mi	6.	7 41	12 02	16 34	20 21	−21,8	Steinbock	Libration Ost	
Do	7.	8 01	12 51	17 54	21 13	−17,2	Steinbock	**Neumond**	**4^h 44^m**
								Aufsteigender Knoten	
Fr	8.	8 17	13 38	19 14	22 04	−11,7	Wassermann		
Sa	9.	8 32	14 25	20 34	22 53	− 5,6	Wassermann		
So	10.	8 46	15 12	21 55	23 42	+ 0,8	Fische		
Mo	11.	9 01	16 00	23 18	0 32	+ 7,3	Fische		
Di	12.	9 18	16 51	–	1 23	+13,5	Fische		
Mi	13.	9 40	17 45	0 43	2 17	+19,0	Widder, Hamal		
Do	14.	10 10	18 44	2 10	3 15	+23,5	Stier, Plejaden	**Erstes Viertel**	**4^h 33^m**
								Erdnähe 370/32,′3	2^h
								Größte Nordbreite	
Fr	15.	10 52	19 45	3 32	4 16	+26,6	* Stier, Plejaden		
Sa	16.	11 49	20 47	4 44	5 19	+28,0	Stier, Al Nath		
So	17.	13 01	21 48	5 39	6 23	+27,5	Zwillinge		
Mo	18.	14 23	22 45	6 19	7 24	+25,4	* Kastor, Pollux		
Di	19.	15 46	23 37	6 48	8 23	+21,7	Krebs, Krippe		
Mi	20.	17 08	–	7 09	9 17	+16,9	Krebs	Absteigender Knoten	
Do	21.	18 26	0 26	7 25	10 07	+11,3	Löwe, Regulus	**Vollmond**	**4^h 30^m**
								Libration West	
Fr	22.	19 40	1 11	7 39	10 55	+ 5,4	* Löwe		
Sa	23.	20 53	1 53	7 52	11 41	− 0,6	Jungfrau		
So	24.	22 05	2 35	8 04	12 25	− 6,5	Jungfrau		
Mo	25.	23 16	3 17	8 18	13 10	−12,0	Spica		
Di	26.	–	4 01	8 34	13 56	−17,0	Jungfrau		
Mi	27.	0 28	4 46	8 55	14 43	−21,2	Waage		
Do	28.	1 39	5 33	9 21	15 32	−24,6	Waage	Erdferne 404/29,′5	2^h
								Größte Südbreite	
Fr	29.	2 46	6 23	9 56	16 24	−26,9	* Antares	**Letztes Viertel**	**3^h 18^m**

Der Mond begegnet Saturn und Regulus

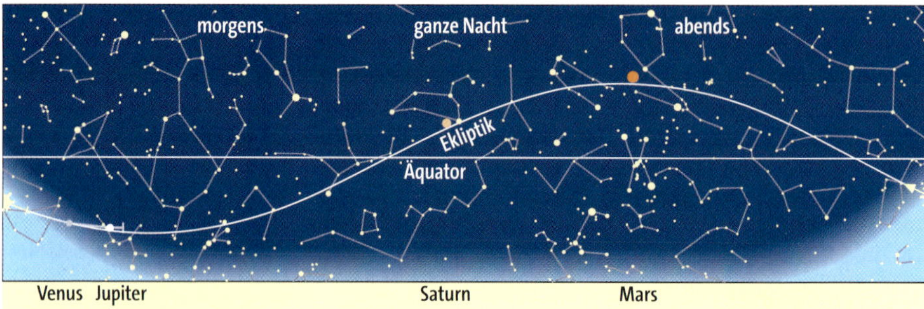

Merkur eilt zu Monatsbeginn rückläufig auf die Sonne zu, mit der er schon am 6. zusammentrifft. An diesem Tag steht er in unterer Konjunktion mit der Sonne und kehrt seine unbeleuchtete Hälfte der Erde zu – die Phase „Neumerkur" tritt ein. Da Merkur in unterer Konjunktion etwa 4° nördlicher als die Sonne steht, zieht er nicht als dunkler Punkt vor der Sonnenscheibe vorbei, es ereignet sich kein Merkurtransit.

Nach der unteren Konjunktion entfernt sich Merkur rasch rückläufig von der Sonne. Am 18. beendet der flinke Planet seine Rückläufigkeit und wird wieder rechtläufig. Obwohl bis Monatsende die westliche Elongation von Merkur auf stolze 27° anwächst, reicht dies nicht für eine Morgensichtbarkeit: Da Ende Februar Merkur fast 9° südlicher als die Sonne im Tierkreis dahinwandert, fällt sein Tagbogen entsprechend kleiner aus als der der Sonne.

Zu Monatsende und im Laufe des März umtanzt Merkur unseren inneren Nachbarplaneten, die Venus (siehe Abb. 2.3 auf Seite 47). Am 26. zieht der 0ᵐ,3 helle Merkur 1°,3 nördlich an Venus vorbei. Um diese Begegnung zu beobachten, ist ein lichtstarkes Fernglas erforderlich, denn Merkur geht am 25. erst um 6^h12^m und am 29. um 6^h08^m auf. Die Dämmerung hat zu diesem Termin bereits begonnen. Die Begegnung von Merkur mit Neptun am 1. bleibt unbeobachtbar.

Venus ist weiterhin am Morgenhimmel vertreten, wenn auch ihre Sichtbarkeitsbedingungen ungünstiger werden; ihr Rückzug vom Morgenhimmel kündigt sich an. Am 17. wechselt sie aus dem Sternbild Schütze in das des Steinbocks.

Die Venusaufgänge erfolgen am 1. um 6^h12^m, am 15. um 6^h21^m und am 29. um 6^h16^m. Die Venushelligkeit sinkt weiter leicht auf −3ᵐ,9 ab.

Am 1. kommt es zu einer relativ engen Begegnung mit Jupiter, Venus wandert nur eine Vollmondbreite nördlich am Riesenplaneten vorbei. Die beiden hellsten Planeten bieten einen auffälligen Anblick am Morgenhimmel. Zu ihnen gesellt sich am 4. die dünne Sichel des abnehmenden Mondes (siehe Abb. 2.1 auf Seite 40 und Abb. 2.4 auf Seite 47).

Außerdem zieht Merkur eine Schleife um Venus. Am 26. steht Merkur 1°20′ nördlich von Venus (siehe Abb. 2.3 auf Seite 47).

Im Fernrohr zeigt sich das Venusscheibchen klein und rundlich. Am Monatsletzten hat

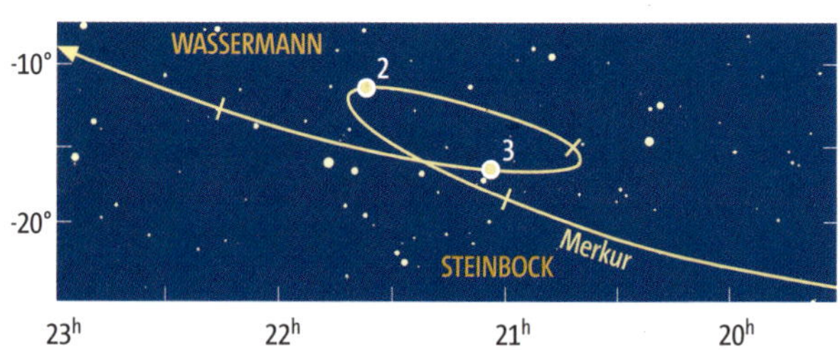

2.2 Die Bahn von Merkur:
Scheinbare Schleifenbahn des Planeten Merkur im Gebiet der Sternbilder Steinbock und Wassermann. Die Zahlen geben die Position von Merkur jeweils zum Monatsersten an (2 = 1. Februar 2008).

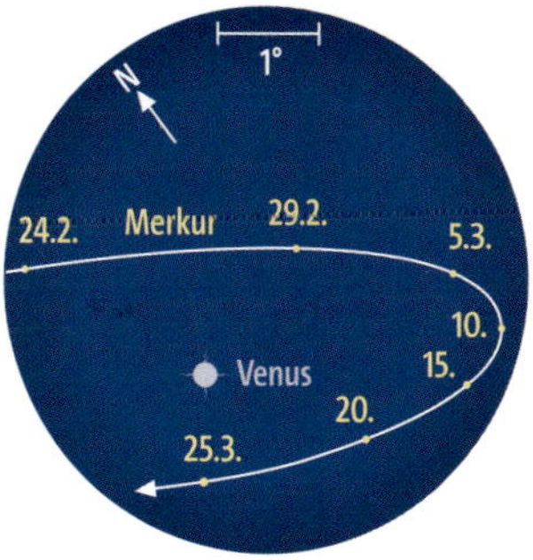

2.3 Merkur begegnet Venus:
Begegnung von Merkur und Venus Ende Februar und Ende März. Eingetragen ist die Bewegung von Merkur *relativ* zur Venus. Fernglasanblick bei 5° Gesichtsfelddurchmesser.

es nur noch 11,″3 scheinbaren Durchmesser, wobei es zu 90 % beleuchtet ist.

Mars, wieder rechtläufig im Stier, entfernt sich von Al Nath (β Tauri) und steuert auf die Zwillinge zu. Nach wie vor ist der rote Planet ein auffälliges Gestirn am Nachthimmel, wenn auch seine Helligkeit während des Monats von $-0^{\mathrm{m}}{,}6$ auf $0^{\mathrm{m}}{,}2$ erheblich nachlässt.

Vom Morgenhimmel zieht sich Mars langsam zurück. Seine Untergänge verlagern sich von $5^{\mathrm{h}}43^{\mathrm{m}}$ zu Monatsbeginn auf $4^{\mathrm{h}}10^{\mathrm{m}}$ am Monatsletzten.

Der Durchmesser des Marsscheibchens geht auf 9,″1 zurück, Details sind nun schwieriger auf dem Marsglobus auszumachen.

In den Morgenstunden des 16. passiert der zunehmende Halbmond den roten Planeten.

Jupiter, rechtläufig im Schützen, baut seine Morgensichtbarkeit aus. Am 1. kommt es zu einer Begegnung mit Venus. Nur 35′ nördlich zieht Venus an Jupiter vorbei – ein auffälliger Himmelsanblick am Morgenhimmel knapp über dem Südosthorizont (siehe Abb. 2.4 rechts). Zu den beiden hellsten Planeten am irdischen Firmament gesellt sich am 4. die schmale Sichel des abnehmenden Mondes – ein hübsches Dreigestirn am Morgenhimmel gegen 7^{h}.

Der Jupiteraufgang erfolgt am 1. um $6^{\mathrm{h}}17^{\mathrm{m}}$ und am 15. um $5^{\mathrm{h}}33^{\mathrm{m}}$. Am 29. steigt der inzwischen $-2^{\mathrm{m}}{,}0$ helle Riesenplanet bereits um $4^{\mathrm{h}}47^{\mathrm{m}}$ über die südöstliche Horizontlinie.

Zur Monatsmitte wandert Jupiter nördlich an Nunki (σ Sgr) im Schützen vorbei.

Saturn, rückläufig im Löwen, steuert auf den Hauptstern Regulus zu (siehe Abb. 2.5 auf Seite 48). Am 24. steht er in **Opposition** zur Sonne. Damit ist eigentlich schon alles gesagt: Ganze Nacht über beobachtbar, maximale Helligkeit, geringste Entfernung von der Erde und somit beste Sichtbarkeit des ganzen Jahres.

Während der Saturnaufgang am 1. noch um $19^{\mathrm{h}}16^{\mathrm{m}}$ erfolgt, steigt der Ringplanet am Tag der Opposition schon um $17^{\mathrm{h}}36^{\mathrm{m}}$ über die Horizontlinie, nimmt seine höchste Stellung im Süden (Kulmination) um $0^{\mathrm{h}}34^{\mathrm{m}}$ ein und geht am nächsten Morgen um $7^{\mathrm{h}}32^{\mathrm{m}}$ unter. Bis Monatsende verfrühen sich die Saturnuntergänge dann unwesentlich auf $7^{\mathrm{h}}15^{\mathrm{m}}$.

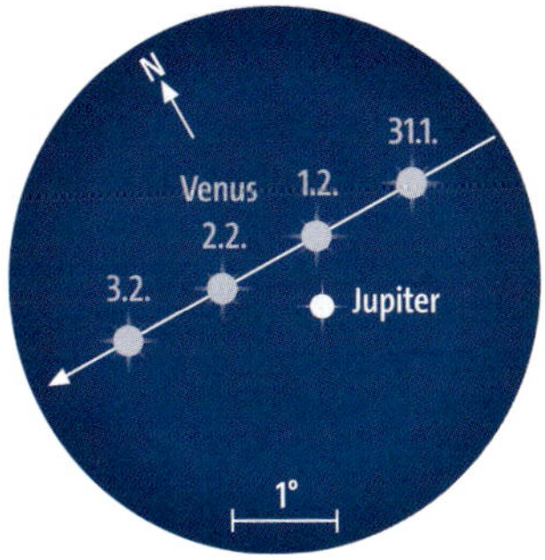

2.4 Venus trifft Jupiter:
Venus zieht Anfang Februar an Jupiter vorbei. Fernglasanblick bei 5° Gesichtsfelddurchmesser.

Die Oppositionshelligkeit von Saturn beträgt diesmal $0^{\mathrm{m}}{,}2$. Saturn kann zur Opposition wesentlich heller werden, nämlich bis $-0^{\mathrm{m}}{,}5$. Dies tritt bei maximaler Ringöffnung ein. Doch diesmal beträgt die Ringöffnung nur $8{,}^{\circ}6$, wobei wir auf die Südseite des Ringes sehen. Der Ring liefert in diesem Jahr nicht so viel Licht wie bei maximaler Öffnung von 27°.

Der scheinbare Längsdurchmesser des Ringovals erreicht zur Opposition 45,″5, die senkrechte Ringachse misst 6,″6. Die Saturnkugel lässt im Fernrohr eine deutliche Abplattung erkennen. Der scheinbare Äquatordurchmesser beträgt 20,″0, der Poldurchmesser aber 17,″9. Dies entspricht einer Abplattung von 1:9. Der Saturnglobus weist die stärkste Abplattung aller Planeten auf.

Zur Opposition ist Saturn 1240 Millionen Kilometer von der Erde entfernt, dies entspricht dem Achtfachen der Entfernung Erde–Sonne (= 8,29 AE). Das Licht benötigt somit eine

Stunde und neun Minuten, um von Saturn zur Erde zu gelangen. Die Sonnendistanz von Saturn misst zur Opposition 1388 Millionen Kilometer (= 9,28 AE).

Der Vollmond begegnet Saturn am 21. (siehe auch Mondlaufgrafik auf Seite 45).

Uranus, der rechtläufig durch den Wassermann wandert, nähert sich seiner Konjunktionsstellung mit der Sonne, die er aber erst Anfang nächsten Monats erreicht. Der grünliche Planet hat sich vom Abendhimmel zurückgezogen und bleibt unbeobachtbar.

Neptun wird am 11. von der Sonne um 3^h morgens überholt – er steht in Konjunktion mit der Sonne am Taghimmel und bleibt nachts unbeobachtbar.

Diesmal kommt es nicht zu einem – von Neptun aus betrachtet – Erdtransit wie in den letzten acht Jahren. Die Begegnung mit Merkur am 1. bleibt ebenfalls unbeobachtbar.

Zur Konjunktion ist Neptun 4642 Millionen Kilometer (= 31,0 AE) von der Erde entfernt. Von der Sonne trennen ihn 4494 Millionen Kilometer (= 30,0 AE). Dies entspricht einer Lichtlaufzeit von vier Stunden und 10 Minuten.

Planetoiden

Ceres (1) eilt rechtläufig durch den Widder. Ihre Helligkeit sinkt weiter auf $8^m{,}9$ ab. Außerdem verfrühen sich ihre Kulminationszeiten erheblich.

Ab der Monatsmitte wird man Ceres nur noch schwierig aufsuchen können (siehe auch Aufsuchkärtchen 10.7 auf Seite 200). Am 1. erfolgt die Cereskulmination um 18^h22^m, am 15. um 17^h39^m und am 29. schon um 16^h59^m.

Vesta – Planetoid Nr. 4 – kommt am 20. in Konjunktion mit der Sonne. Von der Erde trennen Vesta an diesem Tag 491 Millionen Kilometer (= 3,28 AE), ihre Sonnendistanz misst 344 Millionen Kilometer (= 2,30 AE).

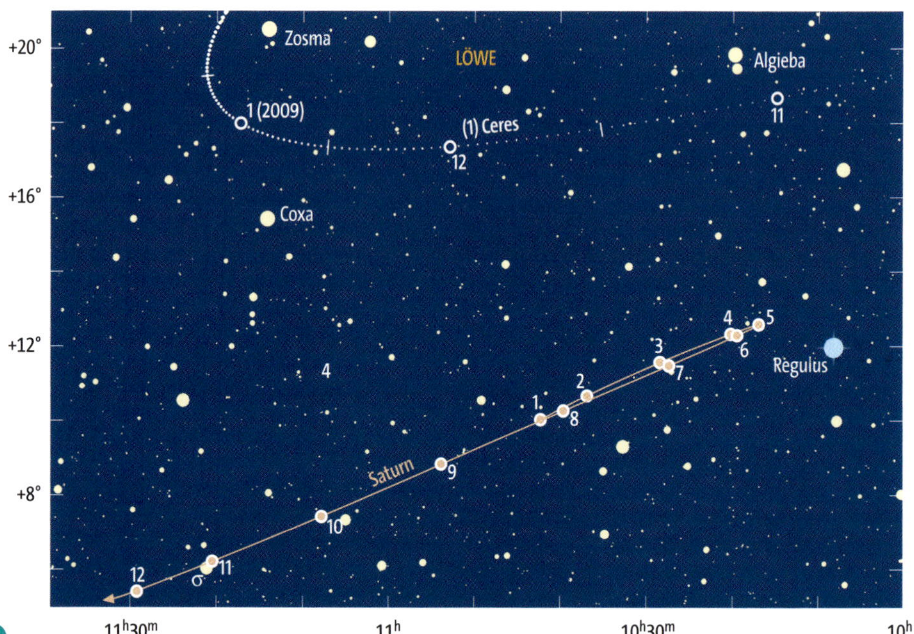

2.5 Bewegung von Saturn: **Scheinbare Bahn von Saturn im Jahre 2008 im Sternbild Löwe. Die Zahlen geben die Positionen von Saturn zum jeweiligen Monatsersten an. Außerdem ist die scheinbare Bahn des Kleinplaneten (1) Ceres von Anfang November 2008 bis Anfang Januar 2009 eingetragen.**

Hebe (6) steht am 7. in **Opposition** zur Sonne. Der sechste Planetoid wandert rückläufig in nordwestlicher Richtung durch den Krebs und steuert auf M 44 (Krippe oder Praesepe) zu. Zu Monatsbeginn noch $9^{\mathrm{m}},0$ hell, erreicht Hebe am Oppositionstag immerhin $8^{\mathrm{m}},8$. Bis Ende Februar sinkt die Helligkeit bereits auf $9^{\mathrm{m}},6$ ab (siehe auch Abb. 2.6 auf Seite 50).

Am 1. kulminiert Hebe um $1^{\mathrm{h}}03^{\mathrm{m}}$, am Oppositionstag um $0^{\mathrm{h}}34^{\mathrm{m}}$ und zu Monatsende schon um $22^{\mathrm{h}}44^{\mathrm{m}}$.

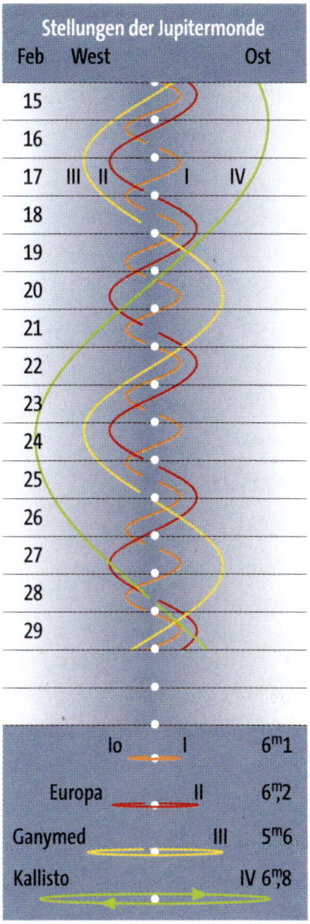

Zur Opposition trennen Hebe 238 Millionen Kilometer (= 1,59 AE) von der Erde und 386 Millionen Kilometer (= 2,58 AE) von der Sonne.

Eunomia (15) stand zu Beginn des Vormonats in Opposition zur Sonne. Am 26. beendet sie ihre rückläufige Bewegung und wird stationär. Anschließend wandert sie wieder rechtläufig durch die Zwillinge, wobei sie südlichere Deklinationen anstrebt (siehe auch Abb. 3.3 und 3.4 auf Seite 67). Während des Monats geht ihre Helligkeit von $8^{\mathrm{m}},9$ auf $9^{\mathrm{m}},6$ erheblich zurück, so dass es für den Sternfreund schwierig wird, Eunomia noch zu erspähen.

Kleinplanet Nr. 15 passiert am 1. um $22^{\mathrm{h}}39^{\mathrm{m}}$ den Meridian, am 15. um $21^{\mathrm{h}}36^{\mathrm{m}}$ und am Monatsende bereits um $20^{\mathrm{h}}40^{\mathrm{m}}$.

Jupitermonde

Tag	MEZ h m	Vorgang	
15.	7 03	III	SE
16.	6 31	II	SE
19.	6 57	I	SA
20.	6 19	IV	DA
23.	6 26	II	SA
25.	5 17	II	BE
26.	5 18	III	BE
27.	6 10	I	VA
28.	5 33	I	SE
	6 34	I	DE

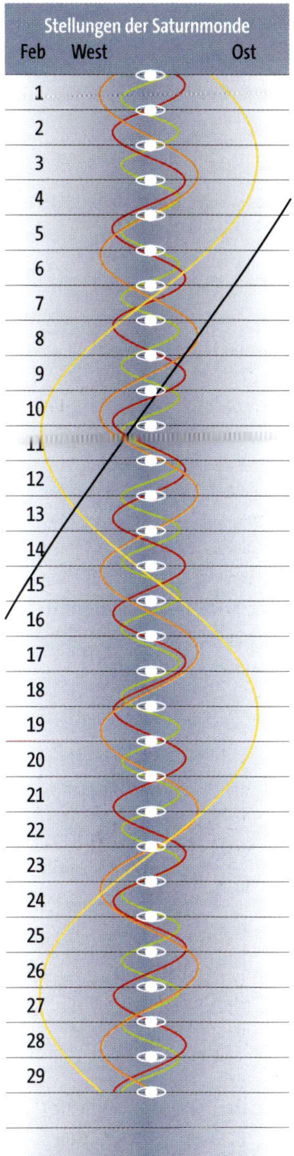

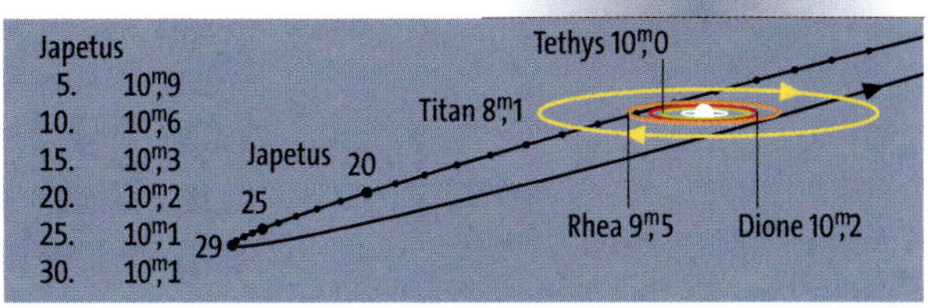

Periodische Sternschnuppenströme

Zwischen 6. und 9. Februar sind die **Alpha-Aurigiden** zu erwarten. Ihr Maximum ist nicht sehr ausgeprägt. Der Ausstrahlungspunkt liegt in der Nähe von Kapella. Nur wenige, aber helle und langsame Meteore tauchen auf. Die beste Beobachtungszeit ist um Mitternacht.

In den letzten Jahren scheint der Strom versiegt zu sein.

Die **Delta-Leoniden** erreichen ihr Maximum um den 25. Februar. Sie sind ein schwacher Strom, der sich zwischen dem 15. Februar und dem 10. März bemerkbar macht, wobei es sich um langsame Objekte handelt (um 23 Kilometer pro Sekunde).

Zum Monatsende erscheinen die ersten **Virginiden** am Morgenhimmel.

Konstellationen und Ereignisse

Datum	MEZ	Ereignis
1.	14^h	**Venus bei Jupiter**, Venus 0°,6 nördlich, **Abstand 0°,6 um 7^h**
1.	21^h	Merkur bei Neptun, Merkur 3°,2 nördlich
4.	7	**Mond bei Jupiter**, Mond 4°,0 südlich, **Abstand 4°,8 um 7^h**
4.	13	**Mond bei Venus**, Mond 4°,3 südlich, **Abstand 5°,9 um 7^h**
6.	19	Merkur in unterer Konjunktion mit der Sonne
7.	1	Mond bei Merkur, Mond 4°,9 südlich
7.	5	Ringförmige Sonnenfinsternis – von Mitteleuropa aus unbeobachtbar (siehe Seite 13)
7.	12	Mond bei Neptun, Mond 0°,3 südlich
9.	11	Mond bei Uranus, Mond 2°,8 nördlich
11.	3	Neptun in Konjunktion mit der Sonne
16.	9	**Mond bei Mars**, Mond 1°,6 nördlich, **Abstand 3°,5 um 4^h**
18.	17	Merkur im Stillstand, anschließend rechtläufig
21.	5	**Totale Mondfinsternis** – von Mitteleuropa aus beobachtbar (siehe Seite 14)
21.	13	**Mond bei Saturn**, Mond 2°,8 südlich **Abstand 4°,4 um 6^h**
24.	11	**Saturn in Opposition** zur Sonne
26.	4	**Merkur bei Venus**, Merkur 1°,3 nördlich, **Abstand 1°,1 um 7^h am 27.** (Fernglas!)

2.6 Scheinbare Bahn des Kleinplaneten (6) Hebe im Gebiet der Sternbilder Löwe und Krebs von Januar bis Anfang März 2008.

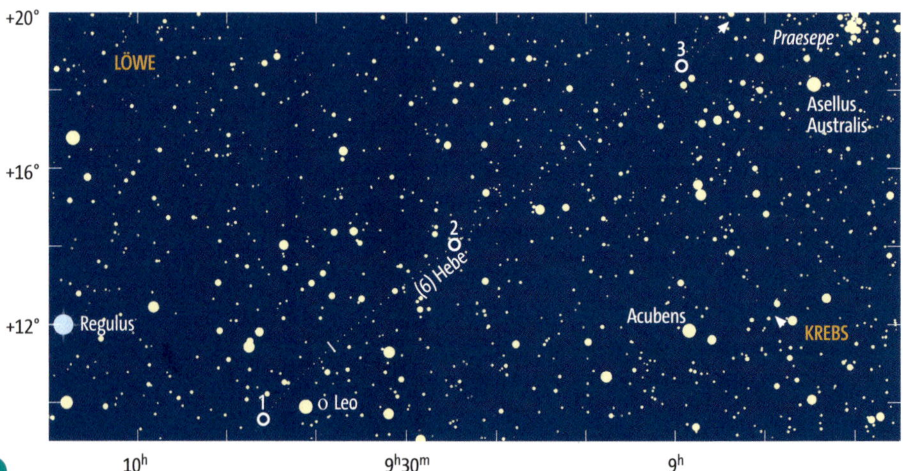

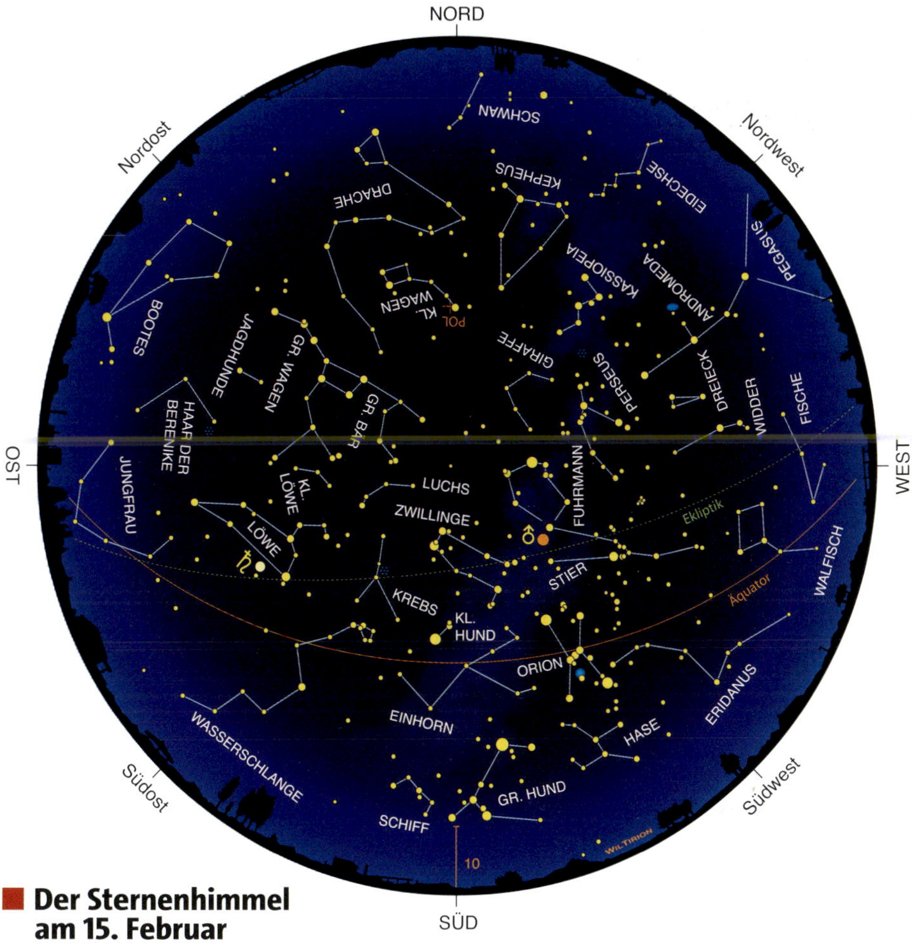

Der Sternenhimmel am 15. Februar um 22ʰ MEZ

Die Sternkarte ist auch gültig für:

	MEZ	MESZ
1.11.	5h	
15.11.	4	
1.12.	3	
15.12.	2	
1. 1.	1	
15. 1.	0	
1. 2.	**23**	
15. 2.	**22**	
28. 2.	**21**	
15. 3.	20	

Noch hat sich der Anblick des abendlichen Sternenzeltes gegenüber dem Vormonat nicht wesentlich verändert.

Denn die Himmelsbühne hat sich erst um 30° gedreht, wenn man zur gleichen Uhrzeit wie im Vormonat zum Sternenhimmel blickt.

Die Monatssternkarte zeigt den Himmelsanblick jeweils zur Monatsmitte um 22ʰ MEZ.

Die gleiche Sternbilderszenerie zeigt sich beim Himmelsanblick am Monatsersten um 23ʰ und am Monatsletzten um 21ʰ. Da ein Sterntag 23ʰ56ᵐ lang ist, kulminieren alle Sterne täglich vier Minuten früher als am Vortag. Nach einem Monat, also nach dreißig Tagen, passieren alle Sterne den Meridian zwei Stunden früher (4 mal 30 ergibt 120 Minuten).

Noch hat sich der Anblick des abendlichen Sternenzeltes gegenüber dem Vormonat nicht wesentlich verändert. Denn die Himmelsbühne hat sich erst um 30° gedreht, wenn man zur gleichen Uhrzeit wie im Vormonat zum Sternenhimmel blickt. Die Monatssternkarte zeigt den Himmelsanblick jeweils zur Monatsmitte um 22^h MEZ. Er entspricht dem Himmelsanblick am Monatsersten um 23^h und am Monatsletzten um 21^h. Da ein Sterntag 23^h56^m lang ist, kulminieren alle Sterne täglich vier Minuten früher als am Vortag. Nach einem Monat, also nach dreißig Tagen, passieren alle Sterne den Meridian zwei Stunden früher (4 mal 30 ergibt 120 Minuten).

Vom Winter- zum Frühlingssternhimmel

Orion hat bereits den Meridian durchschnitten. Sein rötlicher Schulterstern Beteigeuze und sein bläulicher Fußstern Rigel sind selbst am aufgehellten Stadthimmel gut zu erkennen, ebenso die drei in einer Linie stehenden Gürtelsterne. Nur unter guten Sichtbedingungen ist allerdings der Große Orionnebel (Katalogbezeichnung M 42) knapp südlich („unterhalb") der drei Gürtelsterne auszumachen. Dieses Sternentstehungsnest ist ein attraktives Objekt für Fernglasbeobachter.

Dem Himmelsjäger folgt der Große Hund, dessen intensiv bläulich strahlender Hauptstern Sirius eben den Himmelsmeridian (die „Nord-Süd-Linie") überschritten hat. Nur knapp neun Lichtjahre trennen uns von Sirius. Er zählt somit zu den Nachbarsternen unserer Sonne.

Am Osthimmel kündigt sich der kommende Frühling an: Der Löwe nimmt hier seinen Platz ein. Sein Hauptstern Regulus fällt als einziger Stern erster Größe in dieser Gegend sofort auf. Der zweite helle Lichtpunkt im Löwen ist kein Stern, sondern der Planet Saturn. Hoch über unseren Köpfen stehen die

2.7 Der doppelte Sternhaufen: Die offenen Sternhaufen h + χ im Sternbild Perseus (Foto: B. Hubl).

Zwillinge. Zwischen dem Löwen und den Zwillingen findet man den Krebs. Dem Namen nach kennt ihn fast jeder, da er zum Tierkreis gehört, dessen Bilder in Horoskopen regelmäßig erwähnt werden. Den Krebs aber am Sternenhimmel auszumachen, ist nicht einfach, da er nur aus lichtschwachen Sternen zusammengesetzt ist.

Gerade deshalb sollte man einmal versuchen, in einer mondlosen Nacht und ohne durch Straßenlampen gestört zu werden, dieses Tierkreisbild zu finden. Schon mit bloßen Augen kann man im Krebs den offenen Sternhaufen Praesepe (lat., Krippe) sehen, allerdings nur als schwaches Lichtfleckchen. In Sternkarten ist Praesepe häufig mit der Katalogbezeichnung M 44 eingetragen. Im Teleskop zeigt sich ein Gewimmel einzelner Sterne. 580 Jahre war das Licht der Praesepesterne unterwegs, wenn wir sie im Fernrohr betrachten.

Das Wintersechseck mit Kapella im Fuhrmann, Aldebaran im Stier, Rigel im Orion, Sirius im Großen Hund, Prokyon im Kleinen Hund und Pollux in den Zwillingen hat sich deutlich nach Westen verschoben. Von den Herbstbildern sind nur noch Andromeda und Perseus erwähnenswert.

Im Nordosten schiebt sich der Große Wagen langsam höher, während das Himmels-W, die Kassiopeia, zum Horizont herabsinkt – ihn aber als Zirkumpolarbild nicht erreicht. Von den sieben Sternen des Großen Wagens sind fünf Sterne etwa gleich weit entfernt, nämlich zwischen 78 und 84 Lichtjahren. Es sind dies Merak (β UMa), Phecda (γ UMa), Megrez (δ UMa), Alioth (ε UMa) und Mizar (ζ UMa). „UMa" steht für Ursa Maioris, der lateinische Genetiv von Großer Bär. Die sieben Wagensterne sind kein eigenständiges Sternbild sondern gehören zum Großen Bären (lat.: Ursa Maior). Außerdem zeigen die fünf Wagensterne gleiche Eigenbewegungen (nach Betrag und Richtung). Sie gehören zum Bärenstrom, einem Bewegungshaufen, zu dem noch rund hundert über den gesamten Himmel verstreute Sterne zählen.

Objekte für Feldstecher und Fernrohr

Der abendliche Wintersternhimmel ist besonders reich an prominenten Objekten für Fernglasbeobachter. Sie sind relativ hell und auch leicht zu finden. Zu den Paradeobjekten zählen die beiden offenen Sternhaufen Plejaden und Hyaden im Stier, der große Orionnebel (M 42) südlich der drei Gürtelsterne des Himmelsjägers und der offene Sternhaufen Krippe im Krebs. Alles Objekte, die schon mit bloßen Augen zu sehen sind, wenn man hellen Mondschein oder irdische Beleuchtung meidet, die aber erst im Fernglas richtig zur Geltung kommen. Schon der Einsteiger in die Himmelskunde findet sie schnell am Sternenhimmel. Auch bei Führungen am Teleskop einer Sternwarte werden sie gerne gezeigt. Weitere interessante Beobachtungsziele sind die beiden offenen Sternhaufen h und χ im Perseus, M 35 in den Zwillingen und M 41 im Großen Hund.

Die Plejaden bieten im Feldstecher oder im Teleskop bei niedriger Vergrößerung und großem Gesichtsfeld einen atemberaubenden Anblick. Mit bloßen Augen hat man den Eindruck, dass die sechs hellsten Sterne ein Sternmuster ähnlich dem Sternbild Kleiner Wagen bilden. Tatsächlich verwechseln manche Laien die Plejaden mit dem Kleinen Wagen. In Messiers Katalog tragen die Plejaden die Nummer 45.

Wie alle offenen Sternhaufen so sind auch die Plejaden ein recht junges Gebilde. Ihr Alter wird auf sechzig Millionen Jahre geschätzt. Neun Sterne sind relativ hell. Sie strahlen ein weißlich-bläuliches Licht aus. Es handelt sich dabei um sehr helle und massereiche Sterne. Insgesamt gehören rund 120 Sonnen zum Sternhaufen der Plejaden, der etwa 400 Lichtjahre von uns entfernt ist. Im Zentrum der Plejaden steht Alcyone, ein Vierfachstern, der schon in einem Zweizöller aufzulösen ist.

Die Hyaden sind nur ein Drittel so weit wie die Plejaden ent-

2.8 Schöner Doppelstern: Aufsuchkärtchen für den Doppelstern $\vartheta_{1,2}$ im Sternhaufen der Hyaden.

fernt, sie erscheinen daher unter einem größeren Blickwinkel. Im Gesichtsfeld eines Fernglases ist immer nur ein Ausschnitt der Hyaden zu sehen. Um die Hyaden zu erfassen, schwenke man sein Fernglas langsam über sie hinweg. Der Mythologie nach markieren die Hyaden den Kopf des Stieres. Aldebaran, der rötlich-gelbe Hauptstern des Stieres, steht mitten in den Hyaden. Mit 65 Lichtjahren Entfernung ist Aldebaran aber nur halb so weit weg wie die Mitgliedssterne der Hyaden. Er steht somit im Vordergrund und gehört nicht zu den Hyaden. Rund siebzig hellere Mitglieder zählt der Sternhaufen der Hyaden. Insgesamt gehören über zweihundert Sonnen zu den Hyaden. Bereits im Fernglas, theoretisch mit bloßen Augen, sieht man den Hyadenstern ϑ Tauri doppelt. ϑ_1 und ϑ_2 stehen in einer Distanz voneinander, die 5,7 Bogenminuten entspricht. Ein halbwegs normalsichtiges Auge sollte ϑ Tau spielend trennen, sind doch die Komponenten mit $3^{m}\!,8$ (ϑ_1) und $3^{m}\!,4$ (ϑ_2) relativ hell. Allein wegen der Fülle der Sterne bereitet es Mühe, ϑ_1 und ϑ_2 ohne Hilfe eines Fernglases zu identifizieren. ϑ_1 leuchtet orange, während ϑ_2 weiß strahlt. Beide Sonnen sind 155 Lichtjahre von uns entfernt.

Der Krabbennebel M 1 befindet sich ebenfalls im Sternbild Stier. Er steht knapp nordwestlich von ζ Tauri, dem südlichen Stierhorn. M 1 ist der Überrest einer Supernova, die am 4. Juli 1054 am irdischen Firmament aufflammte. Wegen seiner Form spricht man vom Krabbennebel (engl.: Crab Nebula). Die Bezeichnung „Krebsnebel" für M 1 ist irreführend: Weder steht das Gebilde im Sternbild Krebs, noch sieht es aus wie einer. Und die englische Bezeichnung für Krebs lautet cancer und nicht crab. Der Krabbennebel dehnt sich mit rund tausend Kilometer pro Sekunde aus. Im Jahre 1968 wurde im Zentrum von M 1 ein rasch rotierender Neutronenstern entdeckt, der sich als Pulsar mit einer Periode von 33 Millisekunden bemerkbar macht. Er war der zweite Pulsar überhaupt, den man aufspürte. Es ist der kümmerliche Rest des einst explodierten Sterns. Im Teleskop des Amateurs zeigt sich M 1 lediglich als kleines, verwaschenes Lichtfleckchen ohne die filamentartigen Struk-

Veränderliche Sterne im Februar

Algol-Minima	5. 2^h11^m	7. 23^h01^m	10. 19^h50^m	22. 7^h07^m	28. 0^h46^m	
β-Lyrae-Minima	6. 15^hH	13. 2^hN	19. 14^hH	26. 1^hN		
δ-Cephei-Maxima	1. 14^h	6. 23^h	12. 8^h	17. 16^h	23. 1^h	28. 10^h
Mira-Helligkeit	1. 3^m	10. 3^m	20. 3^m	29. 4^m		

2.9 Der Sternhaufen „Krippe“: Der offene Sternhaufen M 44 im Sternbild Krebs, auch Krippe oder Praesepe genannt.

turen, die auf lang belichteten Aufnahmen größerer Teleskope zu erkennen sind. M 1 ist rund 4000 Lichtjahre entfernt.

M 44 im Krebs, die Krippe oder Praesepe (lat.), ist ebenfalls ein sehr ansprechender offener Sternhaufen. Bei guten Sichtverhältnissen erkennt man M 44 schon mit bloßen Augen als mattes Lichtfleckchen mitten im Krebs. Die Amerikaner sprechen von Beehive (engl., Bienenkorb), wenn sie M 44 meinen. Tatsächlich macht im Fernglas die Sternenfülle den Eindruck eines Bienenschwarms. M 44 wird von der Ekliptik durchzogen, so dass dann und wann Planeten diesen Sternhaufen passieren. So wanderte Saturn im September 2005 und bei seiner Oppositionsschleife im Jahre 2006 zweimal knapp südlich an M 44 vorbei. Rund sechzig Sterne bis 6^{m} zählen zur Krippe, deren Entfernung bei 580 Lichtjahren liegt.

Der Sternhaufen M 35 in den Zwillingen steht jetzt am Abendhimmel hoch über uns. Dieser offene Haufen liegt etwa fünf Vollmondbreiten ($2\overset{\circ}{.}5$) nordwestlich, von Propus (η Geminorum). Im Fernglas erscheint ein längliches Lichtfleckchen, im Teleskop erkennt man ein Gewimmel von 300 Mitgliedssternen, die von uns im Mittel 2 800 Lichtjahre entfernt sind.

Den Doppelstern 38 Geminorum kann man schon in einem Dreizöller auflösen. Zwei weiße Sterne, $4\overset{m}{.}7$ und $7\overset{m}{.}7$ hell, stehen in $7\overset{''}{.}3$ Abstand.

Die Position des Sterns 38 in den Zwillingen findet man in der Sternkarte E7 im *Atlas für Himmelsbeobachter* von Erich Karkoschka. 38 Gem befindet sich südöstlich von γ Geminorum an der Grenze zum Sternbild Einhorn (Monoceros).

Saturn in Opposition

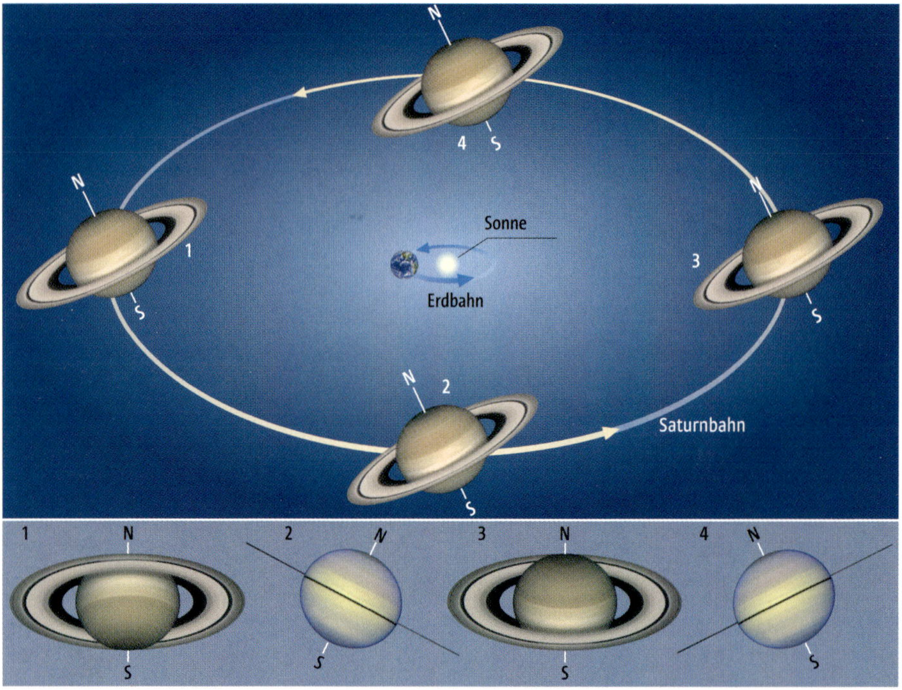

Der berühmte Ringplanet steht am 24. Februar dieses Jahres wieder einmal der Sonne gegenüber – vom irdischen Standpunkt aus betrachtet. Der Fachmann spricht von Opposition. Steht ein Planet in Opposition zur Sonne, so ist seine günstigste Beobachtungsperiode eingetreten: Er ist die ganz Nacht am Firmament vertreten, erreicht um Mitternacht seine höchste Stellung im Süden, hat die minimale Entfernung von der Erde und damit die größte scheinbare Helligkeit sowie den maximalen scheinbaren Durchmesser.

Saturnoppositionen treten jedes Jahr rund zwei Wochen später ein als im Vorjahr. Denn die synodische Umlaufszeit (von Opposition zu Opposition) von Saturn beträgt 378 Tage, ist also dreizehn Tage länger als ein irdisches Jahr. Im Jahr 2005 kam Saturn am 14. Januar in Opposition zur Sonne, 2006 am 28. Januar und 2007 am

2.10 Durch die Neigung des Saturnringes zur Ekliptikebene wechselt der Anblick des Ringplaneten von der Erde aus. In Position 1 ist die Südhalbkugel des Saturns der Erde zugekehrt, in Position 3 die Nordhalbkugel. Der Saturnring zeigt jeweils seine maximale Öffnung. In Position 2 und 4 blicken wir auf die Ringkante – für kurze Zeit wird der Ring unsichtbar.

10. Februar. Im Jahre 2009 wird Saturn schließlich am 8. März in Gegenschein zur Sonne stehen. Die relativ kurze synodische Umlaufszeit von Saturn ergibt sich, weil der Ringplanet relativ langsam durch den Tierkreis zieht und somit jeweils nach 378 Tagen von der Erde auf der Innenbahn überholt wird. Ein siderisches Saturnjahr, also ein voller Umlauf des Ringplaneten um die Sonne, dauert im Mittel 10 759 Tage, das sind knapp drei Jahrzehnte.

Bezaubernder Ringplanet

Nach dem Mond ist Saturn sicher das faszinierendste Himmelsobjekt, das man interessierten Laien im Teleskop zeigen kann. Ein Grund, den Ringplaneten in diesen Wochen ins Führungsprogramm einer Sternwarte aufzunehmen. Zwar besitzen alle Riesenplaneten, also auch Jupiter, Uranus und Neptun ein Ringsystem, aber Saturn bleibt mit seinem Ringsystem in unserem Sonnensystem unübertroffen. Denn er ist der einzige Planet, dessen Ring bereits in einem verhältnismäßig bescheidenen Teleskop gesehen werden kann. Die Ringe der anderen Planeten wurden von Raumsonden aufgenommen, mit indirekten Beobachtungsmethoden entdeckt oder sind nur Riesenteleskopen im infraroten Licht zugänglich.

Um den Saturnring zu erkennen, sollte man mit mindestens dreißigfacher Vergrößerung beobachten. Schon in einem lichtstarken Fernglas hat man bei fünfzehnfacher Vergrößerung den Eindruck, dass der bleiche Planet länglich erscheint. Erst ab sechzigfacher Vergrößerung ist der Ring so deutlich zu sehen, dass ihn auch ein Laie ohne vorherige Kenntnis auf Anhieb erkennt. Eindrucksvoll wirkt der Saturnring aber erst ab zweihundertfacher Vergrößerung, vorausgesetzt, die Luft ist ruhig und die freie Öffnung des Objektives ist nicht zu klein (bei 200-facher Vergrößerung mindestens 15 cm Öffnung bei Refraktoren, 20 cm bei Spiegelteleskopen). Ist die Öffnung zu klein, wird bei stärkerer Vergrößerung das Bild lichtschwach, blass und detailarm.

Galileo Galilei war mit seinem kleinen, selbst gefertigten Teleskop nicht in der Lage, den Saturnring zu erkennen. Er glaubte vielmehr, drei nebeneinander schwebende Kugeln zu sehen. Andere Zeitgenossen meinten, eine Kugel mit zwei Henkeln zu erkennen, wieder andere zeichneten eine brezelartige Figur. Erst Christian Huygens bemerkte 1656 die wahre Natur des Saturnringes. Er fand auch, dass sich der Anblick des Ringes im Laufe der Jahre verändert. Denn der Ring ist um 27° zur Bahnebene des Saturn geneigt. Da die Lage des Ringes raumfest bleibt, so ändert sich die Ringöffnung, wenn der Beobachter von der Erde aus zum Ring blickt entsprechend der Position, in der die Erde gerade Saturn überholt (siehe Abb. 2.10 auf Seite 56). Kreuzt die Erde die Ringebene, so wird der Ring sogar unsichtbar. Dies geschieht in Abständen von 13,75 und 15,75 Jahren. Dass das Intervall zwischen zwei Ringpassagen unterschiedlich lang ausfällt, liegt an der elliptischen Bahn von Saturn. In Sonnennähe, im Perihel also, beträgt Saturns Bahngeschwindigkeit 10,2 Kilometer pro Sekunde, im Aphel aber nur 9,1 Kilometer pro Sekunde. Letztmals wechselte die Erde 1996 von der Nord- auf die Südseite der Ringebene. Im Juli 2003 eilte Saturn durch sein Perihel (Sonnendistanz: 9,02 AE = 1349 Millionen Kilometer). Im September 2009 wird die Erde abermals die Ringebene kreuzen und auf die Nordseite wechseln. Im April 2018 wird Saturn sein Aphel passieren (Sonnendistanz: 10,07 AE = 1506 Millionen Kilometer). Der folgende Durchgang durch die Ringebene, wieder von Nord nach Süd, wird dann im März 2025 stattfinden.

Die Oppositionshelligkeiten von Saturn fallen ziemlich unterschiedlich aus. Dies liegt nicht nur an den unterschiedlichen Oppositionsentfernungen, je nachdem, an welcher Stelle die Erde gerade Saturn überholt, sondern vor allem an den differierenden Ringöffnungen. Blicken wir auf die Kanten des extrem dünnen Ringes, so liefert er überhaupt keinen Beitrag zur Gesamthelligkeit von Saturn. Ist der Ring jedoch voll geöffnet, so erreicht die Saturnhelligkeit ein Maximum. So betrug die scheinbare Helligkeit von Saturn zu seiner Opposition Silvester 2003 bei mit 26° fast maximal geöffnetem Ring $-0\overset{m}{,}5$. Bei seiner Opposition im September 1995, als die Ringkante zur Erde gerichtet war, wurde Saturn lediglich $0\overset{m}{,}7$ hell, war also um mehr als eine ganze Größenklasse lichtschwächer.

Bei seiner diesjährigen Opposition erreicht er immerhin eine scheinbare Helligkeit von $0\overset{m}{,}2$. Die Ringöffnung beträgt lediglich $-8\overset{\circ}{,}4$ (das Minus bedeutet, wir sehen zurzeit auf die Südseite

2.11 Anblick des Saturn in einem kleinen Fernrohr (Foto: Martin Wagner).

des Ringes). Bis Jahresende nimmt die Ringöffnung sogar auf –0°,8 (!) ab – der Saturnring zeigt sich als schmaler Strich. Im kommenden Jahr wird die Erde dann auf die Nordseite der Ringebene wechseln. Es lohnt sich also, in den kommenden Monaten Saturn regelmäßig zu beobachten, um die Abnahme der Ringöffnung zu registrieren.

So interessant für Fernrohrbeobachter das Ringsystem ist, die Saturnkugel selbst erscheint eher langweilig. Während auf dem Jupiterglobus die Wolkenstreifen und -bänder deutlich erkennbar sind und auch bei größerer Öffnung Farben erkennen lassen, erscheint der Saturnglobus auf den ersten Blick eher strukturlos. Erst bei genauerem Hinsehen erkennt man Wolkenstreifen, die parallel zum Saturnäquator verlaufen. Sie erscheinen aber eher blass und nur mit geringem Kontrast. Deutlich erkennbar ist jedoch die starke Abplattung der Saturnkugel als Folge seiner raschen Rotation. Saturn weist die größte Abplattung aller Planeten auf. Mit nur 107 000 Kilometer ist der Poldurchmesser wesentlich kürzer als der Äquatordurchmesser von 120 000 Kilometer. Damit ist der Poldurchmesser elf Prozent kürzer als der Äquatordurchmesser. Mit diesen Dimensionen ist Saturn der zweitgrößte Planet unseres Sonnensystems und wird nur noch von Jupiter übertroffen. Der mittlere Durchmesser des Saturns übertrifft den der Erde um das Neunfache.

Blasser Riese mit Flecken

Mit 95 Erdmassen ist Saturn nach Jupiter der massereichste Planet. Bei seiner gewaltigen Größe ergibt dies allerdings nur eine mittlere Dichte von 0,69 Gramm pro Kubikzentimeter, also geringer als Wasserdichte. In einem riesigen Ozean würde Saturn nicht untergehen sondern schwimmen. Es ist die geringste Dichte aller Planeten und der Sonne. Jupiter weist eine mittlere Dichte von 1,33 und die Sonne von 1,41 Gramm pro Kubikmeter auf.

Ähnlich wie Sonne und Jupiter zeigt auch Saturn eine differenzielle Rotation: Mit 10^h14^m siderischer Rotationsperiode am Äquator und 10^h40^m in höheren kronografischen Breiten treten in der Atmosphäre gewaltige Scherkräfte auf. Diese Angaben beziehen sich auf die oberen Wolkenschichten. Nach Beobachtungen der Cassini-Raumsonde rotiert die Saturn-Kugel in 10^h47^m einmal um ihre Achse. Die Stürme in der Saturnatmosphäre sind noch viel heftiger als auf Jupiter. Windgeschwindigkeiten bis zu 1600 Kilometer pro Stunde wurden registriert. Die Hauptbestandteile der Saturnluft sind molekularer Wasserstoff (93 %) und Helium (6 %) sowie Ammoniak und Methan.

Auch wenn die Beobachtung der Saturnkugel nicht so spannend ist, so lohnt es sich doch für Amateurastronomen, sie regelmäßig ins Visier zu nehmen. Denn gelegentlich tauchen als Jahreszeiteneffekt weiße Flecken auf der Wolkenoberfläche auf. Im Unterschied zu Jupiter, dessen Rotationsachse fast senkrecht auf seiner Umlaufsebene steht, ist die Saturnachse mit knapp 27° relativ stark zur Senkrechten auf der Umlaufsebene geneigt. So ist einmal die Nord- und dann wieder die Südhalbkugel der Sonne zugekehrt.

Während Christian Huygens aus Beobachtungen des Großen Roten Flecks (GRF) auf Jupiter dessen Rotationsdauer bestimmen konnte, gelang ihm dies bei Saturn nicht. Erst über hundert Jahre später gelang es Wilhelm Herschel im Jahre 1780, aus der Beobachtung eines auffälligen Flecks in der Saturnatmosphäre seine Rota-

2.12 Der Ringplanet Saturn in seiner vollen Pracht. Aufnahme der Raumsonde Cassini.

tionszeit zu etwas mehr als zehn Stunden zu bestimmen.

Asaph Hall, bekannt als Entdecker der beiden Minimonde des Mars, berichtete von einem weißen Fleck auf Saturn, den er am 7. Dezember 1876 erstmals mit dem 26-Zoll-Refraktor des US Naval Observatory in Washington D. C. sah. Er konnte den Fleck bis zum 2. Januar 1877 verfolgen. Im Laufe der Zeit gab es zahlreiche Sichtungen solcher weißer Flecken. Selbst in Teleskopen mit lediglich 15 cm Öffnung konnten in der Saturnatmosphäre derartige weiße Gebilde erkannt werden. Auffallend ist, dass die Flecken offenbar in einem dreißigjährigen Rhythmus auftreten und zwar jeweils auf der Nordhalbkugel des Saturn, wenn diese der Sonne zugekehrt ist und dort „Saturnsommer" herrscht. Vermutlich handelt es sich um riesige Wolken aus Ammoniak- und Ammoniumsulfideis, die durch thermische Effekte in höheren Schichten der Saturnatmosphäre entstehen. Ganz grob kann man dies mit der Bildung von Wolkentürmen vergleichen, die bei einem Gewitter im Hochsommer entstehen.

1000 Ringe und 56 Monde

Vier irdische Raumsonden haben bisher Saturn näher erforscht. Drei flogen knapp am Ringplaneten vorbei, die vierte schwenkte in eine Umlaufbahn ein und kurvt seither als künstlicher Satellit um Saturn. Als erste Raumsonde passierte Pioneer 11 den Ringplaneten am 1. September 1979 in nur 20 930 Kilometer Distanz. Es folgten Voyager 1 am 12. November 1980 und Voyager 2 am 25. August 1981. Schließlich erreichte nach siebenjähriger Reise die Raumsonde Cassini Anfang Juli 2004 den Saturn und wurde zum künstlichen Saturnsatelliten. An Bord hatte Cassini die europäische Tochtersonde Huygens, die sich im Dezember 2004 von Cassini löste und Mitte Januar 2005 in die dichte Atmosphäre des Riesenmondes Titan eindrang und weich auf seiner Oberfläche landete.

Cassini sandte die bisher bestaufgelösten Bilder von Saturn und seinem Ringsystem zur Erde. Die Aufnahmen lassen erkennen, dass sich der Saturnring aus Hunderten von Einzelringen zusammensetzt, weshalb Saturn auch den Beinamen „Herr der tausend Ringe" erhielt. Die Cassini-Mission ist längst noch nicht abgeschlossen. Nach wie vor spürt dieser irdische

2.13 Saturn, wie er von der Erde aus nie zu sehen ist: Aufnahme im Gegenlicht, gewonnen von der Raumsonde Cassini.

Späher neue Saturnsatelliten und Ringe auf. Inzwischen ist die Zahl der registrierten Saturntrabanten auf 56 angestiegen (Stand Dezember 2006). Auch über die sieben großen Saturnmonde werden immer mehr Details bekannt. Allein im Sommer 2006 wurden neun neue Saturnsatelliten entdeckt, die alle Saturn retrograd umrunden und deren Umlaufszeiten zwischen 862 und 1300 Tagen liegen. Im Herbst 2006 wurden einige weitere, diffuse Staubringe entdeckt: In einer Distanz von 151 500 Kilometer vom Saturnzentrum, in der die koorbitalen Monde Janus (X) und Epimetheus (XI) laufen, befindet sich Ring R/2006 S1 mit einer radialen Breite von etwa 5000 Kilometer. Ein weiterer diffuser Staubring, R/2006 S2, wurde in der Bahn von Pallene (III) bei einem Radius von 212 000 Kilometer gefunden. Er ist etwa 2500 Kilometer breit.

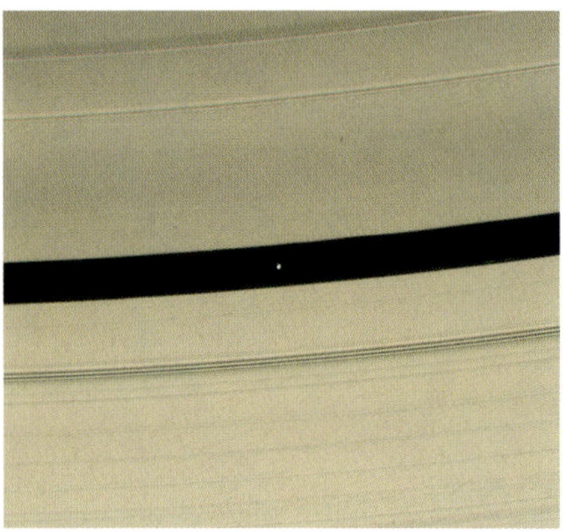

Innerhalb der Cassini-Teilung wurden zwei weitere, sehr schmale Staubringe aufgespürt: R/2006 S3 im äußeren Bereich der Cassini-Lücke mit einem Radius von 119 930 Kilometer und nur 50 Kilometer Breite und R/2006 S4, ein mit nur sechs Kilometer sehr schmaler Ring bei einem Bahnradius von 118 960 Kilometer.

Freilich sind diese Ringe nur unmittelbar vor Ort der Raumsonde Cassini zugänglich. Sternfreunde hingegen sind froh, wenn sie bei sehr klarer Luft außer der Cassini-Teilung noch die Encke-Teilung als schmalen, dunklen Strich im äußeren Bereich des A-Ringes erkennen können.

2.14 Aufnahmen der Saturnsonde Cassini lassen feinste Details in den dünnen, äußeren Ringen, so genannte Ringlets, erkennen.

REDSHIFT™ 6
Das weltweit führende virtuelle Planetarium
PC DVD-ROM
NEU! Makrorecorder zum Erstellen eigener Weltraumführungen
REDSHIFT™ PREMIUM 6
Das virtuelle Planetarium
USM
Spektakuläre Darstellungen des Universums mit wissenschaftlichen Daten von höchster Qualität.
Jetzt mit 3D-Flügen, Teleskopsteuerung und Makro-Rekorder!
Mehr Infos finden Sie unter www.redshift.de
Exklusive Angebote für Himmelsjahr-Leser finden Sie unter www.redshift.de/himmelsjahr
RedShift™ 6 Premium
Inhalt: DVD-ROM für Win
ISBN: 978-3-8032-1768-4
UVP: € 99,-/sFr 169,-
REDSHIFT 6
Das virtuelle Planetarium
RedShift™ 6
Inhalt: 2 CD-ROMs für Win
ISBN: 978-3-8032-1767-7
UVP: € 79,90/sFr 139,-
PC CD-ROM
REDSHIFT KOMPAKT 6
Das führende Astronomie-Programm jetzt neu für Einsteiger
USM
RedShift™ 6 Kompakt
Inhalt: CD-ROM für Win
ISBN: 978-3-8032-1766-0
UVP: € 19,90/sFr 35,-
USM
Jetzt bestellen unter:
United Soft Media Verlag GmbH
Thomas-Wimmer-Ring 11 • 80539 München
E-Mail: bestellung@usm.de • Online-Shop: www.usm.de
Telefon +49/89/24 23 48 03 • Fax +49/89/29 08 81 60

März 2008

- Die Sonne passiert am 20. um 6^h48^m den Frühlingspunkt und wechselt auf die Nordhalbkugel des Himmels.
- Mars beherrscht die erste Nachthälfte
- Saturn kann fast die gesamte Nacht beobachtet werden.
- Jupiter ist Planet am Morgenhimmel, während sich Venus vom Morgenhimmel zurückzieht.

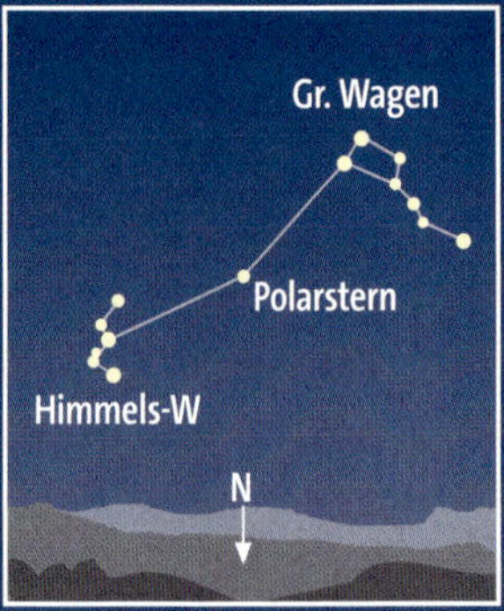

Großer Wagen und Himmels-W Anfang März um 22 Uhr

3.1 Himmelsanblick am 19. März gegen 20^h MEZ in östlicher Richtung. Saturn steht nahe Regulus im Löwen. Zu ihm gesellt sich der fast volle Mond.

1 Sa

2 So

3 Mo Mond bei Jupiter, Abstand 4,°6 um 5^h
Merkur in größter westlicher Elongation

4 Di

5 Mi Mond bei Merkur, Abstand 0,°2 um 15^h
Mond bei Venus, Abstand 0,°2 um 20^h

6 Do Venus bei Neptun, Abstand 0,°6 um 21^h

7 Fr **Neumond**
Mond bei Uranus, Abstand 2,°9 um 22^h

8 Sa Uranus in Konjunktion mit der Sonne

9 So Merkur bei Neptun, Abstand 0,°9 um 4^h

10 Mo

11 Di Merkur im Aphel

12 Mi

13 Do

14 Fr **Mond im ersten Viertel**

15 Sa Mond bei Mars, Abstand 1,°4 um 3^h

16 So

17 Mo

18 Di

19 Mi Mond bei Saturn, Abstand 4,°4 um 19^h

20 Do Frühlingsbeginn, 6^h48^m
Tagundnachtgleiche

21 Fr Karfreitag
Vollmond; Venus im Aphel

22 Sa

23 So Ostersonntag
Merkur bei Venus, Abstand 1,°0 um 11^h

24 Mo Ostermontag

25 Di

26 Mi

27 Do Merkur bei Uranus, Abstand 1,°7 um 11^h

28 Fr Venus bei Uranus, Abstand 0,°7 um 18^h

29 Sa **Mond im letzten Viertel**

30 So Mond bei Jupiter, Abstand 6,°0 um 4^h
Beginn der Sommerzeit, 2^h

31 Mo Sternschnuppen Hydraiden

Sonne – Sternbilder

12. 3. 1h:
Sonne tritt in das Sternbild Fische
20. 3. 6h48m:
Sonne tritt in das Tierkreiszeichen Widder
Julianisches Datum am
1. März, 1h MEZ: 2454526,5

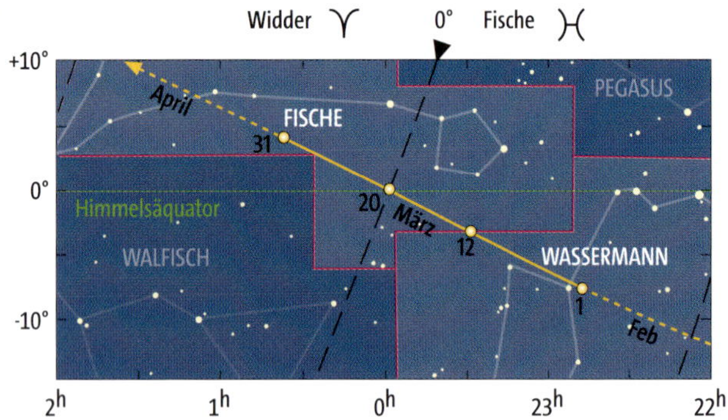

Tabelle Sonnenlauf

Tag	Dämmerg. Anfang	Aufgang MEZ	Kulmination	Untergang MEZ	Dämmerg. Ende	Mittagshöhe	Zeitgleichg.	Rektaszension	Deklination
	h m	h m	h m	h m	h m	°	m	h m	°
1.	5 53	7 03	12 32	18 02	19 12	32,6	−12	22 48	− 7,6
5.	5 45	6 54	12 31	18 09	19 19	34,2	−11	23 03	− 6,0
10.	5 34	6 44	12 30	18 17	19 27	36,1	−10	23 22	− 4,1
15.	5 23	6 33	12 29	18 25	10 35	39,1	− 9	23 40	− 2,1
20.	5 12	6 22	12 27	18 33	19 44	40,1	− 7	23 59	− 0,2
25.	5 01	6 11	12 26	18 41	19 52	42,0	− 6	0 17	+ 1,8
31.	4 46	5 58	12 24	18 51	20 03	44,4	− 4	0 39	+ 4,2

Tages- und Nachtstunden

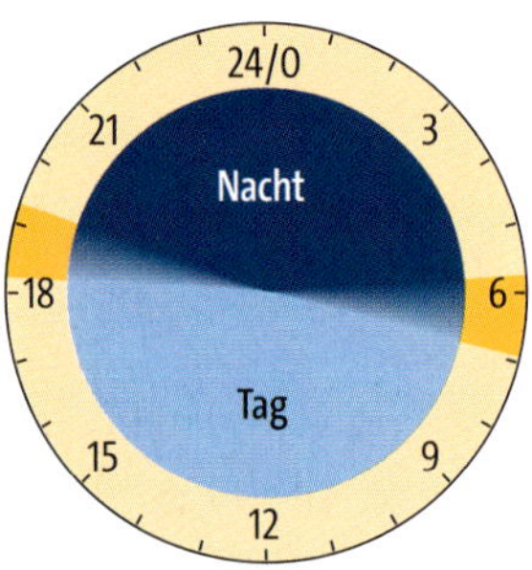

5. März

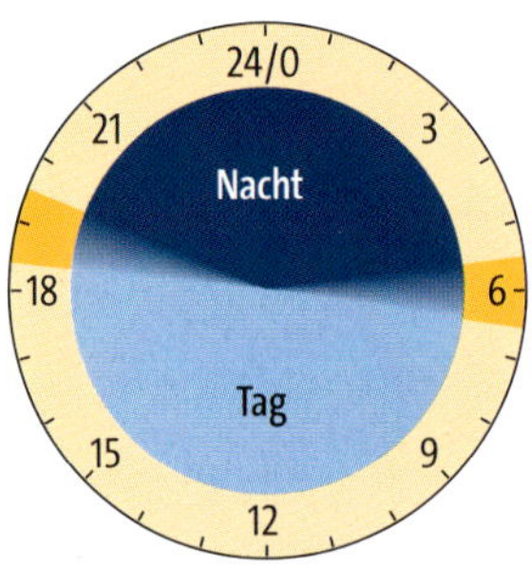

15. März

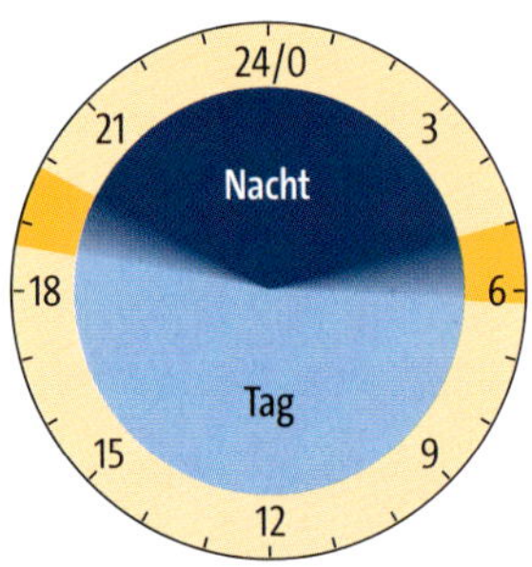

25. März

Tabelle Mondlauf

Datum		Aufg. MEZ	Kulmination	Unterg. MEZ	Rektaszension	Deklination	Sterne und Sternbilder	Phase	MEZ
		h m	h m	h m	h m	°			
Sa	1.	3 45	7 14	10 43	17 17	−27,9	Schlangenträger		
So	2.	4 34	8 07	11 43	18 12	−27,7	Kaus Australis		
Mo	3.	5 13	8 59	12 53	19 07	−26,2	Schütze, Nunki		
Di	4.	5 42	9 51	14 09	20 01	−23,2	Schütze		
Mi	5.	6 04	10 41	15 29	20 53	−19,1	Steinbock	Libration Ost	
Do	6.	6 22	11 29	16 50	21 45	−13,9	Steinbock	Aufsteigender Knoten	
Fr	7.	6 38	12 17	18 11	22 35	− 8,0	Wassermann	**Neumond**	**18^h 14^m**
Sa	8.	6 52	13 04	19 34	23 25	− 1,5	Fische		
So	9.	7 07	13 53	20 59	0 15	+ 5,2	Fische		
Mo	10.	7 24	14 45	22 26	1 08	+11,7	Fische	Erdnähe 366/32′,6	23^h
Di	11.	7 45	15 39	23 54	2 02	+17,6	Widder, Hamal		
Mi	12.	8 13	16 38	–	3 00	+22,5	* Widder	Größte Nordbreite	
Do	13.	8 51	17 39	1 20	4 02	+26,0	Stier, Plejaden		
Fr	14.	9 43	18 41	2 36	5 05	+27,8	* Stier, Al Nath	**Erstes Viertel**	**11^h 46^m**
Sa	15.	10 51	19 42	3 36	6 08	+27,7	* Zwillinge		
So	16.	12 09	20 39	4 20	7 10	+26,0	Zwillinge		
Mo	17.	13 30	21 32	4 51	8 08	+22,7	Krebs, Krippe		
Di	18.	14 51	22 20	5 14	9 02	+18,3	Krebs, Krippe	Libration West	
Mi	19.	16 08	23 06	5 31	9 53	+13,0	Löwe, Regulus	Absteigender Knoten	
Do	20.	17 23	23 49	5 46	10 40	+ 7,3	Löwe		
Fr	21.	18 36	–	5 59	11 26	+ 1,4	Löwe	**Vollmond**	**19^h 40^m**
Sa	22.	19 47	0 31	6 12	12 10	− 4,5	Jungfrau		
So	23.	20 59	1 12	6 25	12 55	−10,1	Spica		
Mo	24.	22 11	1 55	6 40	13 40	−15,3	Spica		
Di	25.	23 22	2 40	6 59	14 27	−19,8	Waage		
Mi	26.	–	3 26	7 23	15 16	−23,5	Waage	Erdferne 405/29′,5 Größte Südbreite	21^h
Do	27.	0 31	4 15	7 54	16 07	−26,1	Antares		
Fr	28.	1 33	5 05	8 36	17 00	−27,6	Antares		
Sa	29.	2 26	5 57	9 30	17 53	−27,8	Schütze	**Letztes Viertel**	**22^h 47^m**
So	30.	3 08	6 49	10 34	18 47	−26,7	Schütze, Nunki		
Mo	31.	3 41	7 40	11 47	19 41	−24,4	Schütze		

Treffen von Mond und Mars

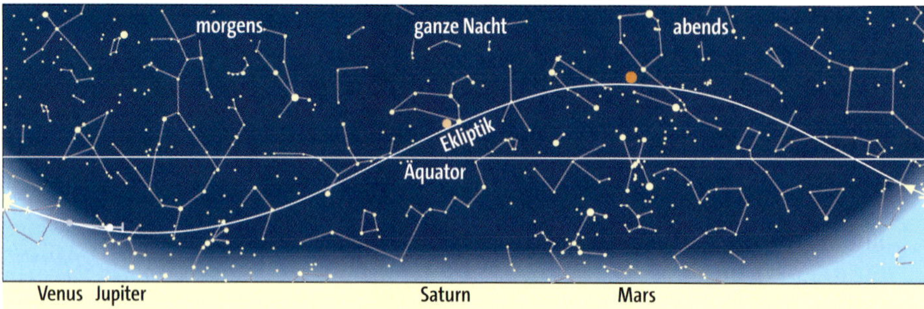

Merkur erreicht am 3. seine größte westliche Elongation von der Sonne. Da er am 11. das Aphel seiner stark elliptischen Bahn passiert und somit seinen größten Sonnenabstand von 70 Millionen Kilometer (= 0,46 AE) einnimmt, fällt sein maximaler Winkelabstand mit 27°09′ recht groß aus. Dennoch reicht dies nicht für eine Morgensichtbarkeit, denn Merkur hält sich rund zehn Grad südlicher im Tierkreis auf als die Sonne. Der $0{,}^{m}1$ helle Merkur geht am 3. um $6^{h}06^{m}$ auf. Bevor er sich über die ärgsten Dunstschichten am Horizont erhoben hat, ist die Morgendämmerung schon so weit fortgeschritten, dass der flinke Planet am aufgehellten Osthimmel nicht mehr freiäugig erkannt werden kann. Fazit: Merkur bleibt in diesem Monat unsichtbar. Auch die Begegnungen mit Neptun am 9., mit Venus am 23. und mit Uranus am 27. bleiben unbeobachtbar.

Venus verabschiedet sich vom Morgenhimmel. Sie eilt der Sonne im Tierkreis nach, wobei sie rechtläufig durch die Sternbilder Steinbock und Wassermann wandert. Obwohl ihre Tagbögen größer werden, da sie im Tierkreis nach Norden strebt und sich dadurch ihre Aufgänge von $6^{h}16^{m}$ zu Monatsbeginn bis Monatsende auf $5^{h}36^{m}$ (= $6^{h}36^{m}$ Sommerzeit) sogar verfrühen, wird der $-3{,}^{m}9$ helle Planet im zweiten Monatsdrittel für das freie Auge unbeobachtbar.

Am 5. wird Venus vom Mond bedeckt, was zwar von der Südsee aus zu beobachten ist, aber nicht von Mitteleuropa. Erst am 1. Dezember wird von unseren Gegenden aus eine Venusbedeckung durch den Mond zu beobachten sein (siehe auch Seite 17 und Seite 258).

Die Begegnung mit Neptun am 6. bleibt unbeobachtbar, ebenso die mit Uranus am 28. Lediglich ihre Konjunktion mit Merkur am 23. kann mit lichtstarker Optik verfolgt werden.

Im Fernrohr zeigt sich das nur noch 11″ große Planetenscheibchen zu 95 % beleuchtet.

Ihr Aphel (sonnenfernster Bahnpunkt) passiert Venus am 21., wobei ihre Sonnendistanz 109 Millionen Kilometer (= 0,729 AE) beträgt. Das Sonnenlicht ist damit sechs Minuten und drei Sekunden zur Venus unterwegs, während es zur Erde mehr als acht Minuten benötigt.

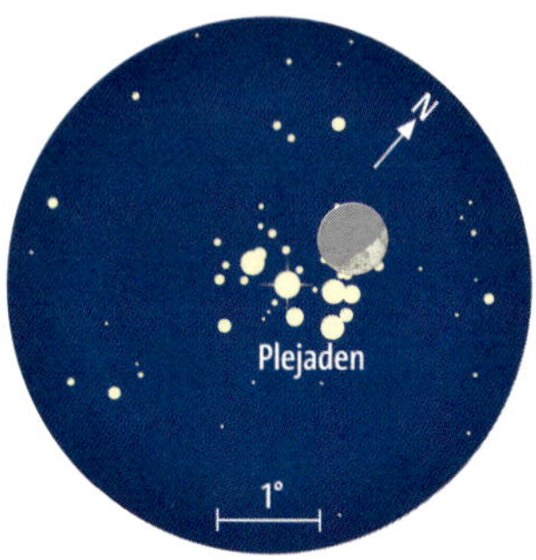

3.2 Mond und Siebengestirn: Der zunehmende Mond passiert am 12. März die Plejaden, wobei er einige Plejadensterne bedeckt. Fernglasanblick gegen 20^{h} MEZ bei 5° Gesichtsfelddurchmesser.

Mars verlässt den Stier und wechselt am 5. in die Zwillinge. Am 2. passiert er $2{,}^{\circ}7$ nördlich den Sommerpunkt der Ekliptik. Er steht so weit nördlich, da er Anfang April seine größte heliozentrische Nordbreite erreicht. Zu Monatsende wandert der rote Planet nur $0{,}^{\circ}3$ nördlich an Mebsuta (ε Geminorum, $3{,}^{m}1$)

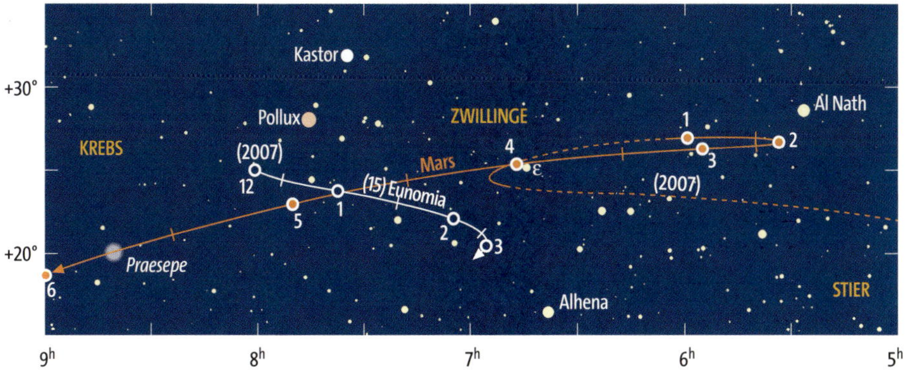

3.3 (oben) Planet Mars und Kleinplanet Eunomia
Scheinbare Bahn des Planeten Mars im Gebiet der Sternbilder Stier und Zwillinge von Januar bis Anfang Juni 2008. Eingetragen ist außerdem die Lage der scheinbaren Bahn vom Kleinplaneten (15) Eunomia (siehe auch Abb. 3.4).

3.4 (unten) Kleinplanet Eunomia
Scheinbare Bahn des Kleinplaneten (15) Eunomia in den Zwillingen von Dezember 2007 bis Anfang März 2008.

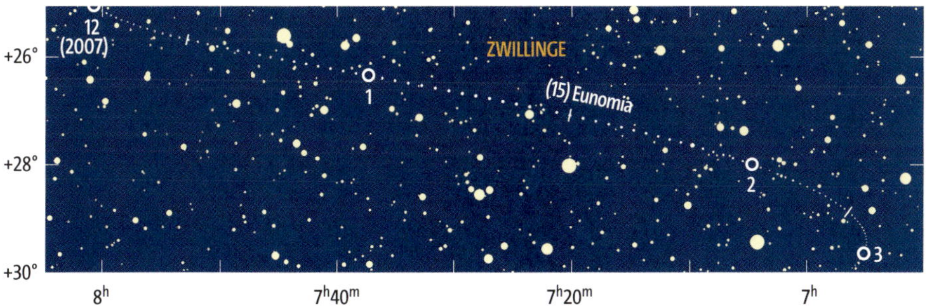

vorbei (siehe Abb. 3.3 hier ganz oben).

Die Marshelligkeit sinkt weiter um 0ᵐ,6 ab und beträgt zu Monatsende nur noch 0ᵐ,8. Damit ist Mars aber immer noch deutlich heller als die beiden Zwillingshauptsterne Kastor (1ᵐ,6) und Pollux (1ᵐ,1).

Die Marsuntergänge verfrühen sich von 4^h07^m am 1. auf 3^h31^m am 15. und auf 2^h53^m (= 3^h53^m Sommerzeit) am 31. Wenn Mars in der Abenddämmerung sichtbar wird, steht er schon hoch im Süden.

Auf seiner monatlichen Runde kommt der zunehmende Halbmond in den Morgenstunden des 15. an Mars vorbei. Zu Monatsende ist Mars 200 Millionen Kilometer (= 1,337 AE) von der Erde entfernt.

Jupiter kann am Morgenhimmel gesehen werden. Er wandert rechtläufig durch den Schützen (siehe Abb. 7.5 auf Seite 140). Die Aufgänge des Riesenplaneten erfolgen immer früher. Geht Jupiter am 1. um 4^h44^m auf und am 15. um 3^h57^m, so erfolgt der Jupiteraufgang am 31. schon um 3^h02^m (= 4^h02^m Sommerzeit). Die Jupiterhelligkeit nimmt um 0ᵐ,2 auf −2ᵐ,2 zu.

Im Fernrohr zeigt Jupiter ein ovales Scheibchen, dessen scheinbarer Äquatordurchmesser von 34″,4 auf 37″,4 anwächst. Die Entfernung von der Erde nimmt von 857 Millionen Kilometer (= 5,73 AE) auf 788 Millionen Kilometer (= 5,27 AE) zum Monatsende ab.

Zweimal eilt der abnehmende Mond im März an Jupiter vorbei, und zwar am 3. und am 30.

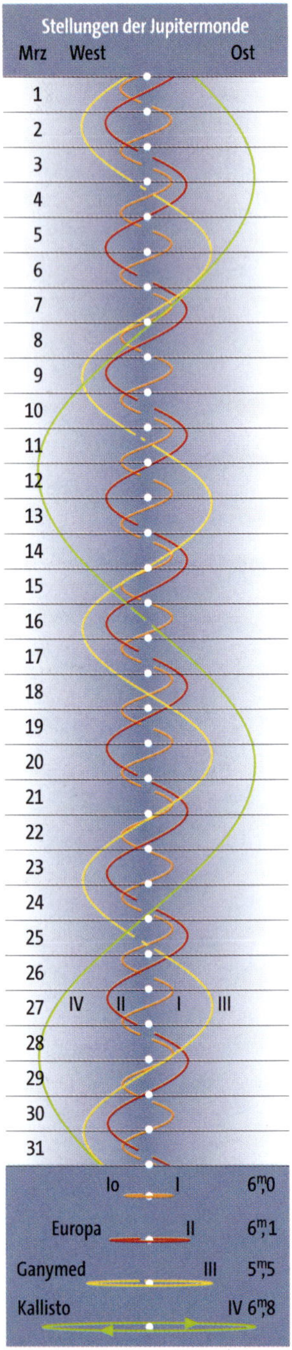

Jupitermonde

Tag	MEZ		Vorgang	
	h	m		
4.	5	08	III	VE
	6	32	III	BA
6.	5	13	I	SA
	6	18	I	DA
7.	5	55	I	BE
8.	4	55	IV	DE
10.	5	44	II	VA
11.	6	11	III	VA
12.	5	52	II	DE
14.	4	26	I	VA
15.	4	59	I	DE
16.	4	46	IV	VE
19.	5	51	II	DA
	6	07	II	SE
22.	4	41	I	DA
	4	58	III	DA
	5	42	I	SE
23.	4	17	I	BE
26.	6	02	II	SA
28.	5	30	II	BE
29.	3	59	III	SA
	5	22	I	SA
31.	3	21	I	DE

Saturn hat seine Opposition zur Sonne gerade hinter sich und kann fast die gesamte Nacht beobachtet werden. Er wandert rückläufig durch den Löwen und steuert auf Regulus zu (siehe Abb. 2.5 auf Seite 48).

Die Saturnhelligkeit geht während des Monats leicht von 0m,2 auf 0m,4 zurück. Damit zählt der Ringplanet immer noch zu den hellsten Gestirnen am nächtlichen Himmelszelt. Deutlich

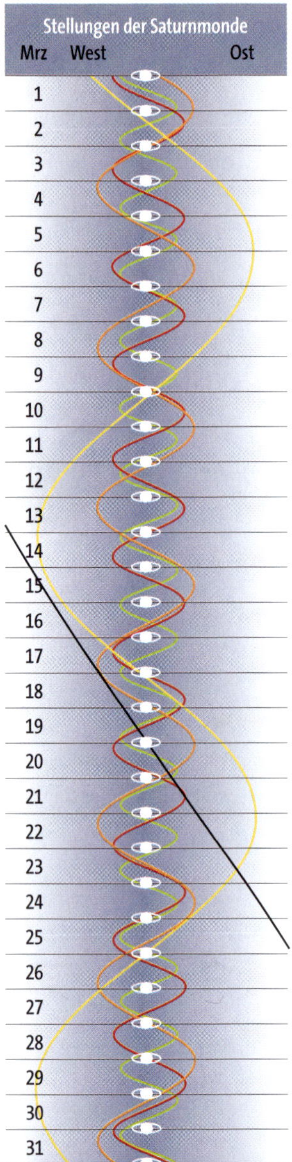

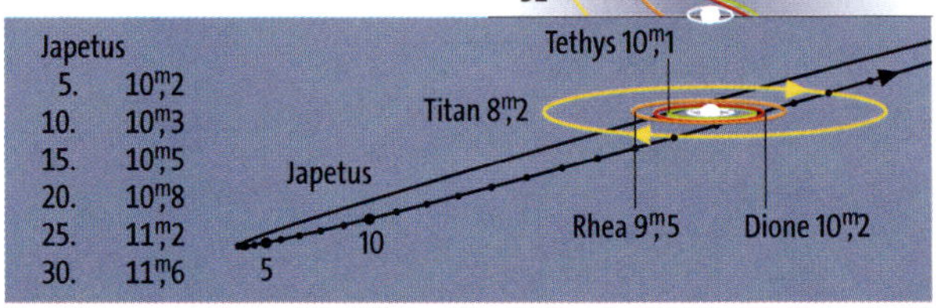

übertrifft er Regulus im Löwen an Glanz.

Seine Meridianpassagen verlagert Saturn in die späten Abendstunden. Am 1. passiert der Ringplanet um 0^h13^m den Meridian, am 15. um 23^h09^m und am 31. schon um 22^h02^m (= 23^h02^m Sommerzeit). Mit Einbruch der Dunkelheit sieht man den Ringplaneten schon halbhoch im Südosten stehen.

Die Untergänge von Saturn verlagern sich von 7^h11^m am Monatsersten auf 6^h14^m zur Monatsmitte und auf 5^h09^m (= 6^h09^m Sommerzeit) am Monatsletzten.

Eine nette Konstellation ergibt sich am 19. abends, wo sich zu Saturn und Regulus der fast volle Mond gesellt (siehe Abb. 3.1 auf Seite 62).

Uranus kommt in den Abendstunden des 8. im Sternbild Wassermann in Konjunktion mit der Sonne. Der 1781 von Herschel entdeckte Planet hält sich somit am Taghimmel auf und bleibt nachts unter dem Horizont. Seine Opposition wird der grünliche Planet Mitte September dieses Jahres erreichen. Auch die Begegnungen mit Merkur am 27. und Venus am 28. entgehen einer Beobachtung.

Am Tag der Konjunktion ist Uranus 3155 Millionen Kilometer (= 21,09 AE) von der Erde entfernt. Seine Sonnenentfernung beträgt 3006 Millionen Kilometer (= 20,09 AE).

Neptun hat seine Konjunktion mit der Sonne eben hinter sich. Der sonnenferne Planet wandert rechtläufig durch den Steinbock. Noch hält er sich in den Strahlen der Sonne verborgen. Am 6. zieht Venus nur 36′ südlich an Neptun vorbei, am 9. folgt Merkur in 56′ südlichem Abstand. Beide Begegnungen bleiben mit den Mitteln des Amateurastronomen unbeobachtbar.

Planetoiden

Ceres (1), rechtläufig im Stier, kann nicht mehr aufgesucht werden. Der knapp 9^m helle Kleinplanet kulminiert am 1. um 16^h56^m und am 31. schon um 15^h38^m (= 16^h38^m Sommerzeit).

Pallas – Planetoid Nr. 2 – steht am 30. in Konjunktion mit der Sonne. Von der Erde ist Pallas an diesem Tag 574 Millionen Kilometer (= 3,84 AE) und von der Sonne 427 Millionen Kilometer (= 2,85 AE) entfernt.

Hebe (6), inzwischen mit 10^m lichtschwach, wird am 25. im Krebs stationär und beendet damit ihre Oppositionsperiode. Anschließend wandert sie wieder rechtläufig durch die Sternenwelt.

Periodische Sternschnuppenströme

In der Zeit um Mitternacht sind während des ganzen Monats die **Virginiden** zu beobachten. Ihr Radiant (Ausstrahlungspunkt) liegt in der Jungfrau. Die Häufigkeit ist nicht besonders groß. Das Maximum der Virginidenaktivität ist erst Anfang April zu erwarten.

Ein schwacher Strom sind die **Hydraïden**, die zwischen Mitte März und Anfang April auftauchen. Ihr Maximum ist wenig ausgeprägt – es sind nur einige wenige Sternschnuppen pro Stunde zu erwarten, die außerdem noch recht langsam sind. Der Radiant liegt im Sternbild Wasserschlange. Vermutlich sind die Hydraïden ein Zweigstrom der Virginiden.

Gegen Ende des Monats tauchen die ersten Exemplare der **Sigma-Leoniden** auf, ein schwacher, breit gestreuter Strom, dessen Radiant im Löwen liegt.

Konstellationen und Ereignisse

Datum	MEZ	Ereignis
3.	2^h	**Mond bei Jupiter**, Mond 3°,7 südlich,
		Abstand 4°,6 um 5^h
3.	12	Merkur in größter westlicher Elongation (27°)
5.	15	Mond bei Merkur, Mond 0°,2 südlich
5.	20	Mond bei Venus, Mond 0°,2 nördlich
5.	23	Mond bei Neptun, Mond 0°,2 südlich
6.	21	Venus bei Neptun, Venus 0°,6 südlich
7.	22	Mond bei Uranus, Mond 2°,9 nördlich
8.	21	Uranus in Konjunktion mit der Sonne
9.	4	Merkur bei Neptun, Merkur 0°,9 südlich
11.	18	Merkur im Aphel
15.	4	**Mond bei Mars**, Mond 1°,7 nördlich
		Abstand 1°,4 um 3^h
19.	16	**Mond bei Saturn**, Mond 2°,6 südlich
		Abstand 4°,4 um 19^h
20.	6^h48^m	**Sonne im Frühlingspunkt, Tagundnachtgleiche**
21.	16	Venus im Aphel
23.	11	Merkur bei Venus, Merkur 1°,0 südlich
27.	11	Merkur bei Uranus, Merkur 1°,7 südlich
28.	18	Venus bei Uranus, Venus 0°,7 südlich
30.	18	**Mond bei Jupiter**, Mond 3°,2 südlich,
		Abstand 6°,0 um 4^h

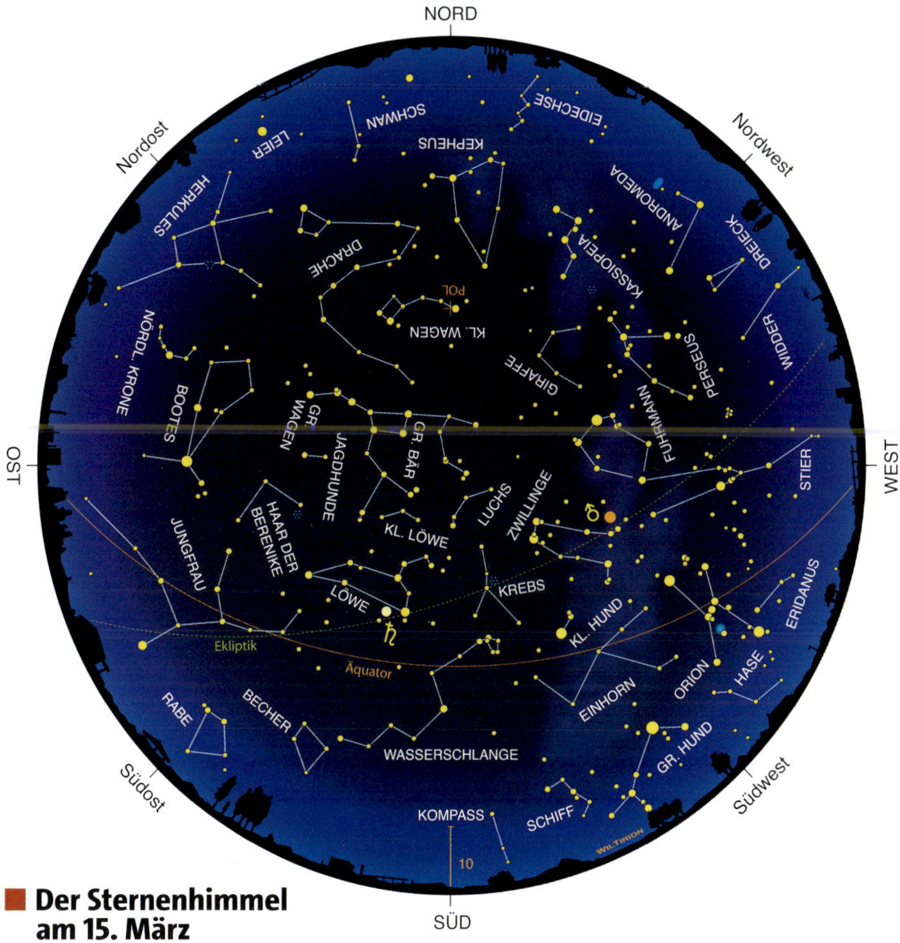

Der Sternenhimmel am 15. März um 22^h MEZ

Die Sternkarte ist auch gültig für:		
	MEZ	MESZ
15.11.	6^h	
1.12.	5	
15.12.	4	
1. 1.	3	
15. 1.	2	
1. 2.	1	
15. 2.	0	
1. 3.	**23**	
15. 3.	**22**	
31. 3.	**21**	**22^h**

Ein Blick zum abendlichen Sternenhimmel lässt erkennen: Der Winter geht langsam zu Ende.

Zwar ziehen das mächtige Sternbild Orion und der auffallend hell strahlende Sirius im Südwesten noch die Blicke auf sich. Auch der Stier mit dem roten Aldebaran ist noch halbhoch im Westen zu finden, aber im Osten hat der Aufmarsch der Frühlingsbilder begonnen. Der Löwe, das dominierende Frühlingssternbild schlechthin, setzt zu seinem Sprung durch den Meridian an.

Er folgt im Tierkreis dem unscheinbaren Sternbild Krebs, der nun im Meridian seine höchste Position erreicht hat. Jetzt ist die günstigste Zeit, sich dieses lichtschwache Sternbild einmal anzusehen.

Rund um den Himmelspol

Der Große Wagen hat sich emporgeschwungen. Seine Deichsel weist auf den hellen, orangerot leuchtenden Arktur, den Hauptstern des Bootes, der inzwischen im Osten aufgegangen ist. Das Himmels-W, gewissermaßen das Gegenstück zum Großen Wagen, sinkt weit im Nordwesten zum Horizont hinab. Als Zirkumpolarbild geht es allerdings in unseren Breiten nicht unter. „Zirkumpolar", heißt „um den (Himmels-)Pol herum": Sterne in der Nähe des Himmelspols umkreisen ihn auf so engen Bahnen, dass sie nie den Horizont erreichen. Deshalb gehen sie auch nicht unter, man nennt sie zirkumpolar. Ob ein Stern zirkumpolar ist, hängt von seiner Entfernung vom Himmelspol, der so genannten Poldistanz (p) und der geografischen Breite (φ) ab. Ist die Poldistanz eines Sternes kleiner als die geografische Breite, also $p < \varphi$, dann geht der Stern nicht unter, ist also zirkumpolar. Denn die Höhe des Himmelspols (h) über dem Nordpunkt am Horizont entspricht stets der geographischen Breite ($h = \varphi$). Daraus folgt auch, dass auf den Polen der Erde alle Sterne zirkumpolar sind – vom Zenit bis zum Horizont, für Orte am Erdäquator es jedoch keine Zirkumpolarsterne gibt. Um die Poldistanz eines Sternes zu ermitteln, ziehe man einfach seine Deklination (δ) von 90° ab: $p = 90 - \delta$.

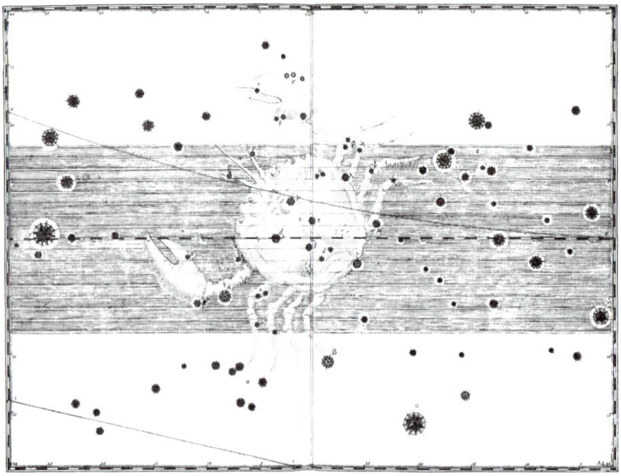

3.5 Das Sternbild Krebs: **So zeichnete es Johannes Bayer als figürliche Darstellung in seinem Sternatlas *Uranometria* aus dem Jahre 1603.**

Abschied der Wintersternbilder

Hoch am Himmel sieht man die Sternenketten der Zwillinge mit ihren Hauptsternen Kastor und Pollux sowie Mars, den roten Planeten, der sein Gastspiel in den Zwillingen gibt. Da Mars für einen Sonnenumlauf zwei Jahre benötigt, wandert er im Mittel alle zwei Jahre durch die Zwillinge.

Auch Kapella im Fuhrmann ist jetzt hoch im Westen zu sehen, während Aldebaran, der Hauptstern des Stieres, schon weit nach Westen gerückt ist und zu seinem Untergang ansetzt.

Im Südwesten ist noch Prokyon auszumachen, der hellste Stern in dem winzigen Bild Kleiner Hund. Prokyon steht nördlich des Himmelsäquators während Sirius sich südlich von ihm befindet – was ein Blick in die Monatssternkarte schnell bestätigt. Auch Prokyon besitzt wie Sirius einen Weißen Zwerg als Begleiter. Mit elf Lichtjahren Entfernung gehört Prokyon zu den Nachbarsternen unserer Sonne.

Im Südosten ist die Jungfrau eben erschienen sowie das markante Viereck des Sternbildes Rabe. Der Jungfrauhauptstern, die Spica, gehört als Stern erster Größe zum Frühlingsdreieck, dessen beide andere Eckpunkte von Arktur und Regulus markiert werden. Wegen ihrer Horizontnähe ist Spica noch recht unauffällig und kaum zu sehen.

Das Sternbild Krebs (Cancer)

Dem Namen nach kennt jeder das Sternbild Krebs, auch wer sich gar nicht für die Himmelskunde interessiert. Denn der

Krebs gehört zu den dreizehn Tierkreissternbildern, von denen zwölf allgemein bekannt sind. Bekanntlich wandert die Sonne durch die Tierkreisbilder. Und dies spielt eine Rolle bei der Erstellung von Horoskopen. Man spricht von „Krebsgeborenen" und meint, dass diese Menschen geboren wurden, als die Sonne gerade durch den Krebs wanderte. Mit solchen Aussagen muss man allerdings vorsichtig sein. Denn durch die rückläufige Bewegung des Frühlingspunktes infolge der Erdpräzession fallen Tierkreis*sternbilder* und Tierkreis*zeichen* nicht mehr miteinander zusammen. So wandert die Sonne vom 20. Juli bis 10. August durch das Sternbild Krebs, aber vom 21. Juli bis 22. Juli durch das gleichnamige Tierkreiszeichen, wie man auch der monatlichen Grafik „Sonnenlauf" entnehmen kann. Infolge der Schaltjahre können sich diese Termine von Jahr zu Jahr um einen Tag verschieben. Vor zweieinhalbtausend Jahren fielen Tierkreissternbilder und -zeichen noch miteinander zusammen, als nämlich die babylonischen Priesterastronomen die von uns heute noch benutzten Tierkreisbilder benannten (siehe auch Monatsthema Mai „Welches ‚Sternzeichen' bin ich?" im *Kosmos Himmelsjahr 2002*, Seite 109). Da der Frühlingspunkt für einen vollen Umlauf durch den gesamten Tierkreis knapp 26.000 Jahre benötigt, muss man sich noch ein wenig gedulden, bis Sternbilder und Zeichen wieder miteinander zusammenfallen.

Zwar ist der Krebs wie gesagt dem Namen nach wohlbekannt, kaum aber jemand findet ihn am Sternenhimmel. Dies ist nicht verwunderlich, ist er doch die unscheinbarste Figur des gesamten Zodiak (Tierkreis). Nur ein Stern im Krebs ist eine halbe Größenklasse heller als 4^m, nämlich Altarf (β Cnc). Alle anderen sind knapp vierter Größe oder schwächer. Mit bloßen Augen sollte man fünfzehn Sterne erkennen. Bei unserem durch irdischen Lichtsmog aufgehellten Himmel ist dies illusorisch.

Friedrich Wilhelm Argelander, der berühmte Bonner Astronom, gibt sogar 47 Sterne (ohne die der Krippe) an, die zum Sternbild Krebs gehören.

Seinen Platz am Himmel hat der Krebs zwischen den markanten Sternbildern Zwillinge und Löwe.

Der klassischen Sage nach zwickt der Krebs den Helden Herkules in die große Zehe, während dieser mit der schrecklichen Hydra kämpft. Daraufhin zerschmettert Herkules (Herakles) seinen Widersacher mit einem gezielten Tritt. Juno (Hera) versetzt ihn anschließend zur ewigen Erinnerung unter die Sterne. Denn mit seinem Angriff auf Herkules tut der Krebs Juno einen Gefallen; sie hat es nie verwinden können, Herkules unfreiwillig gesäugt zu haben.

Eine andere Sage berichtet: Der Krebs hält eine hübsche Nymphe solange mit seinen Scheren fest, bis sie sich der liebestolle Jupiter (Zeus) greifen kann. Der Götterboss revanchiert sich umgehend und macht den Krebs unsterblich, indem er ihn unter die Sterne versetzt.

Die Sterne in diesem Areal wurden von Aratos mit καρκινος (Krebs) benannt. Hipparch und Ptolemaios übernahmen diese Bezeichnung. Der römische Dichter Ovid spricht von einem „Oktopus", wobei er sich auf griechische Quellen beruft. Chaldäische Sterndeuter erkannten in diesem Bild das „Tor der Mensch-

Veränderliche Sterne im März

Algol-Minima	1. 21^h35^m	4. 18^h24^m	16. 5^h41^m	21. 23^h20^m	24. 20^h09^m	
β-Lyrae-Minima	3. 12^hH	9. 23^hN	16. 11^hH	22. 22^hN	29. 9^hH	
δ-Cephei-Maxima	4. 19^h	10. 4^h	15. 12^h	20. 21^h	26. 6^h	31. 15^h
Mira-Helligkeit	1. 4^m	10. 4^m	20. 4^m	31. 4^m		

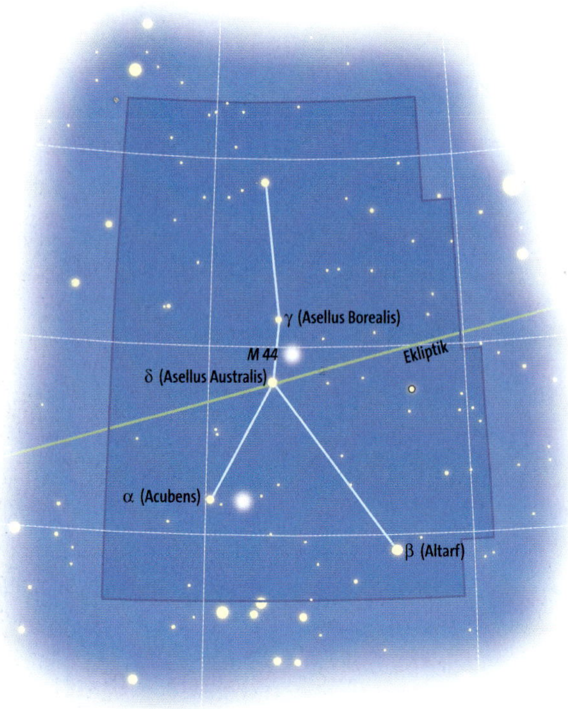

3.6 So findet man die Krippe: Skelettkarte des Sternbildes Krebs mit dem offenen Sternhaufen Krippe (M 44) im Zentrum.

heit", durch das die Seelen der Menschen vom Himmel herabsteigen und in die irdischen Körper hineinschlüpfen. Heutige Sterndeuter sehen in den drei Tierkreisbildern Krebs – Skorpion – Fische das so genannte „Wassertrigon".

Für die alten Ägypter verkörperte dieses Sternbild die Macht der Finsternis. Anderen Quellen zufolge war es bei ihnen eine der Nilgottheiten. Auch als Skarabäus wurde der Krebs angesehen, ein Symbol der Unsterblichkeit.

Der arabische Astronom Al Biruni nennt dieses Sternengebiet Al Liha, was „Weicher Gaumen" heißt. Gemeint war damit eigentlich das Maul des riesigen Himmelslöwen Asad, der viel größer war als das uns heute bekannte Sternbild Löwe. Im christlichen Sternbilderhimmel des Julius Schiller aus Augsburg stellten die Sterne des Krebses den Evangelisten Johannes dar.

In vergangenen Jahrhunderten befand sich der Sommerpunkt (Sommersolstitium) im Krebs. Hier erreichte die Sonne den Gipfel ihrer scheinbaren Jahresbahn.

Noch heute spricht man vom Wendekreis des Krebses, obwohl der Sommerpunkt infolge der Erdpräzession mittlerweile im Sternbild Stier an der Grenze zu den Zwillingen liegt, nahe dem Stern Propus (η Geminorum). Als Tierkreisbild der Sommersonnenwende wurde der Krebs bei den Akkadiern als nördliches Tor der Sonnenbahn bezeichnet.

Im Jahre 1531 erschien im Krebs der Halleysche Komet. Der Stern α Cancri (Cnc) deutet die eine Schere des Krebses an und heißt Acubens (von Al Zuben). β Cnc trägt den arabischen Namen Altarf („das Ende") und markiert den letzten südlichen Fuß.

γ und δ Cnc heißen Asellus Borealis und Asellus Australis, also nördliches und südliches Eselchen. Denn beide Sterne stehen vor dem offenen Sternhaufen Krippe (lat.: Praesepe), bei den Amerikanern Beehive (engl., Bienenkorb) genannt. In Messiers Katalog trägt die Krippe die Katalog-Nummer 44. Durch M 44 zieht die scheinbare Sonnenbahn (Ekliptik), weshalb von Zeit zu Zeit helle Planeten die Krippe passieren – ein interessanter Fernglasanblick.

Galilei contra Kepler – wie entstehen die Gezeiten?

3.7 Bewohner von Küstenstädten können den Einfluss der Gezeiten tagtäglich erleben. (Pixelio.de)

Beeindruckend ist es zu beobachten, wie die Flut der Meere an die Küsten donnert und sich nach einigen Stunden das Wasser wie von Geisterhand bewegt wieder zurückzieht und der Meeresspiegel sinkt. Dichter und Denker haben sich seit Olims Zeiten Gedanken darüber gemacht, wie wohl die Gezeiten entstehen. Auch heute noch wird die physikalische Ursache der Gezeiten oft falsch dargestellt – selbst in Fachbüchern. Manchmal werden Mythen eher akzeptiert als rationale wissenschaftliche Erklärungen. In der Antike war man der Meinung, der Meeresgott Poseidon persönlich sei für die Gezeiten verantwortlich, wenn er mit seinem Dreizack durch die Meeresfluten pflügt.

Die alten Römer, nicht besonders bekannt als Naturforscher, waren fasziniert vom rhythmischen Anstieg und Abfall des Wasserspiegels. Schon 29 vor Chr. schrieb der römische Dichter Vergil: „Zeige mir die Wege der wandelnden Sterne in den Weiten des Himmels über mir und der Erde darunter. Lehre mich die verschiedenen Tätigkeiten des Mondes und wie er Sonnenfinsternisse hervorruft, warum er die fließende Flut aufstaut und in welche dunkle Abgründe sie wieder zurückweicht."

Hier findet man schon einen Hinweis auf den Mond als Verursacher der Gezeiten. Doch plausibler erschien den Römern die Erklärung, dass Neptun – so hieß bei ihnen der Meeresgott – das Meereswasser in ständiger Bewegung halte.

Erst 1600 Jahre später bemüht man sich ernsthaft um eine wissenschaftlich exakte Erklärung für das Auftreten der Gezeiten.

Galileo Galilei (1564–1642) und Johannes Kepler (1571–1630) waren die ersten Empiriker, die

3.8 Galileo Galilei (1564–1642) sah in den Gezeiten den Nachweis, dass die Erde um die Sonne läuft.

3.9 Johannes Kepler (1571–1630) gab die richtige Erklärung für die Entstehung der Gezeiten.

durch Beobachtung und Experiment versuchten, die Naturerscheinungen wissenschaftlich korrekt zu erklären. Kepler schrieb 1609: „Die Einflusssphäre der Anziehung des Mondes ist ebenso weit ausgedehnt wie die der Erde und zieht das Wasser weg von der heißen Region."

Kepler kannte noch nicht das Newtonsche Gravitationsgesetz. Die Anziehung von Erde und Mond war für ihn eine mystische Kraft. Kepler war auch bekannt für seine grübelnden Gedankengänge. Er hatte irgendwie intuitiv das Wesen der Schwerkraft erfasst.

Galileis Gedanken

Für den nüchternen Experimentator Galilei war die wissenschaftliche Erklärung der Gezeiten ein großes Bedürfnis. Im Jahre 1597 teilte Galilei in einem Brief Kepler mit, dass er eine plausible und einleuchtende Erklärung für die Entstehung der Gezeiten gefunden habe. Sie folge direkt als Konsequenz aus dem Kopernikanischen Weltsystem, nach dem nicht die Erde sondern die Sonne Zentrum des Planetensystems ist. Danach ruhe die Erde nicht im Urgrund des Weltalls, sondern laufe als Planet um die Sonne. Im alltäglichen Phänomen von Ebbe und Flut sah Galilei einen schlagenden Beweis für die Richtigkeit des Kopernikanischen Systems. Dieser „Beweis" beherrschte sein Denken ein Leben lang. Er publizierte seine Erklärung der Gezeiten im Jahre 1616 in seiner Schrift *Discorso sul flusso e il reflusso del mare* (Diskurs über Zufluss und Rückfluss des Meeres). Die Schrift hatte eher die Form einer privaten Mitteilung an seinen Gönner und Förderer Kardinal Orsini. Zwei Jahre später sandte er auch eine Kopie an Kaiser Leopold von Österreich. Galileis Vorstellungen zur Entstehung der Gezeiten waren in etwa Folgende: Die Erde rotiert um ihre Achse und läuft gleichzeitig um die Sonne. Dies bewirkt für die Gegenstände auf der Erdoberfläche eine periodische Geschwindigkeitsänderung. Einmal addieren sich die Geschwindigkeiten eines Körpers infolge Rotation und Revolution, zwölf Stunden später bewegt der Körper sich infolge der Rotation entgegengesetzt der Umlaufbewegung der Erde um die Sonne, die Geschwindigkeiten sind zu subtrahieren. Eine solche Geschwindigkeitsvariation muss in Kombination mit der Trägheit des Wassers zu Flutwellen führen. Galilei hatte schließlich selbst das Trägheitsgesetz der Mechanik formuliert, wie es heute noch gültig ist.

Diese Idee kam Galilei schon im Jahre 1595, als er auf einer schaukelnden Barke Wasser in einem offenen Gefäß transportierte. Das Wasser schwappte in dem Gefäß jedes Mal hin und her, wenn die Barke die Geschwindigkeit oder Fahrtrichtung änderte. (Anmerkung: Auch eine Fahrtrichtungsänderung ist eine Geschwindigkeitsänderung. Denn als Vektorgröße setzt sich die Geschwindigkeit aus *Betrag* und *Richtung* zusammen.)

Galilei war von seiner Idee hellauf begeistert. Denn er war überzeugt, nicht nur eine Erklärung für die Gezeiten gefunden zu haben, sondern einen schlagenden Beweis für die Richtigkeit des Kopernikanischen Weltsystems erbracht zu haben.

Nachdem Kardinal Barberini zum Papst Urban VIII. gewählt worden war, schrieb Galilei sein berühmtes Werk *Dialog über die beiden hauptsächlichen Weltsysteme (Dialogo sopra i due massimi sistemi del mondo)*. Dabei hielt er die Erscheinung von Ebbe und Flut für einen hinreichenden Beweis für die Richtigkeit des Kopernikanischen Systems. Ursprünglich hatte Galilei seinen „Dialog“ mit diesem „Beweis“ beginnen lassen, die Zensur verbannte ihn aber an das Ende des Buches. Als der „Dialog“ endlich im Februar 1632 als Buch erschien, besiegelte er Galileis Schicksal. Im August desselben Jahres ordnete der Vatikan die Konfiszierung aller erschienenen Exemplare an. Hauptgrund war, dass der Vertreter der Ptolemäischen Lehre mit der Erde im Mittelpunkt des Alls im „Dialog“ Simplicio hieß, also so viel wie „Einfaltspinsel“. Und die Feinde Galileis (er hatte viele missgünstige Neider) wiesen den Papst darauf hin, dass nur er damit gemeint war. Ironie des Schicksals: Kopernikus hatte recht, Galileis Beweisführung aber war falsch!

Gezeiten wissenschaftlich erklärt

Vielmehr bewirkt der Mond die Gezeiten. Keplers mysteriöse „Einflusssphäre“ gibt es wirklich. Seit Newton nennt man sie Schwerkraft oder Gravitation. Er hat sie so 1687 in seinem klassischen Werk *Philosophiae Naturalis Principia Mathematica* (Die mathematischen Grundlagen der Naturwissenschaften) genannt.

3.10 Galileis „Dialog über die hauptsächlichen Weltsysteme“ kam auf den Index der verbotenen Bücher (Prohibitorum Librorum).

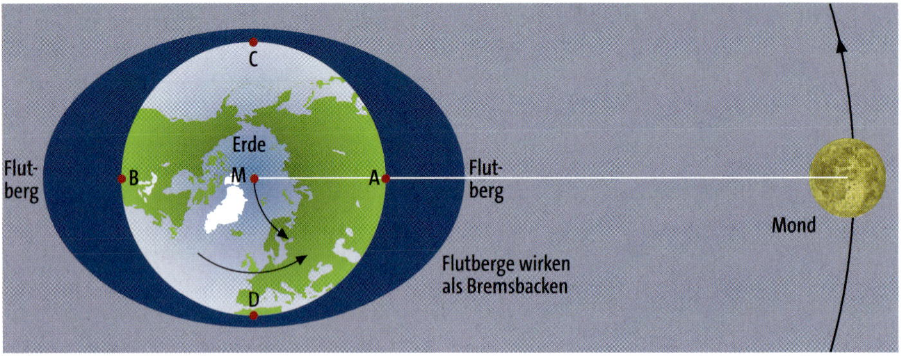

3.11 Zur Entstehung der Gezeiten.

Der geniale Astronom und Mathematiker Pierre Simon de Laplace (1749–1827) hat das Thema Gezeiten als eines der diffizilsten Probleme der Himmelsmechanik bezeichnet. Tatsächlich ist erst durch den Einsatz von Computern und zahlreichen Messdaten künstlicher Erdsatelliten das Phänomen der Gezeiten voll verstanden. Die grundlegende Idee aber, dass der Einfluss des Mondes für die beiden weltweiten Flutberge verantwortlich zeichnet, hat wohl Johannes Kepler als Erster erfasst und geäußert.

Noch heute findet man gelegentlich falsche Erklärungen für das Auftreten von Ebbe und Flut, insbesondere was den zweiten Flutberg auf der dem Mond abgekehrten Erdhälfte betrifft. Das richtige Verständnis der Gezeitenkräfte ist aber für die Erklärung vieler Phänomene in der Astronomie unerlässlich.

Die Gezeiten werden durch die differenziellen Gravitationskräfte von Sonne und Mond hervorgerufen. In dem dem Mond am nächsten liegenden Punkt (A) auf der Erdoberfläche ist die Anziehungskraft des Mondes größer als im Erdmittelpunkt (M). Der Punkt (B) ist am weitesten vom Mond entfernt, seine Anziehungskraft ist dort geringer als im Erdmittelpunkt. In den Punkten (C) und (D) ist sie in etwa gleich groß wie im Erdmittelpunkt (siehe Abb. 3.11 oben). Der Mond zieht nun von den Punkten (C) und (D) das Wasser parallel zur Erdoberfläche in Richtung Punkt (A), wo sich das Wasser staut. Im Punkt (B) hingegen bleibt es zurück. Somit bildet sich in (A) und (B) jeweils ein Flutberg aus. Die Gezeitenbeschleunigung ist abhängig von der Mondmasse und umgekehrt proportional der dritten Potenz der Mondentfernung. Käme der Mond auf die halbe Distanz an die Erde heran, so nähme die Gezeitenbeschleunigung um das Achtfache zu. Auch die Sonne hat ihren Anteil an den Gezeiten. Sie hat zwar die 333 000fache Masse der Erde und der Mond nur 1/81 der Erdmasse. Da sie aber rund 400-mal weiter entfernt ist als der Mond, so ist ihre Gezeitenwirkung nur etwas mehr als vierzig Prozent der des Mondes. Zu den Syzygien (Neu- und Vollmondphasen) addieren sich die Gezeitenkräfte von Mond und Sonne, während sie sich zu den Halbmondphasen teilweise aufheben.

Eine ausführliche Darstellung der Gezeiten findet sich im Begleitbuch zum Kosmos Himmelsjahr *Astrowissen – Zahlen, Daten & Fakten*, Seite 95f, sowie im *Kosmos Himmelsjahr 2002* auf Seite 157 im Monatsthema August „Die Entstehung der Gezeiten".

Die Außerirdischen sind längst auf der Erde gelandet ...
... und sie sind immer noch hier!
Hubert Haensel
Die Präkog-Kaiserin
Erlebe die Erde im Jahr 4931:
Perry Rhodan
Die größte SF-Serie der Welt
Jede Woche neu im Zeitschriftenhandel
www.Perry-Rhodan.net
Kostenloses Infopaket inklusive Probeheft anfordern bei:
PERRY RHODAN-Kommunikation
Stichwort »Kosmos«, Postfach 2352, D-76413 Rastatt
© Pabel-Moewig Verlag, Illustration: Swen Papenbrock

April 2008

- Mars kann in der ersten Nachthälfte gesehen werden. Der rote Planet eilt durch die Zwillinge.
- Jupiter ist Planet der zweiten Nachthälfte.
- Saturn im Löwen dominiert den Nachthimmel. Vom Morgenhimmel zieht sich der Ringplanet zurück.

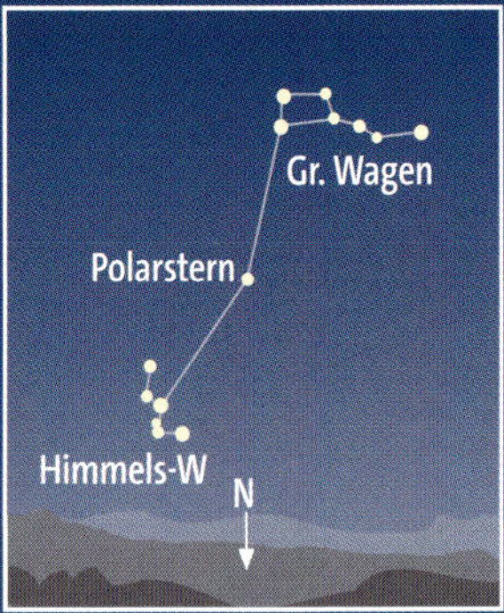

Großer Wagen und Himmels-W Anfang April um 22 Uhr

4.1 Anblick des westlichen Sternenhimmels am 15. April gegen Mitternacht (23^h MEZ = 24^h MESZ). Mars hält sich in den Zwillingen auf. Höher im Südwesten ist das Dreigestirn Saturn, Regulus im Löwen und der zunehmende Mond auszumach

1 Di	
2 Mi	Mond bei Neptun, Abstand 0°,002 um 10^h Pluto im Stillstand, dann rückläufig
3 Do	
4 Fr	Mond bei Uranus, Abstand 3°,1 um 11^h
5 Sa	Mond bei Venus, Abstand 4°,7 um 2^h Mond bei Merkur, Abstand 5°,8 um 14^h
6 So	**Neumond**
7 Mo	
8 Di	
9 Mi	
10 Do	
11 Fr	Sternschnuppen Virginiden
12 Sa	**Mond im ersten Viertel** Mond bei Mars, Abstand 3°,2 um 2^h
13 So	
14 Mo	
15 Di	Mond bei Saturn, Abstand 3°,4 um 20^h
16 Mi	Merkur in oberer Konjunktion mit der Sonne Sternschnuppen Sigma-Leoniden

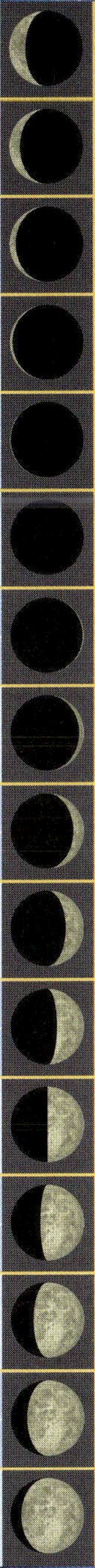

17 Do	
18 Fr	
19 Sa	
20 So	**Vollmond**
21 Mo	Sternschnuppen Lyriden
22 Di	
23 Mi	
24 Do	Merkur im Perihel
25 Fr	
26 Sa	
27 So	Mond bei Jupiter, Abstand 3°,8 um 5^h
28 Mo	**Mond im letzten Viertel**
29 Di	Mond bei Neptun
30 Mi	

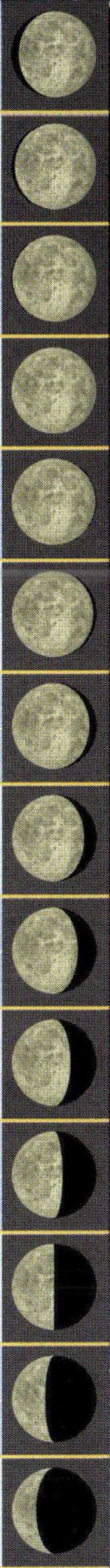

Sonne – Sternbilder

18. 4. 13^h:
Sonne tritt in das Sternbild Widder
19. 4. 19^h:
Sonne tritt in das Tierkreiszeichen Stier
Julianisches Datum am
1. April, 1^h MEZ: 2454557,5

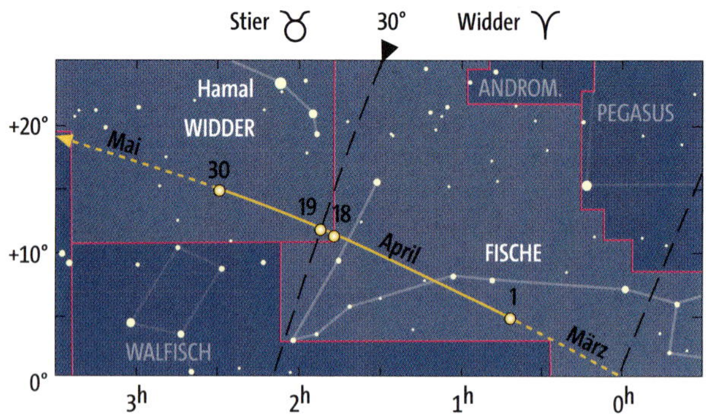

Tabelle Sonnenlauf

Tag	Dämmerg. Anfang	Aufgang MEZ	Kulmination	Untergang MEZ	Dämmerg. Ende	Mittagshöhe	Zeitgleichg.	Rektaszension	Deklination
	h m	h m	h m	h m	h m	o	m	h m	o
1.	4 44	5 56	12 24	18 52	20 05	44,8	− 4	0 42	+ 4,5
5.	4 35	5 48	12 23	18 58	20 12	46,3	− 3	0 57	+ 6,1
10.	4 22	5 37	12 21	19 06	20 21	48,2	− 1	1 15	+ 8,0
15.	4 10	5 27	12 20	19 14	20 31	50,0	0	1 34	+ 9,8
20.	3 58	5 17	12 19	19 22	20 41	51,7	+ 1	1 52	+11,5
25.	3 47	5 07	12 18	19 30	20 51	53,4	+ 2	2 11	+13,2
30.	3 35	4 58	12 17	19 37	21 01	55,0	+ 3	2 30	+14,8

Tages- und Nachtstunden

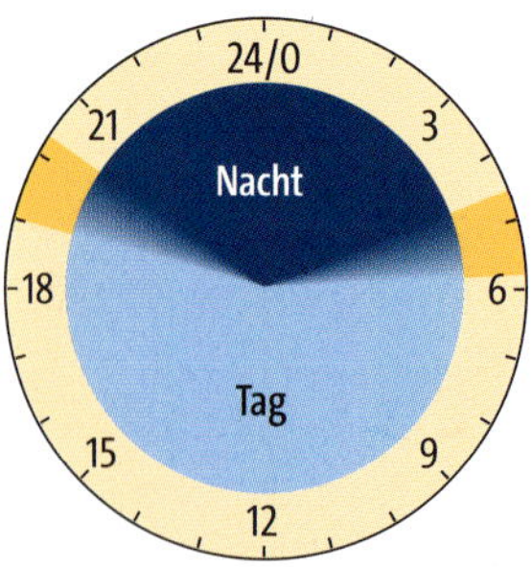

5. April

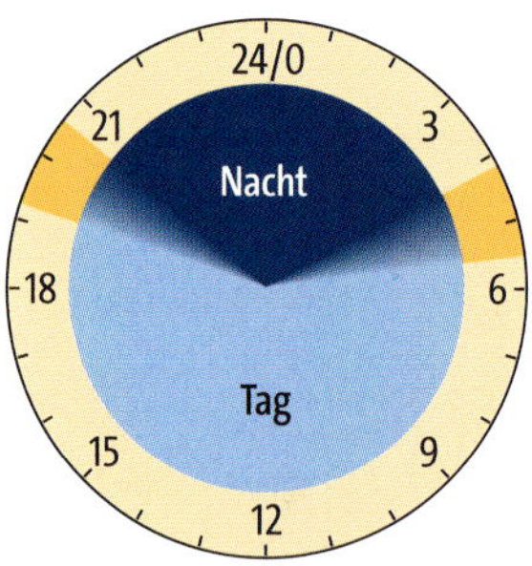

15. April

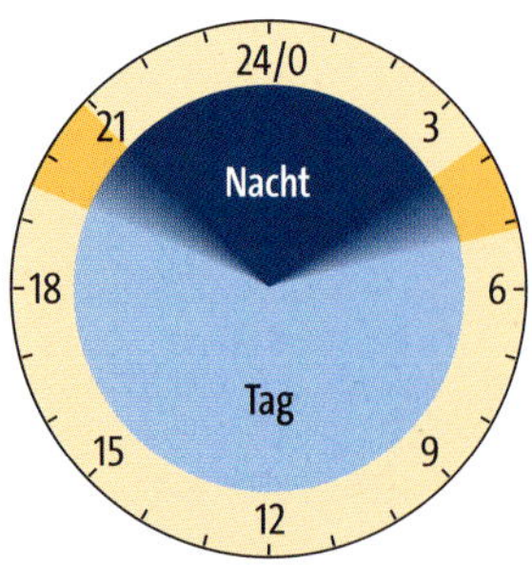

25. April

Tabelle Mondlauf

Datum		Aufg. MEZ	Kulmination	Unterg. MEZ	Rektaszension	Deklination	Sterne und Sternbilder	Phase	MEZ
		h m	h m	h m	h m	o			
Di	1.	4 05	8 29	13 03	20 33	−20,8	Steinbock		
Mi	2.	4 25	9 17	14 22	21 24	−16,1	Steinbock	Aufsteigender Knoten Libration Ost	
Do	3.	4 42	10 05	15 43	22 14	−10,5	Wassermann		
Fr	4.	4 57	10 52	17 04	23 04	− 4,2	Wassermann		
Sa	5.	5 12	11 41	18 29	23 54	+ 2,4	Fische		
So	6.	5 28	12 32	19 57	0 46	+ 9,1	Fische	**Neumond**	**$4^h\ 55^m$**
Mo	7.	5 48	13 27	21 28	1 41	+15,4	Fische	Erdnähe 361/33,′1	20^h
Di	8.	6 13	14 26	22 58	2 40	+20,8	Widder	Größte Nordbreite	
Mi	9.	6 48	15 29	–	3 42	+24,9	Stier, Plejaden		
Do	10.	7 37	16 33	0 21	4 47	+27,3	Stier		
Fr	11.	8 42	17 36	1 29	5 52	+27,7	* Stier, Al Nath		
Sa	12.	9 58	18 35	2 19	6 55	+26,4	* Zwillinge	**Erstes Viertel**	**$19^h\ 32^m$**
So	13.	11 20	19 29	2 55	7 55	+23,4	* Pollux		
Mo	14.	12 40	20 18	3 19	8 50	+19,2	Krebs, Krippe	Libration West	
Di	15.	13 58	21 04	3 38	9 41	+14,2	Löwe, Regulus	Absteigender Knoten	
Mi	16.	15 12	21 47	3 53	10 29	+ 8,6	Löwe, Regulus		
Do	17.	16 24	22 29	4 07	11 14	+ 2,8	Löwe		
Fr	18.	17 35	23 10	4 19	11 58	− 3,0	Jungfrau		
Sa	19.	18 46	23 52	4 33	12 43	− 8,6	Jungfrau		
So	20.	19 57	–	4 47	13 27	−13,9	Spica	**Vollmond**	**$11^h\ 25^m$**
Mo	21.	21 08	0 36	5 05	14 14	−18,5	Jungfrau		
Di	22.	22 18	1 21	5 27	15 02	−22,4	* Waage	Größte Südbreite	
Mi	23.	23 23	2 09	5 55	15 52	−25,3	Skorpion	Erdferne 406/29,′4	11^h
Do	24.	–	2 59	6 33	16 44	−27,1	Antares		
Fr	25.	0 19	3 51	7 23	17 38	−27,7	Schlangenträger		
Sa	26.	1 04	4 42	8 23	18 31	−27,0	Schütze, Nunki		
So	27.	1 40	5 32	9 31	19 24	−25,0	Schütze, Nunki		
Mo	28.	2 07	6 21	10 45	20 16	−21,8	Steinbock	**Letztes Viertel**	**$15^h\ 12^m$**
Di	29.	2 28	7 08	12 00	21 06	−17,6	Steinbock	Aufsteigender Knoten	
Mi	30.	2 45	7 55	13 18	21 55	−12,5	Steinbock	Libration Ost	

Der Mond begegnet Mars

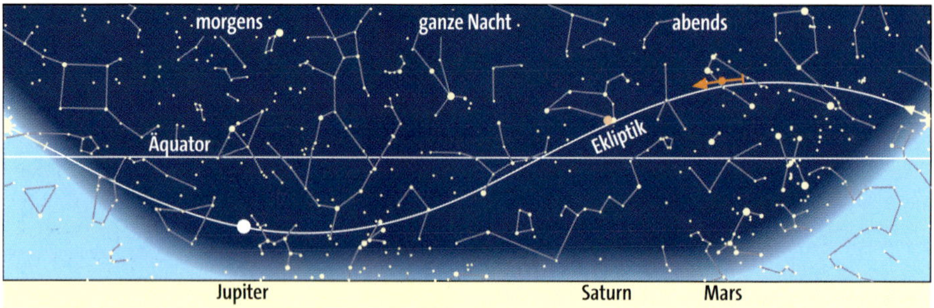

Merkur eilt der Sonne nach und überholt sie zur Monatsmitte. Am 16. morgens kommt er in obere Konjunktion mit der Sonne. Danach entfernt er sich in östlicher Richtung von der Sonne, die ihm im Tierkreis nachläuft. Bis Monatsende wächst sein östlicher Winkelvorsprung auf knapp 16° an. Bei guten Sichtbedingungen kann man den schnellen Planeten ab dem 27. am Abendhimmel erkennen, wobei ein Fernglas hilfreich ist (siehe auch Abb. 4.4 und 4.5 auf Seite 85).

Der mit $-1{,}^{m}2$ recht helle Merkur geht am 27. um 20^h49^m (= 21^h49^m Sommerzeit) unter. Ab etwa 20^h kann man mit Aussicht auf Erfolg nach Merkur spähen. Rund zwanzig Minuten vor seinem Untergang wird Merkur in den horizontnahen

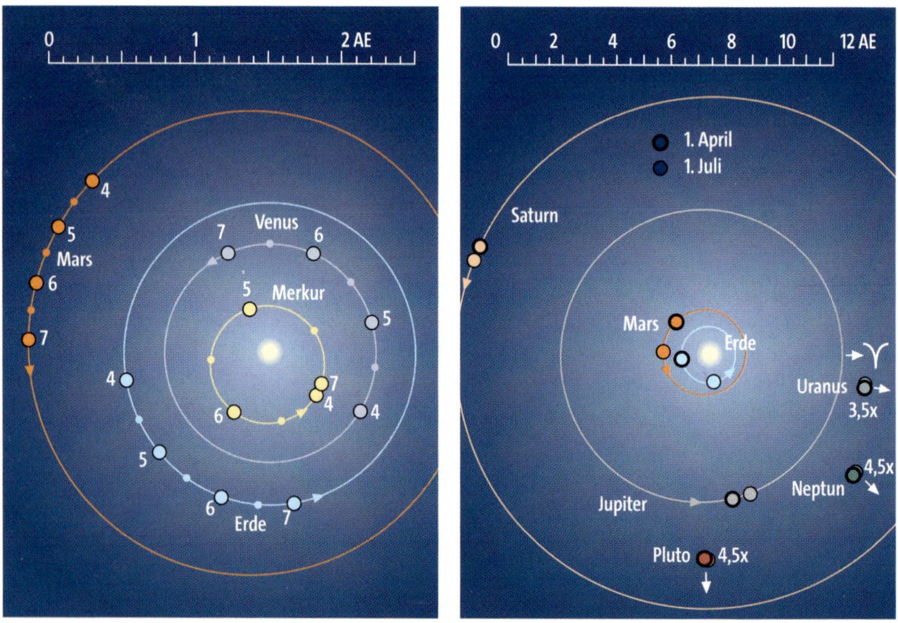

4.2 Das Planetensystem: Heliozentrischer Anblick des Planetensystems im zweiten Jahresviertel 2008. Eingetragen sind links die Positionen der inneren Planeten für den 1. April (4), 1. Mai (5), 1. Juni (6) und 1. Juli (7). Der rechte Teil zeigt das äußere Planetensystem zu Anfang und Ende des zweiten Jahresviertels. Die Pfeile deuten die Richtungen zu den ferneren Planeten sowie zum Frühlingspunkt an.

Dunstschichten unsichtbar. Bis Monatsende verspäten sich die Merkuruntergänge auf 21^h12^m (= 22^h12^m Sommerzeit), die Merkurhelligkeit sinkt auf $-0^m{,}9$ ab.

Am 24. eilt der flinke Planet wieder durch sein Perihel, wobei ihn 46 Millionen Kilometer (= 0,307 AE) vom Tagesgestirn trennen.

Venus hat sich im Vormonat vom Morgenhimmel zurückgezogen und bleibt unbeobachtbar. Sie eilt der Sonne nach, die ihr im Tierkreis vorausläuft. Bis Monatsende nimmt ihr westlicher Winkelabstand auf lediglich knapp zehn Grad ab.

Mars eilt, zunehmend schneller werdend, rechtläufig durch die Zwillinge und passiert am 28. etwa fünf Grad südlich Pollux. An den beiden Zwillingssternen Kastor und Pollux lässt sich gut die Marsbewegung von Woche zu Woche verfolgen. Zu Beginn des kommenden Monats stehen Kastor, Pollux und Mars in einer geraden Linie (siehe auch Abb. 3.3 auf Seite 67).

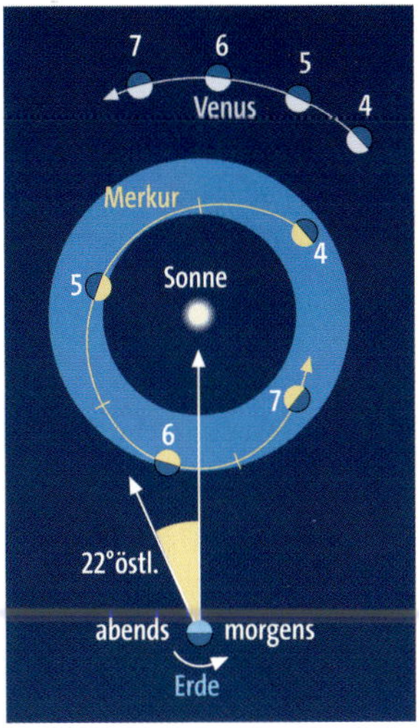

4.3 Bahnen von Merkur und Venus: Heliozentrische Bewegungen von Merkur und Venus relativ zur Erde. In den dicker ausgezogenen Bahnteilen sind die Planeten beobachtbar. Die Zahlen markieren die Positionen jeweils zum Monatsersten. Östlicher Winkelabstand bedeutet Abendsichtbarkeit, westliche Elongation: Planet steht am Morgenhimmel.

Vom Morgenhimmel zieht sich Mars völlig zurück. Am 1. geht der rote Planet um 2^h50^m unter, am 15. um 2^h17^m und am 30. erfolgt der Marsuntergang schon um 1^h41^m (= 2^h41^m Sommerzeit).

Die Marshelligkeit geht weiter zurück und beträgt am Monatsende nur noch $1^m{,}2$. Damit ist Mars ähnlich hell wie Pollux ($1^m{,}1$). Der Durchmesser des Marsscheibchens nimmt auf $5''{,}8$ ab, der Marsglobus zeigt

4.4 Merkur am Abendhimmel: Stellung von Merkur über dem Nordwesthorizont zu den angegebenen Daten jeweils eine Stunde nach Sonnenuntergang. Die Pfeile geben die Bewegungen von Merkur und Sonne während der letzten halben Stunde an.

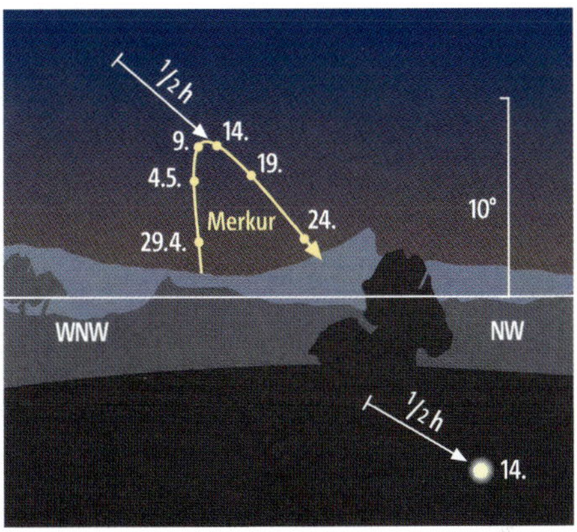

4.5 Sichtbarkeitsdiagramm für Merkur: Es gilt genau für 50° nördlicher Breite und 10° östlicher Länge. Dunkelgelbe Fläche: Unter günstigen Sichtbedingungen kann man Merkur mit bloßen Augen erkennen, hellgelbe Fläche: Merkur ist leicht zu sehen.

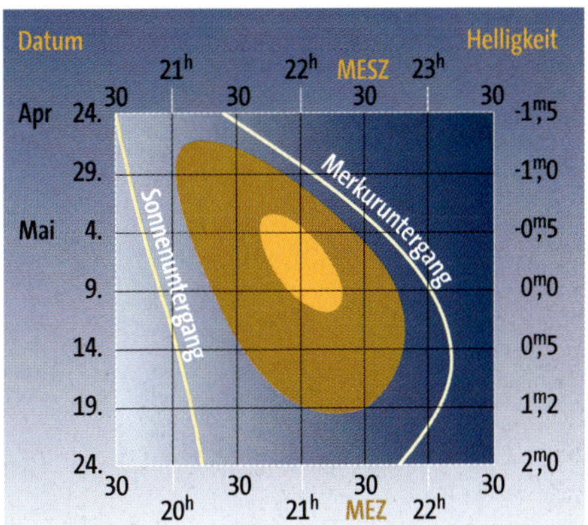

einen leichten Beleuchtungsdefekt von zehn Prozent. Damit sind von uns aus gesehen neunzig Prozent des Planetenscheibchens im Sonnenlicht.

Am 5. erreicht Mars seine größte heliozentrische Nordbreite. Von der Sonne aus gesehen steht der rote Planet dann $1{,}^\circ8$ nördlich der Erdbahnebene (Ekliptik).

Jupiter ist Planet der zweiten Nachthälfte. Er bremst seine rechtläufige Bewegung im Schützen deutlich ab und kommt am Monatsende fast zum Stillstand (siehe Abb. 7.5 auf Seite 140). Die Umkehr seines Laufes im Tierkreis erfolgt aber erst im ersten Maidrittel.

Die Aufgänge des Riesenplaneten verfrühen sich von 2^h58^m (= 3^h58^m Sommerzeit) am 1. auf 2^h08^m am 15. und auf 1^h11^m am Monatsletzten. Die Helligkeit des Riesenplaneten steigt von $-2{,}^m2$ auf $-2{,}^m4$ an. Der scheinbare Äquatordurchmesser des Jupiterscheibchens wächst von 37″ auf 41″ an.

In den Morgenstunden des 27. erhält der Riesenplanet Besuch vom abnehmenden Halbmond.

Den absteigenden Knoten seiner um $1{,}^\circ3$ zur Ekliptik geneigten Bahn passiert Jupiter am 17. April. Er wechselt damit auf die Südseite der Erdbahnebene.

Saturn bremst seine rückläufige Bewegung im Löwen stark ab und kommt Ende April fast zum Stillstand (siehe Abb. 2.5 auf Seite 48). Seine Bewegungsumkehr und damit das Ende seiner Oppositionsperiode erfolgt aber erst Anfang nächsten Monats. Nach wie vor zählt der Ringplanet zu den dominierenden Gestirnen am Nachthimmel, die selbst bei unserem irdischen Lichtsmog am Firmament leicht zu erkennen sind.

Vom Morgenhimmel beginnt sich Saturn allmählich zurückzuziehen. Geht Saturn am 1. noch um 5^h05^m (= 6^h05^m Sommerzeit) und am 15. um 4^h09^m unter, so erfolgt der Untergang des $0{,}^m5$ hellen Ringplaneten am 30. schon um 3^h09^m (= 4^h09^m Sommerzeit).

Am 15. erhält Saturn Besuch vom zunehmenden Mond. Mit Regulus zusammen ergibt sich ein nettes Dreigestirn (siehe Abb. 4.1 auf Seite 80).

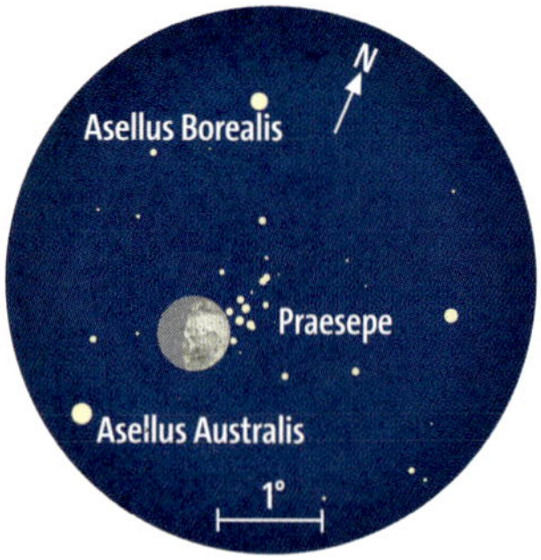

4.6 Der Mond kreuzt die Krippe: Der zunehmende Mond passiert am 13. April den offenen Sternhaufen Krippe (Praesepe) im Krebs. Fernglasanblick gegen 22^h MEZ (= 23^h MESZ) bei 5° Gesichtsfelddurchmesser.

Uranus, rechtläufig im Wassermann, stand zu Beginn des Vormonats in Konjunktion mit der Sonne. Der grünliche Planet bleibt auch im April unbeobachtbar.

Neptun, rechtläufig im Steinbock, lässt sich noch nicht blicken. Zwar geht der inzwischen $7{,}^m9$ helle Planet am 30. schon um 2^h37^m (= 3^h37^m Sommerzeit) auf.

Frühestens zwei Stunden nach seinem Aufgang könnte man Neptun mit lichtstarker Optik auffinden. Dann ist aber die Morgendämmerung schon so weit fortgeschritten, dass der Himmelshintergrund zu sehr aufgehellt ist, um Neptun erkennen zu lassen.

Am 2. passiert der abnehmende Mond nur $0{,}^\circ002$ (!) nördlich den fernen, bläulichen Planeten. Es kommt für kurze Zeit zu einer Bedeckung – in Mitteleuropa findet sie allerdings am Taghimmel statt.

Pluto, prominenter Zwergplanet, wird am 2. im Sternbild Schütze stationär und setzt zu seiner Oppositionsschleife an (siehe Abb. 7.6 auf Seite 140). In Opposition zur Sonne kommt er am 20. Juni.

Planetoiden

Juno – Planetoid Nr. 3 – wird am 18. stationär und setzt zur Oppositionsschleife an.

Die Opposition wird im zweiten Junidrittel erreicht. Mit einer Helligkeit von $10{,}^m8$ ist sie kein attraktives Objekt für Fernglasbeobachter.

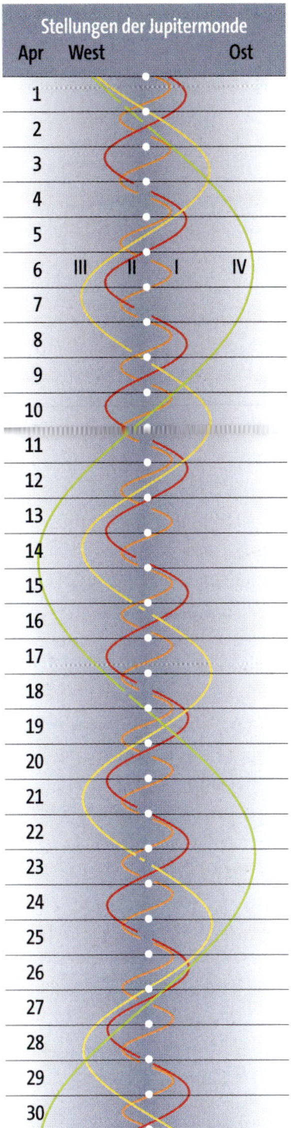

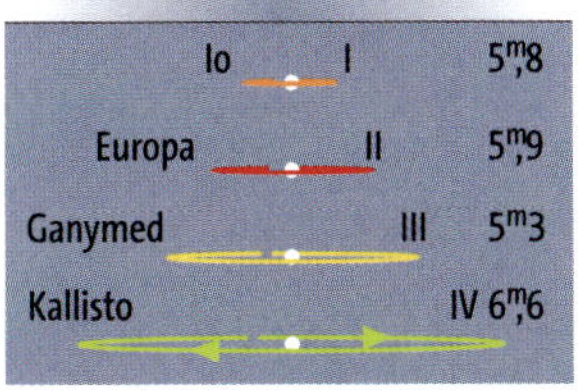

Jupitermonde

Tag	MEZ h m	Vorgang	
6.	3 07	II	DE
	4 34	I	VA
7.	3 01	I	DA
	3 58	I	SE
	5 16	I	DE
8.	2 36	I	BE
9.	3 13	III	BA
10.	3 32	IV	SA
11.	5 22	II	VA
13.	3 00	II	DA
	3 06	II	SE
	5 41	II	DE
14.	3 37	I	SA
	4 55	I	DA
15.	4 29	I	BE
16.	5 02	III	VE
19.	2 11	IV	BA
20.	3 00	II	SA
22.	2 39	II	BE
	2 49	I	VA
23.	2 14	I	SE
	3 31	I	DE
27.	4 07	III	DE
29.	4 42	I	VA
30.	1 53	I	SA
	3 07	I	DA
	4 08	I	SE
	5 22	I	DE

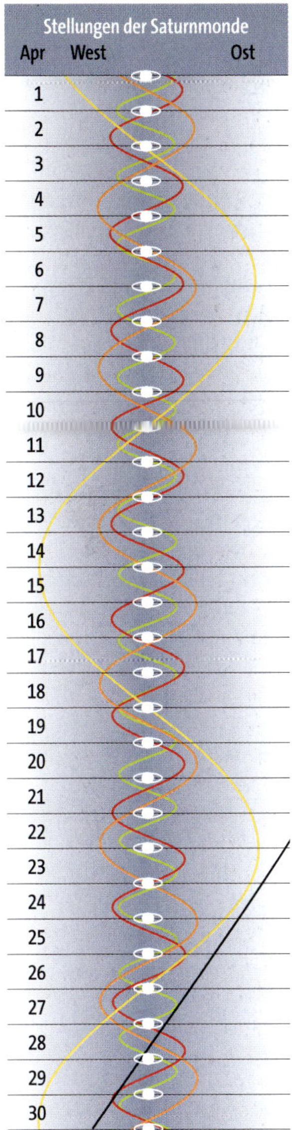

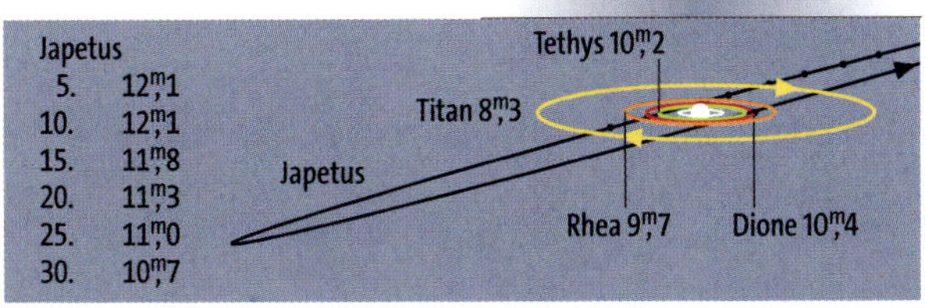

Periodische Sternschnuppenströme

Um den 12. April erreichen die **Virginiden** ihr wenig ausgeprägtes Maximum. Einzelne Virginiden-Meteore sind bis ins erste Maidrittel zu verfolgen.

In der Zeit vom 16. bis 25. April werden die **Lyriden** aktiv. Ihr Ausstrahlungspunkt liegt in der Leier, etwa 7° südwestlich von Wega. Manche Beobachter vermuten mehrere Radianten.

Die Lyriden sind schnelle Objekte. Im Mittel liegen ihre Geschwindigkeiten um 50 Kilometer pro Sekunde. Günstigste Beobachtungszeit: 22^h bis 4^h. Das Maximum am 21. April ist nicht sehr ausgeprägt. Rund zehn bis zwanzig Meteore, darunter einige helle Exemplare, leuchten dann pro Stunde auf. In seltenen Fällen sind bis zu neunzig Sternschnuppen pro Stunde zu registrieren.

Um den 16. April erreichen die **Sigma-Leoniden** ihr Maximum. Vereinzelte Objekte dieses schwachen Stromes sind noch bis Mitte Mai nachweisbar. Bei ihnen fehlen Beobachtungen in den letzten Jahren. Eventuell ist dieser Strom versiegt.

Im letzten Aprildrittel tauchen die ersten **Eta-Aquariden** auf, deren Radiant im Sternbild Wassermann liegt (siehe „Periodische Sternschnuppenströme“ im Mai).

Konstellationen und Ereignisse

Datum	MEZ	Ereignis
2.	10^h	Mond bei Neptun, Mond 0°,002(!) nördlich, Bedeckung von Mitteleuropa aus unbeobachtbar (siehe Seite 86)
2.	10	Pluto im Stillstand, anschließend rückläufig
4.	11	Mond bei Uranus, Mond 3°,1 nördlich
5.	2	Mond bei Venus, Mond 4°,7 nördlich
5.	14	Mond bei Merkur, Mond 5°,8 nördlich
12.	7	**Mond bei Mars**, Mond 1°,2 nördlich **Abstand 3°,2 um 2^h**
15.	19	**Mond bei Saturn**, Mond 2°,6 südlich **Abstand 3°,4 um 20^h**
16.	8	Merkur in oberer Konjunktion mit der Sonne
24.	8	Merkur im Perihel
27.	6	**Mond bei Jupiter**, Mond 2°,8 südlich, **Abstand 3°,8 um 5^h**
29.	20	Mond bei Neptun, Mond 0°,3 nördlich

Veränderliche Sterne im April

Algol-Minima	8.	4^h15^m	13.	21^h53^m	16.	18^h43^m	28.	5^h59^m		
β-Lyrae-Minima	4.	21^hN	11.	8^hH	17.	19^hN	24.	7^hH	30.	18^hN
δ-Cephei-Maxima	5.	24^h	11.	8^h	16.	17^h	22.	2^h	27.	11^h

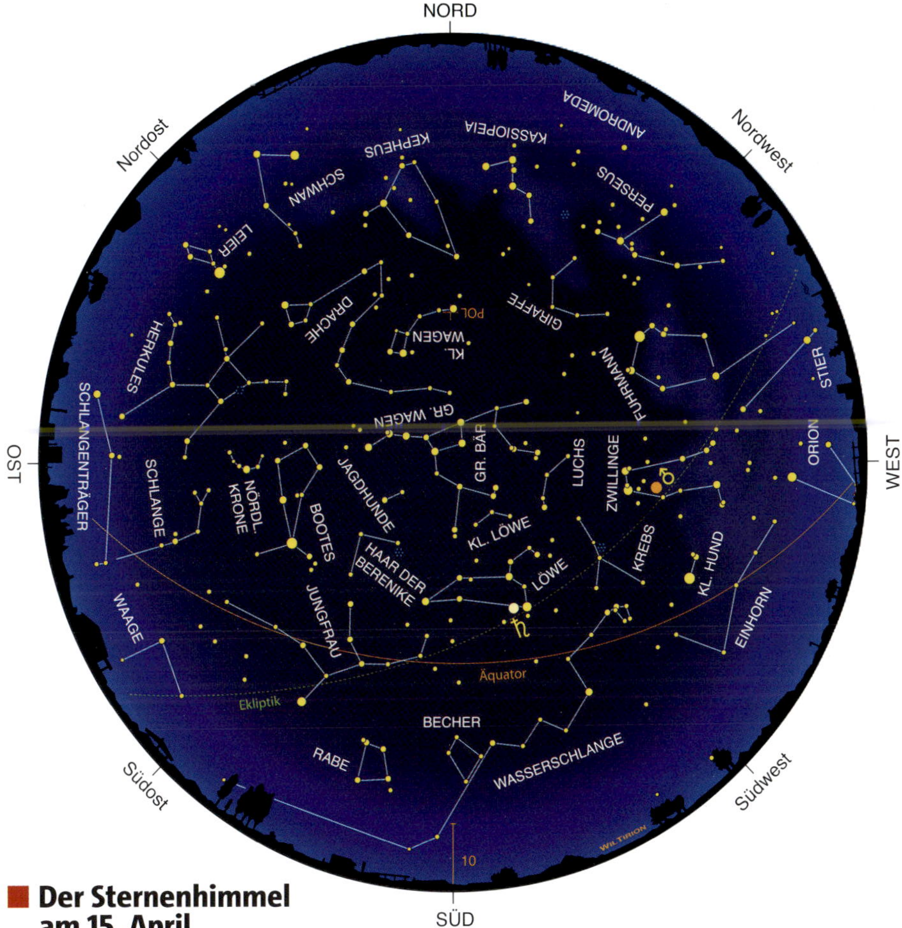

Der Sternenhimmel am 15. April um 22h MEZ

Die Sternkarte ist auch gültig für:		
	MEZ	MESZ
5.12.	6h	
1. 1.	5	
15. 1.	4	
1. 2.	3	
15. 2.	2	
1. 3.	1	
15. 3.	0	
1. 4.	**23**	**24h**
15. 4.	**22**	**23**
30. 4.	**21**	**22**

Ein Blick zum gestirnten Abendhimmel zeigt dem Sternfreund: Es ist nun Frühling geworden. Steil über unseren Köpfen steht der Große Wagen, fast exakt im Zenit.

Auch wer noch keine Erfahrung im Aufsuchen von Sternbildern hat, findet jetzt den Großen Wagen sofort auf Anhieb. Man braucht bloß senkrecht nach oben zu blicken.

Das Sternbild Löwe

Hoch im Süden durchschreitet gerade der Löwe den Meridian. Ein mächtiges Sternentrapez soll dabei den Rumpf dieses königlichen Tieres andeuten. Darauf sitzt ein kleines Trapez, das den Kopf markiert. Die Grundlinie des Löwentrapezes wird von den beiden Sternen Regulus (α Leonis) und Denebola (β Leonis)

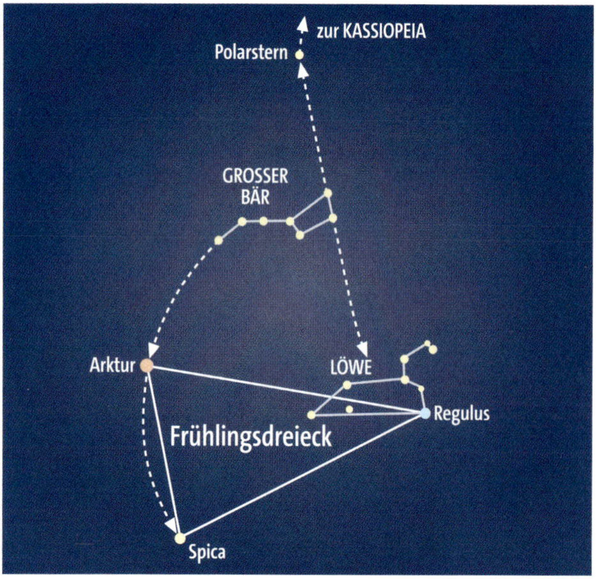

4.7 Das Frühlingsdreieck:
Die drei hellen Sterne Arktur, Regulus und Spica bilden das Frühlingsdreieck.

gebildet. Regulus ist der hellste Stern im Löwen ($1\overset{m}{,}4$). Der Name bedeutet so viel wie „Kleiner König" und kommt aus dem Lateinischen. Regulus steht nahe der scheinbaren Sonnenbahn und markiert somit recht gut die Lage der Ekliptik am Himmelszelt. Da Regulus nahe der scheinbaren Sonnenbahn zu finden ist, so wird er gelegentlich vom Mond und in seltenen Fällen sogar von Planeten bedeckt. Um den 23. August zieht die Sonne an Regulus vorbei. Der Löwe steht dann am Taghimmel und bleibt nachts unsichtbar. Denebola ist mit $2\overset{m}{,}1$ deutlich schwächer als der Löwenhauptstern. Der Name stammt aus dem Arabischen und heißt soviel wie „Schwänzchen". Von Denebola ist das Licht 36 Jahre zu uns unterwegs; Regulus ist mit 77 Lichtjahren doppelt so weit entfernt. Der helle Lichtpunkt nahe Regulus ist der Planet Saturn, der ihm bei seiner rückläufigen Bewegung recht nahekommt.

Vom Großen Wagen zum Bootes

Blicken wir nochmals zum Großen Wagen und folgen mit den Augen dem Bogenschwung der Deichsel, so treffen wir auf den hellen, orangerot leuchtenden Arktur. Mit Sirius, Kanopus und Wega gehört Aktur zu den vier hellsten Fixsternen am irdischen Firmament. Seine scheinbare Helligkeit beträgt $0\overset{m}{,}0$, womit er gut zweieinhalb Mal heller strahlt als ein Stern erster Größenklasse. Mit 37 Lichtjahren Distanz ist Arktur fast genauso weit wie Denebola im Löwen von uns entfernt. Da er aber bei gleicher Entfernung uns viel heller erscheint als Denebola, so muss auch seine wahre Leuchtkraft viel größer sein. Tatsächlich ist Arktur ein so genannter roter Riesenstern, der sehr viel leuchtkräftiger als unsere Sonne ist. Stünde unsere Sonne in gleicher Distanz, dann wäre sie mit bloßen Augen gar nicht mehr zu sehen. Arktur heißt so viel wie Bärenhüter oder -wächter. Er treibt gewissermaßen den Großen Bären um den Pol herum und bewacht auch den Kleinen Bären.

Arktur ist der hellste Stern im Bild des Bootes. Diese Bezeichnung stammt aus dem Griechischen und bedeutet Rinderhirt. Nach Vorstellung der alten Römer waren nämlich die sieben Sterne des Großen Wagens sieben Dreschochsen, die im täglichen Trab um den Polarstern als Göpel laufen. Und der Bootes treibt sie ständig an. Die drachenähnliche Figur des Bootes prägt sich leicht ein.

Das Sternbild Jungfrau

Den Raum im Südosten nimmt die Jungfrau (lat.: Virgo) ein. Sie gehört wie der Löwe zum Tierkreis, also zu jenen dreizehn Sternbildern, durch die Sonne, Mond und die Planeten ihre Bahnen ziehen. Der Hauptstern

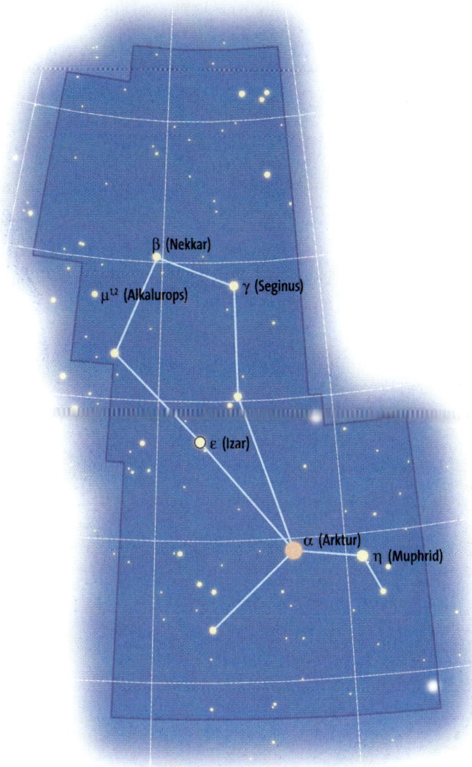

4.8 Sternbild Bootes: Skelettkarte des Sternbildes Bootes mit seinem Hauptstern Arktur.

der Jungfrau heißt Spica, die Kornähre. Spica soll die Fruchtbarkeit symbolisieren. Im Gegensatz zu Arktur strahlt Spica ein bläulich-weißes Licht aus, denn sie ist viel heißer als Arktur an ihrer Oberfläche. Sie ist auch mit 260 Lichtjahren erheblich weiter als Arktur entfernt. Mit $1^{m}\!,0$ scheinbarer Helligkeit ist Spica ein typischer Vertreter der Sterne erster Größenklasse. Spica ist ein sehr enger Doppelstern, der auch in großen Teleskopen nicht aufzulösen ist. Lediglich aus dem variablen Spektrum erkennt man die Doppelnatur von Spica, weshalb man auch von einem *spektroskopischen* Doppelstern spricht.

Beide Spicasonnen sind einander so nahe, dass ihre Gezeitenkräfte die Sterne eiförmig deformieren. Spica zeigt somit einen schwachen Rotationslichtwechsel mit einer Amplitude von $0^{m}\!,1$ und einer Periode von vier Tagen.

Der Winter geht, der Sommer naht

Die Wintersternbilder haben das Feld geräumt. Orion ist im Untergang begriffen und kann nicht mehr erkannt werden. Sirius ist unter die Horizontlinie gesunken. Lediglich Prokyon im Kleinen Hund blinkt noch im Südwesten.

Weit im Westen sind die beiden Sternenketten der Zwillinge zu sehen. Im Nordwesten leuchtet deutlich sichtbar die Kapella im Fuhrmann. Auch sie ist wie Spica ein spektroskopischer Doppelstern.

Tief im Nordosten macht sich die Wega im Sternbild Leier bemerkbar. Sie deutet den kommenden Sommer an, bildet sie doch einen Eckstern des Sommerdreiecks. Zwischen Wega und Arktur liegen die lichtschwachen Bilder Herkules und Nördliche Krone. Während Herkules recht schwierig auszumachen ist, fällt die Nördliche Krone trotz nicht besonders heller Sterne leicht auf, denn sie bilden einen markanten Halbkreis. Ein Stern ragt wegen seiner deutlich größeren Helligkeit im Halbkreis heraus. Es ist der Hauptstern in der Nördlichen Krone, α Coronae Borealis. Sein Eigenname Gemma bedeutet Edelstein (im Geschmeide der Krone). Gemma ist ein heißer, bläulicher Stern in 75 Lichtjahren Entfernung. Seine scheinbare Helligkeit misst $2^{m}\!,2$. In der Nördlichen Krone ist auch der berühmte rußende Stern R Coronae Borealis zu finden.

Arcturus – der Bärenwächter

4.9 Himmelsaufnahme: das Sternbildes Bootes mit dem hellen Riesenstern Arktur. (Foto: Martin Wagner)

Am abendlichen Frühlingshimmel steht nach Einbruch der Dunkelheit ein auffallend heller, orange-gelb leuchtender Stern hoch am Ostfirmament. Er heißt Arktur, im Lateinischen Arcturus genannt. Am Frühsommerhimmel sieht man ihn abends hoch im Süden. Ende April geht er um Mitternacht durch den Meridian. Seine Opposition zur Sonne fällt auf den 26. April. Im Bauernkalender des griechischen Dichters Hesiod (um 700 vor Chr.) heißt es: „... wenn Sirius morgens am Himmel steht und Arcturus eben aufgeht, dann soll man die Trauben pflücken". Der Frühaufgang von Arktur erfolgt Ende September, Anfang Oktober.

Einer der hellsten Sterne

Arktur zählt zu den fünf hellsten Fixsternen am irdischen Firmament. Er wird nur noch von Sirius im Großen Hund und den bei uns wegen ihrer weit südlichen Position nicht sichtbaren Sternen Kanopus im Schiffskiel und Toliman im Zentauren an Helligkeit übertroffen. Mit nullter Größenklasse scheinbarer Helligkeit ist er fast gleich hell wie Wega in der Leier. Nur leuchtet Wega in einem weißlich-bläulichen Licht, während Arktur deutlich eine orange Farbe zeigt.

Wegen seiner auffallenden Strahlkraft zählt Arktur zu den ersten Sternen, die mit Eigennamen versehen wurden. Arcturus bedeutet so viel wie Bärenwächter oder Bärenhüter. Denn er folgt dem großen Bären im täglichen Himmelsreigen stets hinterher. Arktur ist der Hauptstern des Sternbildes Bootes (sprich: Bo-otes).

Johannes Bayer hat ihm daher in seinem Atlas *Uranometria* aus dem Jahre 1603 die Bezeichnung α Bootis oder kurz α Boo verliehen.

Altes Sternbild mit vielen Bedeutungen

Das Sternbild Bootes ist relativ leicht auszumachen und wurde schon vor dreitausend Jahren so benannt. Bootes setzt sich aus den griechischen Wörtern βους für Ochse und ωθειν für Antreiber zusammen. Bootes heißt also so viel wie Ochsentreiber oder Rinderhirt. In der klassischen Vorstellung treibt er die sieben Dreschochsen um den Göpel, also die sieben Wagensterne um den Polarstern. Denn die Römer sahen in den sieben Sternen des Großen Wagens sieben Dreschochsen und nannten sie Septemtriones. Da sie als Zirkumpolarsterne stets in nördlicher Richtung zu sehen sind, ging die Bezeichnung „Septemtriones" auf die Nordrichtung über.

Der Bootes wird als Führer der Jagdhunde angesehen, das Sternbild knapp südlich des Großen Wagens und westlich vom Bootes. Bei den Arabern galt der Bootes als Schafhirte. Seine Herde bildeten die Sterne des Herkules und des Schlangenträgers (Ophiuchus). Einer alten arabischen Quelle nach gehörten die Sterne des Bootes zu einem riesigen Löwen (Al-Asad), der fast ein Drittel des Himmels einnahm.

Arcturus selbst nannten die Araber Al Haris al Sama, den Wächter des Himmels. Eine andere Bezeichnung für Arktur lautet Al Simak al Ramih, der hoch aufragende Lanzenträger.

Bei den Indern hat er mehrere Bezeichnungen erlangt: Sbati, der schnelle Läufer, aber auch Nishtya, der Ausgestoßene oder Verbannte. Gemeint ist hier der Ausschluss aus dem Tierkreis. Denn Arktur steht weit nördlich der Ekliptik, der scheinbaren Sonnenbahn. Gelegentlich vergleichen die Inder Arktur einfach mit einem rot funkelnden Edelstein.

Auch die Chinesen kannten zwei Bezeichnungen für Arktur: Man sprach von Ta Kio, dem großen Horn, oder von Kang Che, dem ausgetrockneten See.

Der berühmte griechische Arzt Hippokrates hat schon 460 vor Chr. gemeint, Arktur habe einen Einfluss auf den menschlichen Körper. Mit seinem Frühaufgang Ende September setzte die trockene Jahreszeit ein. Ptolemaios wieder beschreibt die Farbe von Arktur als υποκιρρος, dem leuchtend goldenen Rot.

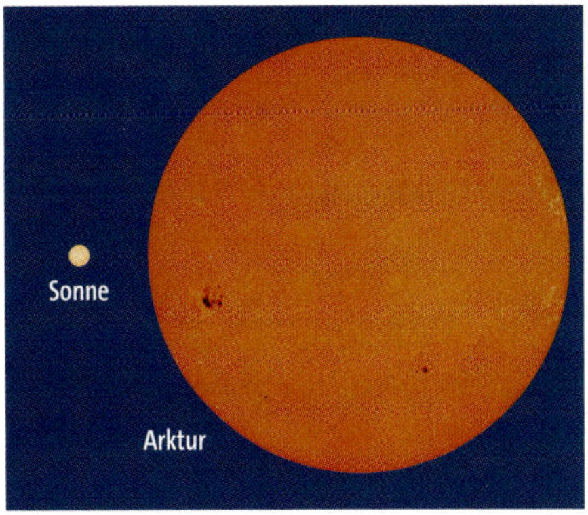

4.10 Der Riesenstern Arktur im Vergleich zu unserer Sonne.

Ein schneller Riesenstern

Arktur ist ein Fixstern, ein selbst leuchtender, heißer Gasball, eine Sonne also. Und die Fixsterne bilden das scheinbar unveränderliche Muster der Sternbilder. So sahen die alten Griechen vor mehr als zweitausend Jahren den Großen Wagen oder das Himmels-W, die Kassiopeia, genauso wie wir heute. Doch ganz so feststehend sind die Fixsterne eben nicht. Sie zeigen im Laufe der Jahre kleine Ortsveränderungen am Firmament. Die Verschiebungen werden Eigenbewegung der Sterne genannt und sind so klein, dass sie dem bloßen Auge nicht auffallen.

Schon Edmond Halley erkannte, dass sich Arktur seit der Antike offensichtlich relativ zu den Umgebungssternen weiterbewegt hatte. Tatsächlich weist Arktur eine relativ große Eigenbewegung auf. Pro Jahr verändert sich seine Position um 2,3 Bogensekunden, wobei er sich in Richtung Südwest bewegt (Positionswinkel: P = 209°). Seit dem von Ptolemaios aufgestell-

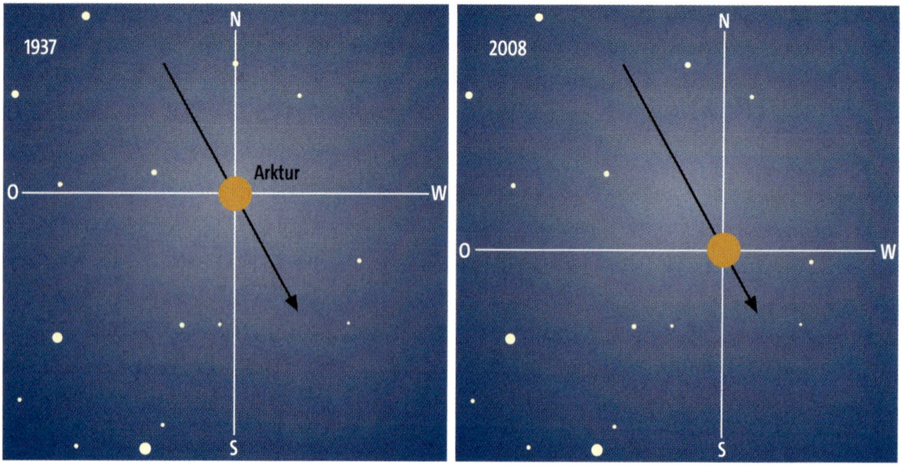

4.11 Arktur weist eine große Eigenbewegung auf. In rund 800 Jahren verschiebt sich die Position von Arktur um einen Vollmonddurchmesser.

ten Sternkatalog hat sich Arktur bis zu Halleys Beobachtungen um rund ein Grad, dies sind zwei Vollmonddurchmesser, weiterbewegt. In knapp 800 Jahren legt Arktur eine Strecke von einem Vollmonddurchmesser zurück.

Eine so große Eigenbewegung legt aber den Schluss nahe, dass Arktur ein naher Stern sein muss. Erstmals hat der amerikanische Astronom William Lewis Elkin im Jahre 1882 Arkturs Parallaxe zu 0,016 Bogensekunden gemessen. Dies ergibt eine Entfernung von etwas mehr als zweihundert Lichtjahren. Allerdings war damals schon klar, dass der Messfehler in der Größenordnung des Messwertes liegt. Moderne Messungen ergeben eine trigonometrische Parallaxe von $\pi = 0{,}''089$. Dies ergibt eine Distanz von 36,7 Lichtjahren. Mit knapp 37 Lichtjahren Entfernung gehört Arktur noch zu den Nachbarsternen unserer Sonne.

Ist einmal die Entfernung bekannt, so folgt aus der Messung der scheinbaren Helligkeit unmittelbar die wahre Leuchtkraft eines Sternes. Sie beträgt bei Arktur $-0{,}^{M}3$. „M" steht für „Magnitudo" und bedeutet die absolute Helligkeit eines Sternes. Sie entspricht der scheinbaren Helligkeit, die der Stern in einer Normentfernung von zehn Parsec (= 32,6 Lichtjahre) hätte. Damit strahlt Arktur heller als das Hundertfache unserer Sonne!

Als rötlicher Stern ist Arktur deutlich kühler als unsere Sonne. Sein Spektraltyp wurde zu K2 bestimmt. Daraus folgt eine Oberflächentemperatur von 4570° Celsius. Unsere Sonne ist jedoch 5510°C heiß. Die Sonne ist damit fast tausend Grad heißer als Arktur. Damit strahlt die Sonne *pro Flächeneinheit* mehr als doppelt so viel Energie aus wie Arktur. Da aber Arktur insgesamt rund hundertmal heller leuchtet als unsere Sonne, so folgt daraus, dass Arktur erheblich größer sein muss als der Sonnenglobus. Denn die wahre Leuchtkraft eines Sternes ist proportional dem Quadrat seines Radius und proportional der vierten Potenz seiner Oberflächentemperatur.

Tatsächlich hat Arktur den 21fachen Sonnendurchmesser, das sind rund dreißig Millionen Kilometer. Damit zählt Arktur zu den Riesensternen der Leuchtkraftklasse III. Stünde Arktur an Stelle unserer Sonne, so sähen wir ihn als riesigen Glutball von mehr als zehn Grad Durchmesser am Himmel, während uns die Sonnenscheibe nur unter einem Winkel von einem halben Grad erscheint.

Groß, hell und nah

Arktur hat etwa die doppelte Masse unserer Sonne und ist ein alternder Stern, in dessen Zentrum bereits Helium zu Kohlenstoff fusioniert wird. Sein Alter beträgt rund eine Milliarde Jahre, das ist ein Fünftel des Alters unserer Sonne. Massereiche Sterne altern schneller als Sterne mit nur einer Sonnenmasse. Arktur hat sich schon zu einem Roten Riesen aufgebläht. Wenn das Heliumbrennen zu Ende geht, wird Arktur seine äußeren Gasschichten abstoßen und dabei eine Zeitlang als Planetarischer Nebel am Firmament stehen. Noch ist es allerdings nicht so weit. Nach menschlichen Maßstäben zu urteilen, wird dies noch eine Weile dauern.

Da Arktur ein Riesenstern ist, aber lediglich die doppelte Sonnenmasse aufweist, so ist seine mittlere Dichte enorm gering. Pro Kubikzentimeter sind das nur 0,00015 Gramm Materie. Unsere Sonne hat dagegen eine mittlere Dichte von 1,4 Gramm pro Kubikzentimeter. Im Zentrum von Arktur ist die Materie dicht gepackt – weit über tausend Gramm pro Kubikzentimeter. In der ausgedehnten Hülle jedoch ist die Dichte so gering, dass die Astronomen gerne vom „roten Vakuum" sprechen.

Arktur nähert sich uns mit fünf Kilometer pro Sekunde, man sagt, seine Radialgeschwindigkeit beträgt –5 km/s. Aus der Radialgeschwindigkeit, der Eigenbewegung am Himmel und seiner Entfernung folgt die enorme Raumgeschwindigkeit

Arcturus in Zahlen

Bezeichnungen:	α Bootis, Arcturus, Arktur, Bärenwächter, Bärenhüter, Al Haris al Sama, Al Simak al Ramih, Svati, Nishtya Ta Kio, Kang Che	
Katalog-Nummern:	Flamsteed Nr. 16 / BD + 19°2777 / HD 124897 / HIP 69673 / SAO 100 944 / Yale BSC 5340 / GSC 14 72 14 361	
Äquatoriale Koordinaten:	**α (Rektaszension)**	**δ (Deklination)**
(J2000.0)	$14^h15^m39^s{,}6$	+ 19°10′57″
(B1900.0)	$14^h11^m06^s{,}0$	+ 19°42′11″
Scheinbare Helligkeit:	V = $-0^m{,}05$ (leicht variabel, Amplitude: $0^m{,}06$)	
Farbindices:	B-V = + 1,24 / U-B = + 1,27	
Spektraltyp:	K2 III	
Absolute Helligkeit:	$-0^M{,}31$	
Leuchtkraft:	110 Sonnenleuchtkräfte	
Durchmesser:	21 Sonnendurchmesser	
Trigonometrische Parallaxe:	π = 0,"08885	
Entfernung:	11,25 Parsec = 36,69 Lichtjahre	
Eigenbewegung pro Jahr:	μ_α = – 1,"0935	
	μ_δ = – 1,"9994	
Radialgeschwindigkeit:	RG = – 5 km/s	
Raumgeschwindigkeit:	V_R = 145 km/s in Richtung Virgo	

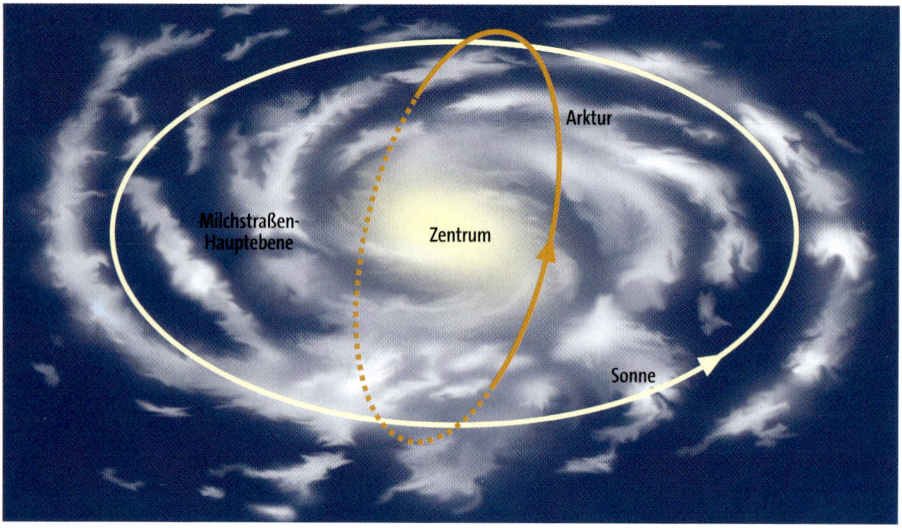

4.12 Arktur beschreibt eine lang gestreckte Ellipsenbahn um das Zentrum unserer Milchstraße. Sie ist stark zur galaktischen Hauptebene geneigt, in der unsere Sonne um das galaktische Zentrum läuft.

von 145 Kilometer pro Sekunde. Arktur läuft dabei in Richtung des Sternbildes Jungfrau. Die meisten Nachbarsterne unserer Sonne weisen Raumgeschwindigkeiten bis etwa dreißig Kilometer pro Sekunde auf. Arktur zählt damit zu den so genannten Schnellläufern. Die Sonne mit ihren Planeten begegnet gerade Arktur. Vor 500.000 Jahren war Arktur noch so weit entfernt, dass man ihn mit bloßen Augen nicht hätte sehen können. Und in weiteren 500.000 Jahren wird er wieder unseren Augen entschwunden sein. Denn in wenigen tausend Jahren wird die Minimaldistanz Sonne – Arktur erreicht sein. Dann wird die Radialgeschwindigkeit positiv werden, Arktur wird sich dann von uns entfernen.

Die Bezeichnung „Schnellläufer" ist streng genommen nicht ganz korrekt. Genau genommen rast unsere Sonne mit dem Schwarm ihrer Nachbarsterne in einer fast kreisförmigen Bahn in der Hauptebene des Milchstraßensystems um das Milchstraßenzentrum, und zwar mit einer Geschwindigkeit von 220 Kilometer pro Sekunde.

Arktur hingegen läuft in einer lang gestreckten Ellipse auf einer zur Milchstraßenhauptebene stark geneigten Bahn, die ihn weit in den kugelförmigen Raum des galaktischen Halos führt. Zurzeit passiert Arktur die Milchstraßenebene und begegnet dem großen Pulk der Sonne und ihrer Umgebungssterne. Daher rührt die hohe Raumgeschwindigkeit von Arktur relativ zu unserer Sonne. Arktur gehört zur Sternpopulation II, auch als Halopopulation bezeichnet, während die Sonne und ihre Nachbarn der Population I oder Scheibenpopulation angehören.

Im Jahre 1635 hat der französische Astronom Jean-Baptiste Morin erstmals Arktur mit einem Teleskop am Taghimmel beobachtet. Es war dies der erste Stern überhaupt, der am Tage mit einem Fernrohr gesehen wurde. Heutige Amateurastronomen können ebenfalls einmal versuchen, helle Sterne am Taghimmel mit einem Teleskop ins Visier zu nehmen. Bei Morin stand die Sonne noch 17° über dem Horizont, als er Arktur ins Visier nahm.

Der Kern des hellen Kometen Donati zog am 5. Oktober 1858 in nur 20 Bogenminuten Distanz an Arktur vorbei, ein Himmelsschauspiel, das sich bis heute nicht wiederholte. Am 27. November 1618 zog ebenfalls ein heller Komet über Arktur hinweg.

Einen besonderen Gag hatte man sich in Chicago zur Eröffnung der Weltausstellung von 1933 ausgedacht. Man richtete den großen Refraktor des Yerkes-Observatoriums – mit 102 cm das größte Linsenteleskop der Erde – auf Arktur. Eine photoelektrische Zelle schaltete die gesamte Flutlichtbeleuchtung der Ausstellung ein, als das Licht von Arktur auf sie fiel. Das Spektakel sollte an die letzte derartige Ausstellung erinnern, die im Jahre 1893 in Chicago stattfand. Die Zeitdifferenz entspricht in etwa der Laufzeit des Arktursternenlichtes zur Erde.

Mit einem größeren Teleskop und einem Infrarot-Detektor konnte auch die Wärmestrahlung von Arktur gemessen werden. Sie entspricht in etwa der Wärmestrahlung, die wir von einer Kerzenflamme in zehn Kilometern Entfernung empfangen.

Mai 2008

- Merkur bietet in der ersten Maihälfte die beste Abendsichtbarkeit des ganzen Jahres.
- Mars kann in der ersten Nachthälfte gesehen werden.
- Jupiter dominiert die zweite Nachthälfte.
- Saturn ist ebenfalls bis nach Mitternacht am Sternenhimmel vertreten.

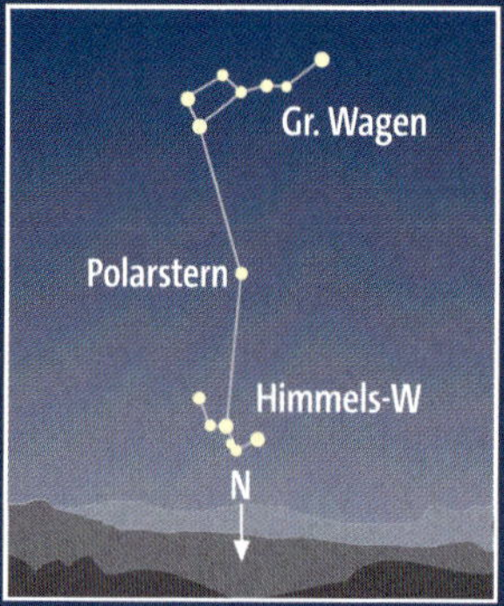

Großer Wagen und Himmels-W Anfang Mai um 22 Uhr

5.1 Himmelsanblick am 6. Mai gegen 21^h MEZ (= 22^h MESZ). Über dem Westhorizont ist Mars in den Zwillingen zu sehen. … am Westhorizont erspäht man den flinken Merkur, zu dem sich die messerscharfe Sichel des zunehmenden Mondes gesell

1 Do Christi Himmelfahrt
Mond bei Uranus, Abstand 3,°4 um 24^h

2 Fr

3 Sa Saturn im Stillstand, dann rechtläufig

4 So

5 Mo **Neumond**
Mond bei Venus, Abstand 6,°3 um 1^h

6 Di Mond bei Merkur, Abstand 2,°4 um 21^h
Sternschnuppen Eta-Aquariden

7 Mi

8 Do

9 Fr Jupiter im Stillstand, dann rückläufig

10 Sa Mond bei Mars, Abstand 3,°1 um 21^h

11 So Pfingstsonntag

12 Mo Pfingstmontag
Mond im ersten Viertel (bei Saturn)

13 Di Mars im Aphel

14 Mi Merkur in größter östlicher Elongation

15 Do

16 Fr

17 Sa

18 So

19 Mo

20 Di **Vollmond**
Sternschnuppen Scorpiden-Sagittariden

21 Mi

22 Do Fronleichnam

23 Fr

24 Sa Mond bei Jupiter, Abstand 6,°0 um 4^h

25 So

26 Mo Merkur im Stillstand, dann rückläufig
Neptun im Stillstand, dann rückläufig

27 Di Mond bei Neptun, Abstand 0,°6 um 4^h

28 Mi **Mond im letzten Viertel**

29 Do Mond bei Uranus, Abstand 3,°8 um 10^h

30 Fr

31 Sa

Sonne – Sternbilder

14. 5. 1h:
Sonne tritt in das Sternbild Stier
20. 5. 18h:
Sonne tritt in das Tierkreiszeichen Zwillinge
Julianisches Datum am
1. Mai, 1h MEZ: 2454587,5

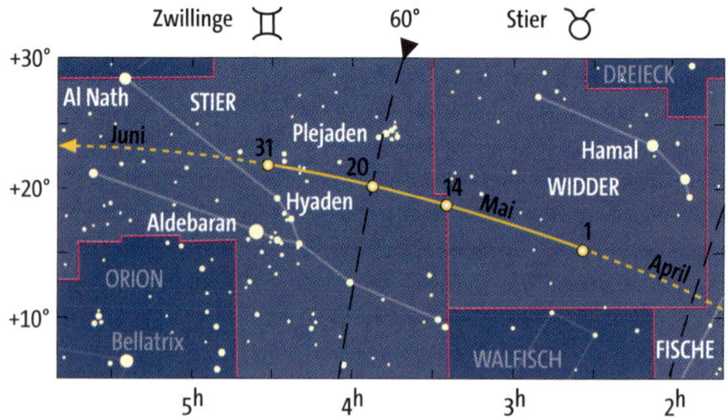

Tabelle Sonnenlauf

Tag	Dämmerg. Anfang	Aufgang MEZ	Kulmination	Untergang MEZ	Dämmerg. Ende	Mittagshöhe	Zeitgleichg.	Rektaszension	Deklination
	h m	h m	h m	h m	h m	o	m	h m	o
1.	3 32	4 56	12 17	19 39	21 03	55,3	+ 3	2 34	+15,1
5.	3 23	4 49	12 17	19 45	21 11	56,4	+ 3	2 49	+16,3
10.	3 12	4 41	12 16	19 53	21 22	57,8	+ 4	3 08	+17,6
15.	3 02	4 34	12 16	20 00	21 32	59,0	+ 4	3 28	+18,9
20.	2 52	4 27	12 16	20 06	21 43	60,1	+ 4	3 48	+20,0
25.	2 43	4 22	12 17	20 13	21 52	61,1	+ 3	4 08	+21,0
31.	2 34	4 16	12 18	20 20	22 03	62,0	+ 2	4 32	+21,9

Tages- und Nachtstunden

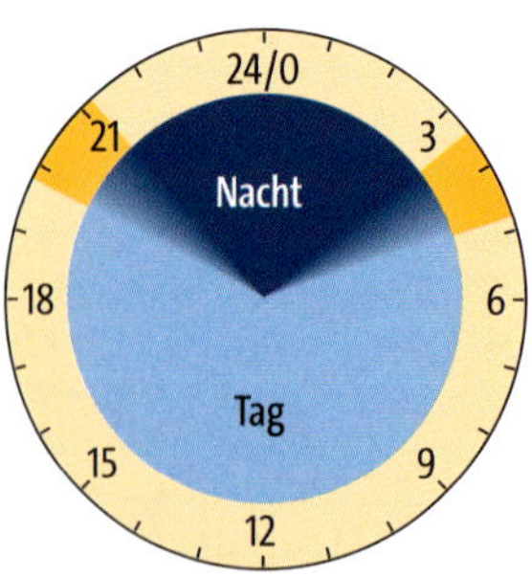

5. Mai

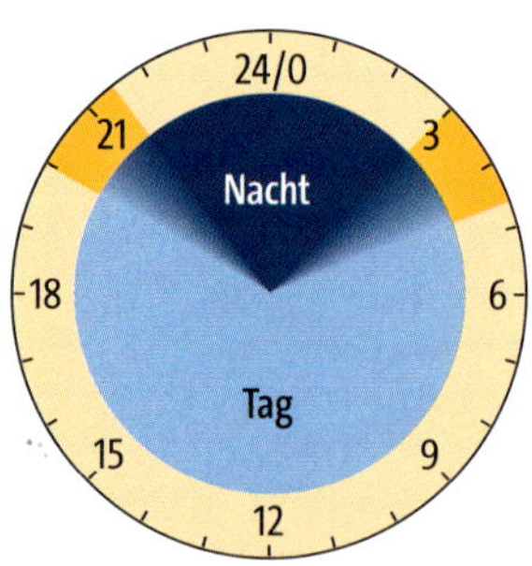

15. Mai

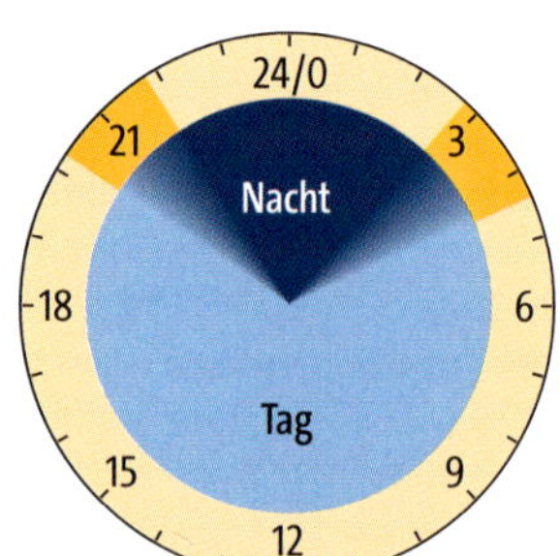

25. Mai

Tabelle Mondlauf

Datum		Aufg. MEZ	Kulmination	Unterg. MEZ	Rektaszension	Deklination	Sterne und Sternbilder	Phase	MEZ
		h m	h m	h m	h m	°			
Do	1.	3 00	8 41	14 36	22 43	− 6,7	Wassermann		
Fr	2.	3 15	9 28	15 58	23 32	− 0,3	Fische		
Sa	3.	3 31	10 17	17 23	0 23	+ 6,2	Fische		
So	4.	3 49	11 10	18 52	1 16	+12,7	Fische		
Mo	5.	4 11	12 08	20 25	2 14	+18,5	Widder, Hamal	**Neumond**	**$13^h\ 18^m$**
Di	6.	4 42	13 10	21 54	3 16	+23,3	Stier, Plejaden	Erdnähe 358/33,′4 Größte Nordbreite	4^h
Mi	7.	5 26	14 16	23 12	4 21	+26,4	Stier		
Do	8.	6 26	15 22	–	5 29	+27,6	Stier, Al Nath		
Fr	9.	7 41	16 25	0 12	6 35	+26,8	Zwillinge		
Sa	10.	9 04	17 23	0 53	7 38	+24,2	Pollux		
So	11.	10 27	18 15	1 22	8 35	+20,2	* Krebs, Krippe		
Mo	12.	11 47	19 02	1 44	9 28	+15,2	* Löwe	**Erstes Viertel** Absteigender Knoten Libration West	**$4^h\ 47^m$**
Di	13.	13 03	19 46	2 00	10 17	+ 9,7	Löwe, Regulus		
Mi	14.	14 15	20 28	2 14	11 03	+ 4,0	* Löwe		
Do	15.	15 26	21 09	2 27	11 48	− 1,8	Jungfrau		
Fr	16.	16 36	21 51	2 40	12 32	− 7,4	Jungfrau		
Sa	17.	17 47	22 34	2 54	13 16	−12,7	Spica		
So	18.	18 57	23 19	3 11	14 02	−17,4	Jungfrau		
Mo	19.	20 07	–	3 31	14 49	−21,5	Waage	Größte Südbreite	
Di	20.	21 14	0 06	3 58	15 39	−24,6	Waage	**Vollmond** Erdferne 406/29,′4	**$3^h\ 11^m$** 15^h
Mi	21.	22 13	0 55	4 33	16 31	−26,7	Antares		
Do	22.	23 02	1 46	5 19	17 24	−27,5	Schlangenträger		
Fr	23.	23 40	2 37	6 16	18 17	−27,1	Kaus Australis		
Sa	24.	–	3 28	7 22	19 10	−25,4	Schütze, Nunki		
So	25.	0 09	4 17	8 33	20 02	−22,6	Schütze		
Mo	26.	0 31	5 04	9 47	20 52	−18,7	Steinbock	Aufsteigender Knoten	
Di	27.	0 50	5 49	11 01	21 40	−13,9	Steinbock		
Mi	28.	1 05	6 34	12 17	22 27	− 8,4	Wassermann	**Letztes Viertel** Libration Ost	**$3^h\ 57^m$**
Do	29.	1 20	7 19	13 34	23 15	− 2,4	Fische		
Fr	30.	1 34	8 05	14 55	0 03	+ 3,9	Fische		
Sa	31.	1 50	8 55	16 19	0 54	+10,2	Fische		

Der Mond zieht an Saturn und Regulus vorbei

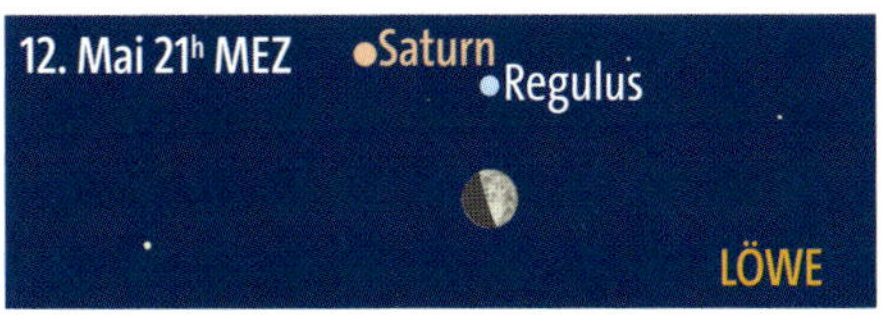

Merkur bietet in der ersten Maihälfte eine respektable Abendsichtbarkeit, was nicht zuletzt an der steil zum Westhorizont stehenden abendlichen Ekliptik liegt. Am 14. erreicht Merkur mit 21°48′ Winkelabstand seine größte östliche Elongation von der Sonne.

Der Untergang des $-0^m{,}9$ hellen Merkur erfolgt am 1. um 21^h19^m (= 22^h19^m Sommerzeit). Bald nach 20^h ist es dunkel genug, um Merkur freiäugig zu erkennen. Gegen 21^h versinkt der flinke Planet in den Dunstschichten am nordwestlichen Horizont. Die günstige Sichtperiode liegt zwischen dem 6. und 9. Mai. Am 7. geht der $-0^m{,}2$ helle Merkur um 21^h51^m (= 22^h51^m Sommerzeit) unter. Bis zur maximalen östlichen Elongation am 14. sinkt die Merkurhelligkeit auf $0^m{,}5$ erheblich ab, die Untergangszeit verspätet sich ein wenig auf 22^h07^m (= 23^h07^m Sommerzeit). Letztmals zeigt sich Merkur tief am Nordwesthimmel um den 19., an dem der nur mehr $1^m{,}2$ helle Planet um 22^h02^m unter die Horizontlinie sinkt (siehe auch Abb. 4.4 und 4.5 auf Seite 85).

Die extrem schmale Sichel des zunehmenden Mondes passiert am 6. den sonnennahen Planeten – ein hübscher Anblick am Abendhimmel, wo beide Gestirne tief am Nordwesthimmel stehen (siehe auch Abb. 5.1 auf Seite 98).

Für Fernrohrbeobachter sei angemerkt, dass sich das $7''{,}1$ große Merkurscheibchen am 9. halb beleuchtet zeigt, die Dichotomie tritt ein.

Merkur wird am 26. stationär und eilt anschließend rasch rückläufig der Sonne entgegen, mit der er in der ersten Juniwoche zusammentrifft.

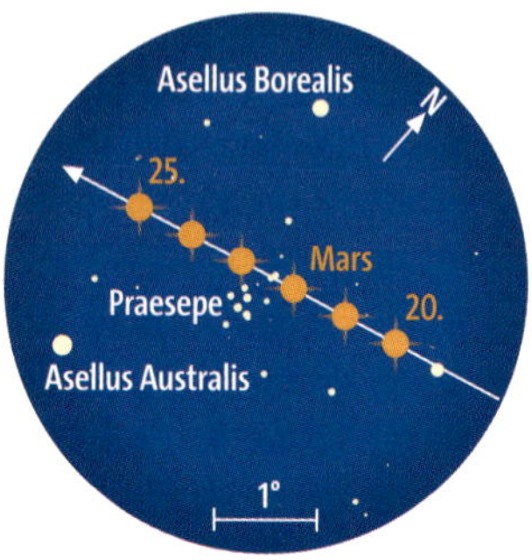

5.2 Mars besucht die Krippe
Der Planet Mars passiert vom 20. bis 25. Mai den offenen Sternhaufen Krippe (Praesepe) im Krebs. Fernglasanblick bei 5° Gesichtsfelddurchmesser.

Venus strebt ihrer oberen Konjunktion mit der Sonne entgegen, die sie aber erst Anfang nächsten Monats erreicht. Vom Morgenhimmel hat sich unser Nachbarplanet längst zurückgezogen. Venus hält sich mit der Sonne am Taghimmel auf und bleibt nachts unbeobachtbar.

Mars ist Planet der ersten Nachthälfte. Er wandert rechtläufig durch den Tierkreis. Am 5. verlässt er die Zwillinge und dringt in das Gebiet des Krebses ein. Im letzten Maidrittel passiert er den offenen Sternhaufen Praesepe oder Krippe (M 44) im Krebs. Mit einem Fernglas lässt sich anhand der Krippesterne sehr schön die Bewegung des Mars von Tag zu Tag verfolgen (siehe auch Abb. 3.3 auf Seite 67 und Abb. 5.2 links).

Mit Einbruch der nun spät einsetzenden Dunkelheit steht Mars schon weit am Westhimmel. Seine Untergänge verlagert der rote Planet von 1^h39^m (= 2^h39^m Sommerzeit) am 1. auf 1^h04^m am 15. und auf 0^h22^m am

Monatsletzten. Die Marshelligkeit sinkt auf $1^m{,}5$ ab. Damit ist seine Glanzzeit vom Jahresanfang für diesmal vorbei.

Am 10. abends passiert der zunehmende Halbmond den roten Planeten.

Das nur noch 5″ große Marsscheibchen lässt auch in größeren Teleskopen kaum mehr etwas auf der Oberfläche unseres äußeren Nachbarplaneten erkennen.

Am 13. passiert Mars sein Aphel (sonnenfernster Bahnpunkt), wobei ihn 249 Millionen Kilometer (= 1,666 AE) von der Sonne trennen.

Jupiter kommt am 9. im Sternbild Schütze zum Stillstand und setzt zu seiner Oppositionsschleife an. Anschließend wandert er rückläufig durch den Tierkreis. Der Riesenplanet steigert abermals seine Helligkeit auf inzwischen $-2^m{,}6$ und verlagert seine Aufgänge in die Zeit vor Mitternacht.

Am 1. geht Jupiter um 1^h08^m (= 2^h08^m Sommerzeit) auf, am 15. um 0^h13^m und am 31. bereits um 23^h04^m.

Nachdem Venus von der Himmelsbühne abgetreten ist, dominiert der Riesenplanet als das bei weitem hellste Gestirn den Nachthimmel – vom Mond abgesehen natürlich.

Saturn wird am 3. im Sternbild Löwe stationär und wandert anschließend, wenn auch zunächst kaum merkbar, wieder rechtläufig durch den Tierkreis. Der Wendepunkt in der Saturnbewegung liegt etwa $2^\circ{,}2$ östlich von Regulus, dem Hauptstern des Löwen (siehe Abb. 2.5 auf Seite 48).

Mit seinem Stillstand beendet Saturn seine Oppositionsperiode, was auch an seiner weiter leicht sinkenden Helligkeit und seinem Rückzug vom Morgenhimmel deutlich wird.

Am 1. sinkt Saturn um 3^h05^m unter die Horizontlinie, am 15. um 2^h10^m und am 31. schon um 1^h08^m (= 2^h08^m Sommerzeit). Die Helligkeit des Ringplaneten sinkt von $0^m{,}5$ während des Monats auf $0^m{,}7$ leicht ab.

Der zunehmende Halbmond wandert in der Nacht von 12. auf 13. etwa 3° südlich an Saturn vorbei (siehe Mondlaufgrafik Mai auf Seite 101).

Uranus im Wassermann kann sich aus den Strahlen der Sonne noch nicht befreien und bleibt weiterhin unsichtbar.

Neptun kommt am 26. im Steinbock zum Stillstand und wandert anschließend rückläufig seiner Oppositionsstellung entgegen. Allerdings ist die Neptunbewegung zunächst kaum bemerkbar (siehe auch Abb. 8.4 auf Seite 164).

Noch lohnt es sich kaum, nach dem nur $7^m{,}9$ hellen Planeten Ausschau zu halten. Wer jedoch versucht, Ende Mai den-

Konstellationen und Ereignisse

Datum	MEZ	Ereignis
1.	24^h	Mond bei Uranus, Mond $3^\circ{,}4$ nördlich
3.	14	Saturn im Stillstand, anschließend rechtläufig
5.	1	Mond bei Venus, Mond $6^\circ{,}3$ nördlich
6.	23	**Mond bei Merkur**, Mond $2^\circ{,}5$ nördlich, **Abstand $2^\circ{,}4$ um 21^h**
9.	16	Jupiter im Stillstand, anschließend rückläufig
10.	15	**Mond bei Mars**, Mond $0^\circ{,}2$ nördlich, **Abstand $3^\circ{,}1$ um 21^h**
13.	1	**Mond bei Saturn**, Mond $2^\circ{,}8$ südlich, **Abstand $3^\circ{,}3$ um 22^h am 12.**
13.	3	Mars im Aphel (Sonnendistanz 249,2 Millionen Kilometer)
14.	5	**Merkur in größter östlicher Elongation** (22°)
24.	12	**Mond bei Jupiter**, Mond $2^\circ{,}5$ südlich, **Abstand $6^\circ{,}0$ um 4^h**
26.	22	Merkur im Stillstand, anschließend rückläufig
26.	23	Neptun im Stillstand, anschließend rückläufig
27.	4	Mond bei Neptun, Mond $0^\circ{,}6$ nördlich
29.	10	Mond bei Uranus, Mond $3^\circ{,}8$ nördlich

noch Neptun zu erjagen, dem seien folgende Zeiten genannt: Aufgang am 15. um 1^h38^m (= 2^h38^m Sommerzeit), Kulmination um 6^h33^m. Am Monatsletzten geht Neptun um 0^h35^m (= 1^h35^m Sommerzeit auf und passiert um 5^h30^m (=6^h30^m Sommerzeit) den Meridian.

Periodische Sternschnuppenströme

Die **Eta-Aquariden**, auch **Mai-Aquariden** genannt, flammen von Monatsbeginn bis etwa Ende Mai auf. Ihr Radiant liegt bei η Aquarii. Das ausgeprägte Maximum wird am 5. Mai erreicht. Im Durchschnitt sind etwa zwanzig Sternschnuppen pro Stunde zu registrieren, um die Zeit des Maximums sogar bis zu sechzig. Wegen des horizontnah liegenden Radianten sind die Mai-Aquariden in unseren Breiten kaum zu beobachten. Aber in südlichen Gegenden sind sie ein auffälliger Strom. Es handelt sich bei diesem Meteorstrom um schnelle Objekte (um 65 Kilometer pro Sekunde), die auffallend lange Leuchtspuren hinterlassen. Die beste Beobachtungszeit ist ab etwa 3^h am Morgenhimmel in den Tropen. Die Mai-Aquariden führen ihren Ursprung auf den Kometen 1P/Halley zurück.

5.2b Leuchtspuren am Himmel
In sternklaren Nächten sind oftmals kurz aufleuchtende Sternschnuppen zu sehen. (Foto: Stefan Seip/www.astromeeting.de)

Ferner sind noch die **Scorpius-Sagittarius**-Meteore zu erwarten, die von Mitternacht bis 4^h morgens günstig zu beobachten sind. Ihr Ausstrahlungspunkt liegt rund 1° nördlich von β Scorpii. Das erste Maximum dieses Stromes wird um den 20. erwartet. Es handelt sich um mittelschnelle Sternschnuppen (um 30 Kilometer pro Sekunde).

Veränderliche Sterne im Mai

Algol-Minima	1.	2^h48^m	6.	20^h26^m	21.	4^h31^m	24.	1^h21^m				
β-Lyrae-Minima	7.	5^hH	13.	16^hN	20.	4^hH	26.	15^hN				
δ-Cephei-Maxima	2.	19^h	8.	4^h	13.	13^h	18.	22^h	24.	7^h	29.	15^h

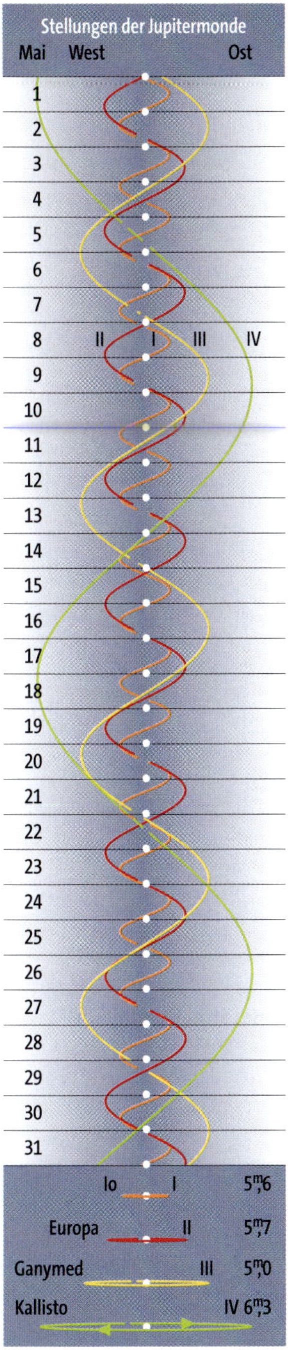

Jupitermonde

Tag	MEZ h	MEZ m	Vorgang	
1.	2	40	I	BE
4.	2	53	III	SE
	4	43	III	DA
6.	2	28	II	VA
7.	3	47	I	SA
8.	1	03	I	VA
	2	25	II	DE
	4	30	I	BE
9.	1	41	I	DE
11.	3	49	III	SA
14.	1	52	IV	DA
15.	1	33	III	BE
	2	07	II	DA
	2	38	II	SE
	2	57	I	VA
	4	50	II	DE
16.	0	09	I	SA
	1	14	I	DA
	2	24	I	SE
	3	30	I	DE
17.	0	46	I	BE
22.	0	57	III	VE
	1	54	III	BA
	2	11	IV	VA
	2	30	II	SA
	4	30	II	DA
23.	2	03	I	SA
	3	03	I	DA
	4	18	I	SE
24.	1	46	II	BE
	2	33	I	BE
	23	45	I	DE
29.	1	48	III	VA
30.	3	56	I	SA
	23	34	II	VA
31.	1	12	I	VA
	4	08	II	BE
	4	20	I	BE
	23	16	I	DA

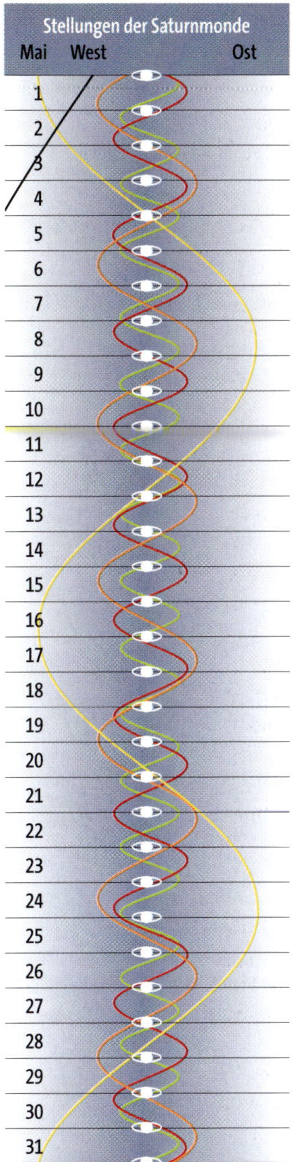

Japetus	
5.	10^{m},6
10.	10^{m},4
15.	10^{m},4
20.	10^{m},4
25.	10^{m},5
30.	10^{m},7

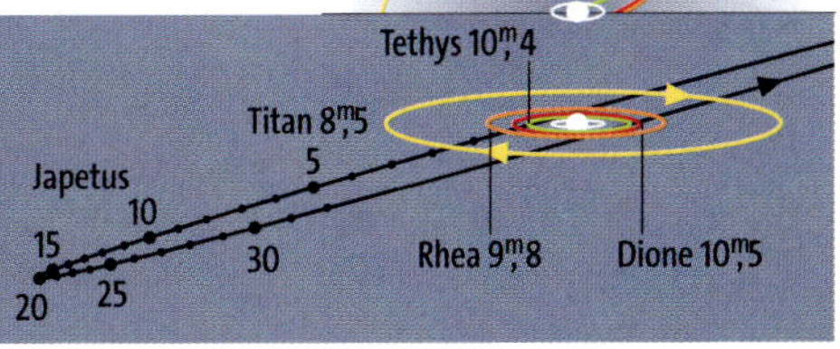

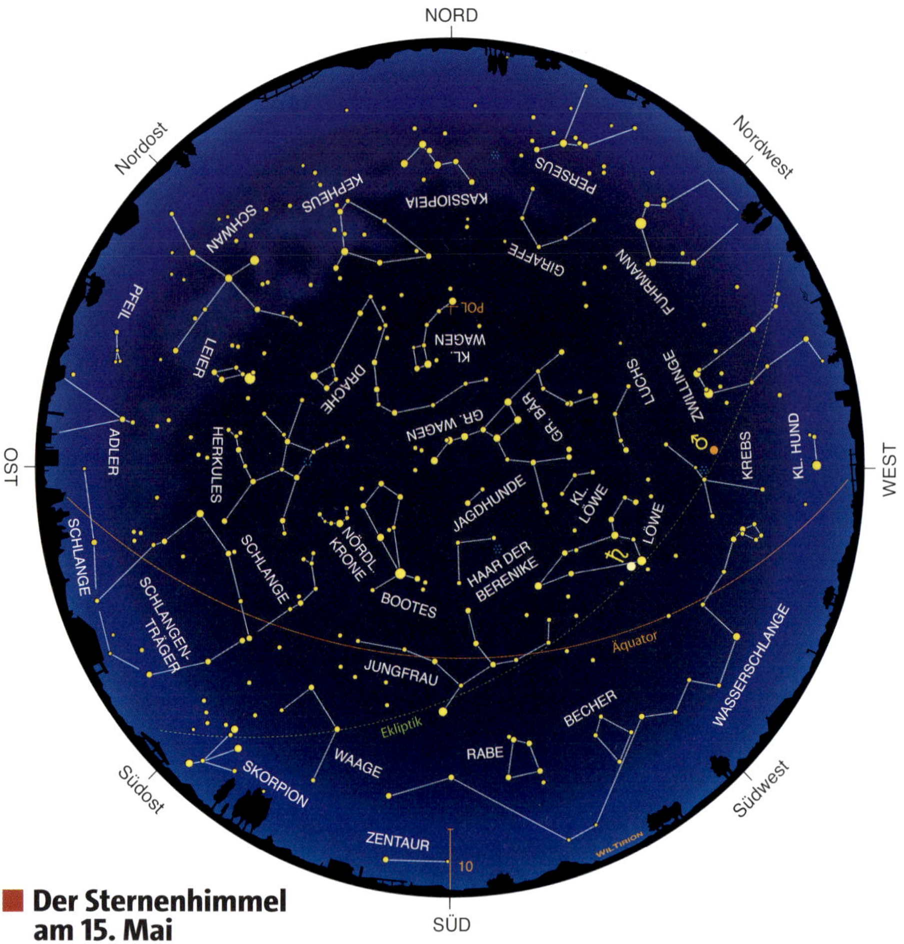

Der Sternenhimmel am 15. Mai um 22^h MEZ

Die Sternkarte ist auch gültig für:

	MEZ	MESZ
1. 1.	7^h	
15. 1.	6	
1. 2.	5	
15. 2.	4	
1. 3.	3	
15. 3.	2	
1. 4.	1	2^h
15. 4.	0	1
1. 5.	**23**	**24**
15. 5.	**22**	**23**

Die Wintersternbilder sind nun endgültig von der Himmelsbühne abgetreten.

Lediglich die beiden Sternenketten der Zwillinge mit ihren hellen Hauptsternen Kastor und Pollux sind noch tief im Westen zu erkennen.

Im Nordwesten sieht man die auffällig helle Kapella im Fuhrmann, die in unseren Breiten zirkumpolar ist.

Parade der Frühlingssternbilder

Der Himmelswagen steht steil über unseren Köpfen. Der letzte Deichselstern, Benetnasch, gelegentlich auch Alkaid genannt, steht eben im Meridian in oberer Kulmination. Auch die bläulichweiße Spica in der Jungfrau passiert zu dieser Zeit die Mittagslinie.

Südlich der Jungfrau, ebenfalls noch in Meridiannähe, entdeckt man das Sternenviereck des Raben (lat.: Corvus). Der Rabe ist nicht besonders auffällig. Wer ihn aber einmal gefunden hat, prägt sich seine Figur leicht ein.

Der Himmelslöwe hat seinen Meridiandurchgang schon hinter sich und steht hoch im Westen. Seine markante Figur ist leicht auszumachen, selbst für diejenigen, die noch keine große Übung im Auffinden von Sternen und Sternbildern haben. Im Löwen strahlt knapp neben Regulus der Ringplanet Saturn. Tief im Westen kann noch Prokyon, der Hauptstern im Kleinen Hund, erspäht werden.

Hoch im Südosten leuchtet unübersehbar der rötliche Arktur im Sternbild Bootes. Arktur ist ein roter Riesenstern in 37 Lichtjahren Entfernung. Er gehört zu den Fixsternen mit den größten Eigenbewegungen. Unser Sonnensystem begegnet Arktur gerade. In rund 800 Jahren bewegt er sich um eine Vollmondbreite weiter. In 500 000 Jahren wird man ihn nur noch als Sternchen 6. Größe gerade eben mit bloßen Augen erkennen können. Die Raumgeschwindigkeit von Arktur bezüglich der Sonne beträgt 145 Kilometer pro Sekunde (!), das sind mehr als eine halbe Million Kilometer pro Stunde. Arktur wird deshalb auch zu den so genannten Schnellläufern gezählt.

Neben dem Bootes stößt man auf die Nördliche Krone. Ihr

5.3 Der Augenprüfstern: **Der Doppelstern Mizar mit dem Reiterlein Alkor im Großen Wagen. Anblick im Teleskop bei etwa einem Grad Gesichtsfelddurchmesser.**

einprägsamer Sternenhalbkreis ist bei genügender Dunkelheit leicht zu finden. Schwieriger wird es schon mit dem ausgedehnten Bild des Herkules. Hier gehört einige Übung dazu, ihn zu erkennen.

Im Nordosten geht gerade das Sommerdreieck auf. Wega und Deneb sind schon über die Horizontlinie gestiegen, während Atair noch darunter liegt.

Der Osten wird vom Schlangenträger (lat.: Ophiuchus) und der Schlange (lat.: Serpens) eingenommen. Beide Bilder sind sehr ausgedehnt und setzen sich nur aus lichtschwachen, weit verstreuten Sternen zusammen. Sie sind daher am Firmament über unseren lichtüberfluteten Städten und Gemeinden kaum mehr zu finden.

Nicht viel auffälliger ist im Südosten die Waage. Als Tierkreisbild kennt man sie im Allgemeinen. Sie ist der einzige Gegenstand im Tierkreis – alle anderen Bilder stellen Lebewesen dar. Einst lag der Herbstpunkt im Sternbild Waage, heute findet man ihn in der Jungfrau. Trotzdem spricht man immer noch vom Waagepunkt, wenn man den Herbstpunkt meint.

Objekte für Feldstecher und Fernrohr

Auch der abendliche Frühlingssternenhimmel bietet eine reichhaltige Palette an lohnenswerten Beobachtungsobjekten für Fernglas- oder Amateurteleskopbesitzer. Doch bevor man mit lichtstarker Optik in die Tiefen des Alls linst, mache man einen kleinen Augentest. Man blicke zum mittleren Stern der drei Sterne in der Wagendeichsel. Er heißt Mizar und trägt die offizielle Bezeichnung ζ Ursae Maioris (abgekürzt: UMa).

Doppelsterne für Stadtbeobachter: Wer einigermaßen gute Augen hat, sieht knapp neben Mizar, nämlich in 705″ Distanz, ein Sternchen 4. Größe. Es wird Alkor, das Reiterlein genannt. Mizar und Alkor gelten als Augenprüfer. Mit Fernrohren ab 5 cm freier Öffnung kann man Mizar selbst in zwei Lichtpunkte trennen: Neben einem helleren Stern ($2^{m}3$) steht in $14''4$ Abstand ein schwächerer mit $3^{m}9$ Helligkeit. Beide Sonnen senden ein intensives, weißes Licht aus. Mizar und Alkor sind ähnlich weit von uns entfernt, nämlich 78 und 81 Lichtjahre. Beide sind

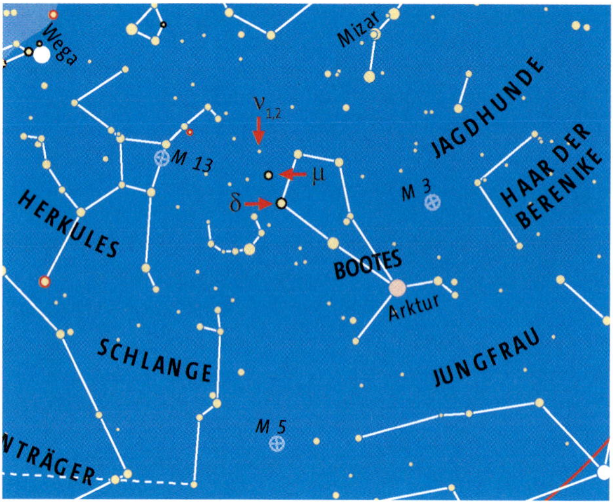

5.4 Für Fernglasbeobachter: **Die Position der Doppelsterne $\nu_{1,2}$ Bootis, δ Bootis und μ Bootis sowie die Lage der Kugelhaufen M 3 in den Jagdhunden und M 13 im Herkules.**

nicht durch die Schwerkraft aneinander gefesselt. In einem solchen Fall spricht man von einem optischen Doppelstern. Der Doppelstern Mizar selbst ist ein physisches Paar. Die beiden Mizarsonnen kreisen um einen gemeinsamen Schwerpunkt. Inzwischen weiß man, dass jeder der beiden Mizarsterne wiederum ein enges Doppelsternsystem darstellt. Mizar ist ein so genanntes Mehrfachsystem.

Ein weiterer, leicht zu trennender Doppelstern ist $\nu_{1,2}$ Bootis. Er steht in der Nordostflanke – oder besser Schulter – des Bootes. ν_1 und ν_2, beides Sterne 5. Größenklasse, stehen in 10′ Distanz voneinander. Sie zeigen einen schönen Farbkontrast. Während ν_1 orange leuchtet, strahlt ν_2 in einer bläulichen Farbe. Jedes Fernglas erlaubt die Trennung beider Komponenten. Selbst mit bloßen Augen sollte man zwei Lichtpunkte erkennen. Doch wegen ihrer für das freiäugige Sehen doch geringen Helligkeit kann es passieren, dass man $\nu_{1,2}$ Boo gar nicht ohne ein Fernglas findet.

Zwei weitere, leicht mit dem Fernglas zu trennende Doppelsterne im Rinderhirten seien genannt: δ und μ Bootis. δ Bootis setzt sich aus zwei Sonnen in 105″ Distanz zusammen. Die mit $3^{m}_{.}5$ hellere Komponente leuchtet als G8-Stern gelblich, der Begleiter ist heißer und strahlt weiß, wobei er allerdings nur $7^{m}_{.}8$ hell ist, weshalb man ihn nur mit geeigneter Optik sehen kann.

Bei μ Bootis sind die beiden leicht gelblichen Komponenten $4^{m}_{.}3$ und $6^{m}_{.}5$ hell. Da sie in 109″ Abstand am irdischen Firmament stehen, trennt sie jedes Fernglas spielend. Mit einem Vierzöller kann die schwächere Komponente von μ Bootis in zwei Komponenten aufgelöst werden. Sie sind mit $7^{m}_{.}0$ und $7^{m}_{.}6$ ähnlich hell und ihre Distanz beträgt lediglich 2,″1.

Prachtvolle Kugelsternhaufen: Ein leichter Schwenk des Fernglases von μ Bootis weg in östlicher Richtung führt geradewegs zu M 13 im Herkules. M 13 ist der schönste und prominenteste Kugelhaufen des nördlichen Sternenhimmels. Nur der bei uns nicht sichtbare Kugelhaufen ω Centauri kann ihm noch den Rang ablaufen. Unter hervorragenden Sichtbedingungen kann man M 13 sogar freiäugig erkennen. Im Fernglas sieht man ein diffuses Lichtfleckchen; es ist leicht zu finden. In der Monatssternkarte ist M 13 als kleiner blauer Kringel in der westlichen Seite des zentralen Herkulestrapezes eingetragen. In größeren Teleskopen (ab etwa 10 Zoll Öffnung) und bei niedriger Vergrößerung wirkt M 13 recht eindrucksvoll. Um einen hellen, zentralen Bereich wimmelt es in den Randpartien nur so von Sternen. Die Sterne in den Kugelhaufen sind alt, teils mehr als doppelt so alt wie unsere Sonne, also mehr als zehn Milliarden Jahre. Sie gehören zur so genannten Population II, der älteren Sterngesellschaft. Mit 25 000 Lichtjahren Entfernung zählt M 13 zu den fernen Objekten unserer Galaxis. Der Kugelhaufen M 13 steht

5.5 Hunderttausend Sterne: Amateuraufnahme des Kugelsternhaufens M 13 im Herkules.

weit nördlich der galaktischen Hauptebene in der Nähe des galaktischen Nordpols, der im Sternbild Haar der Berenike liegt.

Noch näher am galaktischen Nordpol liegt der Kugelhaufen M 3. Er steht in der Südostecke der Jagdhunde, knapp an der Grenze zum Bootes. Um ihn zu finden, gehe man von Arktur aus in Richtung Nordwest. Theoretisch ist M 3 gerade noch mit bloßen Augen erkennbar – exzellente Beobachtungsbedingungen vorausgesetzt. Dabei sieht er aus wie ein etwas unscharf eingestellter Stern. Deutlich erkennbar ist M 3 in einem Feldstecher. Im Teleskop lassen sich die Randgebiete in einzelne Sterne auflösen, die teilweise Ketten bilden. Man gewinnt auch den Eindruck eines leicht ovalen Halos. Rund 32 000 Lichtjahre trennen uns von M3.

Ferne Galaxien findet man im Gebiet der Sternbilder Jagdhunde, Haar der Berenike, Großer Wagen und Bootes: Hier sieht man weit aus unserer Milchstraße hinaus in die Tiefen des Universums. Deshalb sind in dieser Region etliche Milchstraßensysteme, also Galaxien, zu nennen, die für Sternfreunde lohnenswerte Beobachtungsobjekte sind, nämlich M 51, M 63, M 94 und M 106. Sie liegen allesamt im Gebiet südlich der Deichsel des Großen Wagens und nördlich von Cor Caroli, dem Hauptstern der Jagdhunde (α Canes Venatici). M 51 ist die berühmteste Strudelgalaxie (engl.: whirlpool galaxy), die von Lord Rosse erstmals als Spiralnebel erkannt wurde (siehe Monatsthema Mai „Die Strudelmilchstraße" auf Seite 110). Näher bei α und β CVn liegen die Galaxien M 63 und M 94. Ferner findet sich noch die Galaxie M 106 in den Jagdhunden. Sie erscheint als ausgedehnteste der drei Genannten und ist am leichtesten zu erkennen. M 94 ist kleiner im Aussehen, aber etwas heller. M 63 wird wegen ihres Aussehens auch Sonnenblumengalaxie genannt. Im Fernglas hat man eher den Eindruck eines kleinen Kometenschweifes. Ihre prächtige Gestalt wird erst auf Aufnahmen richtig deutlich. Im Fernglas sieht man am Westrand noch einen Stern neunter Größe, weshalb der Eindruck entsteht, einen Kometen mit Kern und Schweif vor sich zu haben.

Ein besonderer Stern: Mit einem lichtstarken Fernglas sollte man sich auch einmal Y CVn anschauen. Er erscheint in dunkler, rötlicher Farbe. Y CVn ist ein so genannter rußender Stern. In seiner ausgedehnten Atmosphäre gibt es viele Kohlenstoffverbindungen – Moleküle bis hin zu winzigen Staubkörnchen, die blaues Licht stärker absorbieren als rotes. Y CVn ist ein unregelmäßig veränderlicher Riesenstern ($5^{m}_{,}2$–$5^{m}_{,}6$) der seltenen Spektralklasse C7, dessen Leuchtkraft die unserer Sonne um das Fünfhundertfache übertrifft. Seine Entfernung beträgt etwa 800 Lichtjahre.

Um die Galaxien M 51, M 63, M 94, M 106 und den roten Riesen Y CVn aufzusuchen, benutze man die Sternkarte N 12 im *Atlas für Himmelsbeobachter* von Erich Karkoschka.

Die Strudelmilchstraße

5.6 Aufnahme von M 51, gewonnen mit dem 90-cm-Reflektor der Sternwarte Welzheim von Martin Gertz (Beobachtergruppe Planetarium Stuttgart).

Mancher mag bei der Bezeichnung „Strudelmilchstraße" an eine leckere Süßspeise denken. Doch es handelt sich hier um ein gewaltiges Sternensystem, eben um eine Milchstraße. Der Begriff „Milchstraße" ist den meisten Zeitgenossen geläufig. Es handelt sich dabei um das schimmernde Lichtband, das man in dunkler, sternklarer und mondloser Nacht sieht, wie es sich in großem Bogen über das Firmament spannt. Alle Sterne, die wir am Himmel sehen, einschließlich unserer Sonne, gehören zum riesigen Milchstraßensystem, das die Form einer Diskusscheibe hat. Der Durchmesser dieser Scheibe beträgt rund hunderttausend Lichtjahre. Einige hundert Milliarden Sonnen bilden das riesige System der Galaxis, wie man unser Milchstraßensystem mit einer Bezeichnung aus dem Griechischen auch nennt. Unsere Sonne hält sich dabei keineswegs im Zentrum auf, sondern im äußeren Drittel der galaktischen Scheibe. Im Zentrum sitzt ein überdimensionales Schwarzes Loch von rund drei Millionen Sonnenmassen (siehe auch Monatsthema August „Die Milchstraße – unsere galaktische Heimat" im *Kosmos Himmelsjahr 2006* auf Seite 182).

Seit gerade mal knapp hundert Jahren weiß man definitiv, dass es außerhalb unserer Milchstraße noch andere Sternsysteme gibt, die Millionen und Milliarden Lichtjahre von uns entfernt sind. Man spricht von fremden Milchstraßensystemen oder „Galaxien". Viele von ihnen sind erheblich kleiner als die Galaxis, also unsere eigene Milchstraße. Etliche sind aber ähnlich groß, und manche Galaxien übertreffen unser Milchstraßensystem an Größe und Sternenzahl sogar bei weitem.

Berühmt geworden ist der Andromedanebel, unsere Nachbarmilchstraße in knapp drei Millionen Lichtjahren Entfernung, gewissermaßen vor unserer Haustür gelegen. Edwin Powell Hubble löste mit dem seinerzeit weltgrößten Spiegelteleskop Mitte der 20er-Jahre des vorigen Jahrhunderts, dem 2,5-Meter-Hooker-Reflektor auf dem Mt. Wilson Observatorium in Kalifornien, erstmals die Randpartien der Andromedagalaxie in einzelne Sterne auf. Heute erfassen die modernen Großteleskope über hundert Milliarden Galaxien im überschaubaren Universum. Eine davon ist die Strudelmilchstraße. Der französische Kometenjäger Charles Messier (1730–1817) beobachtete sie erstmals am 13. Oktober 1773. Er gab diesem Nebelfleckchen im Sternbild der Jagdhunde die Nummer 51 in seinem berühmten Katalog von Nebeln und Sternhaufen. Freilich wusste Messier damals noch nicht, dass das schwach leuchtende Nebelfleckchen ein riesiges Sternensystem darstellt.

Die Strudelgalaxie selbst beobachten

Schon mit einem lichtstarken Fernglas oder mit einem kleinen Teleskop kann man die Galaxie M 51 aufspüren. Sie ist relativ leicht zu finden. M 51 liegt zwischen dem Großen Wagen und dem Bootes auf dem Gebiet der Jagdhunde. Das Sternbild Jagdhunde wurde erst im 17. Jahrhundert von Johannes Hevelius eingeführt. Es ist ein lichtschwaches Sternbild. Leicht mit bloßen Augen ist lediglich sein Hauptstern α CVn zu erkennen. CVn ist die Abkürzung der lateinischen Bezeichnung der Jagdhunde, nämlich Canes Venatici. Edmond Halley (1656–1742) hat α Canum Venaticorum einen Eigennamen verpasst: Cor Caroli, das Herz Karls, zur Erinnerung an den hingerichteten König Charles I. von England.

Um M 51 ins Visier zu nehmen, gehe man von Benetnasch (η UMa), dem Stern an der Deichselspitze des Großen Wagens, aus. Man schwenke sein Instrument etwa 2°, dies sind vier Vollmondbreiten nach Westen, wobei der Stern 24 CVn (scheinbare Helligkeit: $4\overset{m}{,}7$) ins Gesichtsfeld rückt. Knapp weitere vier Vollmondbreiten südwestlich stößt man auf ein verwaschenes Lichtflecken 8. Größe – die Spiralgalaxie M 51. Dass dieses Milchstraßensystem eine Spiralstruktur aufweist, ist selbst in einem Sechszöller (Fernrohr mit 15 cm Objektivdurchmesser) kaum zu erkennen. Auch Messier sah keine Spiralform. Man hat vielmehr den Eindruck eines relativ hellen Kerns mit einem schwachen Lichtsaum, wobei man in etwa 5′ (einem Sechstel Vollmonddurchmesser!) Abstand noch einen weiteren helleren Fleck ausmacht. Heute weiß man, dass M 51 noch eine Begleitgalaxie besitzt, die unter der Katalogbezeichnung NGC 5195 geführt wird. „NGC" steht dabei für *New General Catalogue of Nebulae and Clusters of Stars*, also „Neuer Gesamtkatalog von Nebeln und Sternhaufen". Dieser Katalog wurde von John Ludwig Emil Dreyer im Jahre 1888 auf dem Armagh Observatorium in Irland zusammengestellt und enthält 7840 Objekte. In den Jahren 1895 und 1908 erschienen noch zwei Ergänzungskataloge (Index Catalogue I und II, abgekürzt IC) mit insgesamt 5386 galaktischen Nebeln, Sternhaufen und Galaxien.

Die Entdeckung des Strudelnebels

Wilhelm Herschel, seines Zeichens königlicher Astronom seiner britischen Majestät (Astronomer Royal), berühmt geworden durch seine Entdeckung des Planeten Uranus im Jahr 1781 und bekannt als Hersteller zahlreicher Spiegelteleskope, beobachtete ebenfalls M 51, sagte aber wenig über dieses Objekt aus. Vor allem hatte er offensichtlich dessen Spiralstruktur noch nicht ausgemacht.

Erst Mitte des 19 Jahrhunderts wurde M 51 als Spiralnebel erkannt. Es war dies das erste Mal, dass man bei einem Nebelfleckchen eine Spirale beobachtete. Erst viel später wurde klar, dass es unzählig viele Spiralgalaxien im Universum gibt.

Als Endecker der Spiralstruktur von M 51 ist William Parson zu nennen, der am 17. Juni 1800

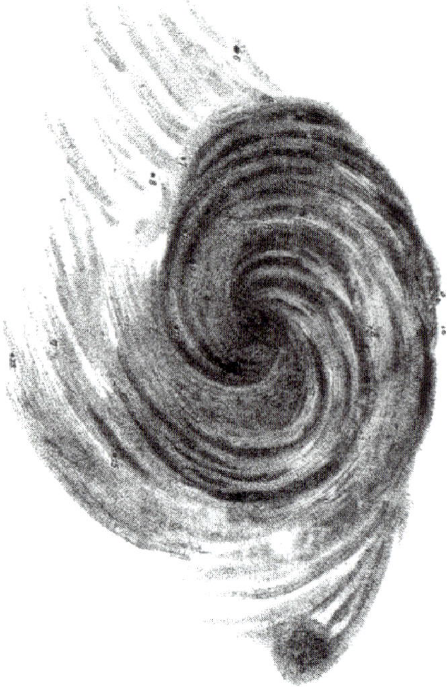

5.7 Zeichnung der Strudelgalaxie M 51 von Lord Rosse nach seinen Beobachtungen mit Leviathan. Erstmals wurde bei einem „Nebel“ eine Spiralform erkannt.

als Sohn des Second Earl of Rosse in Irland geboren wurde. Nach seines Vaters Tod wurde er Third Earl of Rosse (3. Graf von Rosse). Neben seinem Schloss (Birr Castle) baute er ein für damalige Verhältnisse gigantisches Spiegelteleskop von 72 inch (= 1,80 Meter) Objektivöffnung und siebzehn Metern Länge auf. Es wurde „Leviathan“ getauft, was so viel wie Gigant oder Riese bedeutet. Leviathan wurde zwischen zwei fünfzehn Meter hohen Mauern montiert, und zwar in Nord-Süd-Richtung. Das Teleskop war nur in der Höhe schwenkbar. Ähnlich einem Meridiankreis konnte es nur Gestirne bei ihrer Meridianpassage, also in Kulmination, beobachten. Leviathan wurde Anfang 1845 fertiggestellt. Im Frühling 1845 machte Graf Rosse seine ersten Beobachtungen von M 51 und entdeckte dabei dessen spiralige Form. Bald darauf suchte eine katastrophale Hungersnot Irland heim. Als Mitglied des House of Lords (Oberhaus) reiste Rosse nach London, um für Hilfe zu sorgen. Erst drei Jahre später kehrte er nach Birr Castle zurück. Rund eine Million Iren war inzwischen verhungert, eine ähnlich große Zahl hatte das Land fluchtartig verlassen. Erst 1848 setzte Lord Rosse seine Beobachtungen mit Leviathan fort und fertigte eine Zeichnung von M 51 an, die ganz eindeutig die Spiralform zeigt. Es war das erste Mal in der Geschichte der Astronomie, dass ein Himmelsobjekt als Spirale erschien. Lord Rosse nannte M 51 wegen seines Aussehens „Whirlpool nebula“, also Strudelnebel. Denn er hatte den Eindruck eines Wasserstrudels oder -wirbels, wie er sich bei Abflüssen bildet.

Seine Beobachtungen veröffentlichte Rosse 1850 in den Philosophical Transactions der Royal Society. Seine Publikation kam einer Sensation gleich. Es war der erste Bericht von einem Himmelsobjekt mit deutlicher Spiralform. Rosse hatte Strukturen erkannt, die nie vor ihm ein Mensch gesehen hatte. Im Gegensatz zu Herschel war Rosse überzeugt, in M 51 keinen Gasnebel, sondern ein Sternensystem vor sich zu haben. Allerdings gelang es ihm damals nicht, M 51 in Sterne aufzulösen. Auch konnte niemand die wahre Größe der Spirale von M 51 abschätzen, da die Entfernung unbekannt war. Einige Astronomen des 19. Jahrhunderts waren überzeugt, im Whirlpool nebula ein im Entstehen begriffenes Sonnensystem zu beobachten gemäß der Laplaceschen Nebelhypothese. Damit wurde die wahre Größe von M 51 aber gewaltig unterschätzt!

Die wahre Natur von „M 51“

Noch bevor es gelang, die Spiralarme von M 51 in Einzelsterne aufzulösen, fand man ein anderes Indiz, das für die Auffassung von Lord Rosse sprach, der Strudelnebel sei ein Sternensystem, das so weit entfernt ist, dass selbst sein Leviathan keine Einzelsterne erkennen kann.

Ein Zeitgenosse Ross', der französische Philosoph Auguste Comte (1798–1857), war der Auf-

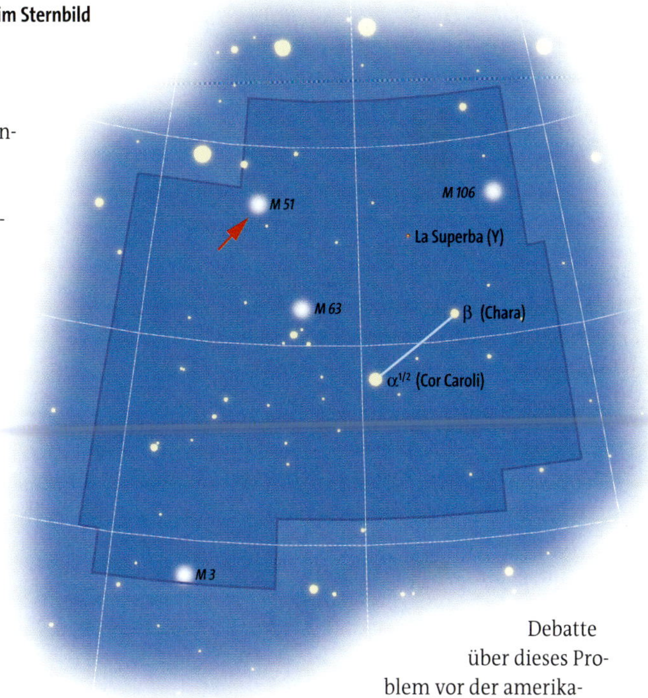

5.8 **Lage der Strudelgalaxie M 51 im Sternbild der Jagdhunde.**

fassung, von den Gestirnen könne man zwar Helligkeit, Bewegung, Entfernung, Größe und Formen, aber niemals ihre chemische Zusammensetzung in Erfahrung bringen. Doch Comte irrte. Gustav Kirchhoff (1824–1887) und Robert Bunsen (1811–1899) führten Ende 1850 die Spektroskopie ein, aus der sich bald die Spektralanalyse entwickelte, mit deren Hilfe man die chemischen Elemente in leuchtenden Substanzen feststellen kann. William Huggins (1824–1910), ein Londoner Textilkaufmann, der mit Seide und feinem Leinen handelte, entdeckte im großen Orionnebel M 42 helle, leuchtende Spektrallinien. Auch andere Gasnebel zeigen solche Emissionslinien, die auf eine geringe Dichte der Gase im Nebel hindeuten.

Aber bei M 51 zeigte sich ein kontinuierliches Spektrum mit dunklen Linien in Absorption, wie man sie von den Spektren der Sonne und der meisten anderen Sterne kennt. Diese Absorptionslinien werden nach dem deutschen Teleskopbauer Joseph von Fraunhofer (1787–1826) auch Fraunhofer-Linien genannt. Damit schien fast sicher, dass das Licht von M 51 von zahlreichen Sternen stammt und nicht von einer leuchtenden Gaswolke.

Dennoch waren nicht alle Astronomen zu Beginn des 20. Jahrhunderts überzeugt, dass viele Nebelfleckchen eigenständige Sternsysteme weit außerhalb unserer Milchstraße sind. Am 26. April 1920 kam es zwischen den renommierten Astronomen Heber D. Curtis (1872–1942) und Harlow Shapley (1885–1972) zu einer großen Debatte über dieses Problem vor der amerikanischen National Academy of Science in Washington, D.C. Der Disput erfolgte unter dem Motto „Scale of the Universe", also Maßstab des Universums. Curtis vertrat die Auffassung Immanuel Kants, der von „Welteninseln" sprach und an eine Vielzahl eigenständiger Sternsysteme dachte. Shapley, der sich hauptsächlich um die Erforschung der Kugelhaufen verdient gemacht hatte, vertrat die Gegenposition.

Entschieden wurde der Streit – wie meist in der Himmelskunde – durch Fortschritte in der Beobachtungstechnik. Am 1. November 1917 gab es „First Light" für das neue hundertzöllige Spiegelteleskop auf dem Mt. Wilson-Observatorium in Kalifornien. Mit 2,5 Meter Objektivdurchmesser war es damals das größte Teleskop der Welt. Mit ihm gelang es dann in den zwanziger Jahren des vorigen Jahrhunderts Edwin Powell Hubble (1899–1953), den großen Andromedanebel (M 31), ferner M 33, die Dreiecksgalaxie im Sternbild Triangulum, und die Strudelgalaxie M 51 in ihren Randbereichen in Einzelsterne aufzulösen. Aber nicht nur das: Hubble erkannte die Spiralstruktur zahlreicher Nebel, die allesamt Milchstraßensysteme weit außerhalb unserer eigenen Galaxis sind. Und Hubble führte auch eine inzwischen nach ihm benannte Klassifikation der Galaxien ein, die heute noch benutzt wird. Danach gibt es elliptische Galaxien (E), normale Spiralgalaxien (S) und Balkenspiralen (SB). M 51, die Strudelmilchstraße, wurde demnach als Sc-Galaxie klassifiziert. Das „c" ist ein Maß für die Öffnung der Spirale. Bei M 51 fiel die Klassifizierung recht leicht, sehen wir doch senkrecht auf diese Spirale drauf.

Die Strudelgalaxie unter die Lupe genommen

Edwin Hubble identifizierte auch etliche Cepheïden in den Spiralarmen von nahen Galaxien. Cepheïden gelten als Leuchttürme des Kosmos, denn aus der Blinkperiode dieser pulsierenden Variablen folgt deren absolute Helligkeit. Und wenn man gemäß der Perioden-Helligkeits-Relation einmal die wahre Leuchtkraft ermittelt hat, so folgt aus der Differenz scheinbare minus wahre Helligkeit die Entfernung. In vielen Katalogen und Astro-Büchern wird die Entfernung von M 51 zu 20 Millionen Lichtjahren angegeben. Neuere Bestimmungen zeigen, dass dieser Wert zu klein ist. Die Strudelmilchstraße ist etwas mehr als dreißig Millionen Lichtjahre weit weg. Aus dem beobachteten scheinbaren Durchmesser folgt eine gigantische Größe: Der Durchmesser der Spirale liegt bei hunderttausend Lichtjahren. Die Gesamtmasse von M 51 beträgt 160 Milliarden Sonnenmassen. Die Strudelgalaxie strahlt mit einer Gesamtleuchtkraft vom Zehnmilliardenfachen der Helligkeit unserer Sonne!

Schon im Jahre 1781 hat Pierre Mechain (1744–1804) einen „Haken" an M 51 beobachtet. Tatsächlich beobachtet man bereits in einem Sechszöller nahe einem hellen Kern, der von einem schwachen Lichtsaum umgeben ist, in etwa 5′ Distanz eine weitere, punktförmige Aufhellung. In größeren Teleskopen (ab etwa zehn Zoll Öffnung) sowie auf Fotografien sieht man am Nordende des äußersten Spiralarms einen hellen Fleck, der sich als Galaxie entpuppt hat. Die Katalogbezeichnung dieser Begleitmilchstraße lautet NGC 5195. Lange war umstritten, ob es sich bei NGC 5195 um eine Galaxie handelt, die nur zufällig in Richtung von M 51 steht, aber in wesentlich größerer Distanz, oder um einen echten Begleiter, der gravitativ an M 51 gebunden ist. Auch die Klassifizierung von NGC 5195 macht Mühe. Ist es eine irreguläre Galaxie oder doch eine vom Typ S0 oder gar SB?

Inzwischen hat man herausgefunden, dass NGC 5195 eine echte Begleitergalaxie von M 51 ist, die dramatische Effekte bewirkt – und zwar für beide Galaxien. Vor etwa 280 Millionen Jahren kam es zu einer engen Begegnung beider Welteninseln. Durch die Gezeitenwirkungen wurde die Strudelmilchstraße verzerrt. Sie erscheint nicht mehr kreisrund, sondern ist elliptisch verformt. NGC 5195 liegt etwas hinter M 51, was durch die Schatten werfenden Staubbänder vor dem leuchtenden Hintergrund von NGC 5195 deutlich wird. Durch die Kollision wurde die Sternentstehung angefacht („Starburst-Effekt"). Helle, leuchtkräftige, heiße Sterne strahlen bläulich, interstellares Wasserstoffgas glüht rötlich auf. Zahlreiche neue Sterne flammen im Kollisionsgebiet auf.

Aus dem zentralen Bereich von M 51 dringt eine intensive Röntgenstrahlung zu uns und kündet von einem supermassereichen Schwarzen Loch. Im Infraroten beobachtet man wiederum warmen Staub in der Kernregion. Die Fachleute sprechen von einem AGN (Active Galactic Nucleus) des Typs Seyfert 2 oder LINER (**L**ow **I**onization **N**uclear **E**mission-line **R**egion).

Nicht nur mit Großteleskopen und hochmodernen Detektoren lohnt eine Beobachtung von M 51. Auch Sternfreunde können hin und wieder nützliche Dinge entdecken. So fanden im Jahre 1994 die beiden Amateurastronomen Jerry Armstrong und Tim Puckett in der Strudelgalaxie eine Supernova vom Typ Ic. Sie diente den

Fachleuten zur besseren Entfernungsbestimmung.

Die Strudelgalaxie ist das dominierende Mitglied eines kleinen Galaxienhaufens in dieser Region, dessen Zentrum 37 Millionen Lichtjahre von uns entfernt ist. Außer M 51 zählen zu diesem Haufen noch M 63 und M 106. Die als Sonnenblumennebel benannte Galaxie zeigt ebenfalls eine schöne Spirale, erscheint allerdings kleiner und lichtschwächer als die Strudelgalaxie. Auch ist ihre Hauptebene stärker geneigt, wir blicken nicht senkrecht auf M 63.

5.9 Die Sonnenblumengalaxie M 63 im Sternbild Jagdhunde. Aufgenommen von Stefan Seip auf der Sternwarte Welzheim (Beobachtergruppe Planetarium Stuttgart).

Juni 2008

- Die Sommersonnenwende vollzieht sich am 21., wenn die Sonne um 0^h59^m den Gipfel ihrer Jahresbahn überschreitet.
- Venus kommt am 9. in obere Konjunktion mit der Sonne.
- Mars, Regulus im Löwen und Saturn stehen am Abendhimmel nahe beieinander.
- Jupiter im Schützen wird zum Planeten der gesamten Nacht.

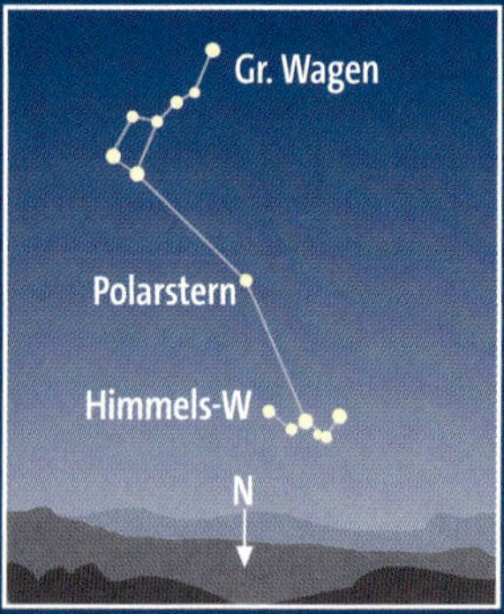

Großer Wagen und Himmels-W Anfang Juni um 22 Uhr

6.1 Planetentreffen am Westhimmel. Mars und Saturn stehen im Löwen. Am 8. Juni zieht die zunehmende Mondsichel an ihnen vorbei. Himmelsanblick am 8. gegen Mitternacht (23^h MEZ = 24^h MESZ).

1 So

2 Mo Sternschnuppen Tau-Herkuliden

3 Di **Neumond**
Mond bei Venus, Abstand $4{,}9^\circ$ um 19^h

4 Mi Mond bei Merkur, Abstand $6{,}4^\circ$ um 6^h

5 Do

6 Fr

7 Sa Merkur in unter Konjunktion und im Aphel
Mond bei Mars, Abstand $2{,}9^\circ$ um 23^h

8 So Merkur bei Venus, Abstand $3{,}0^\circ$ um 2^h
Sternschnuppen Libriden

9 Mo Venus in oberer Konjunktion mit der Sonne
Mond bei Saturn, Abstand $5{,}9^\circ$ um 0^h

10 Di **Mond im ersten Viertel**

11 Mi Sternschnuppen Juni-Lyriden (bis 21.)

12 Do

13 Fr Sternschnuppen Scorpiden-Sagittariden (zweites Maximum)

14 Sa

15 So

16 Mo

17 Di

18 Mi **Vollmond**

19 Do Merkur im Stillstand, dann rechtläufig

20 Fr Mond bei Jupiter, Abstand $5{,}5^\circ$ um 23^h
Pluto in Opposition mit der Sonne

21 Sa Sommeranfang, 0^h59^m

22 So

23 Mo Mond bei Neptun, Abstand $0{,}8^\circ$ um 10^h

24 Di

25 Mi Mond bei Uranus, Abstand $4{,}1^\circ$ um 17^h

26 Do **Mond im letzten Viertel**
Sternschnuppen Corviden

27 Fr Uranus im Stillstand, dann rückläufig
Sternschnuppen Juni-Draconiden

28 Sa

29 So

30 Mo

Sonne – Sternbilder

21. 6. 0^h59^m:
Sonne tritt in das Tierkreiszeichen Krebs
21. 6. 8^h:
Sonne tritt in das Sternbild Zwillinge
Julianisches Datum am
1. Juni, 1^h MEZ: 2454618,5

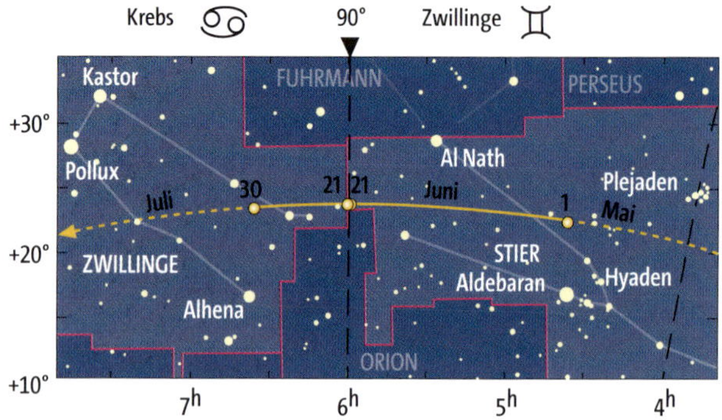

Tabelle Sonnenlauf

Tag	Dämmerg. Anfang	Aufgang MEZ	Kulmination	Untergang MEZ	Dämmerg. Ende	Mittagshöhe	Zeitgleichg.	Rektaszension	Deklination
	h m	h m	h m	h m	h m	o	m	h m	o
1.	2 32	4 16	12 18	20 21	22 04	62,1	+ 2	4 37	+22,1
5.	2 27	4 13	12 18	20 24	22 10	62,6	+ 2	4 53	+22,5
10.	2 23	4 11	12 19	20 28	22 17	63,1	+ 1	5 14	+23,0
15.	2 20	4 10	12 20	20 31	22 21	63,3	0	5 34	+23,3
20.	2 20	4 10	12 22	20 33	22 23	63,4	– 2	5 55	+23,4
25.	2 22	4 12	12 23	20 33	22 23	63,4	– 3	6 16	+23,4
30.	2 26	4 14	12 24	20 33	22 21	63,1	– 4	6 37	+23,2

Tages- und Nachtstunden

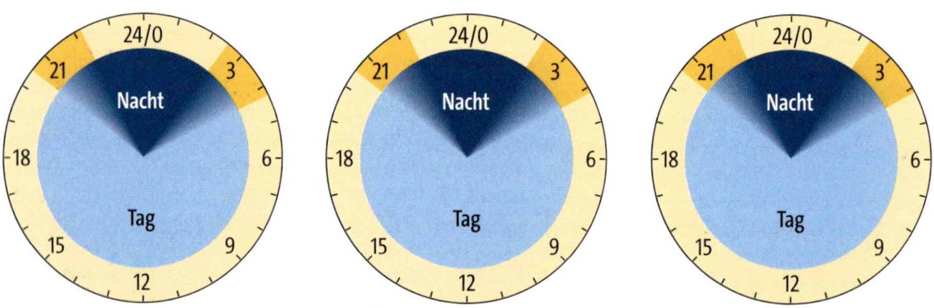

5. Juni   15. Juni   25. Juni

Tabelle Mondlauf

Datum	Aufg. MEZ	Kulmination	Unterg. MEZ	Rektaszension	Deklination	Sterne und Sternbilder	Phase	MEZ
	h m	h m	h m	h m	°			
So 1.	2 10	9 49	17 49	1 48	+16,2	Widder		
Mo 2.	2 36	10 49	19 20	2 47	+21,4	Widder	Größte Nordbreite	
Di 3.	3 13	11 53	20 45	3 51	+25,2	Stier, Plejaden	**Neumond**	**$20^h\ 43^m$**
							Erdnähe 357/33',4	14^h
Mi 4.	4 05	13 00	21 55	4 59	+27,3	Stier, Al Nath		
Do 5.	5 16	14 07	22 46	6 07	+27,3	Zwillinge		
Fr 6.	6 38	15 09	23 21	7 13	+25,2	Pollux		
Sa 7.	8 05	16 06	23 46	8 15	+21,6	Krebs, Krippe		
So 8.	9 29	16 57	–	9 11	+16,7	Krebs	Absteigender Knoten	
Mo 9.	10 49	17 43	0 05	10 03	+11,2	Löwe, Regulus	Libration West	
Di 10.	12 04	18 26	0 20	10 50	+ 5,4	Sextant	**Erstes Viertel**	**$16^h\ 04^m$**
Mi 11.	13 16	19 08	0 34	11 36	– 0,5	Löwe		
Do 12.	14 27	19 50	0 47	12 20	– 6,2	Jungfrau		
Fr 13.	15 37	20 32	1 01	13 05	–11,6	Spica		
Sa 14.	16 48	21 16	1 17	13 50	–16,5	Jungfrau		
So 15.	17 58	22 03	1 36	14 37	–20,7	Waage	Größte Südbreite	
Mo 16.	19 06	22 51	2 01	15 26	–24,0	Waage	Erdferne 406/29',4	19^h
Di 17.	20 07	23 42	2 33	16 18	–26,3	Antares		
Mi 18.	20 59	–	3 16	17 11	–27,4	Schlangenträger	**Vollmond**	**$18^h\ 30^m$**
Do 19.	21 41	0 33	4 09	18 04	–27,3	Kaus Australis		
Fr 20.	22 12	1 25	5 13	18 58	–25,8	Schütze, Nunki		
Sa 21.	22 36	2 14	6 24	19 50	–23,2	Schütze		
So 22.	22 56	3 02	7 37	20 40	–19,5	Steinbock		
Mo 23.	23 12	3 48	8 51	21 28	–14,9	Steinbock	Aufsteigender Knoten	
Di 24.	23 26	4 32	10 05	22 15	– 9,6	Wassermann		
Mi 25.	23 40	5 16	11 20	23 02	– 3,8	Wassermann	Libration Ost	
Do 26.	23 55	6 00	12 37	23 49	+ 2,3	Fische	**Letztes Viertel**	**$13^h\ 10^m$**
Fr 27.	–	6 47	13 57	0 37	+ 8,5	Fische		
Sa 28.	0 12	7 37	15 22	1 29	+14,4	Fische		
So 29.	0 34	8 32	16 50	2 24	+19,7	Widder, Hamal	Größte Nordbreite	
Mo 30.	1 05	9 33	18 17	3 25	+24,0	Stier, Plejaden		

Der Mond begegnet Antares

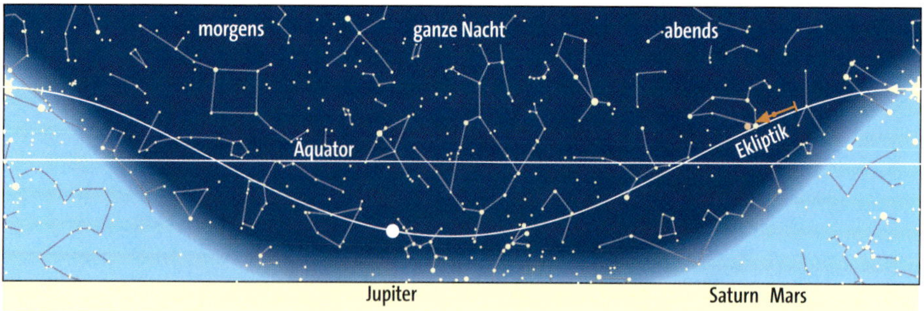

Merkur eilt rasch rückläufig auf die Sonne zu und kommt bereits am 7. in untere Konjunktion mit der Sonne. Nur zwei Stunden später am gleichen Tag passiert der flinke Planet sein Aphel (sonnenfernster Bahnpunkt). Von der Sonne ist er zu diesem Zeitpunkt 70 Millionen Kilometer (= 0,468 AE) entfernt. Da Merkur in unterer Konjunktion die Erde auf der Innenbahn überholt und gleichzeitig in Sonnenferne läuft, erreicht er auch mit 82 Millionen Kilometer (= 0,548 AE) seinen geringsten Erdabstand.

Am 19. beendet Merkur seine Rückläufigkeit und ist anschließend wieder rechtläufig. Obwohl der westliche Winkelabstand von der Sonne bis Monatsende auf knapp 22° anwächst, kann Merkur sich nicht aus den Strahlen der Sonne befreien. Der flinke Planet bleibt im Juni von unseren Breiten aus unbeobachtbar.

Venus holt die Sonne am 9. ein und steht an diesem Tag in oberer Konjunktion mit ihr. Da sie am 7. ihren aufsteigenden Bahnknoten passiert, befindet sie sich zur oberen Konjunktion noch recht nahe der Ekliptik. Somit verschwindet sie hinter der Sonne. Es ereignet sich eine Venusbedeckung durch die Sonne. Am 8. kommt es zu einer Begegnung mit Merkur, der sich ebenfalls nahe der Sonne aufhält, denn er steht am 7. in unterer Konjunktion mit der Sonne und ist uns damit viel näher als Venus.

Am Tag der oberen Konjunktion erreicht Venus ihre maximale Entfernung von der Erde, nämlich 260 Millionen Kilometer (= 1,738 AE).

Bis Monatsende wächst der östliche Winkelabstand von Venus zur Sonne lediglich auf sechs Grad an. Dies reicht lange nicht für eine Abendsichtbarkeit. Erst im August wird sich Venus am Abendhimmel bemerkbar machen.

Mars kann noch am Abendhimmel gesehen werden, wenn sich auch die Sichtbedingungen erheblich verschlechtern. Der rote Planet verlässt am 10. den Krebs und wechselt in den Löwen. Dabei steuert er auf Regulus (α Leonis) zu, den er zu Beginn nächsten Monats nur 0,°7 nördlich passiert. Ein netter Himmelsanblick ergibt sich am 8. gegen 23^h (24^h Sommerzeit): Mars, Regulus und Saturn sind tief am Westhorizont zu sehen. Zu ihnen gesellt sich die Sichel

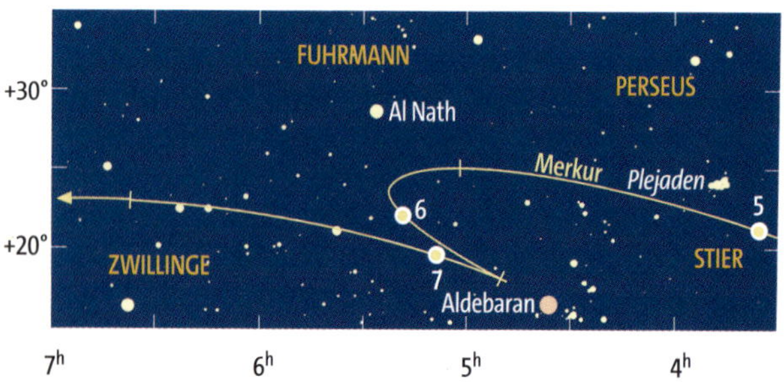

6.2 Scheinbare Merkurschleife im Gebiet der Sternbilder Stier und Zwillinge.

des zunehmenden Mondes (siehe Abb. 6.1 auf Seite 116).

Mars geht am 1. um 0^h19^m (1^h19^m Sommerzeit) unter und am 15. um 23^h39^m. Am 30. erfolgt der Untergang des nur mehr $1^m,6$ hellen Mars bereits um 22^h57^m.

Auf der Marsnordhalbkugel beginnt am 25. der Sommer.

Jupiter beschleunigt seine rückläufige Bewegung durch den Schützen (siehe Abb. 7.5 auf Seite 140) und nähert sich seiner Opposition zur Sonne, die er im ersten Drittel des Folgemonats erreicht. Seine Helligkeit steigt auf $-2^m,7$ an.

Seine Aufgänge verlagert der Riesenplanet in die Abendstunden. Am 1. passiert er um 23^h00^m die südöstliche Horizontlinie und am 15. um 22^h01^m (= 23^h01^m Sommerzeit). Am 30. erfolgt der Jupiteraufgang schon um 20^h56^m. Da die Sonne am 30. erst um 20^h33^m untergeht, wird Jupiter damit zum Planeten der gesamten Nacht.

Saturn, wieder rechtläufig, beschleunigt allmählich ein wenig seinen Lauf durch das Sternbild Löwe, wobei er sich von Regulus entfernt (siehe Abb. 2.5 auf Seite 48). Nach Einbruch der Dunkelheit hat der Ringplanet seinen Meridiandurchgang schon längst hinter sich und steht halbhoch im Westen. Aus der zweiten Nachthälfte zieht sich Saturn völlig zurück.

Saturn geht am 1. um 1^h04^m (= 2^h04^m Sommerzeit) unter und am 15. um 0^h11^m. Am 30.

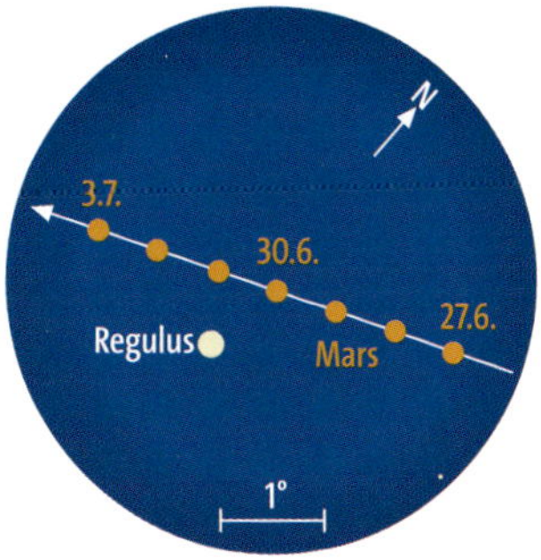

6.3 Mars begegnet Regulus: **Der Planet Mars zieht Ende Juni, Anfang Juli an Regulus im Löwen vorbei. Fernglasanblick in der Abenddämmerung bei 5° Gesichtsfelddurchmesser.**

geht der $0^m,8$ helle Ringplanet bereits um 23^h10^m unter. Da die Dämmerung jetzt erst spät einsetzt, bleiben Ende Juni gerade einmal eineinhalb Stunden, um Saturn freiäugig zu sehen.

Am Abend des 8. gesellt sich zu Saturn die dicke Sichel des zunehmenden Mondes – fast ist schon Halbmond erreicht. Auch Mars ist mit von der Partie – er verfolgt den Ringplaneten (siehe Abb. 6.1 auf Seite 116).

Uranus taucht im Laufe des Monats am Morgenhimmel auf. Der grünliche Planet bewegt sich nur zögerlich rechtläufig im Wassermann. Am 27. wird er stationär und setzt zu seiner Oppositionsschleife an (siehe Abb. 9.3 auf Seite 181).

Am 1. geht Uranus um 1^h28^m (= 2^h28^m Sommerzeit) auf. Etwa eine Stunde später kann man mit Aussicht auf Erfolg nach dem $5^m,9$ hellen Planeten Ausschau halten – lichtstarke Optik vorausgesetzt. Etwa eine halbe Stunde später verblasst der grünliche Planet in der beginnenden Morgendämmerung.

Die Uranusaufgänge verfrühen sich auf 0^h33^m am 15. und auf 23^h31^m am Monatsletzten. Die Helligkeit des grünlichen Planeten nimmt kaum merkbar auf $5^m,8$ zu.

Neptun, rückläufig im Steinbock, verlegt seine Aufgangszeiten in die Zeit vor Mitternacht. Der $7^m,9$ helle, bläuliche Planet geht am 1. um 0^h31^m (= 1^h31^m Sommerzeit) auf, am 15. um 23^h32^m und am 30. schon um 22^h33^m (= 23^h33^m Sommerzeit). Die Meridiandurchgänge verfrühen sich von 5^h27^m (= 6^h27^m Sommerzeit) zu Monatsbeginn auf 3^h31^m am Monatsletzten. Ab der Monatsmitte lohnt es sich, mit Aussicht auf Erfolg am Morgenhimmel vor Einsetzen der Morgendämmerung nach dem lichtschwachen, bläulichen Planeten Ausschau zu halten.

Pluto, der frischgebackene Zwergplanet, steht am 20. in **Opposition** zur Sonne. Als „Sternchen" von $13^m,9$ Größe ist er nur lichtstarken Teleskopen zugänglich (siehe Abb. 7.5 und 7.6 auf Seite 140).

Am Oppositionstag kulminiert Pluto um 0^h25^m (= 1^h25^m Sommerzeit). Von der Erde ist Pluto zur Opposition 4558 Millionen Kilometer (= 30,47 AE) entfernt. Das Licht des Pluto ist somit vier Stunden und dreizehn Minuten zur Erde unterwegs. Von der Sonne trennen

Pluto am Oppositionstag 4709 Millionen Kilometer (= 31,48 AE).

Auch in große Teleskopen und bei hoher Vergrößerung erscheint Pluto nur als Lichtpunkt, da sein scheinbarer Durchmesser stets kleiner als 0″,1 ist.

Sein Mond Charon kann selbst in Riesenteleskopen nicht getrennt von Pluto gesehen werden.

Planetoiden

Ceres (1) steht am 28. in Konjunktion mit der Sonne. Ihre Entfernung von der Erde beträgt an diesem Tag 546 Millionen Kilometer (= 3,65 AE).

Juno (3) kommt am 12. nachmittags im Sternbild Schlangenträger in Opposition zur Sonne. Mit nur $10^{m},1$ scheinbarer Helligkeit ist sie bei der diesjährigen Opposition wenig attraktiv.

Ihre Oppositionsentfernung von der Erde beträgt diesmal 341 Millionen Kilometer (= 2,28 AE). Von der Sonne trennen Juno immerhin 488 Millionen Kilometer (= 3,26 AE).

Periodische Sternschnuppenströme

Das zweite Maximum des **Scorpius-Sagittarius**-Stromes ist um den 13. Juni zu erwarten. Der Ausstrahlungspunkt oder Radiant liegt bei γ Sagittarii. Der Strom ist während des ganzen Monats aktiv. Wegen der geringen Höhe des Radianten sind Beobachtungen in unseren Breiten schwierig. Die beste Beobachtungszeit sind die Stunden um Mitternacht. Bei diesem Strom sind langsam fliegende Meteore (um 26 Kilometer pro Sekunde) zu registrieren.

Am 2. Juni erreichen die **Tau-Herkuliden** ihr Maximum. Dieser wenig bekannte und unauffällige Strom ist vom 18. Mai bis 13. Juni aktiv.

Am 7. und 8. Juni kann man nach den **Libriden** Ausschau halten. Der Radiant dieses Stromes liegt in der Waage.

Seit etwa fünfundzwanzig Jahren werden die **Juni-Lyriden** in der Zeit vom 11. bis 21. Juni beobachtet. Ihr Ausstrahlungspunkt liegt in der Leier. Ein Ursprungskomet ist noch nicht bekannt.

Zwischen dem 24. Juni und dem 1. Juli tauchen die **Corviden** auf, deren Radiant im Sternbild Rabe liegt. Am 26. Juni erreicht die Corvidenaktivität ihr Maximum.

Um den 27. Juni sind die **Juni-Draconiden** zu erwarten. Der Radiant liegt im Sternbild des Drachen. Die Draconiden sind ein kometarischer Strom, der seinen Ursprung auf den Kometen 7P/Pons-Winnecke zurückführt. Es ist mit lediglich rund fünf Meteoren pro Stunde zu rechnen.

Konstellationen und Ereignisse

Datum	MEZ	Ereignis
3.	19^h	Mond bei Venus, Mond 4°,9 nördlich
4.	6	Mond bei Merkur, Mond 6°,4 nördlich
7.	16	Merkur in unterer Konjunktion mit der Sonne
7.	18	Merkur im Aphel
8.	2	**Mond bei Mars**, Mond 1°,1 südlich, **Abstand 2°,9 um 23^h am 7.**
8.	2	Merkur bei Venus, Merkur 3°,0 südlich
9.	5	Venus in oberer Konjunktion mit der Sonne
9.	10	**Mond bei Saturn**, Mond 3°,1 südlich **Abstand 5°,9 um 0^h**
19.	16	Merkur im Stillstand, anschließend rechtläufig
20.	14	**Mond bei Jupiter**, Mond 2°,4 südlich, **Abstand 5°,5 um 23^h**
20.	21	**Pluto in Opposition** zur Sonne
21.	00^h59^m	**Sonne im Sommerpunkt, Sommersonnenwende**
23.	10	Mond bei Neptun, Mond 0°,8 nördlich
25.	17	Mond bei Uranus, Mond 4°,1 nördlich
27.	9	Uranus im Stillstand, anschließend rückläufig

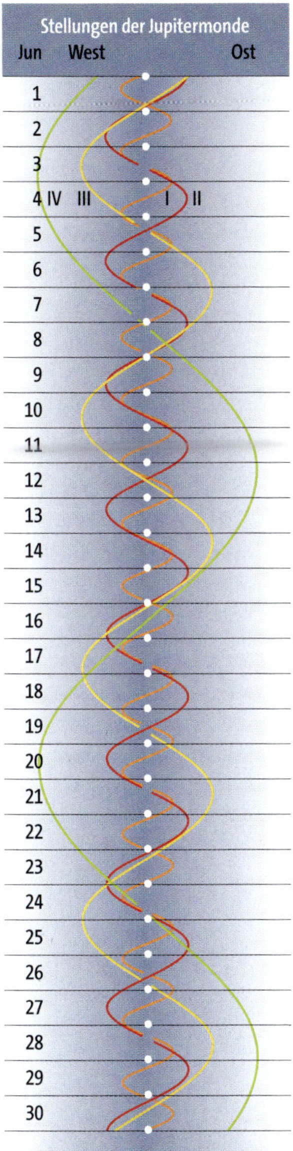

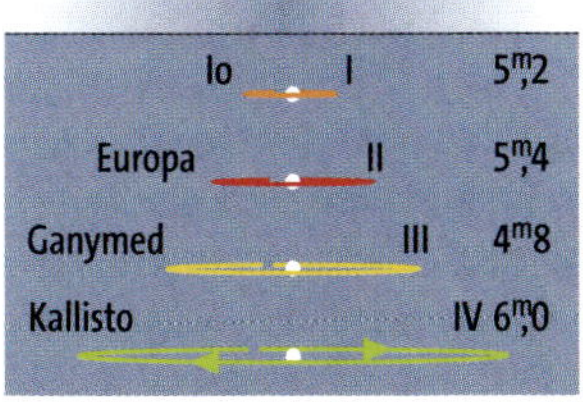

Jupitermonde

Tag	MEZ h m	Vorgang	
1.	0 41	I	SE
	1 32	I	DE
7.	2 11	II	VA
	3 05	I	VA
	23 28	IV	VE
8.	0 19	I	SA
	1 02	I	DA
	2 35	I	SE
	2 50	IV	BA
	3 19	I	DE
	22 34	III	DA
	22 52	III	SE
	23 36	II	SE
9.	0 31	I	BE
	1 00	II	DE
	1 48	III	DE
15.	2 13	I	SA
	2 48	I	DA
	23 27	II	SA
	23 27	I	VA
	23 42	III	SA
16.	0 33	II	DA
	1 56	III	DA
	2 10	II	SE
	2 16	I	BE
	2 52	III	SE
	3 16	II	DE
	3 24	IV	SA
	22 58	I	SE
	23 30	I	DE
17.	21 57	II	BE
23.	1 21	I	VA
	2 01	II	SA
	2 47	II	DA
	22 36	I	SA
	22 58	I	DA
24.	0 52	I	SE
	1 15	I	DE
	22 26	I	BE
25.	0 13	II	BE
26.	22 11	III	BE
30.	3 15	I	VA

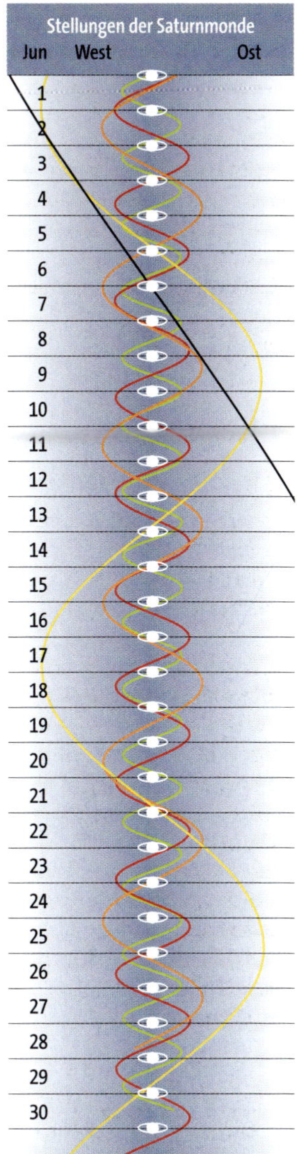

Japetus

5.	11m,0
10.	11m,4
15.	11m,8
20.	12m,2
25.	12m,5
30.	12m,4

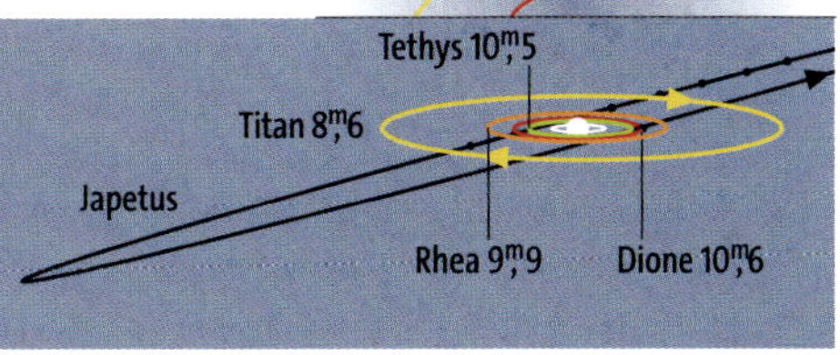

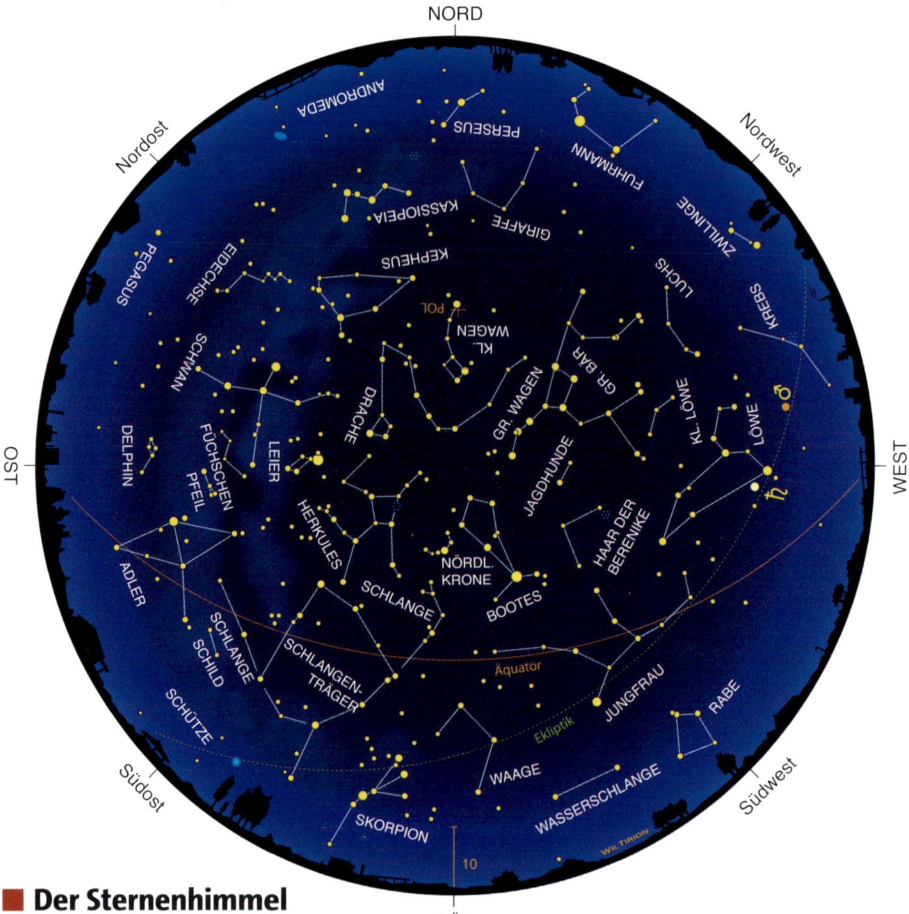

Der Sternenhimmel am 15. Juni um 22h MEZ

Die Sternkarte ist auch gültig für:		
	MEZ	MESZ
15. 2.	6h	
1. 3.	5	
15. 3.	4	
1. 4.	3	4h
15. 4.	2	3
1. 5.	1	2
15. 5.	0	1
1. 6.	**23**	**24**
15. 6.	**22**	**23**

In der Zeit der langen Tage und kurzen Nächte sind die Verhältnisse zur Beobachtung des gestirnten Himmels nicht so ideal. Berücksichtigt man die Sommerzeit, so wird es erst gegen 23 Uhr dunkel genug, um mit dem Aufsuchen der Sternbilder zu beginnen. Andererseits begünstigen die lauen Sommernächte die Beobachtung allein schon wegen des angenehmen Klimas im Vergleich zu den kalten Winternächten.

Beginnt man die Beobachtung des Sternenzelts zur Standardzeit um 22h MEZ, das entspricht 23h Sommerzeit, so zeigt ein Blick zum Himmel, dass sich die Umstellung zum Sommerhimmel noch nicht vollständig vollzogen hat: Der Bootes mit dem kräftig leuchtenden Arktur zieht die Blicke auf sich. Er steht hoch im Süden, nahe der Mittagslinie. Der Rinderhirt oder Ochsentreiber beherrscht die Himmelsszene.

Schon in der westlichen Hemisphäre befindet sich der Himmelswagen. Den Meridian hat er bereits passiert.

Nahe dem Nordhorizont findet man das Himmels-W, die Kassiopeia. Das Himmels-W steht dem Großen Wagen stets gegenüber, wenn man den Himmelspol als Zentrum nimmt, um den sich das Himmelsgewölbe dreht. Sein Ort wird bekanntlich durch den Polarstern angedeutet. Kassiopeia und Himmelswagen sind in unseren Breiten Zirkumpolarsternbilder, das heißt, sie gehen niemals unter.

Abschied der Frühlingssternbilder

Der westliche Teil des Firmaments wird noch von den Frühlingssternbildern geprägt. Weit im Westen sieht man das große Sternentrapez, das den Rumpf des Löwen bildet, schräg zum Horizont gerichtet, gerade so, als ob der Löwe zum Sprung auf seine Beute ansetzen wollte. Der Löwe mag etwas verfremdet erscheinen, denn ein wenig östlich steht der relativ helle Saturn.

Im Südwesten trifft man auf die Jungfrau mit ihrem bläulichen Hauptstern Spica. Die Jungfrau wurde auch als Göttin Astraea angesehen, die Göttin der Gerechtigkeit. Sie hält eine Waage in der Hand, um die Seelen der jüngst Verstorbenen zu wiegen und damit zu entscheiden, ob sie in den Himmel auffahren dürfen oder in den Hades, in die Unterwelt, gestürzt werden.

Während die westliche Himmelshälfte vom Frühlingsdreieck beherrscht wird, das von den drei hellen Hauptsternen Arktur, Regulus und Spica gebildet wird, kündigt sich in der östlichen Himmelshälfte bereits der Sommer an. Denn das Sommerdreieck ist inzwischen vollständig aufgegangen. Drei Sterne markieren es: Wega in der Leier, Deneb im Schwan und Atair im Adler. Auf der Linie Arktur–Wega liegen die Sternbilder Nördliche Krone (lat.: Corona Borealis) und Herkules mit seinem prächtigen Kugelsternhaufen M 13. Die Pracht des Kugelhaufens M 13 kommt allerdings erst in größeren Teleskopen (ab etwa 20 cm freier Öffnung) zur Geltung, wenn man eine möglichst hohe Vergrößerung wählt. Südlich des Herkules nimmt der Schlangenträger mit der Schlange ein ausgedehntes Himmelsareal ein. Die Schlange ist zweigeteilt: Der westliche Teil heißt Serpens Caput (lat., Kopf der Schlange), der östliche hingegen Serpens Cauda (lat., Schwanz der Schlange).

Tief im Süden steht gerade die Waage im Meridian. Ihr folgt das auffällige Sternbild Skorpion mit dem hellen, tiefroten Hauptstern Antares (α Scorpii). Antares ist eine rote Überriesensonne in rund 600 Lichtjahren Entfernung.

Antares ist so riesengroß, dass bequem die Sonne samt der Erdbahn in seinem riesigen Gasleib Platz fände.

Das Sternbild Jagdhunde (Canes Venatici)

In der Antike gab es kein Sternbild Jagdhunde. Es wurde erst in der Neuzeit eingeführt, und zwar von dem Danziger Ratsherrn und Amateurastronomen Johannes Hevelius (1611–1687). Er besaß damals eine der größten und bedeutendsten Privatsternwarten, die leider ein Raub der Flammen wurde. In seinem Werk *Prodromus Astronomiae* erwähnt Hevelius erstmals das Sternbild Jagdhunde (lat.: Canes Venatici, abgekürzt CVn). Nach Hevelius gehören 23 freisichtige Sterne den Jagdhunden an, nach F.W. Argelander sind es sogar 54 Sterne. Hevelius hat sicher nicht dieses Sternbild selbst erfunden. Denn schon auf einem Holzschnitt der Planisphäre *Imagines Syderum Coelestium* von Petrus Apianus (latinisierte Form von Peter Bienewitz, 1498–1552) sind die Jagdhunde mit Halsband zu sehen, wie sie von Bootes an der Leine geführt werden. Bei Proctor findet man die Bezeichnung Catuli, die jungen Hunde, für dieses Himmelsareal. In vielen Darstellungen sieht man zwei Hunde, die, von Bootes geleitet, den Großen Bären um den Pol herumtreiben.

Das Sternbild der Jagdhunde liegt nämlich knapp südlich der Deichsel des Großen Wagens.

6.4 Das Sternbild Jagdhunde
mit dem Sternbild Bootes nach einer Darstellung im Atlas Novus Coelestis von Johann Gabriel Doppelmeier (Nürnberg 1742).

Mit Ausnahme das Sterns α CVn (= α Canum Venaticorum), der mit $2{,}^{m}8$ scheinbarer Helligkeit gut zu erkennen ist, setzt sich das restliche Sternbild nur aus lichtschwachen Sternen zusammen. Schon der zweithellste Stern, β CVn, ist nur ein Stern 4. Größe.

Bei den Chinesen hieß die Gruppe von schwächeren Sternen nahe den Köpfen der Jagdhunde San Kung, was so viel wie Wächter der rechtmäßigen Erben heißt. Die Araber wiederum nannten dieses Sternbild Al Karb al Ibl, was Last des Kamels bedeutet.

Im Zuge der Einführung eines christlichen Sternbilderhimmels hat Jakob Bartsch in der ersten Hälfte des 17. Jahrhunderts hier den Ursprung des Jordan-Flusses gelegt. Diese Bezeichnung hat sich jedoch nicht durchgesetzt.

Der hellste Stern in den Jagdhunden, α CVn, wurde Cor Caroli, Herz Karls, getauft. Dieser Name geht auf Edmond Halley (1656–1742) zurück und bezieht sich auf König Charles I. von England. Nachdem Charles II. die Schlacht bei Worcester gegen Oliver Crowell verloren hatte, soll α CVn bei seiner Rückkehr nach London am Abend des 29. Mai 1660 besonders hell geleuchtet haben – so berichtet jedenfalls der Hofarzt Sir Charles Scarborough. Einer anderen Version nach lautete der ursprüngliche, vollständige Name „Cor Caroli Regis Martyris“ zum Gedenken an die Exekution von Charles I. von England.

Eine weitere Bezeichnung für α CVn, der die Nr. 12 in Flamsteeds Katalog erhalten hat, lautet Asterion, der Name einer der beiden Jagdhunde, während der andere Hund, Chara, von β CVn dargestellt wird. Mit $4{,}^{m}2$ ist Chara der zweithellste Stern in den Jagdhunden. Diese Zuordnung ist nicht ganz eindeutig. Manche Quellen bezeichnen

Veränderliche Sterne im Juni

Algol-Minima	13. 3^h03^m	15. 23^h51^m				
β-Lyrae-Minima	2. 2^hH	8. 14^hN	15. 1^hH	21. 12^hN	27. 24^hH	
δ-Cephei-Maxima	4. 0^h	9. 9^h	14. 18^h	20. 3^h	25. 11^h	30. 20^h

α CVn als Chara und β CVn als Asterion.

Nach Ulug Beg wird α CVn Al Kabid al Asad genannt. Diese arabische Bezeichnung bedeutet so viel wie Leber des Löwen. Auch Al Sufi, der große arabische Astronom des Mittelalters, nennt den Hauptstern der Jagdhunde so. Bei den Chinesen hieß er Chang Chen, der Thronsessel.

Cor Caroli ist ein schöner Doppelstern, der mit 19" Distanz schon von kleinen Teleskopen zu trennen ist. Die hellere Komponente (α_2 CVn, $2^{\mathrm{m}}{,}9$) leuchtet bläulich weiß, die schwächere (α_1 CVn, $5^{\mathrm{m}}{,}5$) eher gelblich. α_2 CVn ist leicht veränderlich und gilt als Prototyp einer ganzen Klasse von Variablen, den so genannten Magnetisch-Veränderlichen oder Ap-Stars. Die Entfernung dieses echten (physischen) Doppelsterns – beide Komponenten weisen die gleiche Raumgeschwindigkeit auf – beträgt rund 110 Lichtjahre.

Tipp für Fernrohrbeobachter

In den Jagdhunden finden sich auch zwei weitere interessante Beobachtungsobjekte, nämlich der kugelförmige Sternhaufen M 3 und der Spiralnebel M 51, die berühmte Strudelgalaxie (siehe Seite 113).

Schon in einem guten Fernglas ist das $6^{\mathrm{m}}{,}5$ helle und ein Drittel Vollmonddurchmesser große Lichtfleckchen des Kugelhaufens M 3 zu erkennen. M 3 liegt nordöstlich von Arktur an der Grenze zum Sternbild Bootes.

In größeren Teleskopen bietet M 3 einen prächtigen Anblick, wobei die Randpartien gut in einzelne Lichtpunkte auflösbar sind. Rund eine halbe Million Sterne bilden diesen Kugelhaufen.

Ihr Licht war 32 000 Jahre durch die kalte Finsternis des Weltalls unterwegs, bevor es in unsere Augen fällt.

Wie viele Planeten gibt es?

„Laterne, Laterne – Sonne, Mond und Sterne ...", so beginnt ein altes Kinderlied. Am irdischen Himmel erkennen wir die leuchtenden Scheiben von Sonne und Mond sowie tausende, glitzernde Lichtpünktchen am nachtdunklen Firmament. Wir nennen sie Sterne. Sonne, Mond und Sterne gehen auf und unter, weil die Erde sich dreht. Die Sterne prägen dem Nachthimmel das scheinbar unveränderliche Muster der Sternbilder auf. Die alten Griechen, Ägypter, Babylonier und Römer sahen den Großen Wagen, das Himmels-W und den Löwen genauso wie wir. Unter diesen tausenden Sternen gibt es aber fünf recht helle und mit bloßen Augen gut sichtbare Lichtpunkte, die nicht den Sternbildern zuzuordnen sind, weil sie durch die Tierkreissternbilder wandern. Man nennt sie daher Wander- oder Wandelsterne. Schon in der Antike gab man ihnen Namen berühmter Göttergestalten. So hießen sie bei den Römern Merkur, Venus, Mars, Jupiter und Saturn. Im Griechischen heißt πλαναομαι so viel wie umherwandern, umherirren. Dies ist recht zutreffend, da sich die Wandelgestirne unter den Fixsternen, die ihre gegenseitigen Positionen nicht ändern, mit unterschiedlichen Geschwindigkeiten bewegen. Mal laufen sie schnell, dann werden sie langsamer, bleiben stehen, laufen rückwärts, bleiben abermals stehen und wandern anschließend schneller werdend wieder in die ursprüngliche Richtung. Daher erhielten sie die Bezeichnung Planeten. Da auch Sonne und Mond durch den Tierkreis laufen – allerdings stets in gleicher Richtung von West nach Ost und mit etwa gleichbleibender Geschwindigkeit

6.5 Unser Sonnensystem mit den acht Planeten sowie den Zwergplaneten Pluto, Eris (2003 UB313) und Ceres.

– zählte man sie im Altertum ebenfalls zu den Planeten. Somit kannte man damals sieben Planeten oder Wandelgestirne. Die Zahl Sieben wurde daher besonders verehrt und man benannte die Wochentage nach den sieben Planeten.

Erst weniger, dann mehr

Nikolaus Kopernikus entthronte die Erde und stellte die Sonne in den Mittelpunkt des Planetensystems. Die Sonne ist astrophysikalisch ein Stern, ein glühender, selbst leuchtender Gasball, der seine Energieausstrahlung durch Kernfusion deckt. Die Planeten laufen in leicht elliptischen Bahnen um die Sonne, und nicht in exakten Kreisen, wie Johannes Kepler feststellte. Der Mond ist der einzige natürliche Himmelskörper, der die Erde umkreist. Da die Erde ihrerseits nach Kopernikus um die Sonne läuft, zählt sie ebenfalls zu den Planeten. Damit war die Zahl Sechs für die Planeten erreicht – Sonne und Mond schieden aus, die Erde kam hinzu. Wilhelm Herschel entdeckte im März 1781 mit einem selbst gefertigten Spiegelteleskop den Uranus, der außerhalb der Saturnbahn die Sonne in 84 Jahren umrundet.

Und schon war wieder die heilige Zahl Sieben für die Planeten erreicht. Uranus ist allerdings wegen seiner Sonnenferne so lichtschwach, dass er mit bloßen Augen praktisch nicht zu sehen ist. In ihrem Abstand von der Sonne aufgezählt heißen die sieben Planeten: Merkur, Venus, Erde, Mars, Jupiter, Saturn und Uranus. Die Zahl von sieben Planeten fand Georg Wilhelm F. Hegel so faszinierend, dass er darüber ein philosophisches Traktat verfasste, warum es nur sieben Planeten geben könne. Als diese Arbeit 1801 publiziert wurde, war sie auch schon überholt. Denn in der Neujahrsnacht von 1800 auf 1801, also exakt zu Beginn des 19. Jahrhunderts, hatte Giuseppe Piazzi in Palermo einen neuen Planeten entdeckt, der zwischen der Mars- und der Jupiterbahn um die Sonne wandert.

Zu Ehren der Schutzpatronen Siziliens wurde der neue Himmelskörper Ceres getauft. Überraschend war, dass der neue Planet selbst in größeren Teleskopen und bei starker Vergrößerung kein Planetenscheibchen erkennen ließ, sondern punktförmig wie die Sterne erschien. Besonders groß war die Überraschung, als Wilhelm H. Olbers schon 1802 einen weiteren Himmelskörper fand, der zwischen der Mars- und Jupiterbahn um die Sonne läuft. Zwei Jahre später entdeckte Karl Ludwig Harding ein weiteres Objekt, das zwischen der Mars- und Jupiterbahn um die Sonne kurvt. Schließlich spürte Olbers 1807 das vierte Objekt im Gürtel zwischen Mars und Jupiter auf. Die neuen Himmelskörper erhielten die Namen Pallas, Juno und Vesta. Alle vier erscheinen punktförmig, woraus man schloss, dass es sich um relativ kleine Körper handeln müsse.

Die ursprüngliche Vermutung, sie wären Bruchstücke eines zerborstenen Planeten, bestätigte sich nicht. Bald war man sich einig, dass Ceres, Pallas, Juno und Vesta keine „richtigen" Planeten sind, sondern Kleinplaneten, und nannte sie Planetoiden oder Asteroiden nach ihrem sternartigen Aussehen. Bis Ende des 19. Jahrhunderts kannte man schon einige hundert Planetoiden, die zwischen Mars und Jupiter ihre Bahnen um die Sonne ziehen. Inzwischen sind etliche tausend Kleinplaneten bekannt, die den Planetoidengürtel zwischen der Mars- und Jupiterbahn bilden. Der echte achte Planet wurde erst am 23. September 1846 aufgrund von Störungen der Uranusbahn aufgespürt und Neptun getauft. Er ist dreißigmal weiter von der Sonne entfernt als die Erde und braucht für einen Sonnenumlauf 165 Jahre. Seine Bahn ist fast exakt kreisförmig. Für knapp hundert Jahre kannte man somit acht Planeten und tausende Kleinplaneten. Die Neptunbahn bildete dabei die Außengrenze des Planetensystems, bis im März 1930 noch außerhalb der Neptunbahn ein Wandelgestirn aufgespürt wurde, nämlich Pluto. Er wurde von Clyde W. Tombaugh (1906–1997) auf der Lowell-Sternwarte in Flagstaff (Arizona) gefunden.

Exot Pluto

Bald stellte sich jedoch heraus, dass Pluto recht ungewöhnliche Eigenschaften für einen Planeten hat. Mit 17° Neigung zur Ekliptik zeigt die Plutobahn die stärkste Abweichung zur Erdbahnebene. Ferner weist sie die größte numerische Exzentrizität (e = 0,246) von allen Planetenbahnen auf, sie weicht damit am stärksten von einer Kreisbahn ab. In Sonnennähe kommt Pluto bis auf 4425 Millionen Kilometer (= 29,6 AE) an das Zentralgestirn heran, und im sonnenfernsten Bahnpunkt (Aphel) trennen ihn 7375 Millionen Kilometer (= 49,3 AE) von unserer Sonne. Damit kommt Pluto der Sonne und der Erde gelegentlich näher als Neptun. Dies war vom 21. Januar 1979 bis 14. März 1999 der Fall. Am 5. September 1989 passierte Pluto das Perihel seiner Bahn. Sein Aphel wird Pluto schließlich im Februar 2114 erreichen.

Trotz der ungewöhnlichen Bahn zweifelte niemand am Planetenstatus von Pluto. Für 76 Jahre war er der neunte Planet, und die Schulkinder lernten den Merksatz: „**M**ein **V**ater **E**rklärt **M**ir **J**eden **S**onntag **U**nsere **N**eun **P**laneten", um sich Namen und Reihenfolge der neun Planeten einzuprägen: **Me**rkur, **V**enus, **E**rde, **M**ars, **J**upiter, **S**aturn, **U**ranus, **N**eptun und **P**luto.

Doch nicht nur die extreme Plutobahn gab zu denken, auch die Größe von Pluto schrumpfte immer mehr, bis er als Benjamin der Planeten galt. Ursprünglich schätzte man den wahren Durchmesser von Pluto auf 14 000 Kilometer. Damit wäre Pluto ein wenig größer als die Erde. Auch in großen Teleskopen erkannte man nur ein Lichtpünktchen und war nicht in der Lage, seinen scheinbaren Durchmesser mikrometrisch zu messen. Man nahm sogar an, Pluto habe die siebenfache Masse der Erde.

Kurz nach Inbetriebnahme des 5-Meter-Spiegelteleskops des Palomar-Observatoriums – lange war es das größte Teleskop der Erde – nahm der prominente Planetenforscher Gerard Kuiper in Jahre 1950 Pluto ins Visier und bestimmte seinen scheinbaren Durchmesser zu 0,"23, was einen wahren Durchmesser des Plutoglobus von 5900 Kilometer ergibt. Damit hätte Pluto nur ein Zehntel Erdvolumen.

Bei siebenfacher Erdmasse ergibt dies eine mittlere Dichte von 400 Gramm pro Kubikzentimeter – eine enorme und für einen Planeten gänzlich unerklärliche Dichte, wie sie nicht einmal im Zentrum der Sonne herrscht. Nur in Weißen Zwergen findet man ähnlich hohe Dichten. So vermutete man, dass Kuiper gar nicht das ganze Planetenscheibchen vermessen hat, sondern nur den Sonnenreflex an einer spiegelplatten Methaneisoberfläche – ähnlich wie sich Lichter in einer silbernen Christbaumkugel spiegeln. Erst als Pluto im April 1965 knapp an einem Fixstern vorbeizog, ergab sich eine Obergrenze von 5500 Kilometer für Plutos Durchmesser. Denn wäre die Plutokugel größer, so hätte sie den Stern bedeckt.

Doch schon der britische Astronomer Royal, Sir Harold Spencer Jones (1890–1960), hatte kurz nach seiner Entdeckung vermutet, Pluto sei kleiner und massärmer als unser Erdmond. Er sollte Recht behalten.

Wegen seiner ungewöhnlichen Bahn spekulierten manche Sternforscher, Pluto sei vielleicht ein entsprungener Mond des achten Planeten Neptun. Damit wurde erstmals der Planetenstatus von Pluto angegriffen. Doch genaue himmelsmechanische Rechnungen ließen bald erkennen, dass dies nie der Fall war. Neptun und Pluto laufen in einer 3:2 Resonanz um die Sonne, das heißt, ihre Umlaufszeiten stehen im Verhältnis 3:2 – wenn Neptun dreimal die Sonne umrundet hat, ist Pluto zweimal um die Sonne gelaufen. Schließlich wurde 1978 auf der Marine-Sternwarte in Washington, D.C., der erste, relativ große Plutomond entdeckt. Damit war klar, dass Pluto nie ein Trabant von Neptun war. Die Entdeckung des Plutomondes, der Charon getauft wurde, ließ die Masse von Pluto ermitteln. Sie beträgt nur 1/380 der Erdmasse oder ein Fünftel der Masse des Erdmondes, also keineswegs die einst vermuteten sieben Erdmassen. Damit wurde offensichtlich: Pluto ist bei weitem der masseärmste aller neun Planeten. Von 1985 bis 1990 kam es zu gegenseitigen Be-

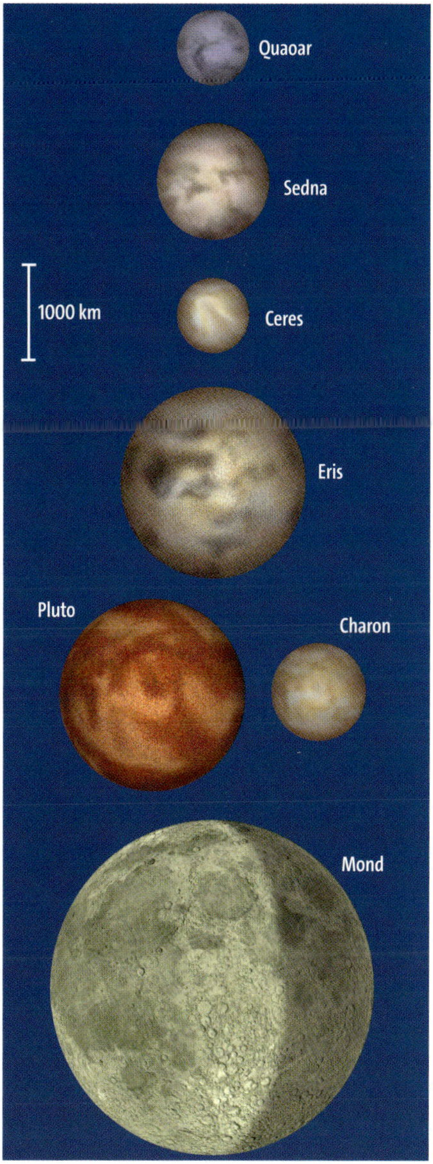

6.6 Zwergplaneten im Vergleich mit dem Erdmond.

deckungen von Pluto und Charon, aus deren Beobachtungen der Durchmesser von Pluto zu nur 2300 Kilometern bestimmt wurde. Damit ist Pluto nicht nur erheblich kleiner als die übrigen acht Planeten – er ist nicht einmal halb so groß wie Merkur –, sondern auch kleiner als unser Erdmond, kleiner als die vier hellen Jupitermonde, kleiner als der Saturnmond Titan und selbst kleiner als der Neptunmond Triton. Andererseits ist Pluto mehr als doppelt so groß wie die Ceres, die mit knapp tausend Kilometer Durchmesser der größte Planetoid im Gürtel zwischen der Mars- und der Jupiterbahn ist. Doch da Pluto der einzige Himmelskörper außerhalb der Neptunbahn ist, zweifelte niemand ernstlich seinen Planetenstatus an.

Pluto bekommt Konkurrenz

Dies änderte sich schlagartig, als im August 1992 erstmals ein Planetoid gefunden wurde, dessen Bahn weit außerhalb der Neptunbahn liegt. Das Objekt 1992 QB1 blieb nicht lange der einzige Kleinplanet jenseits der Neptunbahn. Bald wurden weitere gefunden, und inzwischen sind über tausend Planetoiden bekannt, die als TNOs zu bezeichnen sind, als **T**rans-**N**eptun-**O**bjekte, deren Bahnen jenseits der Neptunbahn verlaufen. Damit wurde die Hypothese von Gerard P. Kuiper glänzend bestätigt, der bereits Mitte des 20. Jahrhunderts jenseits des Neptun einen zweiten Planetoidengürtel vermutete. Dieser Kuiper-Gürtel (Kuiper-Belt) existiert wirklich. Man spricht daher auch von den KBOs, den Kuiper-Belt-Objects. Damit geriet Pluto abermals in Bedrängnis. Einige Astronomen wollten Pluto in die Kategorie „Kleinplanet" einordnen und ihm die Ordnungsnummer 10 000 verpassen. Gegen die Aberkennung von Plutos Planetenstatus gab es heftige Proteste, allen voran vom Plutoentdecker Clyde William Tombaugh. Doch fast zehn Jahre nach seinem Tod 1997 kam es im August 2006 zum so genannten Prager Planetensturz. Auslöser waren nicht in erster Linie die immer zahlreicher aufgespürten KBOs, sondern die immer größeren Durchmesser dieser fernen Himmelskörper in den eisigen Bezirken des Sonnensystems. Man entdeckte

Quaoar mit 1300 Kilometern Durchmesser im Jahre 2002, bald folgte Sedna (rund 1600 km), Santa (1700 km) und Easterbunny (1500 km). Das Fass zum Überlaufen brachte die Entdeckung des Kuiper-Belt-Objektes 2003 UB 313 mit der vorläufigen Bezeichnung Xena, die inzwischen auf Eris geändert wurde. Im Jahre 2005 wurde endgültig klar, dass Eris definitiv größer als Pluto ist (siehe auch „Monatsthema Oktober“ im *Kosmos Himmelsjahr 2007*, Seite 222). Damit wäre Eris rechtmäßig als zehnter Planet anzusprechen. Doch wo ist die Grenze? Sollte man nicht auch Santa zu den Planeten rechnen? Außerdem bleibt zu vermuten, dass sich im Bereich des Kuiper-Gürtels noch zahlreiche weitere Objekte herumtreiben mit Durchmessern ähnlich und größer als der des Pluto. Soll man dann ständig die Zahl der Planeten erhöhen? Das Problem wurde ausführlich und kontrovers, teilweise leidenschaftlich diskutiert.

Im August 2006 fand die 26. Generalversammlung der Internationalen Astronomischen Union (IAU) in Prag statt, an der rund 2500 Himmelskundler teilnahmen. Nach heftigen Debatten wurde eine Resolution verabschiedet, nach der Pluto nicht mehr zu den Planeten zählt, sondern in die neu geschaffene Klasse der *Zwergplaneten* einzuordnen ist. Der Begriff „Planet“ wurde neu definiert. Die Degradierung von Pluto fand ein ungeheures Echo in der Öffentlichkeit. Ein wahrer Medienrummel wurde inszeniert, obwohl es rein wissenschaftlich gesehen relativ unbedeutend ist, ob Pluto nun „Planet“ oder „Zwergplanet“ genannt wird.

Wann ist ein Planet ein Planet?

Nach der neuen IAU-Definition gehört zu den Planeten ein nicht selbst leuchtender Himmelskörper, der

1. um die Sonne läuft, aber kein Mond beziehungsweise Trabant eines solchen Körpers ist,
2. im hydrostatischen Gleichgewicht ist, das heißt, so viel Masse besitzt, dass ihn die Schwerkraft zu einer Kugel formt. Dies ist bei Körpern der Fall, deren Dichte bei zwei Gramm pro Kubikzentimeter liegt, wenn sie etwa 800 Kilometer Durchmesser haben, was einer Gesamtmasse von rund $5 \cdot 10^{20}$ Kilogramm entspricht (ungefähr ein Zehntausendstel der Erdmasse), und
3. der infolge seiner gravitativ wirkenden Gesamtmasse seine Bahn von anderen Kleinkörpern freigeräumt hat (mit Ausnahme von Trojanern in den Lagrange-Punkten L4 und L5).

Pluto erfüllt damit die Kriterien Nr. 1 und 2, aber nicht die Nummer 3. Für solche Objekte wurde die neue Klasse der Zwergplaneten (engl.: dwarf planets) eingeführt. Diejenigen Körper, die wesentlich kleiner und massenärmer sind, sodass sie keine Kugelform annehmen konnten wie kleine Planetoiden oder Kometenkerne, sind nun als „Small Solar System Bodies“, als Kleinkörper des Sonnensystems klassifiziert.

Danach sind jetzt nicht nur Pluto, sondern auch Ceres, Eris (das Kuiperbelt-Objekt 2003 UB 313, das ursprünglich von seinem Entdecker Xena benannt wurde, hat inzwischen von der zuständigen IAU-Arbeitsgruppe die offizielle Bezeichnung Eris erhalten, Eris ist die Göttin des Streites und der Zwietracht), Sedna, Xanta und sogar der Plutomond Charon Zwergplanet. Pluto gilt somit als doppelter Zwergplanet. Monde oder Satelliten eines Planeten gelten nur als solche, wenn der gemeinsame Schwerpunkt noch innerhalb der Planetenkugel liegt. Dies ist bei der Erde der Fall (das Baryzentrum Erde–Mond befindet sich etwa in 1700 Kilometern Tiefe unterhalb des sublunaren Punktes auf der Erdoberfläche), bei Pluto und Charon liegt es jedoch deutlich außerhalb des Plutoglobus. Nur Nix und Hydra sind echte Plutomonde. Damit hat unser Sonnensystem jetzt acht offizielle Planeten. Der neue (und wesentlich sinnvollere) Merksatz lautet: **M**ein **V**ater **E**rklärte **M**ir **J**eden **S**onntag **U**nseren **N**achthimmel.

Nach Plutos Degradierung hat man ihm die Planetoiden–Nummer 134 340 verpasst, sein größerer Kollege Eris erhielt Nr. 136 199.

Juli 2008

- Am 4. erreicht die Erde ihren sonnenfernsten Bahnpunkt: 152 Millionen Kilometer trennen sie von der Sonne.
- Mars verabschiedet sich vom Morgenhimmel.
- Jupiter im Schützen erreicht am 9. seine Opposition zur Sonne. Der Riesenplanet ist die ganze Nacht sichtbar.
- Auch Saturn zieht sich vom Abendhimmel zurück.

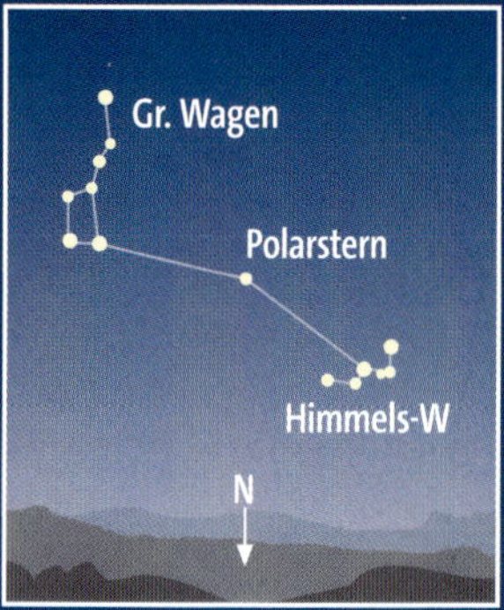

Großer Wagen und Himmels-W Anfang Juli um 22 Uhr

7.1 Himmelsanblick am 6. Juli gegen 22^h MEZ (= 23^h MESZ). Knapp über dem Westhorizont bilden Regulus, Mars und Saturn fast eine Gerade. Zu dem Dreigestirn gesellt sich die zunehmende Mondsichel.

1 Di	Mond bei Merkur, Abstand 7,°7 um 16^h Merkur in größter westlicher Elongation
2 Mi	
3 Do	**Neumond** Mond bei Venus, Abstand 1,°7 um 14^h
4 Fr	Erde in Sonnenferne, 9^h
5 Sa	
6 So	Mond bei Mars, Abstand 4,°1 um 22^h Mond bei Saturn, Abstand 4,°1 um 22^h
7 Mo	
8 Di	
9 Mi	Jupiter in Opposition zur Sonne
10 Do	**Mond im ersten Viertel**
11 Fr	Mars bei Saturn, Abstand 0,°6 um 22^h Venus im Perihel
12 Sa	
13 So	
14 Mo	
15 Di	
16 Mi	
17 Do	Mond bei Jupiter, Abstand 5,°0 um 21^h
18 Fr	**Vollmond**
19 Sa	
20 So	Mond bei Neptun, Abstand 0,°9 um 14^h
21 Mo	Merkur im Perihel
22 Di	Mond bei Uranus, Abstand 4,°2 um 23^h
23 Mi	
24 Do	
25 Fr	**Mond im letzten Viertel**
26 Sa	
27 So	Sternschnuppen Delta-Aquariden
28 Mo	
29 Di	Merkur in oberer Konjunktion mit der Sonne Sternschnuppen Alpha-Capricorniden
30 Mi	
31 Do	

Sonne – Sternbilder

20. 7. 13h:
Sonne tritt in das Sternbild Krebs
22. 7. 13h:
Sonne tritt in das Tierkreiszeichen Löwe
Julianisches Datum am
1. Juli, 1h MEZ: 2454648,5

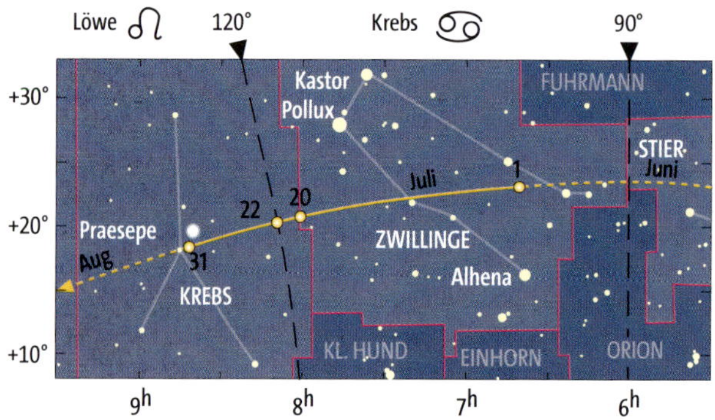

Tabelle Sonnenlauf

Tag	Dämmerg. Anfang	Aufgang MEZ	Kulmination	Untergang MEZ	Dämmerg. Ende	Mittagshöhe	Zeitgleichg.	Rektaszension	Deklination
	h m	h m	h m	h m	h m	o	m	h m	o
1.	2 27	4 15	12 24	20 32	22 20	63,1	− 4	6 41	+23,1
5.	2 31	4 18	12 25	20 31	22 17	62,7	− 5	6 57	+22,8
10.	2 38	4 22	12 25	20 28	22 11	62,2	− 5	7 18	+22,2
15.	2 47	4 28	12 26	20 23	22 04	61,4	− 6	7 38	+21,5
20.	2 56	4 34	12 26	20 18	21 55	60,5	− 6	7 58	+20,7
25.	3 06	4 40	12 26	20 12	21 46	59,5	− 6	8 18	+19,7
31.	3 18	4 48	12 26	20 04	21 33	58,1	− 6	8 42	+18,3

Tages- und Nachtstunden

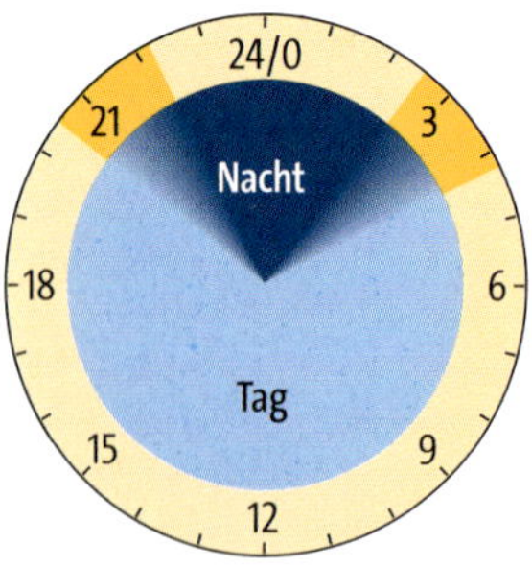

5. Juli

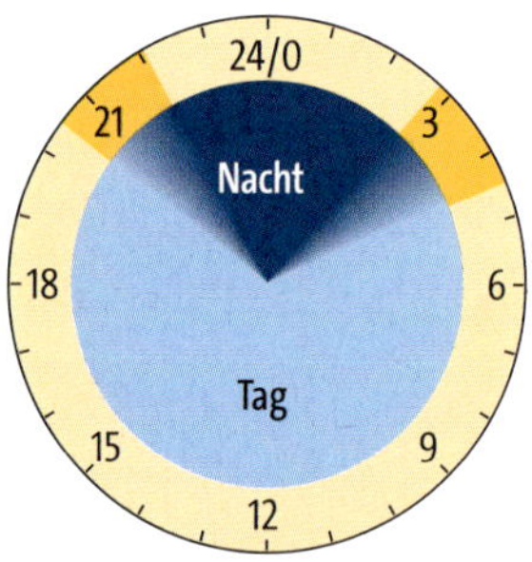

15. Juli

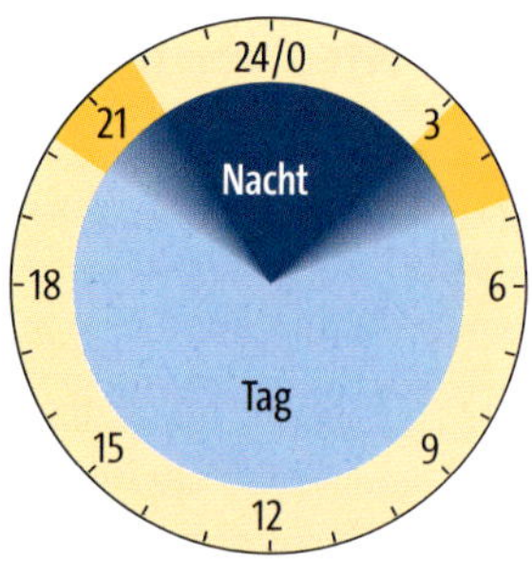

25. Juli

Tabelle Mondlauf

Datum	Aufg. MEZ	Kulmination	Unterg. MEZ	Rektaszension	Deklination	Sterne und Sternbilder	Phase	MEZ
	h m	h m	h m	h m	°			
Di 1.	1 48	10 38	19 34	4 30	+26,7	Stier	Erdnähe 360/33′,2	22^h
Mi 2.	2 49	11 45	20 34	5 37	+27,5	Stier, Al Nath		
Do 3.	4 07	12 50	21 16	6 44	+26,3	Zwillinge	**Neumond**	**3^h 19^m**
Fr 4.	5 34	13 50	21 46	7 49	+23,2	Pollux		
Sa 5.	7 02	14 45	22 08	8 48	+18,7	Krebs, Krippe	Absteigender Knoten	
So 6.	8 26	15 34	22 25	9 43	+13,3	Löwe, Regulus		
Mo 7.	9 45	16 20	22 39	10 33	+ 7,3	Löwe	Libration West	
Di 8.	11 00	17 04	22 53	11 21	+ 1,3	Löwe		
Mi 9.	12 13	17 46	23 07	12 06	– 4,7	Jungfrau		
Do 10.	13 25	18 29	23 22	12 51	–10,3	Jungfrau	**Erstes Viertel**	**5^h 35^m**
Fr 11.	14 36	19 13	23 40	13 37	–15,3	* Spica		
Sa 12.	15 47	19 59	–	14 24	–19,7	Waage	Größte Südbreite	
So 13.	16 56	20 47	0 03	15 13	–23,3	* Waage		
Mo 14.	18 00	21 37	0 32	16 03	–25,9	Antares	Erdferne 405/29′,5	5^h
Di 15.	18 55	22 28	1 11	16 56	–27,3	Antares		
Mi 16.	19 40	23 20	2 02	17 50	–27,5	Schütze		
Do 17.	20 15	–	3 03	18 43	–26,4	Schütze, Nunki		
Fr 18.	20 41	0 10	4 12	19 36	–24,0	Schütze	**Vollmond**	**8^h 59^m**
Sa 19.	21 02	0 59	5 26	20 27	–20,5	Steinbock		
So 20.	21 19	1 46	6 41	21 17	–16,0	Steinbock	Aufsteigender Knoten	
Mo 21.	21 34	2 31	7 56	22 04	–10,8	Wassermann		
Di 22.	21 48	3 15	9 10	22 51	– 5,1	Wassermann	Libration Ost	
Mi 23.	22 02	3 59	10 26	23 38	+ 1,0	Fische		
Do 24.	22 18	4 44	11 44	0 25	+ 7,1	Fische		
Fr 25.	22 38	5 32	13 06	1 15	+13,0	Fische	**Letztes Viertel**	**19^h 42^m**
Sa 26.	23 03	6 24	14 30	2 08	+18,4	Widder, Hamal	Größte Nordbreite	
So 27.	23 40	7 21	15 55	3 05	+22,9	Widder		
Mo 28.	–	8 22	17 15	4 07	+26,1	Stier, Plejaden		
Di 29.	0 31	9 26	18 21	5 12	+27,5	Stier, Al Nath		
Mi 30.	1 40	10 31	19 10	6 18	+27,1	Zwillinge	Erdnähe 364/32′,8	0^h
Do 31.	3 03	11 33	19 44	7 23	+24,7	Pollux		

Treffen von Mond und Jupiter

17. Juli 21^h MEZ

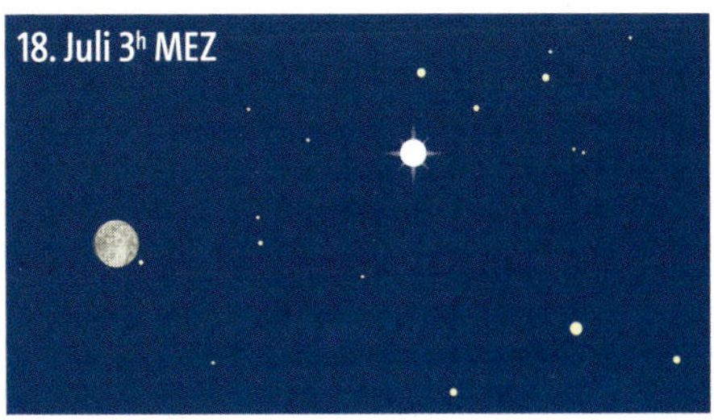
18. Juli 3^h MEZ

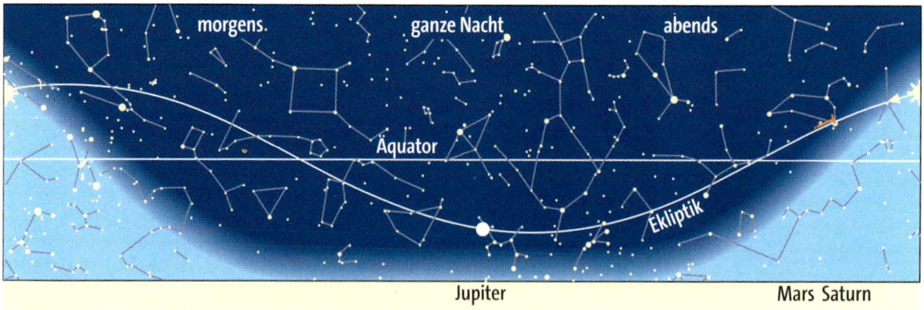

Merkur steht am ersten des Monats in größter westlicher Elongation von der Sonne. Trotz eines Winkelabstandes von 21°47′ wird man am Morgenhimmel vergeblich nach dem flinken Planeten Ausschau halten. In südlichen Gefilden kann man Merkur hingegen am Morgenhimmel sehen: Von 47° nördlicher Breite aus kann der schnelle Planet bei sehr guten Sichtbedingungen etwa vom 8. bis 15. freiäugig tief im Nordosten in der Morgendämmerung erkannt werden. Am 8. geht der $-0\overset{m}{,}2$ helle Merkur in 47° Nord um 3^h13^m (= 4^h13^m Sommerzeit) auf. Bis 15. steigt die Merkurhelligkeit deutlich auf $-0\overset{m}{,}9$ an, die Merkuraufgänge verspäten sich geringfügig auf 3^h26^m (= 4^h26^m Sommerzeit). Die Dichotomie (Halbphase)

7.2 Heliozentrischer Anblick
des Planetensystems im dritten Jahresviertel 2008. Eingetragen sind im linken Teil die Positionen der inneren Planeten für den 1. Juli (7), 1. August (8), 1. September (9) und 1. Oktober (10). Der rechte Teil zeigt das äußere Planetensystem samt einiger Planetoiden zu Anfang und Ende des dritten Jahresviertels. Die Pfeile deuten die Richtungen zu den ferneren Planeten sowie zum Frühlingspunkt an.

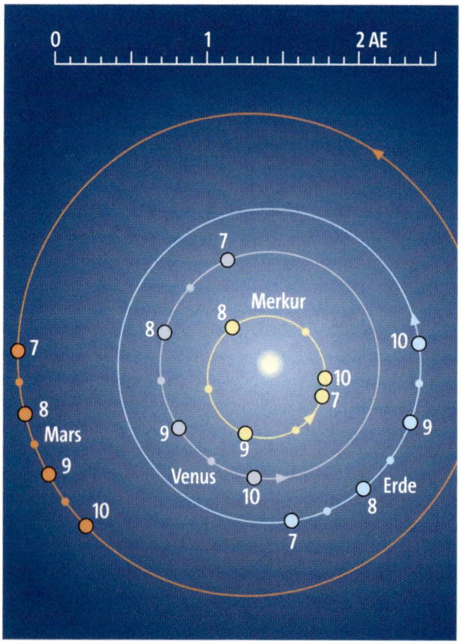

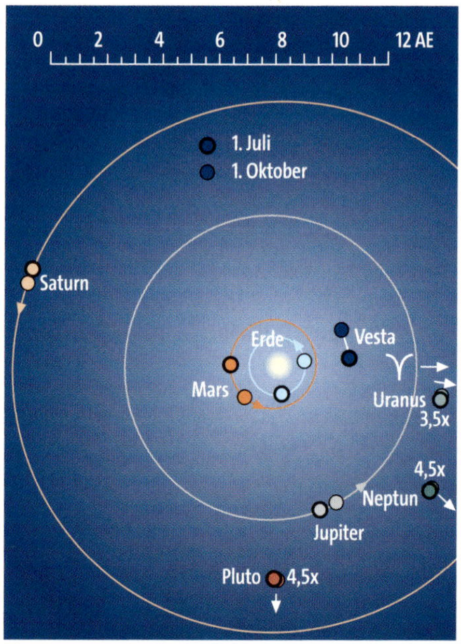

des 7,″1 großen Merkurscheibchens tritt am 6. ein. Danach wird Merkur kleiner und rundlicher. Am 29. holt Merkur die Sonne im Tierkreis ein und steht mit ihr in oberer Konjunktion.

Venus stand Anfang des Vormonats in oberer Konjunktion mit der Sonne. Ihr östlicher Winkelabstand wächst nur langsam, da sich beide Gestirne – Sonne und Venus – in gleicher Richtung, nämlich rechtläufig durch den Tierkreis bewegen. Zu Monatsende beträgt die östliche Elongation von Venus nur knapp 15°. Da ihr Tagbogen etwas kleiner als der der Sonne ausfällt, erscheint Venus noch nicht am Abendhimmel. Spezialisten mögen bei guten Sichtbedingungen und mit lichtstarker Optik Venus eventuell zu Monatsende schon bald nach Sonnenuntergang aufstöbern. Am 31. geht die $-3^{m}\!,9$ helle Venus um 20^h45^m (= 21^h45^m Sommerzeit) unter und somit etwa eine knappe dreiviertel Stunde nach der Sonne.

Am 11. geht Venus durch das Perihel ihrer Bahn. An diesem Tag trennen sie 107 Millionen Kilometer, das sind 0,715 AE von der Sonne.

Mars zieht sich um die Monatsmitte vom Abendhimmel zurück und wird für das bloße Auge für einige Monate unbeobachtbar, da er auf den Taghimmel wechselt. Seine Konjunktion mit der Sonne erreicht der rote Planet Anfang Dezember.

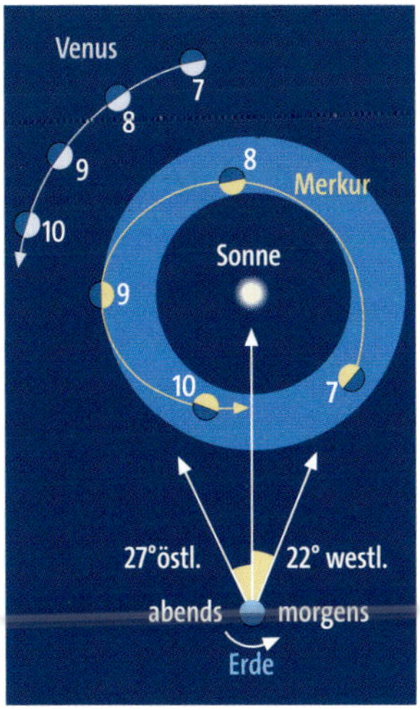

7.3 Bahnen von Merkur und Venus: Heliozentrische Bewegungen von Merkur und Venus *relativ* zur Erde. In den dicker ausgezogenen Bahnteilen sind die Planeten beobachtbar. Die Zahlen geben die Positionen jeweils zum Monatsersten an. Östlicher Winkelabstand bedeutet Abendsichtbarkeit; westliche Elongation: Planet steht am Morgenhimmel.

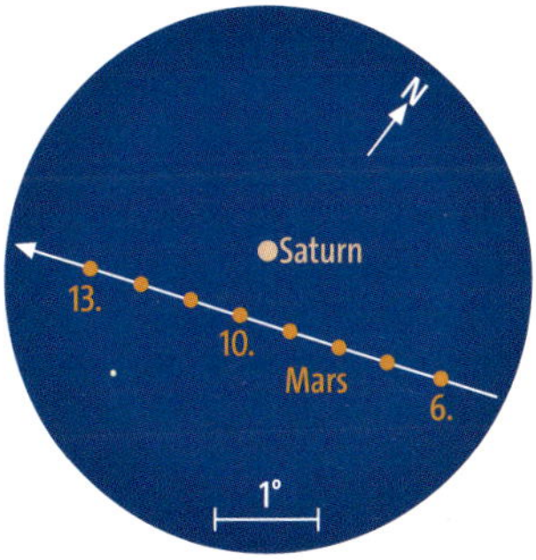

7.4 Mars trifft Saturn: Begegnung von Mars und Saturn um den 10. Juli im Sternbild Löwe. Fernglasanblick in der Abenddämmerung bei 5° Gesichtsfelddurchmesser.

Gleich am 1. wandert Mars nur 0,°7 nördlich an Regulus im Löwen vorbei. Am 6. gesellt sich die Sichel des zunehmenden Mondes zu Mars und Saturn, ein hübsches Dreigestirn am Abendhimmel gegen 22^h (=23^h Sommerzeit) tief am Westhimmel (siehe Abb. 7.1 auf Seite 134). Fünf Tage später zieht Mars ebenfalls nur 0,°7 nördlich an Saturn vorbei (siehe Abb. 7.4 unten). Beide Gestirne sind nicht mehr sehr auffällig, vor allem schon wegen ihrer horizontnahen Stellung. Saturn ist mit $0^{m}\!,8$ eindeutig heller als Mars ($1^{m}\!,7$). Ein Fernglas kann gute Dienste leisten, um beide aufzuspüren.

Mars geht am 1. um 22^h54^m (= 23^h54^m Sommerzeit) unter, am 10. um 22^h29^m und am 20. bereits um 22^h00^m. Nach dem 20. wird man vergeblich nach dem roten Planeten Ausschau halten.

Jupiter, rückläufig im Schützen, kommt am 9. in **Opposition** zur Sonne. Damit hat der Ringplanet seine günstigste Beobachtungsperiode erreicht. Er hält sich von Sonnenuntergang bis Sonnenaufgang über dem Horizont auf, ist also die ganze Nacht über sichtbar, er hat die geringste Entfernung von der Erde und somit den größten scheinbaren Durchmesser sowie maximale Helligkeit. Allerdings hält er sich weit südlich im Tierkreis auf. Mit fast −23° Deklination ist die diesjährige Opposition die südlichste seit Juli 1996.

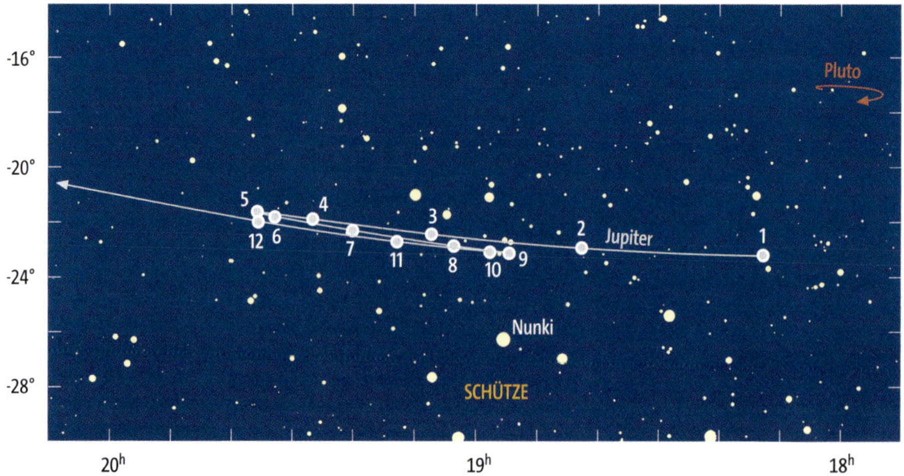

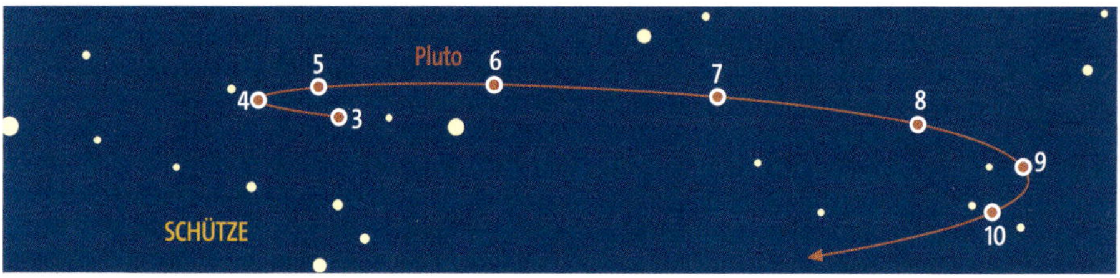

7.5 (ganz oben) Bahn von Jupiter: Scheinbare Bahn des Planeten Jupiter im Gebiet der Sternbilder Skorpion und Schlangenträger im Jahre 2008. Die Zahlen geben die Jupiterpositionen zum jeweiligen Monatsbeginn an (7 = 1. Juli). Rechts oben ist die Lage der Oppositionsschleife des Zwergplaneten Pluto eingetragen.

Da sich Jupiter fast genau in der Ekliptik befindet – er ging Mitte Mai durch seinen absteigenden Knoten – ereignet sich ein Erdtransit. Von Jupiter aus betrachtet wandert die Erde samt ihrem Mond vor der Sonnenscheibe vorbei.

Am Tag der Opposition geht der $-2^{m}\!,7$ helle Riesenplanet um $20^{h}17^{m}$ (= $21^{h}17^{m}$ Sommerzeit) auf, durchschreitet um $0^{h}23^{m}$ den Meridian und geht um $4^{h}28^{m}$ wieder unter. Zwar fällt die Kulminationshöhe (für 50° Nord) mit 17° recht bescheiden aus. Dennoch ist Jupiter das weitaus hellste und auffälligste Gestirn am irdischen Nachthimmel – vom Mond abgesehen natürlich.

Seine geringste Entfernung von der Erde erreicht Jupiter am 10. um 12^{h} mittags mit 622,49 Millionen Kilometer. Damit ist der Riesenplanet 4,2-mal weiter von uns entfernt als die Sonne. Sein Licht benötigt knapp 35 Minuten, um zur Erde zu gelangen. Von der Sonne ist Jupiter zur Opposition 775 Mio. Kilometer (= 5,18 AE) entfernt.

7.6 (oben) Zwergplanet Pluto: Oppositionsschleife von Pluto im Sternbild Schütze im Jahre 2008.

Im Fernrohr zeigt Jupiter ein ovales Scheibchen. Wegen seiner raschen Rotation ist Jupiter stark abgeplattet. Sein scheinbarer Äquatordurchmesser beträgt am Tag der Opposition 47,″4, sein scheinbarer Poldurchmesser ist jedoch nur 44,″3 groß. Schon in kleinen Teleskopen erkennt man die Wolkenstreifen in der Jupiteratmosphäre sowie die vier hellen, großen Jupitermonde recht deutlich.

Bis Monatsende verfrühen sich die Jupiteruntergänge auf $2^{h}52^{m}$. Am 17. erhält Jupiter Besuch vom fast vollen Mond.

Saturn gibt seine Abschiedsvorstellung am Abendhimmel. Im letzten Monatsdrittel wird er für das bloße Auge unsichtbar. Deutlich beschleunigt der Ringplanet seine rechtläufige Wanderung durch den Löwen, wobei er sich immer weiter von Regulus entfernt (siehe Abb. 2.5 auf Seite 48).

Saturn geht am 1. um 23^h06^m unter und am 15. um 22^h14^m. Am 31. erfolgt der Untergang des $0^m,8$ hellen Ringplaneten bereits um 21^h14^m (= 22^h14^m Sommerzeit). Letztmals dürfte man Saturn am 20. noch freiäugig tief im Westen nach Einbruch der Dunkelheit erkennen. Sein Untergang erfolgt am 20. um 21^h55^m (= 22^h55^m Sommerzeit).

Mars verfolgt Saturn und überholt ihn am 11. nur 0°42′ südlich. Bereits am Abend des 6. zieht die Sichel des zunehmenden Mondes zuerst an Mars und dann an Saturn vorbei (siehe auch Abb. 7.1 auf Seite 134 und 7.4 auf Seite 139).

Uranus, rückläufig im Wassermann, kann mit Fernglas oder Teleskop in der zweiten Nachthälfte beobachtet werden. Am 1. geht der $5^m,8$ helle Planet um 23^h27^m auf, am 15. um 22^h31^m und am 31. um 21^h28^m (= 22^h28^m Sommerzeit). Mindestens bis eine Stunde nach seinem Aufgang muss man warten, um den fernen grünlichen Planeten über den ärgsten Dunstschichten erspähen zu können. Um ihn zu finden, sind die Aufsuchkärtchen Abb. 9.2 und Abb. 9.3 auf Seite 181 nützlich.

Jupitermonde

Tag	MEZ h	m	Vorgang	
1.	0	30	I	SA
	0	43	I	DA
	2	47	I	SE
	2	59	I	DE
	23	20	II	VA
2.	0	10	I	BE
	2	29	II	BE
	22	51	IV	DA
3.	0	55	IV	SE
	2	28	IV	DE
	21	41	III	VA
4.	1	27	III	BE
8.	2	25	I	SA
	2	27	I	DA
	23	37	I	VA
9.	1	53	I	BE
	1	57	II	VA
	23	09	I	DE
	23	10	I	SE
10.	23	05	II	DE
	23	10	II	SE
11.	1	29	III	BA
16.	1	21	I	BA
	22	37	I	DA
	22	48	I	SA
17.	0	53	I	DE
	1	05	I	SE
	22	16	I	VE
	22	35	II	DA
	23	00	II	SA
18.	1	18	II	DE
	1	44	II	SE
21.	21	38	III	DE
	22	54	III	SE
24.	0	21	I	DA
	0	43	I	SA
	2	38	I	DE
	21	31	I	BA
25.	0	10	I	VE
	0	49	II	DA
	1	35	II	SA
	21	04	I	DE
	21	28	I	SE
26.	23	17	II	VE
27.	21	57	IV	BA
28.	1	35	IV	BE
	2	12	IV	VA
	21	43	III	DA
	23	39	III	SA
29.	0	56	III	DE
31.	23	16	I	BA

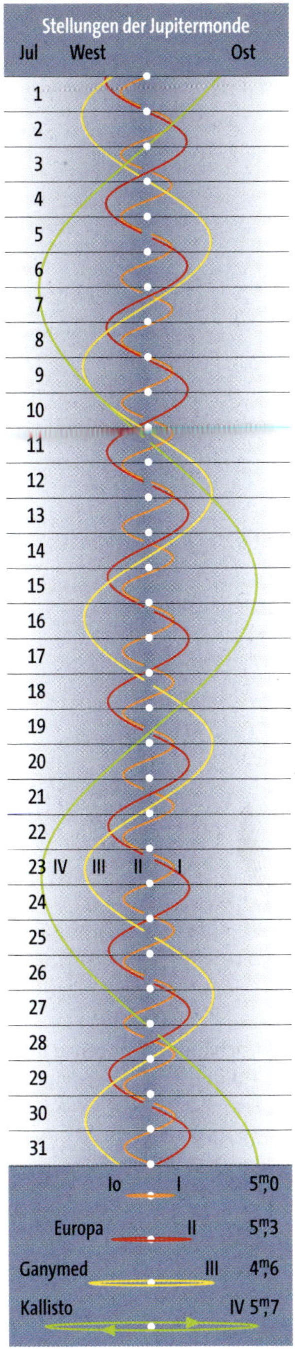

Neptun, rückläufig im Steinbock, strebt seiner Opposition zur Sonne entgegen, die er Mitte nächsten Monats erreicht. Seine Aufgänge verlagert der bläuliche Planet in die Abendstunden. Am 1. geht Neptun um 22^h29^m auf, am 15. um 21^h33^m und am 31. bereits um 20^h29^m (= 21^h29^m Sommerzeit). Zu Monatsanfang kulminiert Neptun um 3^h27^m. Am Monatsende passiert der mit $7^m{,}8$ recht lichtschwache Planet schon um 1^h27^m (= 2^h27^m Sommerzeit) den Meridian. Die Zeit um die Kulmination ist die günstigste Zeit, um den weit südlich stehenden Neptun mit Fernglas oder Teleskop zu erjagen (siehe Abb. 8.4 auf Seite 164).

Planetoiden

Ceres (1) wird am 31. um 6^h morgens vom Mond bedeckt. Von Europa aus bleibt diese Bedeckung unbeobachtbar. Sie kann von Madagaskar, weiten Teilen des Indischen Ozeans und dem Südwesten Australiens verfolgt werden.

Vesta – Planetoid Nr. 4 – eilt rechtläufig durch den Cetus. Ihre Helligkeit steigt von $8^m{,}1$ im Laufe des Juli auf $7^m{,}8$ an, so dass man sie am Morgenhimmel gegen Monatsende mit einem guten Fernglas finden kann (siehe auch Aufsuchkärtchen Abb. 10.7 auf Seite 200). Ende Oktober kommt Vesta in Opposition zur Sonne und wird dann als hellster Planetoid ein ausgesprochen leichtes Fernglasobjekt sein. Am 15. geht Vesta um 0^h33^m auf und kulminiert um 7^h06^m (= 8^h06^m Sommerzeit). Bis zum 31. verfrühen sich die Vestaaufgänge auf 23^h40^m (= 0^h40^m Sommerzeit) und ihre Kulmination auf 6^h21^m.

Periodische Sternschnuppenströme

Vom 11. Juli bis 18. August leuchten die **Delta-Aquariden** auf, die zwischen 3^m und 5^m hell sind, also nicht besonders auffällig. Sie heißen auch **Juli-Aquariden**. Ihr Radiant liegt etwa 3° westlich von δ Aquarii. Das Maximum ist nicht in jedem Jahr am selben Tag zu erwarten. In diesem Jahr dürfte es in den Stunden nach Mitternacht am 27. Juli auftreten. Die Geschwindigkeit der Sternschnuppen liegt um 40 Kilometer pro Sekunde. Im Maximum sind etwa zwanzig Sternschnuppen pro Stunde zu erwarten.

Vom 2. Juli bis 14. August treten die **Alpha-Capricorniden** (Radiant im Steinbock) auf. Sie sind die ganze Nacht über beobachtbar. Der Ursprungskomet ist 45P/Honda-Mrkoš-Pajdušáková (früher 1948 XII). Um das Maximum am 29. Juli sind nur höchstens zehn Objekte pro Stunde zu erwarten. Es handelt sich um recht langsame Meteore (im Mittel 25 km/s).

Konstellationen und Ereignisse

Datum	MEZ	Ereignis
1.	16^h	Mond bei Merkur, Mond $7{,}^{\circ}7$ nördlich
1.	19	Merkur in größter westlicher Elongation (22°)
3.	14	Mond bei Venus, Mond $1{,}^{\circ}7$ nördlich
4.	9	Erde im Aphel (Sonnenferne, Abstand Erde – Sonne 152,106 Millionen Kilometer)
6.	19	**Mond bei Mars**, Mond $2{,}^{\circ}6$ südlich, **Abstand $4{,}^{\circ}1$ um 22^h**
6.	23	**Mond bei Saturn**, Mond $3{,}^{\circ}5$ südlich, **Abstand $4{,}^{\circ}1$ um 22^h**
9.	9	**Jupiter in Opposition** zur Sonne
11.	7	**Mars bei Saturn**, Mars $0{,}^{\circ}7$ südlich, **Abstand $0{,}^{\circ}6$ um 22^h**
11.	23	Venus im Perihel
17.	13	**Mond bei Jupiter**, Mond $2{,}^{\circ}6$ südlich, **Abstand $5{,}^{\circ}0$ um 21^h**
20.	14	Mond bei Neptun, Mond $0{,}^{\circ}9$ nördlich
21.	17	Merkur im Perihel
22.	23	Mond bei Uranus, Mond $4{,}^{\circ}2$ nördlich
29.	21	Merkur in oberer Konjunktion mit der Sonne

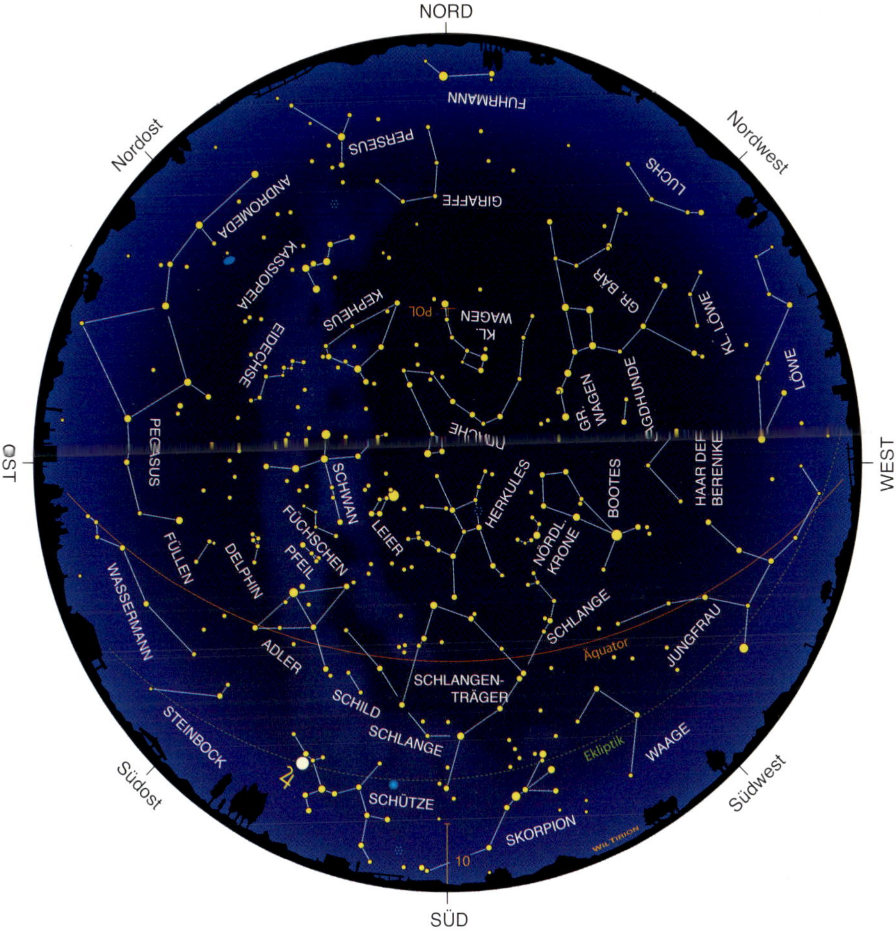

Der Sternenhimmel am 15. Juli um 22^h MEZ

Die Sternkarte ist auch gültig für:	MEZ	MESZ
15. 4.	4^h	5^h
1. 5.	3	4
15. 5.	2	3
1. 6.	1	2
15. 6.	0	1
1. 7.	**23**	**24**
15. 7.	**22**	**23**

Der abendliche Sternenhimmel trägt nun eindeutig sommerliche Züge.

Nach Einbruch der Dunkelheit ist das große und leicht erkennbare Sternendreieck Wega – Deneb – Atair schon hoch im Osten zu sehen. Man nennt es deshalb auch schlicht „Sommerdreieck". Das Sternbild Bootes mit dem hellen Arktur ist bereits in die westliche Himmelshälfte gerückt. Im Südwesten ist noch die Jungfrau mit ihrem bläulichen Hauptstern Spica zu finden. Arktur und Spica markieren zwei Eckpunkte des Frühlingsdreiecks. Der dritte Eckpunkt, Regulus im Löwen, ist bereits untergegangen. Fazit: Das Frühlingsdreieck hat sich aufgelöst.

Das Sternbild Herkules

Hoch im Süden schreitet gerade der Held Herkules durch den Meridian. Der Herkules ist ein ausgedehntes Sternbild, das sich nur aus lichtschwachen Sternen zusammensetzt. Sterne erster und zweiter Größenklasse fehlen vollständig im Herkules. Daher ist dieses Bild nicht leicht zu erkennen, vor allem am aufgehellten Stadthimmel. Noch mehr Schwierigkeiten macht es, wenn man versucht, sich die Figur des Herkules vorzustellen. Denn von unseren Breiten aus betrachtet hängt der Kopf des Herkules nach unten, also in Südrichtung, die Füße sind oben und deuten nach Norden. Ein Bein ist angewinkelt – der Held kniet.

Der Hauptstern, α Herculis, wurde von den Arabern Rasalgethi genannt, was „Kopf des Knieenden“ bedeutet. Rasalgethi ist ein roter Riesenstern, dessen scheinbare Helligkeit zwischen $2^{\mathrm{m}}\!,7$ und $3^{\mathrm{m}}\!,6$ schwankt. Die Periode liegt bei hundert Tagen. Genau lässt sich die Lichtkurve nicht vorhersagen, denn Rasalgethi ist ein halbregelmäßiger Veränderlicher. Überlagert ist eine lange Periode von sechs Jahren. Außerdem besitzt α Herculis einen $5^{\mathrm{m}}\!,4$ hellen, gelblichen Begleiter in 4,"9 Distanz, der in jedem Zweizöller zu sehen ist. Beide Sterne umkreisen einander in rund 3600 Jahren. Mit vierhundertfachem Sonnendurchmesser ist die rote Riesensonne Rasalgethi einer der größten Sterne, die man kennt. Rund vierhundert Lichtjahre trennen uns von der Riesensonne α Herculis und ihrem Begleiter.

Mit $2^{\mathrm{m}}\!,8$ gehört β Herculis noch zu den helleren Sternen in diesem insgesamt lichtschwachen Bild. Sein Eigenname Rutilicus stammt aus dem Lateinischen und bedeutet so viel wie Achselhöhle. Ein anderer Name für β Herculis ist Kornephoros. Diese griechische Bezeichnung heißt „Keulenträger“. Rutilicus ist eine gelbe Sonne in 148 Lichtjahren Distanz.

Zwei schöne Kugelsternhaufen beherbergt außerdem der Herkules, nämlich M 13 und M 92. M 13 ist der hellste und prominenteste Kugelhaufen auf der Nordhalbkugel des Himmels. Die beiden Kugelhaufen sind 23 000 beziehungsweise 25 000 Lichtjahre von uns entfernt. Neuere Untersuchungen lassen vermuten, dass M 13 eher 24 000 und M 92 wohl 29 000 Lichtjahre weit weg sind.

Sternbilder des Sommerhimmels

Zwischen dem Bootes und dem Herkules liegt ein auffälliger Halbkreis von Sternen, die Nördliche Krone. Ihr etwas hellerer Hauptstern, α Coronae Borealis, heißt Gemma und markiert den Edelstein in der Goldkrone. Knapp südlich der Krone liegt der Kopf der Schlange (lat.: Serpens Caput). Die Sternenkette der Schlange knickt weiter südlich nach Osten ab und zieht durch den Schlangenträger (lat.: Ophiuchus). Der Schlangenträger findet sich südlich von Herkules und ist ebenfalls ein ausgedehntes, lichtschwaches Sternbild. Der östliche Teil der Schlange heißt Serpens Cauda, was so viel wie „Schwanz der Schlange“ bedeutet. Der Schlangenschwanz ist kerzengerade und deutet in Richtung des hellen Atair, Hauptstern des Adlers. Das Sternbild Schlange wird durch den Schlangenträger in zwei Felder getrennt. International genormt gibt es 88 Sternbilder, die die gesamte Himmelskugel mit einer Fläche von 41 253 Quadratgrad vollständig überdecken und sie in 89 Areale aufteilt, eben weil das Sternbild Serpens aus zwei Teilen besteht.

Tief im Südwesten hält sich noch die Waage, ein schlichtes und nicht auffallendes Sternbild im Gegensatz zum Skorpion, der recht einprägsam ist und der Waage im Tierkreis unmittelbar folgt. Vor allem sein roter Hauptstern Antares funkelt jetzt unübersehbar tief im Süden. Antares zählt zu den Sternen erster Größenklasse und ist leicht veränderlich. Die Bezeichnung Antares für α Scorpii stammt aus dem Griechischen. Ares ist der Name für Kriegsgott, der bei den Römern Mars heißt. Antares bedeutet somit „marsähnlicher (Stern)“, denn seine rote Farbe und Nähe zur Ekliptik lässt ihn manchmal mit dem roten Planeten verwechseln. Antares ist gewisser-

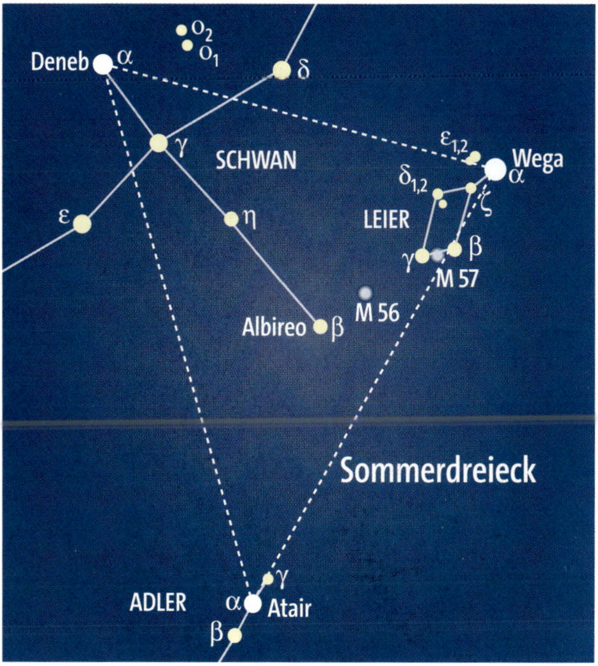

7.7 Das Sommerdreieck: **Die hellen Sterne Wega, Deneb und Atair bilden das markante Sommerdreieck. Eingetragen sind ferner der Vierfachstern $ε_{1,2}$ in der Leier, der Ringnebel M 57, der Doppelstern Albireo im Schwan und der Kugelsternhaufen M 56.**

maßen der Gegenspieler von Mars.

Der Skorpion ist in unseren Breiten gar nicht vollständig zu sehen. Der lange Schwanz mit dem Giftstachel bleibt bei uns stets unter dem Horizont. In den Tropen gehört der Skorpion jedoch zu den eindrucksvollsten Bildern. In den Monaten Juni und Juli steht er dort abends in Zenitnähe hoch über dem Betrachter. Der bei uns sichtbare Teil des Skorpions gleicht eher einer Hand. Die Sterne ν, β, δ, π und ρ Scorpii markieren die Fingerspitzen, σ Scorpii die Mittelhand und α Scorpii (Antares) die Handwurzel.

Tief im Süden bereitet sich der Schütze (lat.: Sagittarius) auf den Meridiandurchgang vor. In seiner Richtung liegt auch das Zentrum unserer Milchstraße. Der Schütze beherbergt zahlreiche galaktische Nebel, Kugel- und offene Sternhaufen – eine wahre Fundgrube für Fernglasbeobachter! In ihm glänzt zurzeit der Riesenplanet Jupiter.

Der große Wagen ist hoch im Westen zu finden, er steigt langsam ab. Man sollte auch einmal versuchen, den Kleinen Wagen zu identifizieren. An der Spitze seiner Deichsel sitzt der Polarstern. Die übrigen Sterne sind deutlich lichtschwächer als die des Großen Wagens. Zwischen Großem und Kleinem Wagen schlängelt sich Draco (lat., der Drache) hindurch. Das kleine Sternenviereck, das den Kopf des Drachen markieren soll, liegt nördlich von Herkules.

Veränderliche Sterne im Juli

Algol-Minima	3.	4^h43^m	6.	1^h32^m	8.	22^h21^m	26.	3^h13^m	29.	0^h01^m	31.	20^h50^m
β-Lyrae-Minima	4.	11^hN	10.	22^hH	17.	9^hN	23.	21^hH	30.	8^hN		
δ-Cephei-Maxima	6.	5^h	11.	14^h	16.	23^h	22.	7^h	27.	16^h		
Mira-Helligkeit	1.	8^m	10.	9^m	20.	9^m	31.	9^m				

Ein Blick zur Sonne – Die Sonnenfinsternis vom 1. August 2008

7.8 Die total verfinsterte Sonne am 29. März 2006. Um die dunkle Neumondscheibe leuchtet die Korona, die äußerste Schicht der Sonnenatmosphäre. Aufnahme von Stefan Seip (Beobachtergruppe Planetarium Stuttgart).

Unsere Sonne ist ein dankbares Beobachtungsobjekt für Sternfreunde und Amateurastronomen.

Man muss keine kalten Nachtstunden opfern, und der Lichtsmog unserer Siedlungen stört ebenfalls nicht bei ihrer Beobachtung. Zudem rückt die Sonne wieder einmal in den Blickpunkt:

In den Vormittagsstunden am Freitag, 1. August 2008, schiebt sich die dunkle Scheibe des Neumondes vor die Sonne und verdunkelt sie vollständig, es ereignet sich eine totale Sonnenfinsternis. Für maximal zweieinhalb Minuten wird es so dunkel, dass man bei klarem Himmel Sterne sehen kann und um die verfinsterte Sonne den blassrosa leuchtenden Strahlenkranz der Korona sieht.

Wer je das Naturschauspiel einer totalen Sonnenfinsternis gesehen hat, wird dieses Erlebnis nicht so schnell vergessen.

Von Europa aus nur partiell

Die Zone der totalen Verfinsterung meidet diesmal allerdings unseren Kontinent. Man muss schon nach Sibirien reisen, um die Phase der Totalität zu erleben. Von Mitteleuropa aus sieht man nur wenige Prozent der Sonnenoberfläche vom Mond bedeckt. In Amsterdam sind es 15 %, in Hamburg 20 %, in Wien 10 % und in Genf gar nur 2 % (siehe Tabelle ab Seite 154). Nichtsdestotrotz werden hunderttausende Zeitgenossen in unseren Gegenden zur Sonne blicken, um wenigstens die partielle Verfinsterung zu sehen.

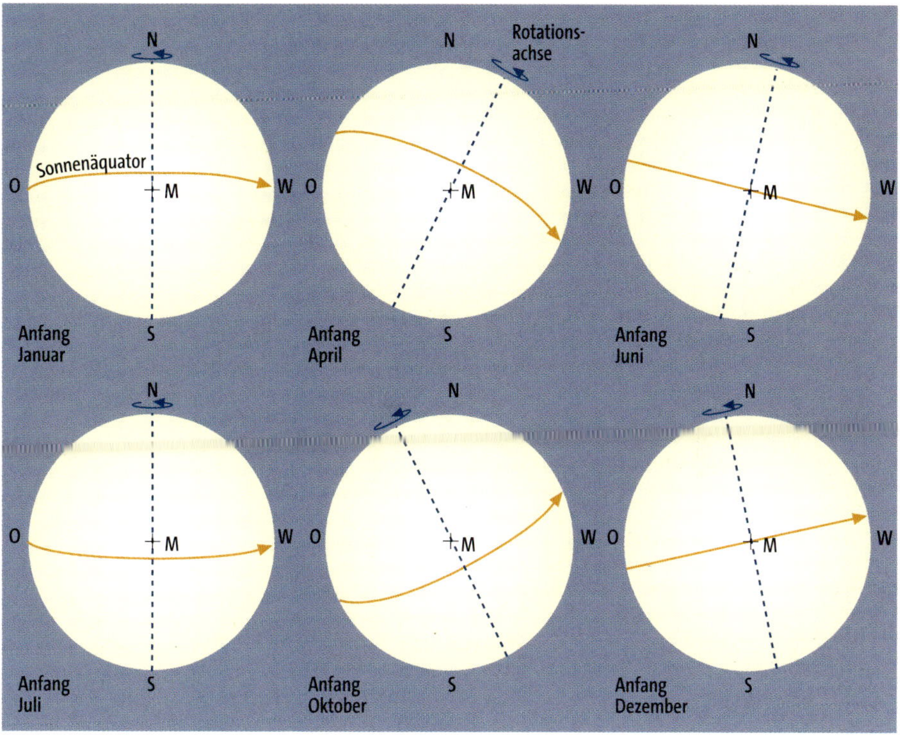

7.9 Lage der Rotationsachse und des Äquators der Sonne im Verlauf des Jahres relativ zum Beobachter auf der Erde.

Viele werden dabei wieder Augenschäden davontragen, denn die Beobachtung der Sonne birgt Gefahren, die bei den Beobachtungen der Gestirne am Nachthimmel nicht auftreten. Man kann nicht oft genug davor warnen: Niemals mit einem Fernglas oder Teleskop direkt und ungeschützt in die Sonne blicken! In Sekundenbruchteilen wird das Auge irreparabel geschädigt, eine Erblindung kann die Folge sein. Auch mit bloßen Augen darf man niemals ungeschützt in die Sonne sehen. Sonnenbrillen oder berußte Gläser sind *kein* ausreichender Schutz. Zur sicheren Sonnenbeobachtung kauft man sich im Fachhandel für wenig Geld eine *Sonnenfinsternisbrille* mit spezieller Folie. Sie ist allerdings nicht für die Beobachtung mit Feldstecher oder Fernrohr geeignet.

Für die Sonnenbeobachtung mit einem Teleskop gibt es spezielle Verfahren wie Objektivsonnenfilter, Herschel-Prisma oder die Projektionsmethode, wobei man das Sonnenbild auf einem weißen Schirm hinter dem Okular auffängt. Auch hier empfiehlt es sich, sich im Fachhandel oder auf einer Sternwarte beraten zu lassen.

Die Beobachtung der Sonne ist nicht nur bei einer Finsternis interessant. Das auffälligste Merkmal, das man schon in kleinen Teleskopen (mit entsprechendem Schutz wie Objektivfilter) sehen kann, sind dunkle Flecken auf der Sonnenoberfläche. Sonnenflecken wurden bereits kurz nach Erfindung des Fernrohrs unabhängig voneinander von Galileo Galilei, David Fabricius und Christoph Scheiner entdeckt. Man glaubte ihnen zunächst nicht, denn jahrhundertelang sah man die Sonne als göttliches

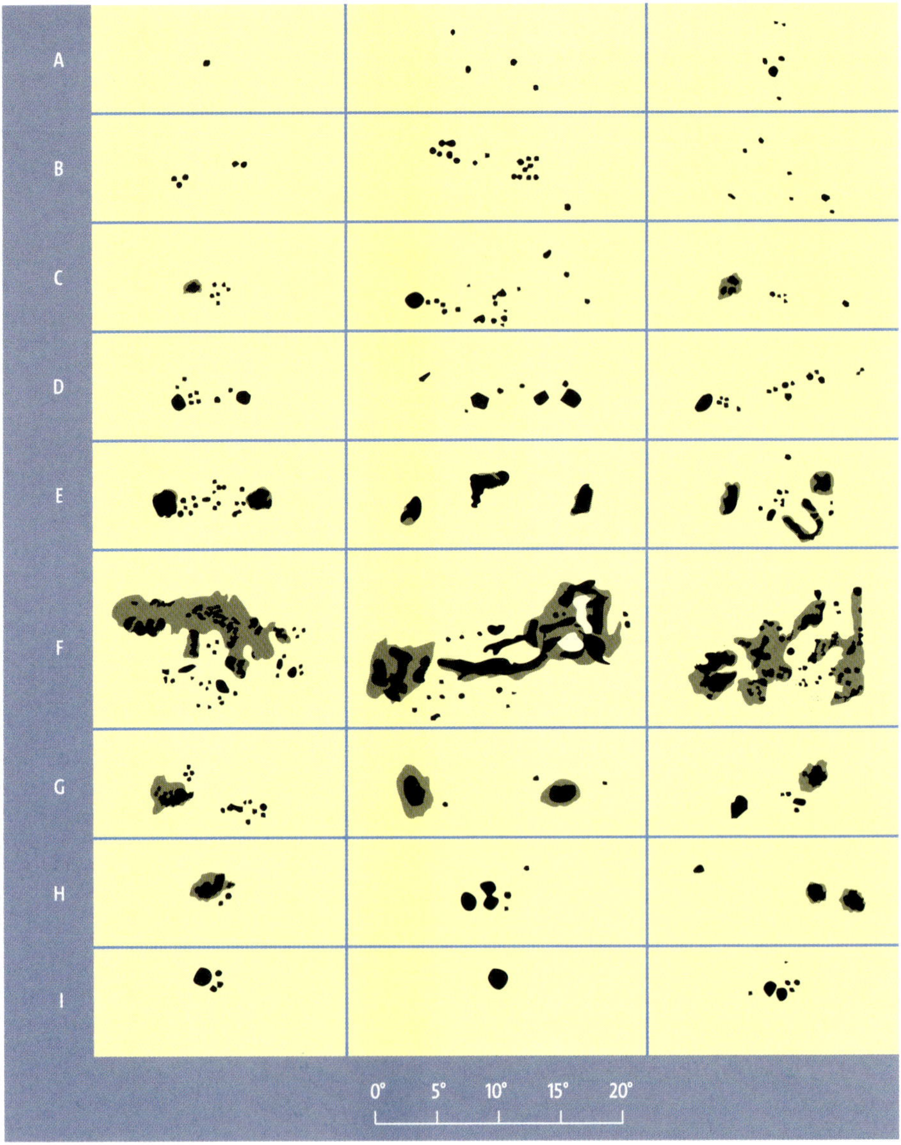

7.10 **Tafel zur Klassifizierung der Sonnenflecken.**

Gestirn an, das makellos und unbefleckt seine Bahn am Himmel zieht. Noch heute gibt es Zeitgenossen, die aufgeregt mitteilen, sie hätten die sensationelle Entdeckung gemacht, dass die Sonne Flecken zeige.

Nicht immer sind Sonnenflecken zu sehen. Manchmal präsentiert sich der Sonnenball fleckenlos. Ähnlich wie bei Vulkanen unterscheidet man auch bei der Sonne aktive und ruhige

Phasen. Im Gegensatz zu Vulkanen, bei denen man trotz großer Anstrengungen Ausbrüche nie genau vorhersagen kann, folgen auf Perioden der ruhigen Sonne ziemlich regelmäßig Zeiten hoher Aktivität.

Etwa alle elf Jahre registrieren die Sonnenphysiker ein Sonnenfleckenmaximum. Entdeckt wurde der Zyklus der Sonnenaktivität von einem Apotheker aus Dessau, Samuel Heinrich Schwabe (1789–1875). Schwabe wies darauf hin, dass alle zehn Jahre besonders viele Sonnenflecken zu sehen sind. Nach längerfristigen Beobachtungen korrigierte man die mittlere Periodenlänge auf 11,1 Jahre.

Sonnenflecken sind das auffälligste Merkmal der Sonnenaktivität, zu der auch Materie- und Strahlungsausbrüche (Eruptionen) und gewaltige Explosionen zählen, die letztendlich auch Auswirkungen auf die Erde und das Leben haben (Stichwort: solar-terrestrische Beziehungen).

Erst seit vierhundert Jahren wird die Sonne teleskopisch beobachtet und erst seit etwa dreihundert Jahren mehr oder minder systematisch. Dies ist aber im Vergleich zum Sonnenalter von knapp fünf Milliarden Jahren eine winzige Zeitspanne. Wir wissen nur wenig über die Aktivitätszyklen in der Vergangenheit und noch weniger, wie diese Zyklen in der Zukunft ausfallen werden. Inzwischen kennt man auch bei sonnenähnlichen Sternen vergleichbare Aktivitätszyklen. Bei manchen Sternen treten erheblich größere Flecken und Detonationen an ihren Oberflächen auf. Es kann durchaus sein, dass sich die Sonnenaktivität in den nächsten Jahrhunderten erheblich verstärkt. Eine globale Erwärmung unseres Planeten wäre die Folge. Eine regelmäßige Überwachung der Sonnenaktivität ist daher sowohl für die Profisonnenforscher als auch für Amateurastronomen äußerst spannend.

Zurzeit sind nur wenige Sonnenflecken zu beobachten. Die Sonne hat gerade ein Minimum hinter sich; das letzte Maximum war zum Jahreswechsel 2000/2001 zu registrieren. Nun hat der 24. Zyklus der Sonnenaktivität begonnen

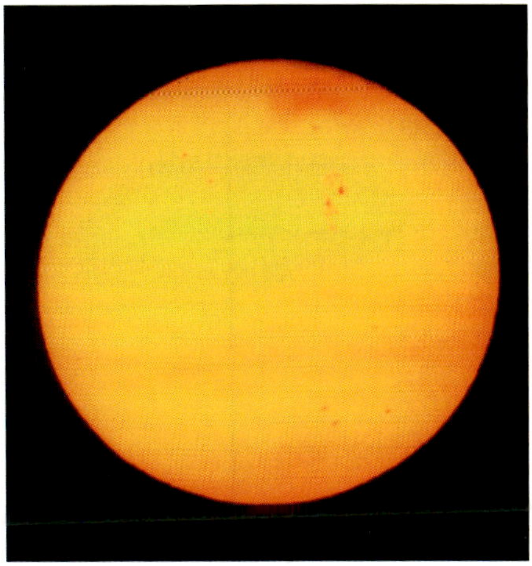

7.11 Sonnenflecken – Unwetter mit Kälteeinbruch auf der Sonnenoberfläche (Foto: Martin Wagner).

und man darf gespannt sein, wann das nächste Maximum eintritt und mit welcher Intensität. Das nächste Maximum ist im Jahre 2012 zu erwarten.

Die Nummerierung der Sonnefleckenzyklen geht auf den Züricher Astronomen Rudolf Wolf (1816–1893) zurück, der den Beginn eines neuen Zyklus jeweils auf ein Minimum legte. Der Zyklus Nr. 1 begann nach der Wolfschen Zählung im Jahre 1755 und dauerte bis 1766. Mit dem Minimum von 1766 begann Zyklus Nr. 2.

Auch für Besitzer kleinerer Fernrohre ist es reizvoll, Sonnenflecken zu beobachten. Zeigen sie doch vielfältige Strukturen, die sich im Laufe der Zeit verändern. Während die Kerngebiete der Sonnenflecken tiefschwarz erscheinen (im Bereich der so genannten Umbra), sind in den Randzonen zahlreiche filamentartige Gebilde zu erkennen (in der Penumbra). Sonnenflecken sind in der Regel kurzlebig.

Innerhalb von zwei Wochen verschwinden die meisten wieder (rund 90 Prozent). Manchmal tauchen jedoch Gruppen auf, die sich monatelang, also mehrere Sonnenrotationen, verfolgen lassen.

Systematische Sonnenbeobachtung

Wer sich Einzelheiten auf der Sonne ansieht, sollte immer bedenken, welch gigantisch großer Gasball unsere Sonne ist. Ihr wahrer Durchmesser beträgt 1392000 Kilometer, also fast 1,4 Millionen Kilometer. Da die Sonne 150 Millionen Kilometer entfernt ist, so beträgt ihr scheinbarer Durchmesser ein halbes Grad (im Perihel bei 147,1 Millionen Kilometer 32′32″, im Aphel bei 152,1 Millionen Kilometer 31′28″). Beobachtet man in der Scheibenmitte der Sonne eine Fleckengruppe mit zehn Bogensekunden Ausdehnung, so entspricht dies einer linearen Größe von 7250 Kilometer auf der Sonnenoberfläche.

Wer regelmäßig die Sonne ins Visier nimmt, wird schnell feststellen, dass die Flecken über die Sonnenscheibe wandern. Denn die Sonne dreht sich wie alle Himmelskörper um ihre eigene Achse. Auf die Erde bezogen dauert eine volle Sonnenumdrehung 27 Tage (synodische Rotation). Dabei rotiert die Sonne nicht wie ein starrer Körper, sondern differenziell. Am Äquator ist die Umlaufgeschwindigkeit am größten, zu den Polen hin nimmt sie mit wachsender heliografischer Breite ab.*)

Seit Richard Christopher Carrington zählt man die Rotationen fortlaufend, um auch den Zentralmeridian bestimmen zu können. Die Carrington-Rotation Nr. 1 begann am 9. November 1853. Im Tabellenteil des Kosmos Himmelsjahrs sind die Startzeiten der jeweiligen Rotationen vermerkt (siehe Seite 256). Beginn der Rotation Nr. X bedeutet, dass zu dem angegebenen Zeitpunkt (Datum und Uhrzeit) der Nullmeridian der heliografischen Länge mit dem Zentralmeridian zusammenfällt. Der Zentralmeridian geht stets durch den Mittelpunkt der Sonnenscheibe.

*) Die Werte für die siderische Sonnenrotation in Abhängigkeit von der heliografischen Breite findet man in der Tabelle auf Seite 62 im Buch *Astrowissen* von H.-U. Keller, 3. Auflage 2003.

Die Rotationsachse der Sonne ist zur Erd*bahn*achse (Senkrechte auf der Ekliptikebene) um 7°15′ geneigt. Hinzu kommt noch die Neigung des Himmelsäquators zur Ekliptik. Der Positionswinkel des Sonnennordpols schwankt daher im Laufe des Jahres um ± 26°23′. Auch der Sonnenäquator geht nicht immer durch den Scheibenmittelpunkt (siehe auch Abb. 7.9 auf Seite 147 und Abb. T.5 auf Seite 256). Anfang Januar ist uns die Südhalbkugel der Sonne zugekehrt, Anfang Juni blicken wir auf den Sonnennordpol.

Ein Maß für die Sonnenaktivität stellt die Fleckenrelativzahl dar. Auch sie wurde von Rudolf Wolf in Zürich eingeführt. Man bestimmt die Zahl der Fleckengruppen (g) und die Zahl der Einzelflecken (f). Die Gruppen erhalten ein zehnmal höheres Gewicht als die Einzelflecken. Daraus bestimmt man die Relativzahl (R) zu: $R = 10 \cdot g + f$.

Ein einzeln stehender Fleck wird dabei auch als eine Gruppe angesehen. Die Größe der Gruppe spielt dabei keine Rolle. Jede Gruppe wird nur einmal gezählt. Da die ermittelte Relativzahl abhängig vom Beobachter und dem verwendeten Teleskop ist (größere Fernrohre lassen mehr Flecken erkennen), werden die individuell ermittelten Relativzahlen mit einem Korrekturfaktor versehen, um auf eine einheitlich internationale Skala normiert zu werden. Der Faktor k wird für jede Beobachtungsstation und jeden Beobachter im Nachhinein ermittelt. Außer der Ermittlung der Relativzahl kann man auch die Position der Flecken und Gruppen ermitteln. Die Flecken werden im Übrigen von starken Magnetfeldern begleitet, wobei der der Sonnenrotation vorausgehende Fleck einer bipolaren Gruppe auf der Nordhalbkugel beispielsweise positive, der nachfolgende Fleck negative Polarität aufweist. Auf der Südhalbkugel ist dann der vorangehende Fleck negativer, der nachfolgende positiver Polarität. Nach einem Zyklus kehrt sich die Polarität um: Auf der Nordhalbkugel sind dann die vorangehenden Flecken negativer, die folgenden positiver Polarität auf der Südhalbkugel jedoch der vorangehende Fleck ein positiver Pol, der folgende ein negativer Pol. Daraus schließt man zutreffend, dass die eigentlich astrophysikalisch korrekte Zykluslänge 22 Jahre beträgt und somit zwei Fleckenmaxima enthält.

Wer die Sonnenscheibe oder eine Fleckengruppe aufnehmen will, sollte die Maßstäbe beachten. Wie erwähnt, erscheint die Sonne am Himmel unter einem Winkel von einem halben Grad. Für den Abbildungsmaßstab eines Teleskops gilt: Objektivbrennweite (F) geteilt durch 109 ergibt den linearen Durchmesser (d) des Sonnenbildes: d = F/109. Nimmt man die Sonne mit einem Teleobjektiv F = 250 mm auf, so erscheint sie auf dem Bild mit einem Durchmesser von 2,3 mm. Auf so einem winzigen Bild kann man natürlich keine Flecken erkennen. Mit heutigen digitalen Kameras und WebCams lassen sich hervorragende Aufnahmen gewinnen und im Computer bearbeiten. Näheres dazu findet man in allgemein verständlichen Büchern wie den von Stefan Seip *Astrofotografie digital* und Steffen Brückner *Praxisbuch der Astronomie mit dem PC*.

Der Verlauf dieser Sonnenfinsternis

Die Sonnenfinsternis vom 1. August 2008 verleitet vielleicht den einen oder anderen, sich eine Ausrüstung zur Beobachtung der Sonne zu beschaffen. Zwar werden in Mitteleuropa maximal nur ein paar Prozent der Sonnenscheibenfläche bedeckt. Wie aus Abb. 7.13 hervorgeht, nimmt der Bedeckungsgrad von Nord nach Süd ab. Zum Höhepunkt der Finsternis (maximaler Bedeckungsgrad) werden dabei in Kiel 22 % der Sonnenscheibenfläche vom Mond bedeckt, in Köln 12 %, in Konstanz 6 % und in Mailand nur noch 2 %. Die Finsternis beginnt (1. Kontakt) für die meisten Orte in Mitteleuropa zwischen 10^h35^m und 11^h05^m MESZ (Sommerzeit) und endet zwischen 11^h50^m und 12^h35^m MESZ (siehe auch Abb. 7.12 auf Seite 152). In der Tabelle auf Seite 154 sind für einige größere Städte in Mitteleuropa die Kontaktdaten, Zeitpunkt des Höhepunktes, maximale Größe und Bedeckungsgrad vermerkt. Im Gebiet der partiellen Phase entfallen die Angaben 2. und 3. Kontakt (Beginn beziehungsweise Ende der Totalität oder ringförmigen Phase. Die Größe der Finsternis gibt die Eindringtiefe der dunklen Neumondscheibe in Einheiten des scheinbaren Sonnen*durchmessers* an. Der Bedeckungsgrad wiederum vermerkt den Anteil der Sonnenscheiben*fläche*, die vom Mond abgedeckt wird. Dringt der Neumond ein Drittel des Sonnendurchmessers ein, so beträgt die Größe 0,33, wobei 22 % der Sonnenscheibenfläche verfinstert werden. Bei der Größe 0,5 geht der Mondrand exakt durch den Mittelpunkt der Sonnenscheibe, wobei 39 % der Sonnenscheibe vom Mond bedeckt sind.

Global betrachtet trifft die Kernschattenspitze des Mondes erstmals die Erdoberfläche im Norden Kanadas um 9^h23^m UT (Universal Time = Weltzeit = MEZ -1^h). Der Kernschatten rast dann nordostwärts und streift die Nordküste Grönlands. Um 9^h30^m UT dauert die Totalität an der Nordküste Grönlands 1^m55^s, wobei die Sonne nur 16° hoch steht. Weiter eilt der Kernschatten über das nördliche Eismeer, zieht nördlich an Spitzbergen vorbei und streift die südlichen Ausläufer von Franz-Joseph-Land um 9^h50^m UT. Kurz darauf, um 10^h00^m UT, überquert er die russische Insel Novaja Semlja. Bei einer Sonnenhöhe von 31° dauert hier die totale Phase 2^m23^s bei einer Breite der Totalitätszone von 229 Kilometer. Um 10^h10^m UT trifft er auf die Nordküste Sibiriens und überstreicht um 10^h21^m UT die russische Stadt Nadym. Nahe Nadym wird die maximale Totalitätsdauer von 2^m27^s erreicht, wobei die Sonne 33° hoch steht und der Kernschattenpfad 237 Kilometer breit ist. Der genaue Ort der maximalen Phase hat die geografischen Koordinaten 72°16′ östlicher Länge und 65°39′ nördlicher Breite.

Weiter rast der Mondschatten über Sibirien und zieht um 10^h45^m UT über Nowosibirsk hinweg, eine Stadt direkt auf der Zentrallinie (Mittellinie der Totalitätszone). Die Sonnenhöhe beträgt hier gut 30°, die Totalität dauert 2^m20^s bei

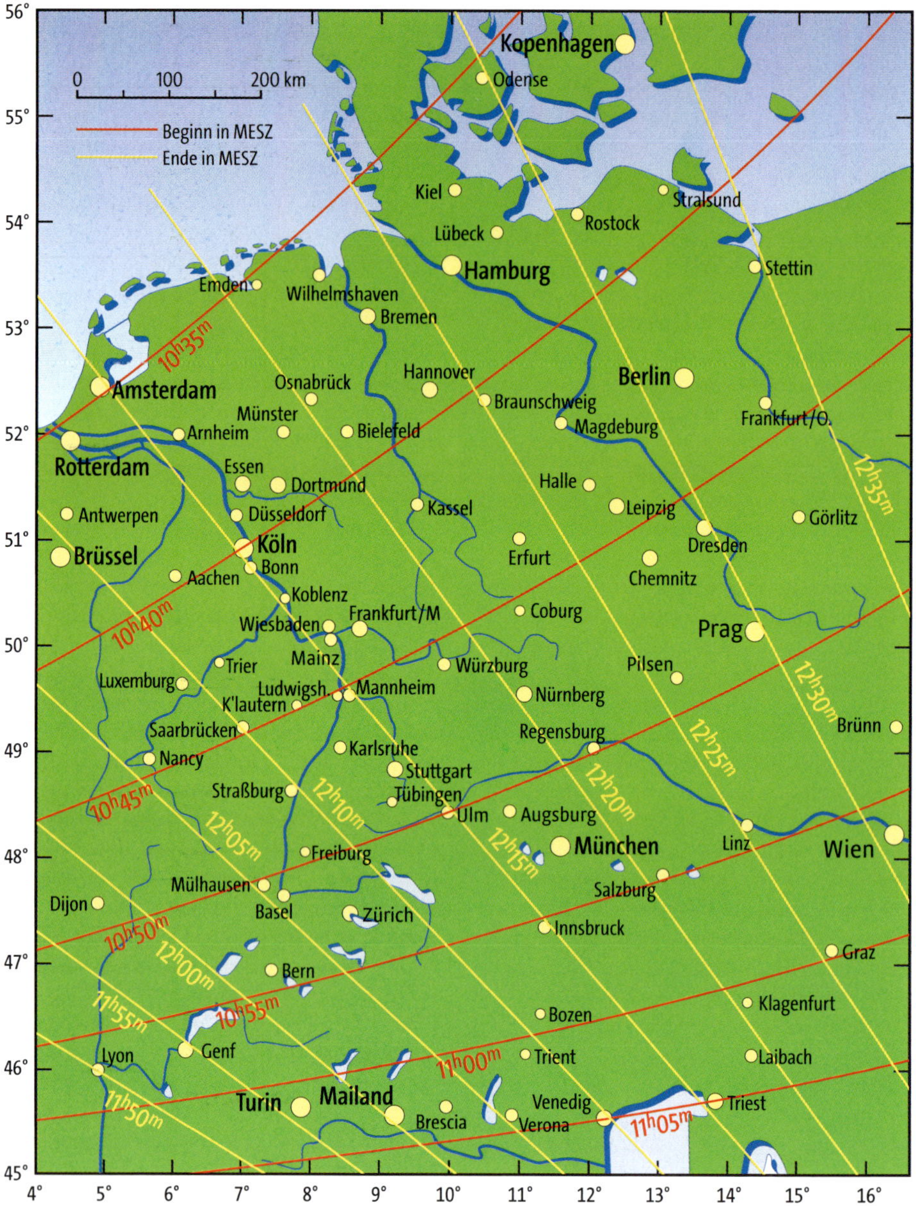

7.12 **Beginn und Ende der partiellen Phase der totalen Sonnenfinsternis vom 1. August 2008 in Mitteleuropa. Zeitangaben in MESZ (= Mitteleurop. Sommerzeit).**

7.13 Bedeckungsgrad zur Maximumszeit in MESZ der totalen Sonnenfinsternis vom 1. August 2008 für Orte in Mitteleuropa.

Verlauf der Sonnenfinsternis vom 1. August 2008 für einige Orte in Mitteleuropa

Ort	1.Kontakt Beginn MESZ	Maximale Phase MESZ	Maximale Größe	Maximaler Bedeckungsgrad	4. Kontakt Ende MESZ
Aachen	$10^h 39^m$	$11^h 25^m$	0,22	12 %	$12^h 13^m$
Amsterdam	10 35	11 24	0,26	15	12 15
Antwerpen	10 37	11 23	0,22	12	12 11
Augsburg	10 51	11 34	0,16	8	12 17
Baden-Baden	10 47	11 29	0,16	8	12 12
Basel	10 51	11 28	0,13	5	12 06
Berlin	10 43	11 37	0,30	19	12 31
Bern	10 54	11 28	0,10	4	12 02
Bielefeld	10 39	11 29	0,26	15	12 21
Bochum	10 39	11 27	0,24	14	12 17
Böblingen	10 48	11 30	0,16	8	12 13
Bonn	10 41	11 27	0,22	12	12 15
Bozen	10 59	11 35	0,10	4	12 11
Braunschweig	10 40	11 32	0,28	17	12 25
Bregenz	10 53	11 32	0,13	6	12 11
Bremen	10 37	11 30	0,29	18	12 23
Brünn	10 54	11 43	0,22	12	12 33
Brüssel	10 38	11 23	0,21	11	12 09
Chemnitz	10 46	11 36	0,24	14	12 28
Coburg	10 45	11 33	0,22	12	12 22
Darmstadt	10 44	11 29	0,19	10	12 16
Dortmund	10 39	11 28	0,24	14	12 18
Dresden	10 46	11 37	0,26	15	12 30
Düsseldorf	10 39	11 27	0,23	13	12 15
Duisburg	10 39	11 27	0,23	13	12 16
Eisenach	10 43	11 32	0,24	14	12 22
Emden	10 35	11 27	0,30	19	12 21
Erfurt	10 44	11 33	0,24	14	12 24
Essen	10 39	11 27	0,24	14	12 17
Frankfurt/Main	10 44	11 29	0,21	11	12 17
Frankfurt/Oder	10 44	11 38	0,30	19	12 34
Freiburg/Br.	10 50	11 28	0,14	6	12 08
Genf	10 56	11 25	0,08	2	11 55
Görlitz	10 47	11 40	0,27	16	12 33
Graz	11 00	11 42	0,15	7	12 25
Halle	11 43	11 35	0,27	16	12 27
Hamburg	10 38	11 31	0,31	20	12 26
Hannover	10 39	11 31	0,28	17	12 24
Heidelberg	10 46	11 30	0,18	9	12 15
Heilbronn	10 47	11 30	0,18	9	12 15
Innsbruck	10 56	11 35	0,14	6	12 15
Kaiserslautern	10 45	11 28	0,18	9	12 13
Karlsruhe	10 46	11 29	0,17	8	12 13

Ort	1. Kontakt Beginn MESZ	Maximale Phase MESZ	Maximale Größe	Maximaler Bedeckungsgrad	4. Kontakt Ende MESZ
Kassel	10^h41^m	11^h31^m	0,24	14 %	12^h21^m
Kiel	10 37	11 31	0,33	22	12 28
Klagenfurt	11 01	11 41	0,13	6	12 21
Koblenz	10 42	11 28	0,21	11	12 15
Köln	10 40	11 27	0,22	12	12 15
Konstanz	10 52	11 31	0,13	6	12 10
Krefeld	10 39	11 26	0,23	13	12 15
Leipzig	10 44	11 35	0,26	15	12 27
Linz	10 54	11 40	0,18	9	12 25
Ludwigshafen	10 45	11 29	0,18	9	12 14
Lübeck	10 38	11 32	0,32	21	12 28
Lüttich	10 39	11 25	0,21	11	12 11
Luxemburg	10 43	11 25	0,18	9	12 10
Magdeburg	10 42	11 34	0,28	17	12 27
Mailand	11 03	11 31	0,07	2	12 00
Mainz	10 43	11 29	0,20	10	12 15
Mannheim	10 45	11 29	0,18	9	12 14
Mönchengladbach	10 39	11 26	0,23	13	12 15
München	10 53	11 35	0,16	8	12 18
Münster	10 38	11 28	0,26	15	12 19
Nürnberg	10 48	11 34	0,10	10	12 20
Osnabrück	10 38	11 28	0,28	16	12 20
Potsdam	10 43	11 36	0,20	18	12 31
Prag	10 49	11 39	0,23	13	12 30
Regensburg	10 50	11 35	0,19	10	12 22
Reutlingen	10 49	11 31	0,16	7	12 13
Rotterdam	10 35	11 23	0,24	14	12 13
Saarbrücken	10 44	11 27	0,17	8	12 10
Salzburg	10 55	11 38	0,16	8	12 21
Schwerin	10 39	11 33	0,32	21	12 29
Stralsund	10 39	11 36	0,35	24	12 33
Straßburg	10 47	11 28	0,15	7	12 10
Stuttgart	10 48	11 30	0,17	8	12 14
Trier	10 43	11 26	0,18	9	12 11
Tübingen	10 49	11 30	0,18	7	12 13
Ulm	10 50	11 32	0,16	8	12 15
Wien	10 57	11 43	0,19	10	12 31
Wiesbaden	10 43	11 29	0,20	11	12 16
Wilhelmshaven	10 36	11 29	0,30	19	12 23
Worms	10 45	11 29	0,19	10	12 15
Würzburg	10 46	11 32	0,20	11	12 19
Wuppertal	10 39	11 27	0,23	13	12 16
Zürich	10 53	11 30	0,12	5	12 07

„Maximaler Bedeckungsgrad" ist der Bedeckungsgrad der Sonnenscheibenfläche in Prozent. – MEZ-Uhrzeiten sind um eine Stunde geringer. – „Maximale Größe" gibt die Eindringtiefe des Neumondes in Einheiten des Sonnendurchmessers an.

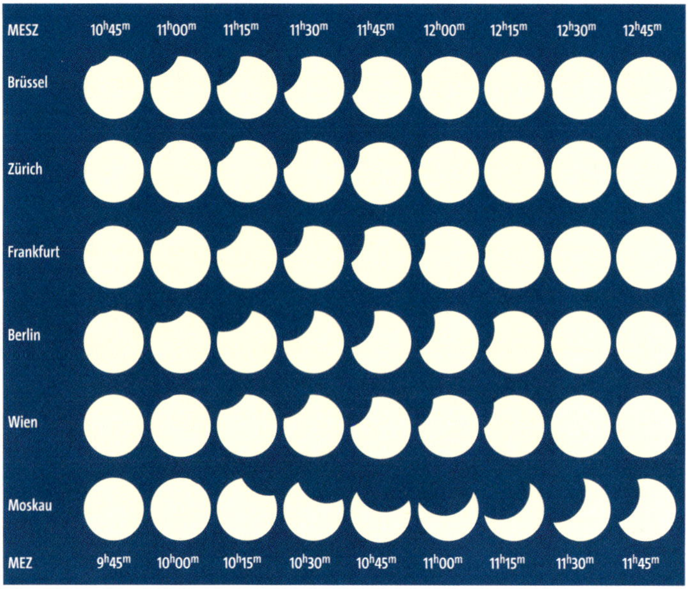

7.14 Die partiellen Phasen der Sonnenfinsternis vom 1. August 2008 für einige europäische Städte.

7.15 (rechts oben) Verlauf der Totalitätszone der Sonnenfinsternis vom 1. August 2008 über das nördliche Kanada, Nordgrönland, Nördliches Eismeer, Sibirien und Mongolei bis nach China.

einer Schattenbreite von 248 Kilometer. Kurz vor 11^h UT überschreitet der Mondschatten die russisch-mongolische Grenze im Länderdreieck Russland, Kasachstan und Mongolei. Kurz darauf dringt er in China ein und streift die Stadt Jiuquan, die am südlichen Rand des Finsternispfades liegt. Der Schattenpfad endet in Südostchina, wo die Kernschattenspitze um 11^h20^m UT am Ort 113°53′ östlicher Länge und 33°29′ nördlicher Breite von der Erdoberfläche abhebt.

Zur Totalität sind die hellsten Sterne zu sehen. Südwestlich der Sonne stehen wie auf einer Perlenschnur aufgereiht entlang der Ekliptik Merkur, gefolgt von Venus, Regulus, Saturn und Mars. Merkur und Mars sind schwieriger zu erkennen, die Venus fällt aber sofort auf. Hoch im Süden steht Arktur, tiefer ist Spica auszumachen. Im Osten leuchtet Wega und im Nordosten Deneb im Schwan.

Die totale Sonnenfinsternis vom Freitag, 1. August 2008, ist die 47. Finsternis im Saros-Zyklus Nr. 126, der insgesamt 72 Sonnenfinsternisse umfasst. Die erste Finsternis des Saros-Zyklus 126 fand am 10. März 1179 statt, die letzte ist am 3. Mai 2459 zu erwarten. Zu Beginn dieses Zyklus ereignen sich acht partielle Sonnenfinsternisse. Es folgen 28 ringförmige, dann drei hybride (ringförmig-total) und anschließend zehn totale Sonnenfinsternisse. Den Abschluss bilden 23 partielle Finsternisse. Alle Finsternisse finden nahe dem absteigenden Mondbahnknoten statt.

Die Größe der Mondscheibe beträgt im Maximum das 1,0394fache des scheinbaren Sonnenscheibendurchmessers. Ihr Gamma-Wert wurde zu 0,8306 kalkuliert. Der Gamma-Wert gibt die geringste Distanz der Kernschattenachse des Mondes vom Geozentrum (Erdmittelpunkt) in Einheiten des Äquatorradius der Erde an. Positives Gamma bedeutet, die Achse des Kernschattenkegels geht nördlich am Geozentrum vorbei.

Mit dem Neumond vom 1. August 2008 beginnt die Braunsche Lunation Nr. 1059.

7.16 Die Totalitätszone der Sonnenfinsternis vom 1. August 2008 über Sibirien und der Mongolei.

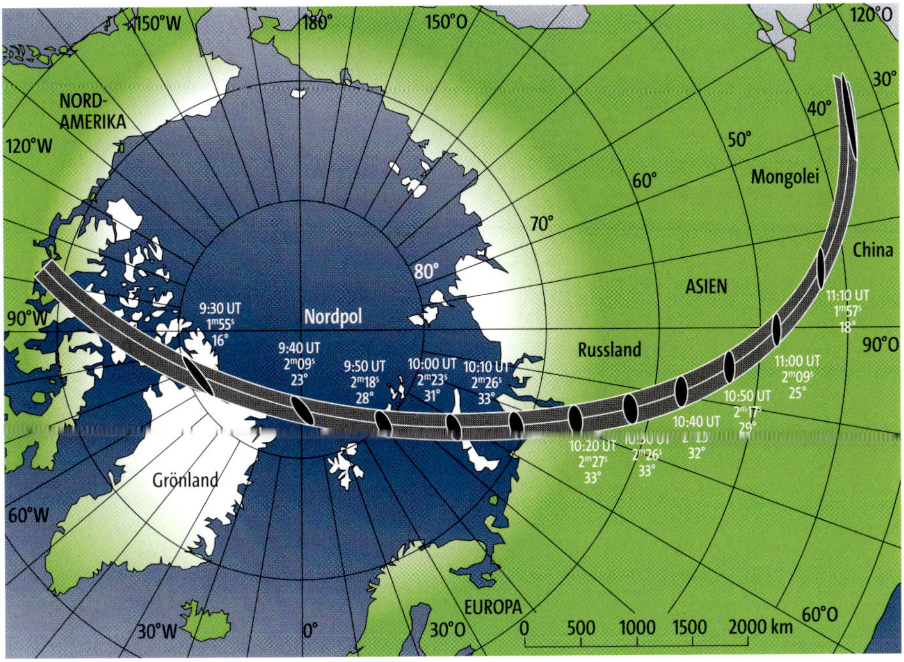
150°W
180°
150°O
120°O
30°
40°
50°
60°
70°
80°
NORD-
AMERIKA
120°W
90°W
60°W
30°W
0°
30°O
60°O
90°O
Mongolei
China
ASIEN
Russland
Nordpol
Grönland
EUROPA
9:30 UT
1m55s
16°
9:40 UT
2m09s
23°
9:50 UT
2m18s
28°
10:00 UT
2m23s
31°
10:10 UT
2m26s
33°
10:20 UT
2m27s
33°
2m26s
33°
10:40 UT
32°
10:50 UT
29°
11:00 UT
2m09s
25°
11:10 UT
1m57s
18°
0
500
1000
1500
2000 km

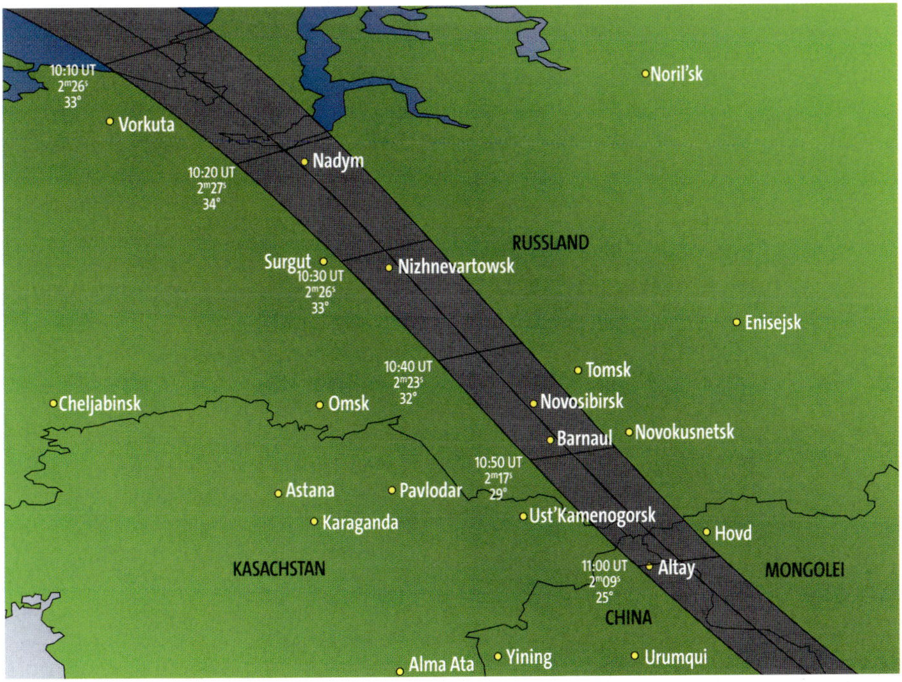
10:10 UT
2m26s
33°
Vorkuta
Noril'sk
Nadym
10:20 UT
2m27s
34°
RUSSLAND
Surgut
10:30 UT
2m26s
33°
Nizhnevartowsk
Enisejsk
10:40 UT
2m23s
32°
Tomsk
Cheljabinsk
Omsk
Novosibirsk
Barnaul
Novokusnetsk
10:50 UT
2m17s
29°
Astana
Pavlodar
Karaganda
Ust'Kamenogorsk
Hovd
KASACHSTAN
11:00 UT
2m09s
25°
Altay
MONGOLEI
CHINA
Alma Ata
Yining
Urumqui

August 2008

- Am 1. August ereignet sich eine totale Sonnenfinsternis, die von Mitteleuropa aus in den Mittagsstunden in ihren partiellen Phasen beobachtbar ist.
- Venus taucht allmählich am Abendhimmel auf.
- Jupiter ist ein auffälliges Gestirn am Nachthimmel.

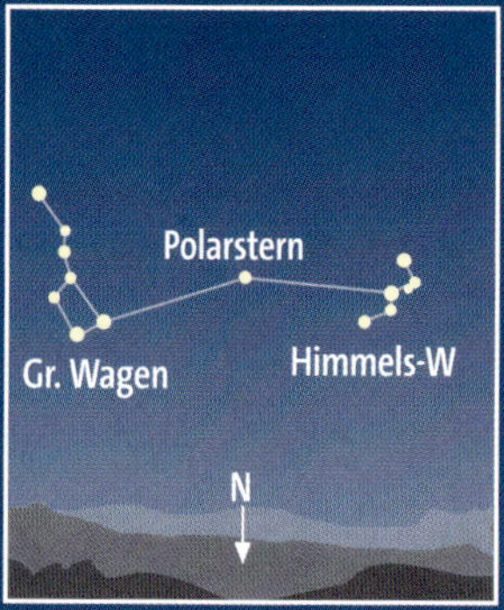

Großer Wagen und Himmels-W Anfang August um 22 Uhr

8.1 Der zunehmende Mond begegnet dem Riesenplaneten Jupiter im Sternbild Schütze. Himmelsanblick in südlicher Richtung am 13. August gegen 22^h MEZ (= 23^h MESZ).

1 Fr	**Neumond** – Sonnenfinsternis Mond bei Merkur, Abstand $1{,}^{\circ}3$ um 18^{h}
2 Sa	Mond bei Venus, Abstand $4{,}^{\circ}3$ um 20^{h}
3 So	Mond bei Saturn, Abstand $3{,}^{\circ}8$ um 15^{h}
4 Mo	Mond bei Mars, Abstand $4{,}^{\circ}0$ um 13^{h}
5 Di	
6 Mi	
7 Do	
8 Fr	**Mond im ersten Viertel**
9 Sa	
10 So	
11 Mo	Sternschnuppen Perseiden
12 Di	
13 Mi	Mond bei Jupiter, Abstand $4{,}^{\circ}2$ um 20^{h} Venus bei Saturn, Abstand $0{,}^{\circ}2$ um 20^{h}
14 Do	
15 Fr	Neptun in Opposition zur Sonne Merkur bei Saturn, Abstand $0{,}^{\circ}7$ um 20^{h}
16 Sa	**Vollmond** – Mondfinsternis Mond bei Neptun, Abstand $0{,}^{\circ}8$ um 20^{h}
17 So	Sternschnuppen Kappa-Cygniden Sternschnuppen Cepheiden
18 Mo	
19 Di	Mond bei Uranus, Abstand $4{,}^{\circ}1$ um 3^{h}
20 Mi	
21 Do	Merkur bei Venus, Abstand $1{,}^{\circ}0$ um 19^{h}
22 Fr	
23 Sa	
24 So	**Mond im letzten Viertel**
25 Mo	
26 Di	
27 Mi	
28 Do	
29 Fr	
30 Sa	**Neumond** Sternschnuppen Alpha-Aurigiden
31 So	Mond bei Saturn, Abstand $4{,}^{\circ}2$ um 6^{h}

Sonne – Sternbilder

10. 8. 12ʰ:
Sonne tritt in das Sternbild Löwe
22. 8. 20ʰ:
Sonne tritt in das Tierkreiszeichen Jungfrau
Julianisches Datum am
1. August, 1ʰ MEZ: 2454679,5

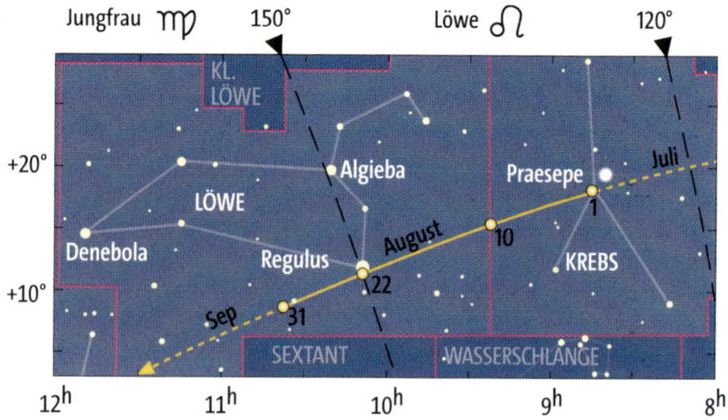

Tabelle Sonnenlauf

Tag	Dämmerg. Anfang	Aufgang MEZ	Kulmination	Untergang MEZ	Dämmerg. Ende	Mittagshöhe	Zeitgleichg.	Rektaszension	Deklination
	h m	h m	h m	h m	h m	°	m	h m	°
1.	3 20	4 50	12 26	20 02	21 31	57,9	– 6	8 46	+18,0
5.	3 28	4 55	12 26	19 56	21 22	56,8	– 6	9 01	+17,0
10.	3 38	5 02	12 25	19 47	21 11	55,4	– 5	9 20	+15,6
15.	3 48	5 10	12 24	19 38	20 59	53,9	– 4	9 39	+14,0
20.	3 58	5 17	12 23	19 28	20 47	52,2	– 3	9 58	+12,4
25.	4 08	5 25	12 22	19 18	20 35	50,5	– 2	10 16	+10,8
31.	4 19	5 34	12 20	19 05	20 20	48,4	0	10 38	+ 8,6

Tages- und Nachtstunden

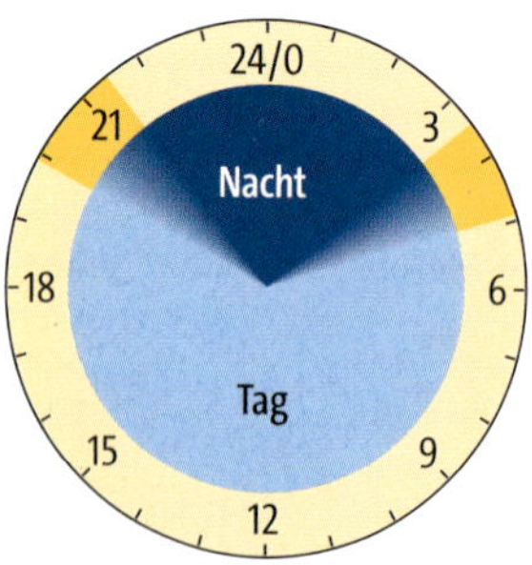

5. August

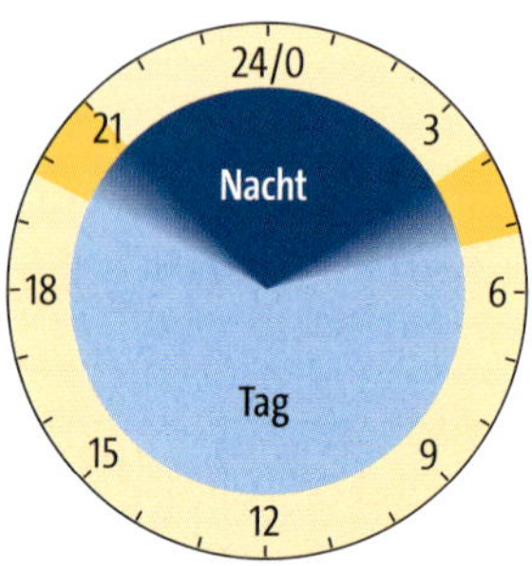

15. August

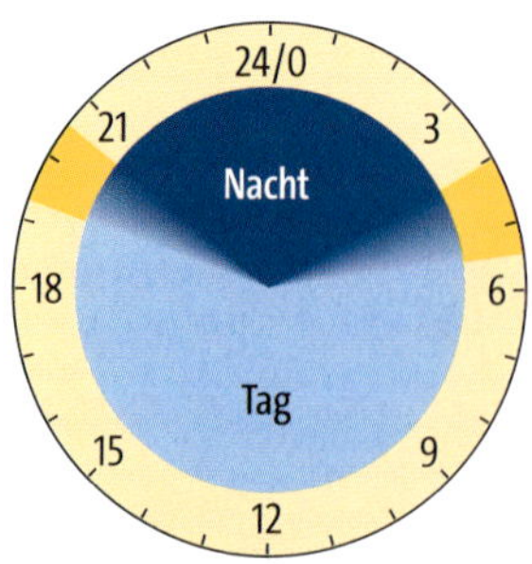

25. August

Tabelle Mondlauf

Datum		Aufg. MEZ	Kulmination	Unterg. MEZ	Rektaszension	Deklination		Sterne und Sternbilder	Phase	MEZ
		h m	h m	h m	h m	°				
Fr	1.	4 30	12 30	20 09	8 24	+20,8		Krebs, Krippe	**Neumond**	**11ʰ 13ᵐ**
Sa	2.	5 57	13 22	20 29	9 20	+15,6		Krebs	Absteigender Knoten	
So	3.	7 19	14 11	20 44	10 13	+ 9,8		Löwe, Regulus		
Mo	4.	8 38	14 56	20 59	11 02	+ 3,6		Löwe	Libration West	
Di	5.	9 53	15 40	21 12	11 49	− 2,5		Jungfrau		
Mi	6.	11 07	16 23	21 27	12 35	− 8,4		Jungfrau		
Do	7.	12 20	17 07	21 44	13 22	−13,8		Spica		
Fr	8.	13 32	17 53	22 05	14 09	−18,5		Jungfrau	**Erstes Viertel**	**21ʰ 20ᵐ**
Sa	9.	14 43	18 40	22 32	14 57	−22,4		Waage	Größte Südbreite	
So	10.	15 49	19 30	23 07	15 48	−25,3		Waage	Erdferne 405/29,′5	21ʰ
Mo	11.	16 48	20 21	23 53	16 40	−27,0		Antares		
Di	12.	17 37	21 12	–	17 33	−27,6		Schlangenträger		
Mi	13.	18 15	22 04	0 50	18 27	−26,9	*	Schütze, Nunki		
Do	14.	18 45	22 53	1 57	19 20	−24,9		Schütze, Nunki		
Fr	15.	19 07	23 41	3 10	20 12	−21,7		Steinbock		
Sa	16.	19 26	–	4 26	21 02	−17,4		Steinbock	**Vollmond** Aufsteigender Knoten	**22ʰ 16ᵐ**
So	17.	19 41	0 27	5 41	21 51	−12,3		Steinbock		
Mo	18.	19 55	1 12	6 58	22 38	− 6,6		Wassermann	Libration Ost	
Di	19.	20 10	1 57	8 14	23 26	− 0,5		Fische		
Mi	20.	20 25	2 43	9 33	0 14	+ 5,7		Fische		
Do	21.	20 44	3 30	10 54	1 03	+11,7		Fische		
Fr	22.	21 07	4 21	12 17	1 56	+17,3		Widder, Hamal		
Sa	23.	21 39	5 15	13 42	2 52	+22,0	*	Widder	Größte Nordbreite	
So	24.	22 24	6 14	15 02	3 51	+25,4		Stier, Plejaden	**Letztes Viertel**	**0ʰ 50ᵐ**
Mo	25.	23 25	7 16	16 11	4 54	+27,3		Stier, Al Nath		
Di	26.	–	8 19	17 05	5 59	+27,4		Stier, Al Nath	Erdnähe 369/32,′4	5ʰ
Mi	27.	0 41	9 20	17 44	7 02	+25,7		Zwillinge		
Do	28.	2 05	10 18	18 11	8 03	+22,3		Pollux		
Fr	29.	3 30	11 11	18 32	9 00	+17,7		Krebs, Krippe	Absteigender Knoten	
Sa	30.	4 54	12 01	18 49	9 53	+12,1		Löwe, Regulus	**Neumond**	**20ʰ 58ᵐ**
So	31.	6 14	12 47	19 04	10 43	+ 6,0		Sextant		

Bedeckung der Plejaden durch den Mond

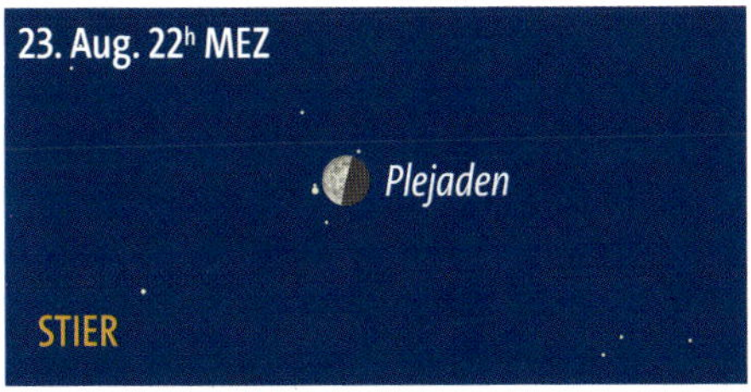

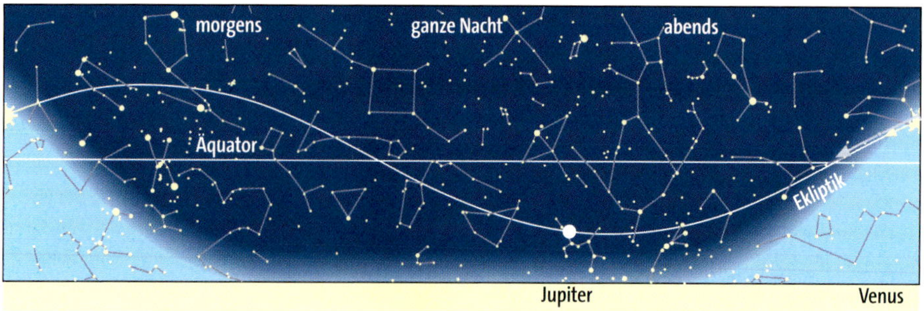

Merkur entfernt sich langsam rechtläufig von der Sonne, die ihm nachläuft. Bis Monatsende wächst Merkurs östlicher Winkelabstand auf stolze 25° an. Dennoch kommt es nicht zu einer Abendsichtbarkeit. Merkur und Sonne laufen am absteigenden Ast des Tierkreises, und da Merkur der Sonne vorauseilt, ist er stets südlicher als sie und beschreibt den kleineren Tagbogen.

Am 16. begegnet Merkur dem Ringplaneten Saturn und am 23. trifft er sich mit Venus (siehe Abb. 8.2 unten). Die Begegnung mit Saturn ist nur im Teleskop zu verfolgen und die Beobachtung des Rendezvous mit Venus erfordert mindestens ein lichtstarkes Fernglas, besser ein Fernrohr. Am 15. geht der $-0^{\mathrm{m}},5$ helle Merkur um $20^{\mathrm{h}}14^{\mathrm{m}}$ (= $21^{\mathrm{h}}14^{\mathrm{m}}$ Sommerzeit) unter. Bis 25. sinkt die Merkurhelligkeit auf $-0^{\mathrm{m}},1$ deutlich ab, die Untergänge von Merkur verfrühen sich auf $19^{\mathrm{h}}56^{\mathrm{m}}$ (= $20^{\mathrm{h}}56^{\mathrm{m}}$ Sommerzeit).

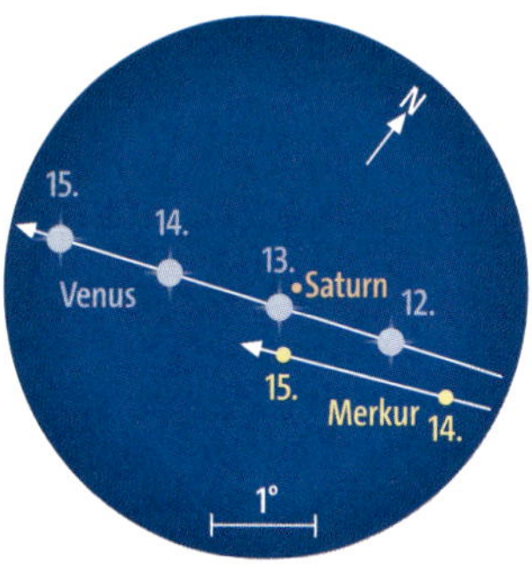

8.2 Merkur, Venus und Saturn: **Enge Begegnung der Planeten Merkur, Venus und Saturn im zweiten Augustdrittel. Saturn ist nur in einem größeren Teleskop zu sehen, Merkur in einem lichtstarken Fernglas. Gesichtsfelddurchmesser rund 5°.**

Venus taucht allmählich am Abendhimmel auf. Sie wandert durch den Löwen und wechselt am 25. in die Jungfrau. Dabei erreicht sie immer südlichere Deklinationen, was ihre Tagbögen in unseren Breiten verkleinert und ihre Untergänge verfrüht. Die dünne Sichel des zunehmenden Mondes ist am Abend des 2. etwa vier Grad südöstlich von Venus zu sehen. Am 5. wandert sie 1°,1 nördlich an Regulus, dem Löwenhauptstern, vorbei. Am 13. begegnet Venus dem Ringplaneten und am 23. dem flinken Merkur. Beide Begegnungen sind allerdings nur im lichtstarken Fernglas, besser im Teleskop, zu verfolgen (siehe auch Abb. 8.3 unten). In äquatornahen Gegenden kann man diese Konjunktionen auch freiäugig verfolgen. Am 30. passiert Venus in 1°,1 nördlichem Abstand den Herbstpunkt.

Die Untergänge der $-3^{\mathrm{m}},9$ hellen Venus erfolgen am 1. um $20^{\mathrm{h}}43^{\mathrm{m}}$ (= $21^{\mathrm{h}}43^{\mathrm{m}}$ Sommerzeit), am 15. um $20^{\mathrm{h}}21^{\mathrm{m}}$ und am 31. um $19^{\mathrm{h}}51^{\mathrm{m}}$.

Im Teleskop zeigt Venus ein winziges, fast voll beleuchtetes Planetenscheibchen, dessen scheinbarer Durchmesser lediglich zehn Bogensekunden aufweist.

Mars ist von der Himmelsbühne abgetreten und kann nicht mehr am Abendhimmel gesehen werden. Der rote Planet wandert rechtläufig durch den Löwen und wechselt am 9. in das Sternbild Jungfrau. Da Mars fast gleich schnell wie die ihn verfolgende Sonne durch den Tierkreis eilt, nimmt sein östlicher Elongationswinkel von der Sonne nur langsam ab. Ende August beträgt sein Winkelvorsprung noch gut 29°. Erst Anfang Dezember holt die Sonne den roten Planeten ein und steht mit ihm in Konjunktion.

Jupiter stand im ersten Drittel des Vormonats in Opposition zur Sonne. Er ist ein auffälliges Objekt am Nachthimmel. das mit Einbruch der Dunkelheit tief im Südosten auffällt. Der Riesenplanet wandert rückläufig durch den Schützen, wobei er aber seine Geschwindigkeit merklich verringert. Zum Monatsende bleibt er fast stehen. Stationär und anschließend wieder rechtläufig wird er aber erst im ersten Septemberdrittel (siehe auch Abb. 7.5 auf Seite 140).

Während des Monats sinkt die Jupiterhelligkeit leicht um $0\overset{m}{,}2$ auf $-2\overset{m}{,}5$ ab. Vom Morgenhimmel zieht sich der Riesenplanet weitgehend zurück. Geht Jupiter am 1. um 2^h48^m (= 3^h48^m Sommerzeit) unter und am 15. um 1^h46^m, so erfolgt der Jupiteruntergang am 31. bereits um 0^h39^m (= 1^h39^m Sommerzeit).

Der Mond kommt routinemäßig am 13. an Jupiter vorbei (siehe auch Abb. 8.1 auf Seite 158).

Saturn, rechtläufig im Löwen, hat sich im letzten Drittel des Vormonats vom Abendhimmel verabschiedet und bleibt unsichtbar. Die Sonne eilt ihm nach, erreicht ihn aber erst Anfang des nächsten Monats. Er steht dann in Konjunktion mit ihr am Taghimmel.

Die enge Begegnung mit Venus am 13., wo sie nur 0°14′ südlich am Ringplaneten vorbeiwandert, und die Passage von Merkur in 0°42′ südlichem Abstand von Saturn am 16., kann nur mit lichtstarker Optik verfolgt werden (siehe auch Abb. 8.3 auf Seite 160).

Der Untergang des $0\overset{m}{,}8$ hellen Ringplaneten erfolgt am 10. um 20^h37^m (= 21^h37^m Sommerzeit) und am 20. um 20^h00^m.

Uranus beschleunigt seine rückläufige Bewegung im Wassermann ein wenig. Er nähert sich seiner Opposition zur Sonne, die er aber erst Mitte des nächsten Monats erreicht (siehe auch Abb. 9.3 auf Seite 181).

Zu Monatsbeginn erfolgt der Aufgang des $5\overset{m}{,}8$ hellen Uranus um 21^h24^m (= 22^h24^m Sommerzeit). Die Aufgänge des grünlichen Planeten verfrühen sich bis 15. auf 20^h28^m und bis zum Monatsende auf 19^h24^m. Die Uranushelligkeit steigt nochmals ein wenig auf $5\overset{m}{,}7$ an. Ende August kulminiert Uranus bereits um 1^h11^m (= 2^h11^m Sommerzeit). Die Stunde um die Kulmination ist die beste Beobachtungszeit.

Neptun steht am 15. im Sternbild Steinbock in **Opposition** zur Sonne. Mit einer maximalen Oppositionshelligkeit von $7\overset{m}{,}8$ ist er der lichtschwächste Planet, nachdem Pluto inzwi-

Konstellationen und Ereignisse

Datum	MEZ	Ereignis
1.	11^h	Totale **Sonnenfinsternis** – von Mitteleuropa aus **partiell** beobachtbar (siehe Seite 146)
1.	18	Mond bei Merkur, Mond $1\overset{\circ}{,}3$ südlich
2.	16	**Mond bei Venus**, Mond $2\overset{\circ}{,}3$ südlich, **Abstand** $4\overset{\circ}{,}3$ **um** 20^h
3.	15	Mond bei Saturn, Mond $3\overset{\circ}{,}8$ südlich
4.	13	Mond bei Mars, Mond $4\overset{\circ}{,}0$ südlich
13.	15	**Mond bei Jupiter**, Mond $2\overset{\circ}{,}8$ südlich, **Abstand** $4\overset{\circ}{,}2$ **um** 20^h
13.	20	**Venus bei Saturn**, Venus $0\overset{\circ}{,}2$ südlich, **Abstand** $0\overset{\circ}{,}2$ **um** 20^h (Fernrohr!)
15.	9	**Neptun in Opposition** zur Sonne
16.	22	**Partielle Mondfinsternis** – in Mitteleuropa beobachtbar (siehe Seite 16)
16.	1	**Merkur bei Saturn**, Merkur $0\overset{\circ}{,}7$ südlich, **Abstand** $0\overset{\circ}{,}7$ **um** 20^h **am 15.** (Fernrohr!)
16.	20	Mond bei Neptun, Mond $0\overset{\circ}{,}8$ nördlich
19.	3	Mond bei Uranus, Mond $4\overset{\circ}{,}1$ nördlich
23.	6	**Merkur bei Venus**, Merkur $1\overset{\circ}{,}2$ südlich, **Abstand** $1\overset{\circ}{,}0$ **um** 19^h **am 20.** (Fernrohr!)
31.	6	Mond bei Saturn, Mond $4\overset{\circ}{,}2$ südlich

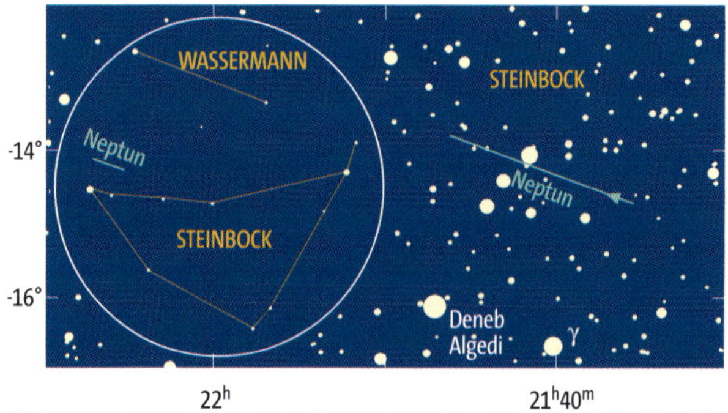

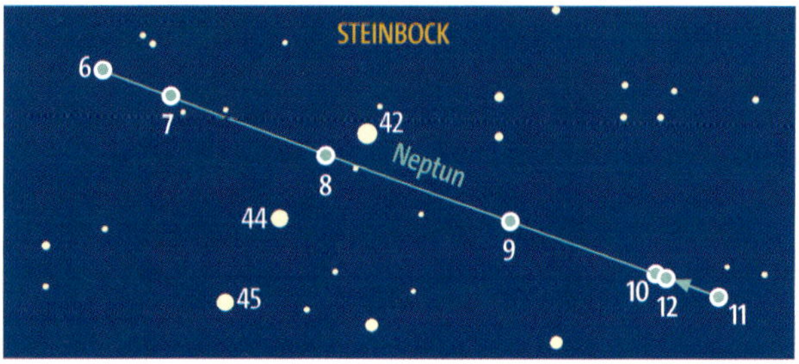

8.3 Übersichtskarte für Neptun: **Lage der Oppositionsschleife von Neptun im Sternbild Steinbock im Jahre 2008.**

8.4 (untere Abb.): Aufsuchkarte für Neptun: **Die Zahlen geben die Neptunposition zum jeweiligen Monatsersten an.**

schen zu den Zwergplaneten gerechnet wird.

Neptun wandert rückläufig durch den Steinbock und passiert am 6. nur $0^{\circ}{,}15$ südlich den Stern 42 Capricorni, der mit $5^{m}{,}2$ deutlich heller ist als der bläuliche Planet (siehe auch Abb. 8.4 oben).

Am Oppositionstag geht Neptun um 19^h30^m (= 20^h30^m Sommerzeit) auf, kulminiert in der Oppositionsnacht um 0^h22^m und geht am Morgen dann um 5^h15^m unter. Leider behindert das Licht des Vollmondes das Aufsuchen von Neptun zur Opposition ganz erheblich. Bis Monatsende verfrühen sich die Untergänge des Neptun auf 4^h14^m (= 5^h14^m Sommerzeit), die Kulmination erfolgt zu Monatsende bereits um 23^h18^m.

Im Teleskop lässt Neptun nur ein winziges, bläuliches Planetenscheibchen von $2''{,}4$ scheinbarem Durchmesser erkennen. Einzelheiten sind in der Neptunatmosphäre keine auszumachen. Am 15., dem Tag der Opposition, ist Neptun 4342 Mio. Kilometer (= 29,02 AE) von der Erde entfernt. Das Licht von Neptun ist somit vier Stunden zu uns unterwegs. Von der Sonne ist Neptun zur Opposition 4494 Millionen Kilometer (= 30,04 AE) entfernt.

Planetoiden

Juno (3), nur $10^{m}{,}6$ hell, wird am 10. stationär und bewegt sich ab da wieder in Richtung wachsender Rektaszension, also rechtläufig. Sie beendet damit ihre Oppositionsperiode, die diesmal nicht besonders glanzvoll ausfiel.

Vesta (4) wandert rechtläufig durch den Walfisch und bremst dabei ihre Bewegung deutlich gegen Monatsende ab – ihr Stillstand ist nicht mehr fern (siehe auch Abb. 10.7 auf Seite 200). Die kommende Opposition macht sich auch durch die weiter steigende Helligkeit bemerkbar, die im Laufe des August $7^{m}{,}4$ erreicht.

Die Vestaaufgänge verlagern sich von 23^h37^m zu Monatsanfang auf 21^h59^m (= 22^h59^m Sommerzeit) am Monatsende. Am 1. passiert Vesta um 6^h18^m den Meridian, am 31. schon um 4^h40^m (= 5^h40^m Sommerzeit).

Periodische Sternschnuppenströme

Der wohl aktivste Sternschnuppenmonat ist der August. In seinen lauen Sommernächten sind besonders viele Sternschnuppen zu sehen. Die Ursache liegt in den **Perseïden**, deren maximale Tätigkeit zwischen dem 9. und 13. August liegt. Helle Objekte (um 0^m und heller, so genannte Feuerkugeln oder Boliden) sind keine Seltenheit. Das Maximum ist in der

Nacht vom 11. auf 12. August zu erwarten. Als schönster und reichster Strom des Jahres bescheren die Perseïden bis zu hundert Sternschnuppen pro Stunde. Ihren Ursprung führen die Perseïden auf den Kometen 109P/Swift-Tuttle (früher: 1862 III) zurück. Die beste Beobachtungszeit liegt zwischen 22^h und 4^h morgens. Die Perseïden-Sternschnuppen sind mit 60 Kilometer pro Sekunde recht schnelle Objekte. Im Volksmund heißen sie auch Laurentius-Tränen nach dem Märtyrer Laurentius (gest. 258 n. Chr.).

Zu erwähnen sind noch die **Kappa-Cygniden**, deren Radiant im Sternbild Schwan liegt. Sie sind vom 2. bis 24. August aktiv, allerdings sind sie kein besonders reicher Strom. Zur Zeit des Maximums um den 17. August ist nur mit etwa fünf Meteoren pro Stunde zu rechnen. Mit 25 Kilometer pro Sekunde mittlerer Geschwindigkeit zählen die Cygniden zu den langsamen Sternschnuppen. Die Umlaufszeit dieses Stromes beträgt sieben Jahre.

Der Ursprungskomet dürfte sich aufgelöst haben.

Der wenig bekannte Strom der **Cepheïden** macht sich um den 17. August herum bemerkbar. Die Frequenz ist gering, nämlich nur zehn Objekte pro Stunde. Vermutlich sind die Cepheïden ein Zweigstrom der Cygniden.

Vom 25. August bis 5. September tauchen die **Alpha-Aurigiden** abermals auf (siehe auch „Periodische Sternschnuppenströme“ im Februar, Seite 50). Auch das Maximum am 30. August ist nicht sehr ausgeprägt. Pro Stunde ist mit etwa zehn Meteoren zu rechnen.

Jupitermonde

Tag	MEZ h m	Vorgang	
1.	2 04	I	VE
	20 33	I	DA
	21 07	I	SA
	22 49	I	DE
	23 23	I	SE
2.	20 33	I	VE
	21 55	II	BA
5.	1 04	III	DA
8.	1 02	I	BA
	20 55	III	VE
	22 19	I	DA
	23 02	I	SA
9.	0 35	I	DE
	1 18	I	SE
	22 28	I	VE
10.	0 15	II	BA
11.	21 14	II	DE
	22 47	II	SE
13.	20 15	IV	VA
14.	0 06	IV	VE
15.	21 27	III	BE
	21 38	III	VA
16.	0 06	I	DA
	21 15	I	BA
17.	0 23	I	VE
	20 49	I	DE
	21 42	I	SE
18.	20 50	II	DA
	22 37	II	SA
	23 34	II	DE
20.	20 28	II	VE
21.	22 12	IV	DE
22.	21 44	III	BA
23.	23 02	I	BA
24.	20 22	I	DA
	21 21	I	SA
	22 37	I	DE
	23 37	I	SE
25.	20 46	I	VE
	23 12	II	DA
27.	23 06	II	VE
31.	22 11	I	DA
	23 17	I	SA

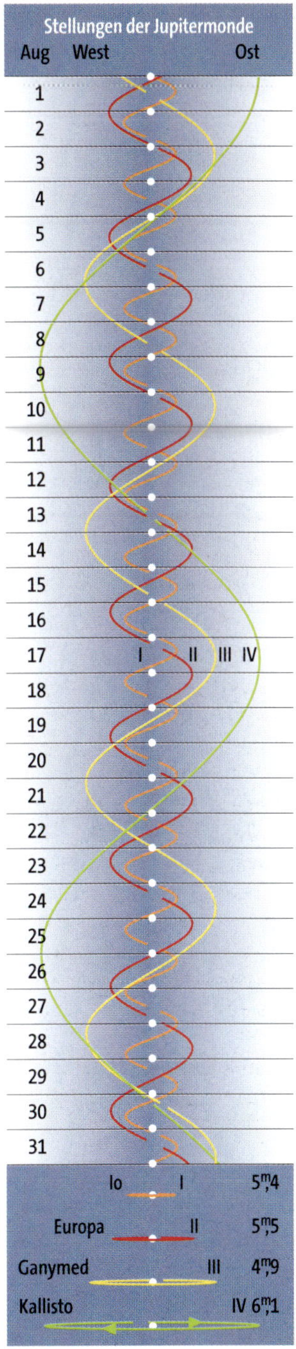

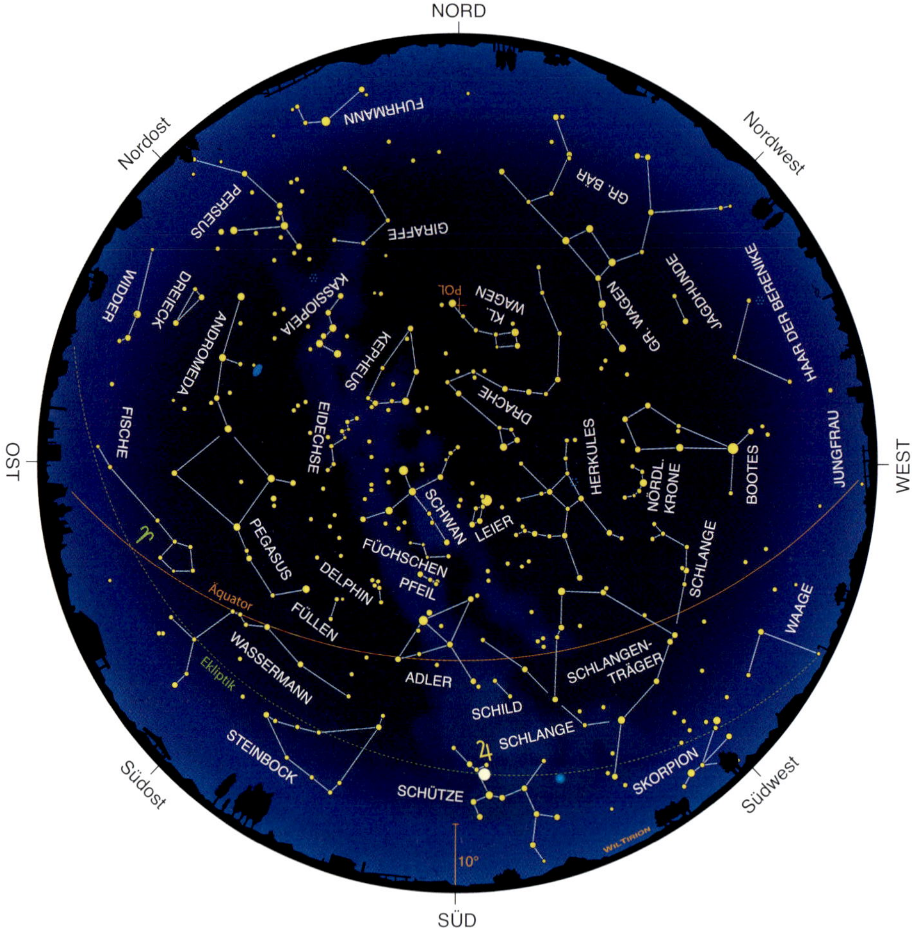

Der Sternenhimmel am 15. August um 22h MEZ

Die Sternkarte ist auch gültig für:

	MEZ	MESZ
15. 6.	2h	3h
1. 7.	1	2
15. 7.	0	1
1. 8.	**23**	**24**
15. 8.	**22**	**23**
31. 8.	**21**	**22**
15. 9.	20	21
30. 9.	19	20

Wer das Glück hat, den Sternenhimmel weitab irdischen Lichtsmogs, also fern von Lichtverschmutzung durch grelle Beleuchtung und aufgehelltem Firmament zu beobachten, dem erschließt sich jetzt das schimmernde Band der sommerlichen Milchstraße. Dieses zart leuchtende Band aus Abertausenden glitzernden Sternen ist ein Naturphänomen, das inzwischen viele Mitmenschen gar nicht mehr aus eigener Anschauung kennen. Um das Phänomen der Milchstraße eindrucksvoll zu erleben, genügt es nicht, nur irdischen Lichtern zu entfliehen. Man muss auch störendes Mondlicht meiden. Doch dann entfaltet das Lichtband unserer Galaxis seine volle Pracht. Zur Standardbeobachtungszeit spannt es sich in hohem Bogen über das Firmament. Im Nordosten steigt das Milchstraßenband empor, von Perseus und Kapella im Fuhrmann ausgehend, zieht sich durch Kassiopeia, Kepheus und Schwan fast zum Zenit, spaltet sich und geht über Adler, Schild und Schütze zum Südwesthorizont hinab. Nur einen winzigen Bruchteil der mehr als hundert Milliarden Sonnen unserer Galaxis können wir mit bloßen Augen oder Ferngläsern sehen. Die meisten bleiben hinter einem dichten Vorhang aus Staub verborgen. Über hunderttausend Jahre lang ist das Licht unterwegs, um einmal die Galaxis zu durchqueren. Und dennoch ist sie unsere kosmische Heimat. Denn Milliarden anderer Milchstraßensysteme oder Galaxien beherbergt das von uns überschaubare Universum.

Die Sternbilder Leier, Schwan und Adler

Das Sommerdreieck steht nun hoch im Süden. Steil über unseren Köpfen, fast im Zenit, erblicken wir die 25 Lichtjahre entfernte Wega in der Leier. Gut zu erkennen ist der kleine Sternenrhombus der Leier sowie $\varepsilon_{1,2}$ Lyrae, der berühmte Vierfachstern. Gute Augen sollten $\varepsilon_{1,2}$ Lyrae doppelt, zumindest länglich, sehen. Schon ein kleines Fernglas trennt ε Lyrae spielend. Aber erst im Teleskop wird sichtbar, dass beide Komponenten, also ε_1 und ε_2, jeweils doppelt sind.

Neben der Leier breitet der Schwan seine Flügel aus. Markiert wird er durch ein großes Sternenkreuz, zu dem man auch „Kreuz des Nordens" sagt. Man hat sich in dieser Sternenfigur einen Schwan im Flug vorgestellt, wobei Deneb, der hellste Stern, die Schwanzspitze markiert. Deneb, α Cygni nach Bayer, kommt aus dem Arabischen und heißt schlicht Schwanz. Am anderen Ende des Längsbalkens stößt man auf Albireo, den Kopfstern (β Cygni). Er liegt etwa im Schwerpunkt des Sommerdreiecks. Albireo ist ein schöner, farbkontrastreicher Doppelstern. Die beiden Albireosonnen sind 390 Lichtjahre von uns entfernt.

Atair, der dritte Stern des Sommerdreiecks, bildet den Hauptstern des Adlers (lat.: Aquila), der sich auf seine Beute stürzt. Ein wenig östlich vom Adler stößt man auf das kleine, aber einprägsame Bild des Delphins.

Knapp nördlich von Atair liegt das kleine und unscheinbare Bild des Pfeils (lat.: Sagitta). Der Pfeil liegt auf der Linie Deneb – Atair, allerdings näher bei Atair. Nur Sterne 4. Größenklasse und schwächer sind im Pfeil zu finden. Abgesehen davon beherbergt der Pfeil den Kugelsternhaufen M 71, eine Sternengesellschaft in 13 000 Lichtjahren Distanz.

Objekte für Feldstecher und Fernrohr

Wer an einem langen, sternklaren Sommerabend mit einem Fernglas bewaffnet und in bequemer Haltung – zum Beispiel liegend – die glitzernde Pracht eines Sternenhimmels möglichst fernab irdischer Lichter studieren will, lasse seinen Blick einfach mit dem Fernglas entlang des Milchstraßenbandes schweifen. Abertausende feine Lichtpünktchen gleiten lautlos durch das Gesichtsfeld des Fernglases. Gelegentlich taucht der eine oder andere helle Stern auf, manchmal ein offener Sternhaufen oder scheinbar sternleere, zumindest aber sternarme Gebiete. Sie sind Dunkelwolken, Ansammlungen interstellaren Staubes, die das Licht fernerer Sterne dämpfen oder verschlucken. Besonders im Bereich der Sternbilder Schwan, Adler, Schild und Schütze wimmelt es von interessanten Objekten. Dort ist die Milchstraße besonders eindrucksvoll.

Im Sternbild Schütze stößt man auf eine Reihe galaktischer Nebel und Sternhaufen wie beispielsweise den Trifid-Nebel (M 20), den Lagunennebel (M 8) und den Omega-Nebel (M 17) – alles interstellare Gas- und Staubwolken, die von heißen Sternen beleuchtet werden beziehungsweise deren Gaskomponente durch die intensive UV-Strahlung zum Selbstleuchten angeregt wird. Auch zahlreiche offene Sternhaufen sind in diesem Gebiet anzutreffen wie M 18, M 21, M 24 und M 25. Aber auch eindrucksvolle Kugelhaufen wie M 22 und M 28 bekommt man in dieser Ge-

8.5 Sternengewimmel in der Milchstraße:
Ausschnitt aus der Milchstraße im Gebiet des Sternbildes Adler (Aufnahme von Gutzeit / Idler, Beobachtergruppe Planetarium Stuttgart).

gend vor die Linse. Wer einmal diesen Bereich mit dem Fernglas in Ruhe und Muße abgesucht hat, hat sicher den Wunsch, die entdeckten Objekte auch zu identifizieren. Dazu verhilft die Sternkarte E20 im *Atlas für Himmelsbeobachter* von Erich Karkoschka. In ihr findet man alle für den Sternfreund interessanten „Deep Sky"- Objekte. „Deep Sky" (engl.) bedeutet so viel wie „tiefer Himmel". Unter diesem Begriff fasst man Himmelsobjekte außerhalb unseres Sonnensystems zusammen wie offene und kugelförmige Sternhaufen, interstellare Nebel und Galaxien.

Wer gelegentlich Freunde zu Sternpartys einlädt oder eine Führung auf einer Sternwarte veranstaltet, sollte seinen Gästen die prominenten Fernrohrobjekte des Sommerhimmels vorführen. Dazu zählen der Vierfachstern $\varepsilon_{1,2}$ in der Leier, der Doppelstern Albireo im Schwan (β Cygni) mit seinem schönen Farbkontrast – die Komponenten leuchten orange und bläulich-weiß – sowie der bekannte Ringnebel (M 57) in der Leier, die abgestoßene Hülle eines alternden Sterns.

Der Kugelhaufen M 4 im Skorpion ist ein weiteres attraktives Fernrohrobjekt. Er ist leicht zu finden und schon im Feldstecher gut erkennbar. Man gehe von Antares (α Scorpii), dem roten Überriesenstern, aus. Etwas mehr als zwei Vollmonddurchmesser westlich von Antares stößt man auf M 4. Im Fernglas erscheint er als diffuser Lichtfleck. Im Teleskop ab 20 cm freier Öffnung kommt seine ganze Pracht zur Geltung. Die Ränder sind in hunderte von Sternen aufgelöst, im Mittelteil hat man den Eindruck, einen senkrechten Lichtbalken (Nord-Süd-Richtung) zu sehen. Die Gesamthelligkeit liegt bei knapp 6^m. Mit 7000 Lichtjahren Entfernung ist M 4 ein vergleichsweise naher Kugelhaufen.

Zwei schöne offene Sternhaufen im Skorpion seien empfohlen: M 6 und M 7. Sie sind weniger

Veränderliche Sterne im August

Algol-Minima	15.	4^h53^m	18.	1^h42^m	20.	22^h30^m	23.	19^h19^m				
β-Lyrae-Minima	5.	19^hH	12.	7^hN	18.	18^hH	25.	5^hN	31.	17^hH		
δ-Cephei-Maxima	2.	1^h	7.	10^h	12.	19^h	18.	3^h	23.	12^h	28.	21^h
Mira-Helligkeit	1.	9^m	10.	10^m	20.	10^m	31.	10^m				

8.6 Für Fernglasbeobachter: **Aufsuchkärtchen für den kugelförmigen Sternhaufen M 4 und die beiden offenen Sternhaufen M 6 und M 7 im Skorpion. Eingetragen mit Pfeil ist auch der Doppelstern Acrab (β Scorpii).**

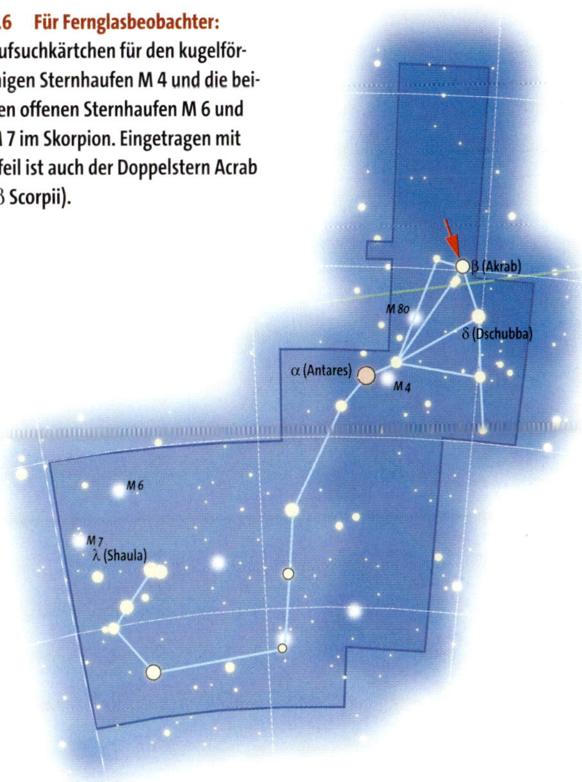

bekannt, da sie wegen ihrer südlichen Lage (–32° und –35° Deklination) in unseren Breiten nur geringe Höhen über dem Horizont erreichen und deshalb auch kleine Tagbögen beschreiben, so dass sie immer nur wenige Stunden zu beobachten sind. Aber wer in südliche Länder reist und den Skorpion in den Sommermonaten hoch über sich sieht, kann den Anblick von M 6 und M 7 voll genießen (Fernglas nicht vergessen!). M 6 hebt sich gut vom dunklen Himmelshintergrund ab. Im Fernglas sind rund 80 Sterne sichtbar, die zu M 6 gehören. Etwas Fantasie vorausgesetzt, gewinnt man den Eindruck eines Schmetterlings. So nennen ihn auch die Amerikaner („Butterfly cluster"); manche sehen hier einen Vogel. Es handelt sich um bläulich-weiß strahlende, heiße und junge Sterne in rund 1800 Lichtjahren Entfernung. Das Alter des Haufens wird auf gerade mal 100 Millionen Jahre geschätzt. Am Ostrand (dem „linken" Schmetterlingsflügel) steht der orangerote, veränderliche Riesenstern BM Scorpii. Er bildet einen schönen Farbkontrast zu den übrigen Haufensternen. M 6 nimmt etwa eine Fläche von 20′ Durchmesser am Himmel ein.

Nur halb so weit wie M 6 ist M 7 von uns entfernt, nämlich 900 Lichtjahre. Deshalb erscheint er uns größer, nämlich rund 50′ im Durchmesser. Auch M 7 hebt sich gut vom Himmelshintergrund ab, obwohl er vor relativ hellen Sternwolken der Milchstraße steht, im Unterschied zu M 6, dessen Hintergrund recht dunkel ist. Auch erscheinen die Sterne von M 7 heller als die von M 6, was durch die größere Nähe erklärbar ist. M 7 kann man schon mit bloßen Augen sehen – in südlichen Ländern unter guten Sichtbedingungen. Bereits Claudios Ptolemaios hat diese Sternenansammlung erwähnt – und ihm standen weder Fernglas noch Teleskop zur Verfügung. Schon im kleinen Fernglas erkennt man eine Fülle von Sternen – so an die hundert. Die hellsten, bläulich-weiß leuchtenden Sterne bilden im Zentrum eine Art Kreuz. M 7 ist ähnlich jung wie M 6. Mit einer Deklination von δ = –34°49′ des Zentrums ist M 7 das südlichste aller Messier-Objekte.

Auch ein Doppelstern im Skorpion sei noch empfohlen: Acrab (β Sco). Der ekliptiknahe Stern kann schon im Zweizöller getrennt gesehen werden. Zwei weiße Sterne stehen in 13″,7 Distanz voneinander. Die hellere Komponente erscheint mit $2\overset{m}{,}6$ und die schwächere mit $4\overset{m}{,}9$.

Neptun und sein großer Mond Triton

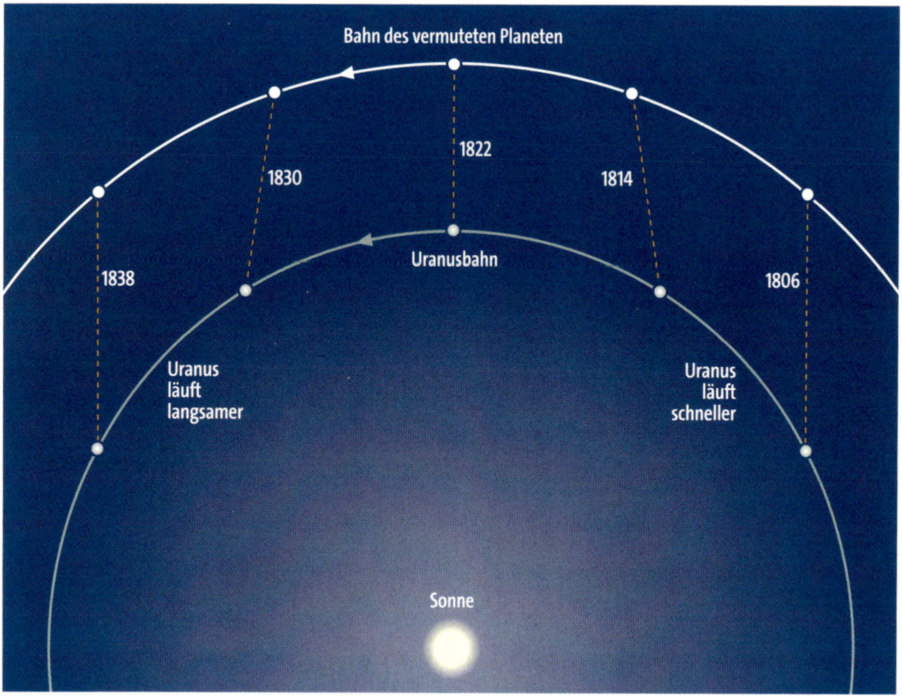

8.7 Durch seine Schwerkraftwirkung verursachte Neptun Bahnabweichungen von Uranus, die zur Entdeckung des achten Planeten führten.

Am 13. August ist es wieder einmal so weit: Der Planet des Meeresgottes kommt im Sternbild Steinbock in Opposition zur Sonne. Damit ist seine günstigste Beobachtungszeit erreicht. Mit dreißig Astronomischen Einheiten Distanz von der Sonne zählt Neptun zu den sonnenfernen Planeten. Nachdem Pluto im August 2006 der Planetenstatus aberkannt wurde (siehe Monatsthema Juni „Wie viele Planeten gibt es?" auf Seite 128), bildet die Neptunbahn die äußere Grenze des Planetenbereiches. Jenseits der Neptunbahn schwirren die zahlreichen Kuiper-Belt-Objekte um die Sonne. Sie gehören zum Teil der neuen Klasse der Zwergplaneten an.

Wegen seiner Sonnenferne ist Neptun so lichtschwach, dass man ihn mit bloßen Augen nicht sehen kann. Als Sternchen 8. Größe ist er aber bereits in einem guten Fernglas zu erkennen.

Gerade dem angehenden Sternfreund empfiehlt sich, einmal Neptun selbst aufzusuchen. Dazu soll auch die Sternkarte auf Seite 164 (Abb. 8.3) dienlich sein. Im Fernglas sieht Neptun punktförmig aus, ebenso im kleinen Teleskop bei geringer Vergrößerung. Damit ist er nur aufgrund seiner Position unter den Fixsternen auszumachen. In größeren Instrumenten und bei stärkerer Vergrößerung erkennt man eine kleine, bläuliche Murmel, die sich deutlich von den punktförmigen Sternen unterscheidet. Wer Neptun als winziges Planetenscheibchen sieht, kann sich sicher sein, nicht einem Irrtum beim

Suchen unterlegen zu sein, was Fernglasbeobachtern schon mal passieren kann. Allerdings sind auch in großen Teleskopen auf dem maximal 2,"4 großen Planetenscheibchen keinerlei Strukturen oder Details erkennbar.

Wie Neptun entdeckt wurde

Da Neptun mit bloßen Augen nicht zu sehen ist, war er im Altertum und Mittelalter unbekannt. Erst Mitte des 19. Jahrhunderts wurde er gefunden. Seine Entdeckung ist aber weniger dem Zufall zu verdanken als einer scharfsinnigen Kalkulation am Schreibtisch. Die Existenz von Neptun wurde gewissermaßen errechnet.
Ausgangspunkt waren zunächst unerklärliche Bahnabweichungen des 1781 entdeckten Planeten Uranus. Aus den Störungen der Uranusbewegung schloss man auf einen noch unbekannten Himmelskörper, dessen Schwerkraft Uranus in seinem Lauf um die Sonne zunächst beschleunigte, dann wieder abbremste. Unabhängig voneinander kalkulierten der Engländer John Couch Adams (1819–1892) und der Franzose Urbain Jean Joseph Leverrier (1811–1877) die Position dieses hypothetischen Störenfrieds. Wie Astronomiehistoriker neuerdings festgestellt haben, waren die Ergebnisse von Adams im Grunde nicht ausreichend genau, um den vermuteten Planeten aufzuspüren. Auch hatte George Biddell Airy (1801–1892), Direktor des berühmten Observatoriums in Greenwich bei London, dem Adams seine Rechnungen zukommen ließ, nicht mit dem nötigen Nachdruck suchen lassen.

Leverrier hingegen sandte seine Daten an die königliche Berliner Sternwarte. Seine Depesche traf am 23. September 1846 dort ein. Noch am gleichen Abend fanden Johann Gottfried Galle (1812–1910) und sein Assistent Heinrich d'Arrest (1822–1875) nahe der angegebenen Position den achten Planeten unseres Sonnensystems. Nur wenige Wochen später entdeckte der auf Malta beobachtende Engländer William Lassell (1799–1880) den größten Mond des neuen Planeten.

8.8 Der blaue Planet Neptun mit dem Großen Dunklen Fleck. Aufnahme der Raumsonde Voyager II im August 1989.

Nach längeren Querelen wurde der achte Planet Neptun getauft und sein Mond Triton, Sohn des Meeresgottes. Für mehr als hundert Jahre blieb Triton der einzige bekannte Satellit von Neptun. Erst 1949 fand Gerard P. Kuiper den zweiten Neptunmond, die Nereïd, eine Gespielin des Meeresgottes Neptun. Weitere Möndchen wurden erst von der Raumsonde Voyager 2 bei ihrer Neptunpassage im August 1989 aufgespürt.

Rotation und Revolution

Neptuns Bahn um die Sonne ist fast exakt kreisförmig. Nach der Venusbahn hat die Neptunbahn die geringste numerische Exzentrizität. Im Perihel ist Neptun 4456 Millionen Kilometer von der Sonne entfernt, im Aphel hingegen 4537 Millionen Kilometer. Über vier Stunden ist das Sonnenlicht unterwegs, bis es Neptun beleuchtet, während es schon nach etwas mehr als acht Minuten die Erde erreicht. Neptun zieht mit gemächlichen 5,4 Kilometer pro Sekunde Durchschnittsgeschwindigkeit um die Sonne,

8.9 Die Ringe des Neptun im Gegenlicht. Aufnahme von Voyager II im August 1989.

während die Erde mit fast dreißig Kilometer pro Sekunde um die Sonne eilt. Pro Tag wandert Neptun im Mittel nur um 21,"44 unter den Fixsternen weiter. Für einen vollen Lauf um die Sonne benötigt er daher 165 Jahre. Niemand kann somit einen vollen Neptunumlauf in seinem Leben beobachten. Da Neptun unter den Sternen nur so langsam vorrückt, überholt ihn die Erde alle 367,5 Tage. Jeweils nach dieser Zeitspanne kommt Neptun in Opposition zur Sonne. Die Zeit zwischen zwei aufeinanderfolgenden Oppositionen wird auch synodische Umlaufszeit genannt. Die Neptunbahn ist lediglich um 1°46′ zur Ekliptikebene geneigt.

Der mittlere Durchmesser des Neptunglobus beträgt 49 424 Kilometer, sein Äquatordurchmesser 49 528 Kilometer, wobei seine dynamische Abplattung zu 1:59 bestimmt wurde. Neptun hat somit fast den vierfachen Durchmesser der Erde und das 58fache Erdvolumen. Die Masse der Planetenkugel wurde aus der Bahnbewegung von Triton zu $1{,}028 \times 10^{26}$ Kilogramm bestimmt, dies entspricht der siebzehnfachen Erdmasse. Daraus folgt eine mittlere Dichte von 1,67 Gramm pro Kubikzentimeter. Dies ist die höchste Dichte der vier Wasserstoffplaneten Jupiter, Saturn, Uranus und Neptun. Vom Durchmesser her ist Neptun der kleinste der vier Riesenplaneten – er ist noch etwas kleiner als Uranus, hat aber etwas mehr Masse als dieser. Somit ist Neptun der drittmassereichste Planet in unserem Sonnensystem.

Neptun dreht sich erheblich schneller als die Erde. Ein Neptuntag dauert nur sechzehn Stunden. Dabei beträgt die Neigung des Neptunäquators zu seiner Bahnebene immerhin 28,°3. Das Nordende der Neptunachse zeigt in Richtung Sternbild Schwan. Der Himmelsnordpol von Neptun liegt nahe bei γ Cygni (Sadr). Gäbe es Neptunbewohner, so könnten sie Sadr als nördlichen Polarstern benutzen.

Ein blauer Planet mit Ringen

Von der Erde aus konnte nur relativ wenig über Neptun und seinen größten Mond Triton in Erfahrung gebracht werden. Doch die grandiose Tour der Raumsonde Voyager 2, die an den vier Riesenplaneten Jupiter, Saturn, Uranus und Neptun vorbeiflog, hat uns wertvolle Informationen und beeindruckende Bilder von dem fernen Planeten am Rande des Sonnensystems geliefert. Neptun war die letzte Station von Voyager 2. Am 25. August 1989 raste die Raumsonde mit fast hundert Kilometer pro Sekunde Geschwindigkeit in knapp fünftausend Kilometer Distanz von der Wolkenobergrenze an Neptun vorbei und sandte dabei fantastische Aufnahmen der wolkenverhangenen Oberfläche zur Erde. Neptun entpuppte sich als zweiter blauer Planet unseres Sonnensystems. In der blauen Neptunatmosphäre – eine Folge der Methanbanden in Neptuns Spektrum – zeigen sich helle, weiße, zirrenartige Wolken sowie dunkle Strukturen. Besonders auffallend war ein großer, dunkler Fleck, der sofort an den Großen Roten Fleck auf Jupiter erinnerte. Auch beim dunklen Fleck auf Neptun handelt es sich um einen

Wirbelsturm mit einem Durchmesser von der Größe unserer Erde. Inzwischen scheint sich dieser Wirbelsturm aufgelöst zu haben. Zumindest konnte ihn das berühmte Hubble-Weltraumteleskop nicht mehr ausmachen.

Die Rotationsperiode von Neptun konnte präzise zu 16^h03^m bestimmt werden. Eine gewaltige, globale Strömung treibt die Atmosphäre um die Planetenkugel. Stürme mit Windgeschwindigkeiten von mehr als tausend Kilometer pro Stunde wehen *entgegengesetzt* der Rotationsrichtung des Planeten, so dass die Rotationsdauer in den oberen Wolkenschichten achtzehn Stunden beträgt. Bei Uranus hingegen wehen die Winde *in Rotationsrichtung* der Planetenkugel.

Aus der Tiefe der Neptunatmosphäre steigen Wolkengebirge aus Methan auf. Das Ultraviolettlicht der Sonne zerlegt in der Neptunstratosphäre das Methan in Ethan, Azetylen und andere Kohlenwasserstoffe. Diese Gase sinken wieder in tiefere und kühlere Zonen ab, wobei sie zu Eiskristallen kondensieren. In der Neptuntroposphäre verdampfen diese Eispartikel bei Temperaturen um −190°C wieder und bilden erneut Methan, das in Form von Wolken wieder emporsteigt und die Stratosphäre wiederum mit Methan versorgt. Somit bleibt der Nettogehalt an Methan erhalten. Zur Überraschung der Astronomen zeigt sich, dass die Neptunatmosphäre viel dynamischer und ereignisreicher ist als zuvor vermutet.

Neptun strahlt insgesamt etwa zweieinhalb Mal so viel Wärme ab, wie er von der Sonne empfängt. Als innere Wärmequelle vermutet man radioaktive Prozesse im Planetenkern und langsames Schrumpfen des Planetenglobus.

Voyager 2 konnte auch das Ringsystem des Neptun aufnehmen und Bilder von fünf im Gegenlicht aufgenommenen Ringen zur Erde funken. Auf ein Ringsystem schloss man schon vorher aufgrund von Sternbedeckungsbeobachtungen, denn man hatte ähnlich wie bei Uranus kurz vor und kurz nach Sternbedeckungen Helligkeitseinbrüche von wenigen Minuten registriert. Die Ringpartikel sind von sehr unterschiedlicher Größe. Hausgroße Felsblöcke kurven ebenso um Neptun wie winzige Staubpartikel in der Größenordnung der Wellenlänge des sichtbaren Lichtes. Auch sind die Ringmaterialien recht ungleichmäßig in den einzelnen Ringen verteilt.

Außer den Ringen entdeckte die erfolgreiche Raumsonde sechs Zwergmonde, die prograd, also in Richtung der Neptunrotation um den Planeten laufen. Ihre Bahnen sind nahezu kreisförmig und liegen in der Äquatorebene von Neptun. Inzwischen wurden von der Erde aus noch weitere Minimonde aufgespürt, die Neptun auf seinem Weg um die Sonne begleiten. Bis dato kennt man dreizehn Neptunsatelliten. Sicher gibt es noch zahlreiche weitere Möndchen. Mit irdischen Teleskopen kann man zurzeit im Infraroten noch Objekte bis dreißig Kilometer Durchmesser erfassen. Kleinere Trabanten sind in Neptundistanz noch nicht nachweisbar.

Triton – ein besonderer Mond

Der zuerst entdeckte Neptunmond Triton übertrifft mit 2707 Kilometer Durchmesser deutlich den Zwergplaneten Pluto an Größe. Tritons Durchmesser entspricht Dreiviertel der Erdmondgröße. Er läuft in fünf Tagen und 21 Stunden in einer fast genau kreisförmigen Bahn in 354 800 Kilometer Distanz um Neptun. Damit ist Triton fast genauso weit von Neptun entfernt wie unser Mond von der Erde. Mit $13\overset{m}{.}5$ Oppositionshelligkeit ist er besser ausgerüsteten Sternfreunden durchaus zugänglich, vor allem beim Einsatz von CCD-Kameras. Ganz ungewöhnlich ist die extreme Bahnneigung von knapp 157° zur Äquatorebene des Neptun. Triton läuft damit retrograd, also entgegengesetzt dem Rotationssinn von Neptun, um seinen Mutterplaneten. Dies ist einzigartig im Sonnensystem. Zwar sind die Bahnen der fünf großen Uranusmonde um 98° zur Uranusumlaufsebene gekippt, der Uranusäquator aber ebenfalls um den gleichen Betrag. Die Uranusmonde laufen somit in der Äquatorebene prograd um Ura-

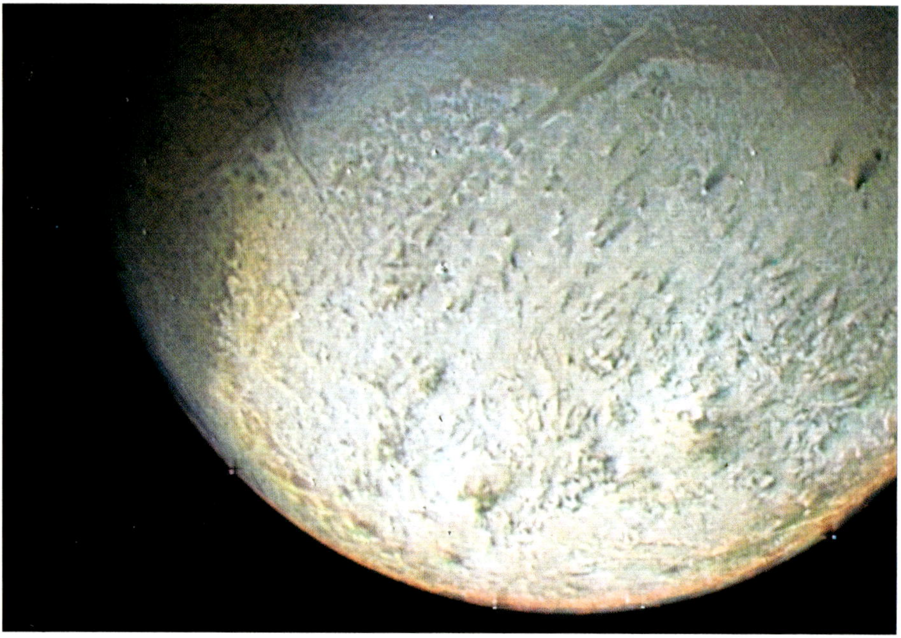

8.10 Nahaufnahme des großen Neptunmondes Triton – ein eingefangener Zwergplanet aus dem Kuipergürtel (Aufnahme Voyager II, August 1989).

nus. Sie sind originäre Monde und gemeinsam mit ihrem Mutterplaneten entstanden.

Nicht so jedoch Triton, von dem man schon früh vermutet hat, von Neptun eingefangen worden zu sein. Triton kommt sicher aus dem so genannten Kuipergürtel jenseits der Plutobahn. Doch himmelsmechanische Rechnungen haben gezeigt, dass ein Einfangen eines Kuiper-Belt-Objektes (KBO) kaum möglich ist. Denn selbst bei relativ naher Begegnung würde so ein KBO Neptun wieder entwischen. Nicht so, wenn Triton einst einen Partner hatte, also ein Doppelzwergplanet war. Dies ist keineswegs ungewöhnlich für Objekte im Kuipergürtel. Bestes Beispiel für einen doppelten Zwergplaneten ist das System Pluto – Charon. Auch die Zwergplaneten Eris, Santa und Sedna besitzen Begleiter. Man geht davon aus, dass Triton und sein Partner – gravitativ aneinander gebunden – Neptun nahe kamen. Infolge der Wanderung von Triton um den gemeinsamen Schwerpunkt hatte er zur Zeit engster Begegnungen eine recht geringe Relativgeschwindigkeit gegenüber Neptun. Die Gezeitenwirkung von Neptun riss Triton und seinen Partner auseinander. Tritons Partner stürzte auf Neptun oder entwischte. Tritons anfänglich sicher recht elliptische Bahn wurde durch die Gezeitenwirkung von Neptun in eine recht enge, kreisförmige Bahn gezwungen. Im Gegensatz zum Erdmond, der durch die Gezeitenwirkung beschleunigt wird und sich somit langsam von der Erde entfernt, verliert Triton infolge der retrograden Revolution um Neptun ständig an Bahndrehimpuls. Seine Bahn um Neptun wird daher immer kleiner. In wenigen hundert Millionen Jahren wird er die Rochesche Grenze unterschreiten, die bei Neptun rund 50 000 Kilometer vom Neptunmittelpunkt entfernt ist! Dann wird das Schicksal von Triton endgültig besiegelt sein. Die Gezeitenkräfte von Neptun werden ihn zerreißen, die

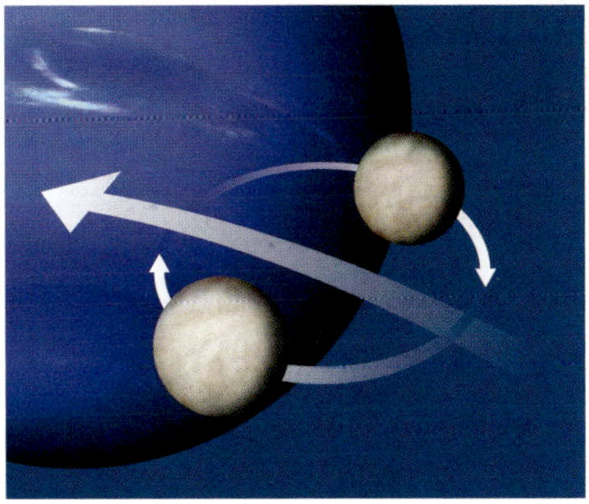

8.11 Himmelsmechanische Überlegungen legen den Schluss nahe, dass Triton ursprünglich, als er eingefangen wurde, ein doppelter Zwergplanet war.

Bruchstücke von Triton werden einen neuen Ring um Neptun bilden.

Wie Aufnahmen von Voyager 2 erkennen lassen, hat Triton eine hellglänzende Oberfläche aus Methan- und Stickstoffeis. Die Albedo (Rückstrahlungsvermögen) liegt bei 50 %, während der Erdmond nur sieben Prozent des Sonnenlichtes reflektiert und somit ein dunkler Körper ist. Die Gegend um den Südpol von Triton reflektiert sogar bis zu 90 % des einfallenden Sonnenlichtes. Im Gegensatz zum blauen Neptun erscheint Triton in einer leicht rosa Farbe. Triton gilt als Kältepol des Sonnensystems. Seine Oberflächentemperaturen liegen zwischen –235° und –238°C und damit nur 35° über dem absoluten Nullpunkt. So kalt ist es selbst auf Pluto nicht. Bei so tiefen Temperaturen sind selbst Methan und Stickstoff steinhart gefroren. Trotz dieser tiefen Temperaturen gibt es auf Triton eine Art Vulkanismus, der durch die Gezeitenkräfte von Neptun in Gang gehalten wird. Freilich wird keine feurige Lava wie auf der Erde ausgestoßen. Aber in ein paar Dutzend Meter Tiefe ist der Stickstoff noch flüssig. Gelegentlich dringt er eruptionsartig an die Oberfläche, Geysire spritzen Fontänen von flüssigem Stickstoff aus, der herabregnet und auf der bizarren Tritonlandschaft sofort gefriert.

Triton wird von einer extrem dünnen Atmosphäre umschlossen, die in Bodennähe nur einen Druck von zehn Mikrobar (Millionstel Bar) aufweist. Dies entspricht einem Hunderttausendstel des irdischen Luftdrucks in Meereshöhe. Für irdische Laborverhältnisse ist dies praktisch ein Hochvakuum.

8.12 Stickstoffgeysire auf Triton – eine künstlerische Darstellung.

September 2008

- Die Sonne passiert am 22. um 16^h44^m den Herbstpunkt, die Herbst-Tagundnachtgleiche tritt ein.
- Venus kann für kurze Zeit am Abendhimmel gesehen werden.
- Jupiter im Schützen ist ebenfalls am Abendhimmel vertreten.
- Saturn kommt am 4. in Konjunktion mit der Sonne.

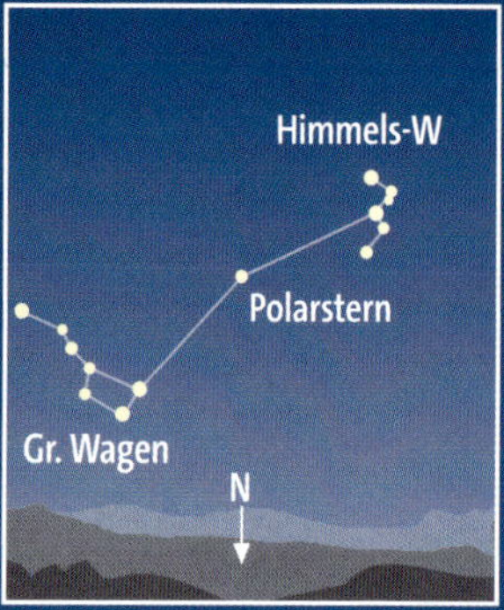

Großer Wagen und Himmels-W Anfang September um 22 Uhr

9.1 Himmelsanblick am 9. September gegen 20^h MEZ (= 21^h MESZ). Tief am Südhimmel leuchtet Jupiter. Der zunehmende Mond kurz nach dem ersten Viertel wandert südlich am Riesenplaneten vorbei.

1 Mo	Mond bei Venus, Abstand 5°,3 um 22^{h}
2 Di	Mond bei Merkur, Abstand 2°,9 um 0^{h} Mond bei Mars, Abstand 5°,1 um 9^{h}
3 Mi	Merkur im Aphel
4 Do	Saturn in Konjunktion mit der Sonne
5 Fr	
6 Sa	
7 So	**Mond im ersten Viertel**
8 Mo	Jupiter im Stillstand, dann rechtläufig
9 Di	Pluto im Stillstand, dann rechtläufig Mond bei Jupiter, Abstand 4°,0 um 19^{h}
10 Mi	
11 Do	Merkur in größter östl.Elongation Merkur bei Venus und Mars
12 Fr	Merkur bei Mars, Abstand 3°,4 um 22^{h}
13 Sa	Mond bei Neptun, Abstand 0°,8 um 3^{h} Uranus in Opposition zur Sonne
14 So	
15 Mo	**Vollmond** Mond bei Uranus, Abstand 4°,0 um 9^{h}
16 Di	
17 Mi	
18 Do	
19 Fr	Merkur bei Mars, Abstand 4°,1 um 6^{h} Sternschnuppen Pisciden
20 Sa	
21 So	
22 Mo	**Mond im letzten Viertel** Herbstanfang, 16^{h}44^{m}
23 Di	
24 Mi	Merkur im Stillstand, dann rückläufig
25 Do	
26 Fr	
27 Sa	Mond bei Saturn, Abstand 4°,5 um 21^{h}
28 So	
29 Mo	**Neumond**
30 Di	Mond bei Merkur, Abstand 1°,1 um 12^{h}

Sonne – Sternbilder

16. 9. 13h:
Sonne tritt in das Sternbild Jungfrau
22.9. 16h44m:
Sonne tritt in das Tierkreiszeichen Waage
Julianisches Datum am
1. September, 1h MEZ: 2454710,5

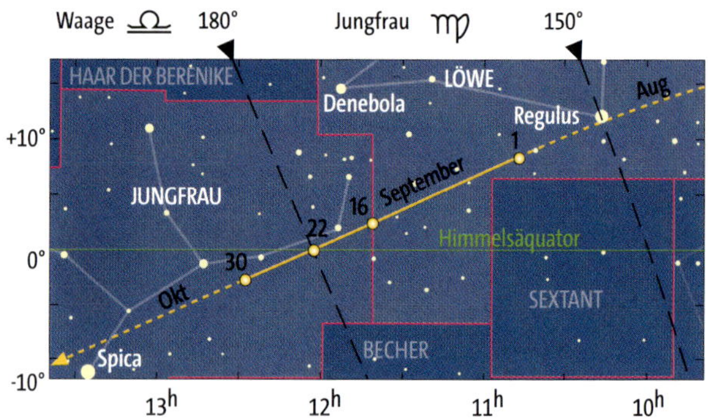

Tabelle Sonnenlauf

Tag	Dämmerg. Anfang	Aufgang MEZ	Kulmination	Untergang MEZ	Dämmerg. Ende	Mittagshöhe	Zeitgleichg.	Rektaszension	Deklination
	h m	h m	h m	h m	h m	o	m	h m	o
1.	4 20	5 35	12 20	19 03	20 18	48,1	0	10 42	+ 8,3
5.	4 28	5 41	12 18	18 55	20 08	46,6	+ 2	10 56	+ 6,8
10.	4 36	5 49	12 17	18 44	19 56	44,7	+ 3	11 14	+ 4,9
15.	4 45	5 56	12 15	18 33	19 44	42,8	+ 5	11 32	+ 3,0
20.	4 53	6 04	12 13	18 22	19 32	40,9	+ 7	11 50	+ 1,1
25.	5 01	6 11	12 11	18 11	19 21	38,9	+ 9	12 08	− 0,9
30.	5 09	6 19	12 10	18 00	19 10	37,0	+10	12 26	− 2,8

Tages- und Nachtstunden

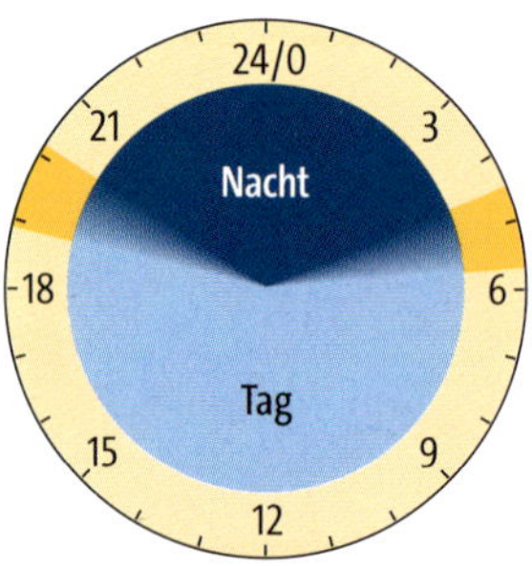

5. September

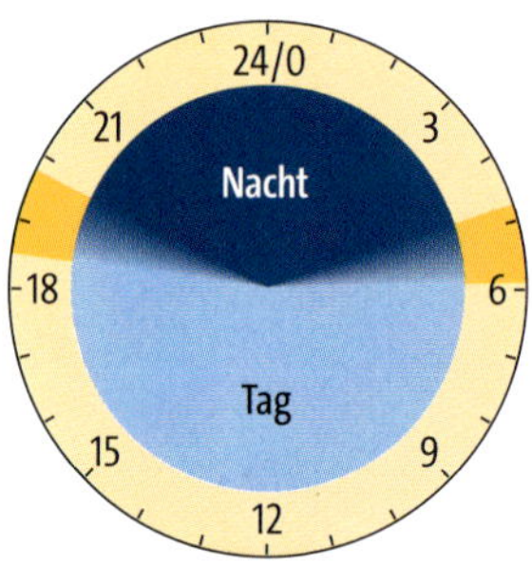

15. September

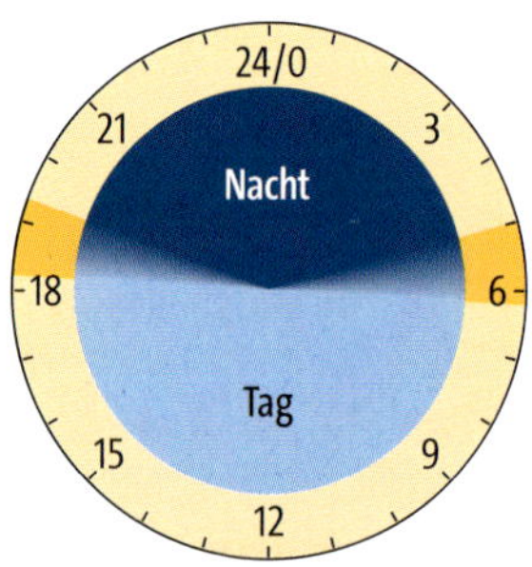

25. September

Tabelle Mondlauf

Datum		Aufg. MEZ	Kulmination	Unterg. MEZ	Rektaszension	Deklination		Sterne und Sternbilder	Phase	MEZ
		h m	h m	h m	h m	o				
Mo	1.	7 31	13 32	19 18	11 31	− 0,2		Löwe	Libration West	
Di	2.	8 46	14 16	19 33	12 18	− 6,2		Jungfrau		
Mi	3.	10 00	15 00	19 49	13 04	−11,8		Spica		
Do	4.	11 14	15 46	20 08	13 52	−16,9		Jungfrau		
Fr	5.	12 26	16 33	20 33	14 40	−21,1		Waage	Größte Südbreite	
Sa	6.	13 35	17 22	21 04	15 31	−24,4		Waage		
So	7.	14 37	18 12	21 46	16 22	−26,5		Antares	**Erstes Viertel**	**15h 04m**
									Erdferne 404/29,′6	16h
Mo	8.	15 30	19 04	22 38	17 15	−27,5	*	Schlangenträger		
Di	9.	16 13	19 55	23 41	18 09	−27,2	*	Kaus Australis		
Mi	10.	16 45	20 45	–	19 02	−25,6		Schütze, Nunki		
Do	11.	17 10	21 33	0 51	19 54	−22,9		Schütze		
Fr	12.	17 30	22 20	2 06	20 45	−19,0		Steinbock	Aufsteigender Knoten	
Sa	13.	17 47	23 06	3 21	21 34	−14,2		Steinbock		
So	14.	18 02	23 51	4 38	22 22	− 8,6		Wassermann	Libration Ost	
Mo	15.	18 17	–	5 56	23 10	− 2,6		Fische	**Vollmond**	**10h 13m**
Di	16.	18 32	0 37	7 15	23 59	+ 3,7		Fische		
Mi	17.	18 50	1 25	8 37	0 49	+10,0		Fische		
Do	18.	19 12	2 16	10 02	1 42	+15,8		Fische		
Fr	19.	19 42	3 10	11 28	2 38	+20,8		Widder, Hamal	Größte Nordbreite	
Sa	20.	20 23	4 09	12 51	3 38	+24,6	*	Stier, Plejaden	Erdnähe 369/32,′4	4h
So	21.	21 19	5 10	14 04	4 40	+26,9		Stier		
Mo	22.	22 29	6 13	15 02	5 44	+27,4		Stier, Al Nath	**Letztes Viertel**	**6h 04m**
Di	23.	23 50	7 14	15 44	6 47	+26,1	*	Zwillinge		
Mi	24.	–	8 11	16 15	7 47	+23,2		Pollux		
Do	25.	1 13	9 05	16 37	8 44	+19,0		Krebs, Krippe	Absteigender Knoten	
Fr	26.	2 35	9 54	16 55	9 37	+13,8		Löwe, Regulus		
Sa	27.	3 54	10 41	17 10	10 27	+ 8,0		Löwe, Regulus		
So	28.	5 11	11 25	17 25	11 15	+ 2,0		Löwe	Libration West	
Mo	29.	6 26	12 09	17 39	12 02	− 4,1		Jungfrau	**Neumond**	**9h 12m**
Di	30.	7 40	12 53	17 54	12 48	− 9,8		Jungfrau		

Der Mond bedeckt das Siebengestirn

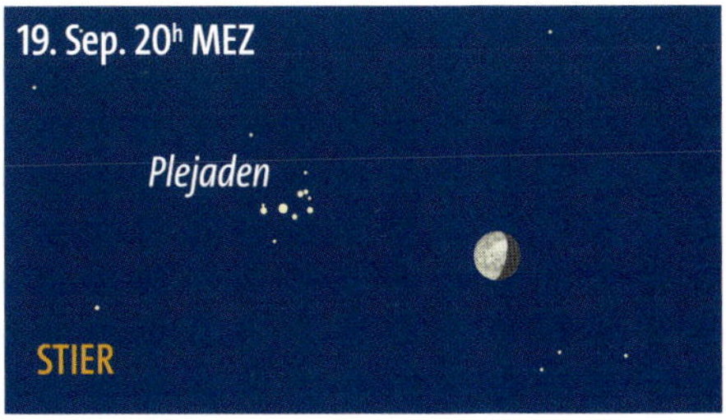

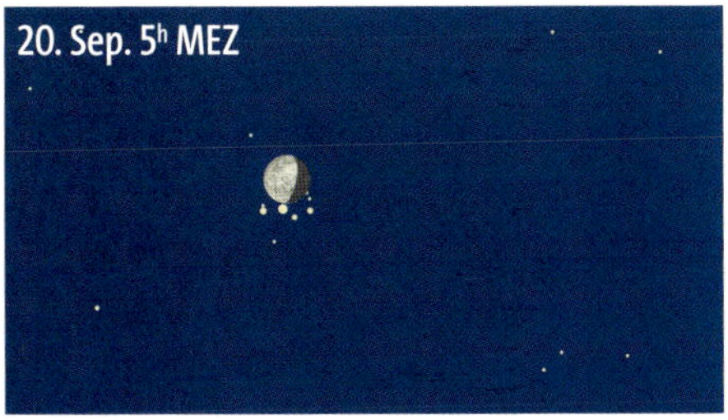

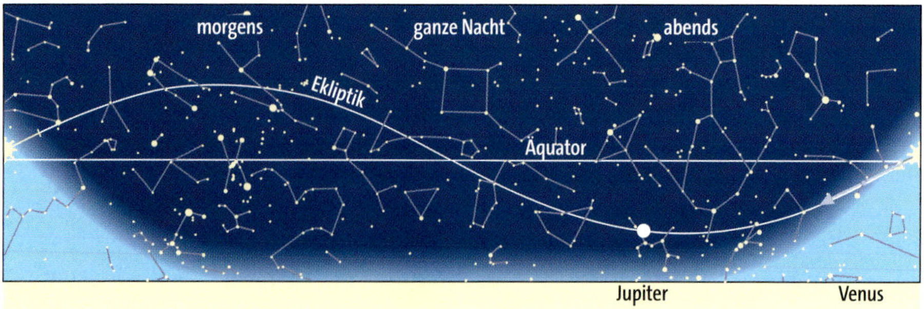

Merkur erreicht am 11. seine größte östliche Elongation von der Sonne. Bereits am 3. geht er durch das Aphel seiner Bahn. Deshalb fällt sein maximaler Elongationswinkel mit 26°52′ recht groß aus. Wegen seiner südlichen Position aber bietet Merkur dem freiäugigen Beobachter keine Sichtbarkeitschance am Abendhimmel. Merkur bleibt im September unsichtbar.

Auch die Begegnungen mit Venus am 11. und Mars am 12. und 19. bleiben ohne optische Hilfsmittel unbeobachtbar.

Für Fernrohrbeobachter sei angemerkt, dass am 14. das $7''\!,5$ große Merkurscheibchen halb beleuchtet erscheint, die Dichotomie tritt ein. An diesem Tag erfolgt der Untergang des $0^m\!,3$ hellen Merkur um 19^h02^m (= 20^h02^m Sommerzeit).

Am 24. hält Merkur in seinem Lauf durch die Tierkreisbilder inne und wird rückläufig. In der ersten Oktoberwoche kommt er dann in untere Konjunktion mit der Sonne.

Venus baut ihre Rolle als Abendstern nur zögerlich aus. Sie wandert durch die Jungfrau und passiert am 18. deren Hauptstern Spica in drei Grad nördlichem Abstand.

Da Venus immer südlichere Bereiche des Tierkreises aufsucht, verkleinern sich die Tagbögen und die Untergänge verfrühen sich. Am 1. geht die $-3^m\!,9$ helle Venus um 19^h49^m (= 20^h49^m Sommerzeit) unter, am 30. bereits um 18^h56^m. Nur durch die immer früher einsetzende Dämmerung ergibt sich ein kleiner Gewinn an Sichtbarkeitsdauer.

Im Teleskop erscheint Venus immer noch klein und rundlich. Bis Monatsende wächst das Planetenscheibchen lediglich auf 12″ an, der Beleuchtungsgrad nimmt auf 86 % ab.

Mars wird von der Sonne verfolgt, die ihm nur langsam näher kommt. Im Laufe des Monats nimmt sein östlicher Winkelvorsprung vor der Sonne auf knapp 20° ab. Vom Abendhimmel hat sich der rote Planet längst verabschiedet. Mars bleibt unsichtbar. Auch die Begegnungen mit Venus am 11., mit Merkur am 12. und am 19. bleiben für das unbewaffnete Auge unbeobachtbar.

Jupiter wird am 8. im Sternbild Schütze stationär und beendet damit seine Oppositionsperiode. Anschließend wandert er wieder rechtläufig durch den Tierkreis (siehe auch Abb. 7.5 auf Seite 140). Anfangs fällt seine rechtläufige Bewegung recht zögerlich aus. Der Stern Nunki (σ Sgr) südlich von Jupiter markiert in etwa die Umkehrstelle.

Aus der zweiten Nachthälfte zieht sich Jupiter vollkommen zurück. Er verlagert seine Untergänge in die Zeit weit vor Mitternacht.

Geht der Riesenplanet am 1. noch um 0^h35^m (= 1^h35^m Sommerzeit) unter, so sinkt er am 30. schon um 22^h40^m (= 23^h40^m Sommerzeit) unter die Horizontlinie.

Während des Monats nimmt die Jupiterhelligkeit um weitere $0^m\!,2$ auf $-2^m\!,3$ ab. Nach Venus ist Jupiter damit immer noch hellster Planet am Nachthimmel.

Am 9. zieht der Mond kurz nach seiner Halbmondphase am Riesenplaneten vorbei (siehe Abb. 9.1 auf Seite 176).

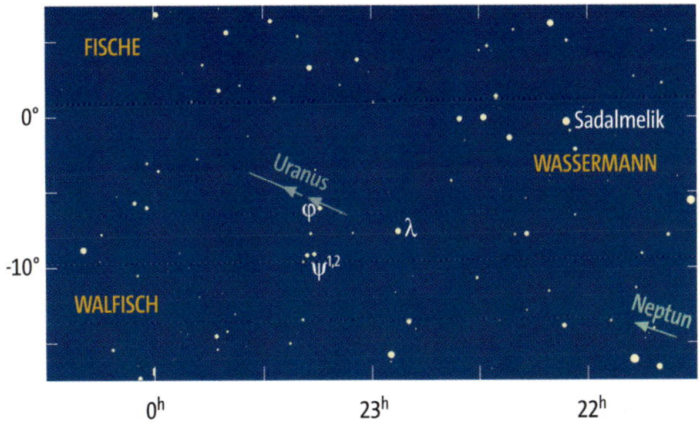

9.2 Übersichtskarte für Uranus: **Lage der scheinbaren Bahn von Uranus im Sternbild Wassermann. Rechts unten ist noch die Lage der Neptunbahn im Sternbild Steinbock eingetragen.**

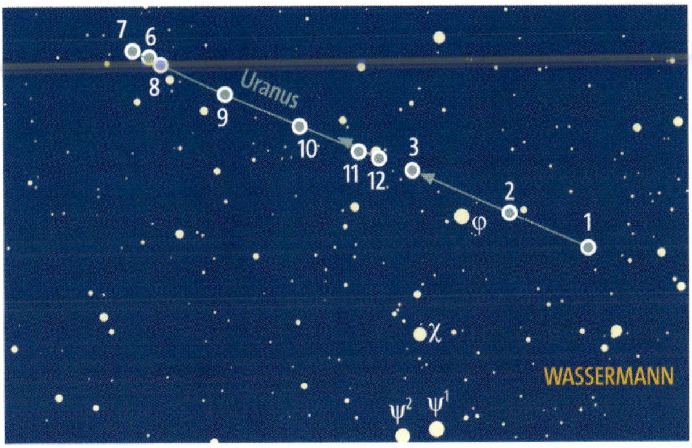

9.3 Aufsuchkarte für Uranus: **Scheinbare Bahn des Planeten Uranus im Sternbild Wassermann von Januar bis Anfang März 2008 sowie von Juni bis Ende Dezember 2008. Die Zahlen geben die Uranusposition zum jeweiligen Monatsersten an.**

Saturn, rechtläufig im Löwen, wird am 4. von der Sonne eingeholt und steht in Konjunktion mit ihr. Der Ringplanet hält sich somit am Taghimmel auf und bleibt nachts unbeobachtbar unter dem Horizont.

Seine Entfernung von der Erde beträgt zur Konjunktion 1547 Millionen Kilometer (= 10,34 AE). Von der Sonne trennen ihn an diesem Tag 1396 Millionen Kilometer (= 9,33 AE). Das Sonnenlicht ist somit eine Stunde und 18 Minuten zu Saturn unterwegs.

Unter guten Sichtbedingungen lässt sich Saturn zu Monatsende bereits am Morgenhimmel aufstöbern. Der $1^{m}{,}0$ helle Ringplanet geht am 25. um $4^{h}28^{m}$ (= $5^{h}28^{m}$ Sommerzeit) auf und am 30. schon um $4^{h}12^{m}$ (siehe auch Abb. 2.5 auf Seite 48).

Uranus, rückläufig im Wassermann, kommt am 13. in **Opposition** zur Sonne. In der Oppositionsnacht geht Uranus um $18^{h}32^{m}$ (= $19^{h}32^{m}$ Sommerzeit) auf, passiert um $0^{h}14^{m}$ den Meridian und geht am nächsten Morgen um $5^{h}55^{m}$ wieder unter. Damit ist Uranus Planet der gesamten Nacht, wenn man davon absieht, dass der grünliche Planet jeweils erst eine Stunde nach Auf- beziehungsweise vor Untergang beobachtbar ist. Um ihn zu finden, nutze man die Aufsuchkärtchen Abb. 9.2 und 9.3 oben.

Bis Monatsende verfrühen sich die Untergangszeiten auf $4^{h}49^{m}$ (= $5^{h}49^{m}$ Sommerzeit). Die Uranuskulmination erfolgt am 30. um $23^{h}04^{m}$ (= $0^{h}04^{m}$ Sommerzeit am 1. Oktober).

Die Oppositionshelligkeit von Uranus erreicht $5^{m}{,}7$. Damit ist er rein theoretisch mit bloßen Augen sichtbar – aber nur unter exzellenten Sichtbedingungen, die fast nie gegeben sind.

Im Teleskop zeigt Uranus ein winziges, grünliches Planetenscheibchen von nur $3{,}''6$ scheinbarem Durchmesser. Auf ihm sind allerdings selbst in großen Teleskopen keine Details erkennbar.

Zur Opposition beträgt die Distanz Uranus–Erde 2856 Millionen Kilometer (= 19,09 AE). Das Uranuslicht ist somit zwei Stunden und 39 Minuten zur Erde unterwegs. Von der Sonne trennen Uranus am Oppositionstag 3007 Millionen Kilometer (= 20,10 AE).

Neptun stand Mitte des Vormonats in Opposition zur Sonne. Der sonnenferne, bläuliche Planet wandert rückläufig durch den Steinbock (siehe Abb. 8.4 auf Seite 164). Neptun kann in der ersten Nachthälfte beobachtet werden. Seine Meridianpassagen verlegt der Planet des Meeresgottes in die späten Abendstunden. Am 1. kulminiert Neptun um 23^h14^m, am 15. um 22^h17^m und am 30. schon um 21^h17^m (= 22^h17^m Sommerzeit). Die Neptununtergänge verfrühen sich um fast zwei Stunden. Erfolgt der Neptununtergang am 1. um 4^h10^m (= 5^h10^m Sommerzeit), so sinkt der nur $7^m{,}9$ helle Neptun am 30. schon um 2^h12^m unter die Horizontlinie. Etwa ein bis zwei Stunden vor Untergang wird Neptun unbeobachtbar.

Pluto wird am 9. im Sternbild Schütze stationär und beendet damit seine Rückläufigkeit. Der prominente Zwergplanet wandert anschließend wieder mit wachsender Rektaszension durch die Sternenwelt (siehe auch Abb. 7.6 auf Seite 140).

Planetoiden

Vesta (4) bremst ihre rechtläufige Bewegung im Cetus vollends ab und wird am 12. abends stationär, was ihre Bewegung in Rektaszension betrifft. Damit leitet Planetoid Nr. 4 seine Oppositionsperiode ein.

Nach dem 12. bewegt sich Vesta rückläufig durch den Walfisch, wobei sie auch etwas nach Süden driftet (siehe Abb. 10.7 auf Seite 200).

Die Vestahelligkeit nimmt im September um eine halbe Größenklasse zu und erreicht zu Monatsende $6^m{,}9$. Damit wird Vesta auch im kleinen Fernglas beobachtbar.

Die Vestakulminationen verlagern sich von 4^h37^m am 1. auf 3^h44^m am 15. und auf 2^h41^m (= 3^h41^m Sommerzeit) am Monatsletzten.

Metis – Planetoid Nr. 9 – wird am 24. stationär und zieht anschließend rückläufig durch die Fische. Mit $9^m{,}6$ Helligkeit ist Metis noch nicht leicht auffindbar (siehe auch „Planetenlauf" im Oktober und November).

Periodische Sternschnuppenströme

In den ersten Septembertagen sind noch einige Nachzügler der **Alpha-Aurigiden** zu erwarten. Es handelt sich um recht schnelle Sternschnuppen – um die 65 Kilometer pro Stunde.

Konstellationen und Ereignisse

Datum	MEZ	Ereignis
1.	22^h	Mond bei Venus, Mond $5^\circ{,}3$ südlich
2.	0	Mond bei Merkur, Mond $2^\circ{,}9$ südlich
2.	9	Mond bei Mars, Mond $5^\circ{,}1$ südlich
3.	17	Merkur im Aphel
4.	3	Saturn in Konjunktion mit der Sonne
8.	4	Jupiter im Stillstand, anschließend rechtläufig
9.	7	Pluto im Stillstand, anschließend rechtläufig
9.	21	**Mond bei Jupiter**, Mond $2^\circ{,}8$ südlich, **Abstand $4^\circ{,}0$ um 19^h**
11.	5	Merkur in größter östlicher Elongation (27°)
11.	6	Merkur bei Venus, Merkur $3^\circ{,}6$ südlich
11.	22	Venus bei Mars, Venus $0^\circ{,}3$ nördlich
12.	22	Merkur bei Mars, Merkur $3^\circ{,}4$ südlich
13.	3	Mond bei Neptun, Mond $0^\circ{,}8$ nördlich
13.	3	**Uranus in Opposition** zur Sonne
15.	9	Mond bei Uranus, Mond $4^\circ{,}0$ nördlich
19.	6	Merkur bei Mars, Merkur $4^\circ{,}1$ südlich
22.	16^h44^m	**Sonne im Herbstpunkt, Tagundnachtgleiche**
24.	6	Merkur im Stillstand, anschließend rückläufig
27.	21	Mond bei Saturn, Mond $4^\circ{,}5$ südlich
30.	12	Mond bei Merkur, Mond $1^\circ{,}1$ südlich

Der Radiant liegt nahe Kapella im Fuhrmann.

Die **Pisciden** sind im gesamten September aktiv. Ihr Ausstrahlungspunkt liegt in den Fischen. Beste Beobachtungszeit ist zwischen 22^h und 4^h morgens. Das Maximum ist um den 19. September zu erwarten, wobei nur etwa fünf bis zehn Meteore pro Stunde auftauchen. Die Geschwindigkeit der Meteorite liegt um 25 Kilometer pro Sekunde. Die Pisciden zerfallen in mehrere Teilströme, von denen einer bis Mitte Oktober tätig ist.

Die **Tauriden** tauchen vom letzten Septemberdrittel bis Ende November auf. Ihr Radiant liegt im Stier. Der Tauriden-Strom geht wahrscheinlich auf den Kometen 2P/Encke zurück. Das wenig ausgeprägte Maximum fällt auf den 11. November. Die Objekte sind um 30 Kilometer pro Sekunde schnell, haben also mittlere Geschwindigkeiten. Manchmal unterscheidet man zwischen Süd- und Nordtauriden. Die Südtauriden erreichen ihr Maximum schon am 4. November.

Ein relativ neuer Strom sind die **Delta-Aurigiden**, dessen Radiant im Fuhrmann nahe δ Aurigae zu finden ist. Es sind schnelle, aber seltene Objekte. Ihre Geschwindigkeit liegt bei 60 Kilometer pro Sekunde. Sie erscheinen vom 17. September bis etwa 9. Oktober, wobei das wenig ausgeprägte Maximum um den 3. Oktober zu erwarten ist. Nur etwa fünf Meteore sind pro Stunde zu erwarten.

Jupitermonde

Tag	MEZ h	MEZ m	Vorgang	
1.	19	19	I	BA
	22	41	I	VE
2.	19	40	III	SA
	20	01	I	SE
	22	58	III	SE
3.	20	38	II	BA
5.	19	52	II	SE
7.	21	40	IV	SA
8.	21	09	I	BA
9.	18	51	III	DA
	19	41	I	SA
	20	45	I	DE
	21	57	I	SE
	22	04	III	DE
	23	40	III	SA
10.	19	05	I	VE
	23	06	II	BA
12.	19	43	II	SA
	20	01	II	DE
	22	28	II	SE
15.	20	48	IV	BA
	23	01	I	BA
16.	20	22	I	DA
	21	36	I	SA
	22	37	I	DE
	22	38	III	DA
17.	21	01	I	VE
19.	19	48	II	DA
	22	19	II	SA
	22	32	II	DE
20.	21	00	III	VE
21.	20	16	II	VE
23.	22	15	I	DA
24.	19	22	I	BA
	19	51	IV	SE
25.	18	59	I	DE
	20	16	I	SE
26.	22	20	II	DA
27.	19	41	III	BE
	21	39	III	VA

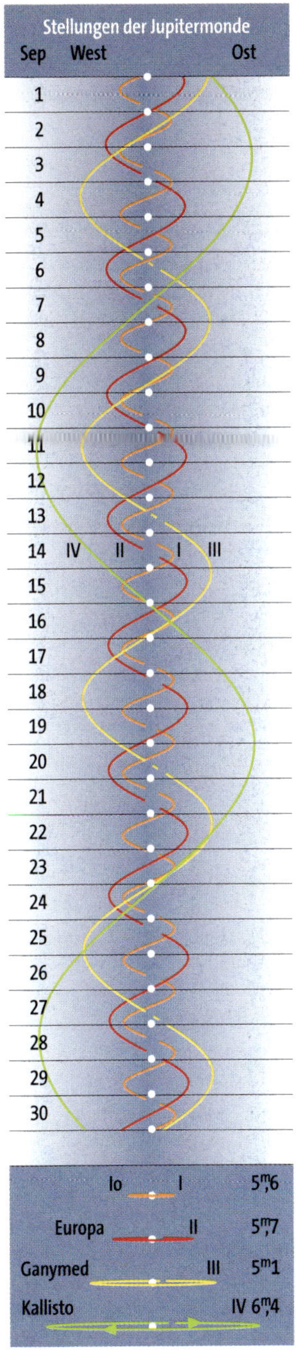

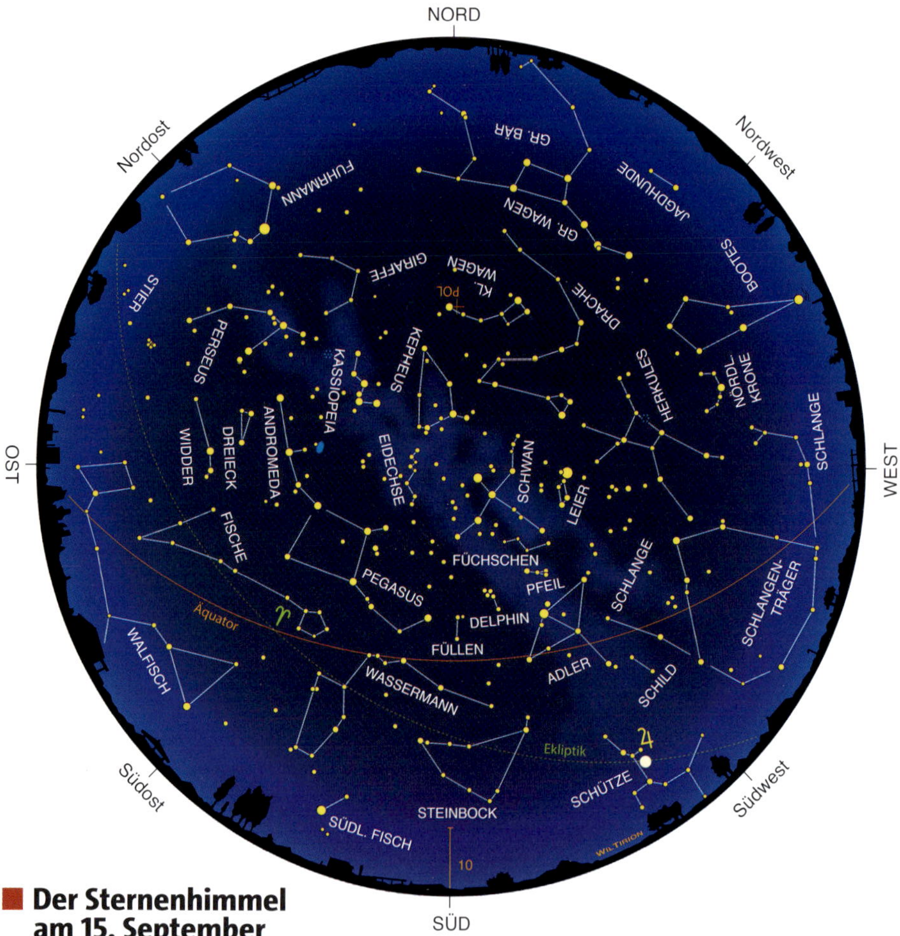

Der Sternenhimmel am 15. September um 22h MEZ

Die Sternkarte ist auch gültig für:

	MEZ	MESZ
15. 7.	2^h	3^h
1. 8.	1	2
15. 8.	0	1
1. 9.	**23**	**24**
15. 9.	**22**	**23**
30. 9.	**21**	**22**
15.10.	20	21
31.10.	19	
15.11.	18	

Nur wenig hat sich der sommerliche Charakter des abendlichen Sternenzelts gegenüber dem Vormonat verändert. Allerdings hat sich die gesamte Sternbilderszenerie um zwei Rektaszensionsstunden nach Westen verschoben. Arktur ist somit schon tief im Westen zu finden, vorausgesetzt der Horizontdunst lässt ihn überhaupt noch erkennen. Das Pegasusquadrat hingegen steht bereits hoch im Südosten. Wie seine Bezeichnung als „Herbstviereck" deutlich macht, wird bald die dritte Jahreszeit ihren Einzug halten. Noch beherrschen die Sommersternbilder den Abendhimmel zur Standardbeobachtungszeit (Monatsbeginn 23^h MEZ = 24^h MESZ, Monatsmitte 22^h MEZ = 23^h MESZ). Allerdings hat sich das Sommerdreieck schon ein wenig nach Westen verschoben. Deneb steht nun fast im Zenit, während Wega und Atair den Meri-

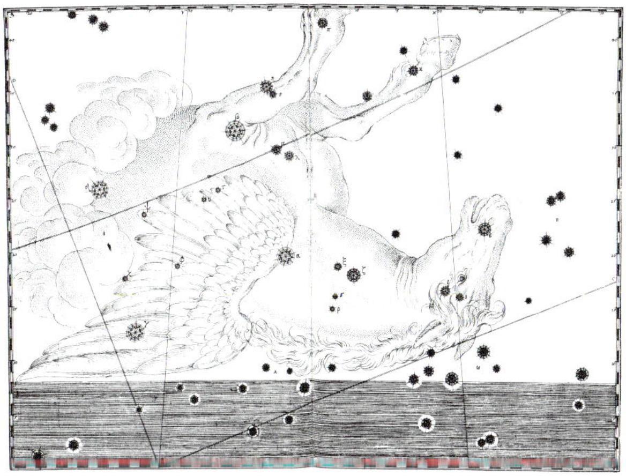

9.4 Das Sternbild Pegasus: Figürliche Darstellung des Sternbildes Pegasus in dem Sternatlas *Uranometria* von Johannes Bayer aus dem Jahre 1603.

dian bereits überquert haben. Die Jungfrau und der Skorpion sind längst untergegangen. Im Südwesten schickt sich der Schütze ebenfalls an, die Himmelsbühne zu verlassen. In ihm strahlt der Planet Jupiter.

Aufzug der Herbststernbilder

Tief im Süden wandert der Steinbock gerade durch den Meridian. Vor rund zweitausend Jahren erreichte hier die Sonne ihren Tiefststand im Jahreslauf – der Winterpunkt lag im Steinbock. Noch heute spricht man daher vom „Wendekreis des Steinbocks", obwohl bereits 120 vor Chr. der Winterpunkt infolge der Erdpräzession den Steinbock verlassen hat und in den Schützen übergewechselt ist.

Der Hauptstern Algiedi ($\alpha_{1,2}$ Capricorni) ist ein optischer Doppelstern, der bei 6′24″ Separation schon mit bloßen Augen leicht zu trennen ist. Allerdings muss der Himmel dunkel sein und irdische Lichter dürfen nicht blenden, denn die Komponenten sind nicht besonders hell: α_1 hat lediglich $4^{m}_{,}2$ scheinbare Helligkeit und α_2 ist mit $3^{m}_{,}6$ etwas heller. „Optischer Doppelstern" bedeutet, dass beide Sterne lediglich in der gleichen Richtung stehen, aber keineswegs durch die Schwerkraft aneinander gefesselt sind. Sie sind auch sehr verschieden weit weg: α_1 Cap ist knapp 700 Lichtjahre von uns entfernt, α_2 Cap jedoch nur 108 Lichtjahre. Der arabische Name Algiedi (auch: Algedi) bedeutet Zicklein.

Dem Steinbock folgt im Tierkreis der Wassermann (lat.: Aquarius), der jetzt den Raum im Südosten einnimmt. Ebenso wie der Steinbock gehört der Wassermann zu den lichtschwachen und wenig auffälligen Mitgliedern des Tierkreises.

Tief im Südosten flackert ein Stern erster Größe. Es ist Fomalhaut im Südlichen Fisch (lat.: Piscis Austrinus), der eben aufgegangen ist. Fomalhaut kommt aus dem Arabischen und bedeutet so viel wie Maul des Fisches. Mit 25 Lichtjahren Entfernung gehört er zu den Nachbarsternen unserer Sonne.

Im Osten fällt das kleine Bild des Widders auf, das im Wesentlichen nur aus drei Sternen besteht, die ein stumpfwinkliges Dreieck bilden.

Den Platz im Südosten nimmt das ausgedehnte, aber lichtschwache Tierkreisbild Fische ein. Im Herbst stehen die Fische der Sonne genau gegenüber. Versinkt die Sonne im Westen, so steigen die Fische im Osten empor.

Tief im Nordosten flackert horizontnah ein heller, gelblicher Stern . Es ist Kapella, der Hauptstern des Fuhrmanns.

Das Sternbild Pegasus (Pegasus)

Wie der Orion ein typisches Wintersternbild ist oder der Löwe zum dominierenden Sternbild des Frühlingshimmels zählt, so ist der Pegasus das markante Bild am herbstlichen Abendhimmel. Es firmiert daher auch unter der Bezeichnung Herbstviereck, obwohl das Sternenquadrat des Pegasus nur einen Teil des umfangreichen

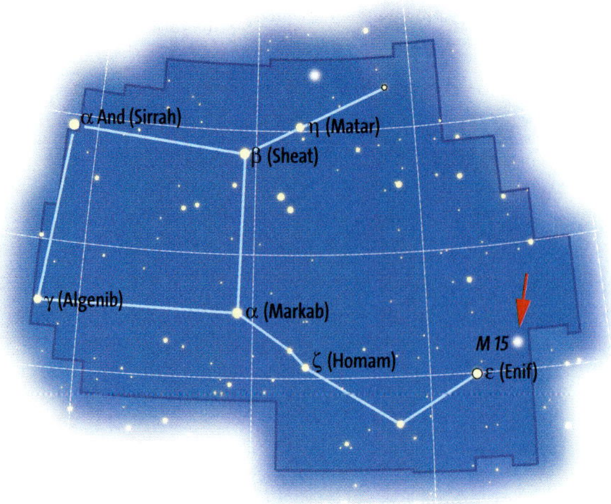

9.5 Der Pegasus und M 15: **Skelettkarte des Sternbildes Pegasus mit dem Kugelsternhaufen M 15. Der linke, obere Eckstern des Herbstvierecks gehört bereits zum Sternbild Andromeda.**

Gesamtbildes ausmacht. Am Herbsthimmel fällt das mächtige Quadrat aus Sternen zwischen zweiter und dritter Größenklasse hoch im Süden sofort auf. Doch Herbstviereck und Pegasus sind nicht völlig identisch. Einmal gehört der nordöstliche Eckstern des Vierecks zum Sternbild Andromeda (α And), zum anderen zählen noch zahlreiche Sterne weit westlich vom Herbstviereck zum mächtigen Sternbild Pegasus, das viel größer ist, als man oft vermutet.

Der klassischen Mythologie nach ist der Pegasus ein Fabelwesen, nämlich ein geflügeltes Pferd, das den Poeten zu ihren Gedankenflügen verhilft und ihre Fantasie beflügelt. Grausam klingt die Geschichte von der Abstammung des Pegasus. Als der Held Perseus der schrecklichen Gorgone Medusa das Haupt abschlägt, schießt nicht nur eine Fontäne schwarzen Blutes aus ihrem Rumpf. Im Todeskampf entweicht ihrem zuckenden Leib das Flügelross. Kaum dem Blute der Medusa entsprungen, entfaltet Pegasus seine Flügel und fliegt gen Himmel empor zum Reich der Götter, um fortan den Keulenwagen des Blitze schleudernden Göttervaters Zeus zu ziehen. Pegasus erledigt so manche Aufgabe für die feine Göttergesellschaft. So beruhigt er auf Wunsch des zürnenden Poseidon die übermütigen neun Musen, als sie in den Helikonbergen laut singend und schreiend ein Fest feiern.

Pegasus landet auf Helikon, wobei seine Hufschläge beim Aufsetzen eine Quelle (Hippokrene) hervorsprudeln lassen. Wer aus ihr trinkt, dessen Fantasie bekommt Flügel. Sodann verhilft Pegasus dem Sohn des Königs Glaukos von Korinth, Bellerophon, zu seinem Sieg über die schreckliche, Feuer speiende Chimaira. Pallas Athene selbst besorgt Bellerophon die goldenen Zügel, mit denen allein er den Pegasus bändigen kann. Dann schwingt er sich guten Mutes auf das Flügelross und fliegt der Chimaira entgegen. Aus ihrem Löwenmaul speit sie Feuer, als sie das Gespann in den Lüften erblickt. Halb Löwe, halb Ziege und mit einem Drachenschwanz, bedrängt sie die Bewohner von

Veränderliche Sterne im September

Algol-Minima	7.	3^h22^m	10.	0^h11^m	12.	20^h59^m	15.	17^h48^m	27.	5^h02^m	30.	1^h51^m
β-Lyrae-Minima	7.	4^hN	13.	15^hH	20.	2^hN	26.	14^hH				
δ-Cephei-Maxima	3.	6^h	8.	14^h	13.	23^h	19.	8^h	24.	17^h	30.	2^h
Mira-Helligkeit	1.	10^m	10.	10^m	20.	10^m	30.	9^m				

Lykien. Aus den Lüften stürzt Bellerophon mit Pegasus herab. Hufschläge prasseln auf Chimaira ein, die mit ihrem Feuerhauch das Schwert von Bellerophon zum Glühen bringt. Den heißen Stahl stößt Bellerophon todesmutig mitten in das Herz des Ungeheuers. Ein dicker Strahl tintenfarbigen Blutes spritzt gen Himmel und Chimaira sinkt tödlich getroffen zusammen.

Ob dieses Sieges übermütig, will Bellerophon selbst zu den Göttern aufsteigen. Dies gefällt der illustren Gesellschaft aber nicht. Sie entsendet eine Wespe, die den Pegasus an einer empfindlichen Stelle sticht. Vor Schmerzen und Schreck bäumt sich Pegasus auf, wobei er den siegestrunkenen Bellerophon samt goldenem Zaumzeug abwirft. In dieser Position wird der Pegasus unter die Sterne versetzt – mit den Hufen nach oben und dem Rücken nach unten gekehrt (von der Nordhalbkugel der Erde aus betrachtet).

Schon die Babylonier sahen in dieser Sternenfigur ein Pferd. Bei den Juden war es ein Jagdpferd, das schneller als ein Adler war. Der christliche Sternbilderhimmel ließ die Flügel gelten und aus dem Pegasus wurde der Erzengel Gabriel. Erhard Weigel (1625–1699) aus Jena machte in seinem *Coelum Heraldicum* aus dem Pegasus das Braunschweig-Lüneburgische Pferd. Die Araber wieder sahen hier durstige Kamele, andere Darstellungen zeigen einen Vogel Strauß.

Der Hauptstern des Pegasus, α Pegasi ($2^{\mathrm{m}}{,}5$), eine bläuliche, heiße Sonne in 140 Lichtjahren Entfernung, heißt Markab, was vom Arabischen Mankib Al Faras kommt und Schulter des Pferdes bedeutet. Der Name bezeichnete ursprünglich β Pegasi und wurde später irrtümlich auf α Peg übertragen. β Pegasi (variabel, $2^{\mathrm{m}}{,}4$ – $2^{\mathrm{m}}{,}6$), ein tiefroter Riese in 200 Lichtjahren Entfernung, heißt Scheat, vom Arabischen Al Saq, das Schienbein. Ebenfalls aus dem Arabischen kommt der Name Algenib für γ Pegasi ($2^{\mathrm{m}}{,}8$), ein heißer, bläulicher Stern in 360 Lichtjahren Entfernung. Al Janb heißt die Flanke und war ursprünglich für α Peg in Gebrauch.

Enif für ε Pegasi ($2^{\mathrm{m}}{,}4$) am Kopf des Pegasus stammt vom Arabischen Anf, was Nase bedeutet. Enif ist ein oranger Riesenstern in 700 Lichtjahren Distanz.

Knapp nordwestlich von Enif stößt man auf den Kugelsternhaufen M 15, ein schönes Fernglasobjekt in 31 000 Lichtjahren Entfernung.

Beim Stern mit der Flamsteed-Nr. 51 im Pegasus wurde im Oktober 1995 erstmals ein Planet außerhalb unseres Sonnensystems nachgewiesen. 51 Pegasi ist ein sonnenähnlicher Stern (Spektraltyp G2, Leuchtkraftklasse V) in 50 Lichtjahren Entfernung und mit $5^{\mathrm{m}}{,}5$ scheinbarer Helligkeit gerade noch mit bloßen Augen zu sehen. Inzwischen sind um zahlreiche Sterne Planeten entdeckt worden (siehe auch Monatsthema November „Auf der Jagd nach fernen Planeten" auf Seite 222).

Wie weit ist es zum Kohlensack?

9.6 Aufnahme der interstellaren Dunkelwolke „Kohlensack“ im Sternbild Kreuz des Südens. Deutlich hebt sich diese Dunkelwolke vom Hintergrund der zahlreichen Milchstraßensterne ab (Foto: Bernd Koch, Bildagentur Astrofoto).

Nur noch selten wird in unseren Gegenden mit Kohle geheizt. Die meisten haben eine Öl-, Gas- oder elektrische Heizung. Kohlensäcke finden sich daher nur selten in den Kellern privater Behausungen. Doch hier geht es nicht um irdische, sondern um himmlische Kohlensäcke. Genauer um ein bekanntes Gebilde, das tief am Südhimmel zu sehen ist und als südlicher Kohlensack bezeichnet wird. Nicht so bekannt und auch nicht so auffällig ist der bei uns beobachtbare nördliche Kohlensack.

Löcher im Himmel

Mitten in der südlichen Milchstraße im sternreichen Gebiet des Sternbildes Kreuz des Südens scheint der Himmel ein Loch zu haben. Eine tiefdunkle, birnenförmige Lücke hebt sich scharf begrenzt vom sternreichen Hintergrund der Milchstraße ab. Diese fast sternlose Gegend mit einer Ausdehnung von rund $5° \times 7°$ ist ein auffälliges Gebilde. Wegen seiner Form und Schwärze hat man es „Kohlensack“ genannt. Der nördliche Rand ist rund und besonders scharf begrenzt, der südliche Rand zeigt sich leicht zerfranst. Das Zentrum des Kohlensacks hat die äquatorialen Koordinaten $\alpha = 12^h52^m$ und $\delta = -63{,}^\circ3$ (J2000.0). Damit wird klar, dass dieses Gebilde so weit südlich steht, dass es in Mitteleuropa nie über den Horizont steigt. Die geozentrischen, galaktischen Koordinaten lauten: Galaktische Länge: $l = 303°$, galaktische Breite: $b = 0°$. Der Kohlensack befindet sich somit in der Hauptebene unserer Milchstraße, zu der man auch Galaxis sagt. Der Kohlensack liegt in der südöstlichen Ecke des Sternbildes Kreuz des Südens, knapp östlich von Acrux (α Crucis) und südlich von Mimosa (β Crucis). Im Osten reicht er in den Zentaur hinein, im Süden tangiert er Musca, die Fliege.

Ein ähnliches Gebilde findet man im Sternbild Schwan zwischen Deneb (α Cygni) und Alderamin (α Cepheï). Auch hier scheinen Sterne zu fehlen. Mitten in der Milchstraße zeigt sich ein mit Sternen schwach besetztes Gebiet. In dunkler, mondloser Nacht fernab störender irdischer Lichter kann man es gut erkennen. Dieses scheinbar sternleere Feld wird gerne als nördlicher Kohlensack bezeichnet.

Wer das Lichtband der Milchstraße mit einem Fernglas absucht, dem fallen mehrere Gebiete auf, in denen die Sterndichte rapide abnimmt. Man gewinnt den Eindruck, Löcher im dichten Sternenvorhang zu sehen beziehungsweise sternarme Inseln im dichten Sternenmeer unserer Milchstraße. In diesen scheinbar sternleeren Gebieten fehlen allerdings keine Sterne. Vielmehr beobachten wir hier so genannte Dunkelwolken, nämlich Bereiche interstellarer Materie, die das Licht ferner Sterne abschwächen oder ganz verschlucken. Für die Absorption des Sternenlichtes im sichtbaren Bereich des elektromagnetischen Spektrums ist vor allem der Staubanteil interstellarer Wolken verantwortlich.

Smog im Universum

Zwischen den Sternen ist das Weltall keineswegs leer. Riesige, weit ausgedehnte Wolken interstellarer Materie schweben zwischen den Sternen. Diese interstellare Materie ist zur Milchstraßenhauptebene konzentriert. Die meiste interstellare Materie findet sich in der galaktischen Scheibe. Die Dichte ist freilich für irdische Verhältnisse extrem gering. In der Milchstraßenhauptebene kommt durchschnittlich auf eine Million Kubikkilometer nur ein Milligramm Materie. Auf das Volumen der Erdkugel ergibt dies gerade mal ein Kilogramm Masse. Dies ist allerdings ein grober Durchschnittswert. Manche Gebiete sind fast absolut leer. In Dunkelwolken wiederum findet man hundertmal höhere Dichten. Zu 99 Prozent setzt sich die interstellare Materie aus Gas zusammen. Nur ein Prozent ihrer Masse entfällt auf den Staub.

Auch dort, wo keine auffälligen Dunkelwolken zu erkennen sind, schwächt der Staub das Sternenlicht. Auf eine Entfernung von rund dreitausend Lichtjahren beträgt die Absorption etwa eine halbe Größenklasse. Außerdem verfärbt der Staub durch Streuung das Sternenlicht. So wie die Sonne bei Auf- oder Untergang röter erscheint, weil ihre Strahlen längere Wege durch die streuende Lufthülle der Erde zurücklegen, als wenn die Sonne zenitnahe steht, so wird auch das Sternenlicht beim Passieren des interstellaren Staubes röter. Als Maßzahl für die Verfärbung wird der „Farbexzess" angegeben. Er entspricht der Differenz von gemessenem, individuellem Farbindex minus dem mittleren Farbindex des dem Stern entsprechenden Spektralindex.

Manchmal kann man die interstellaren Staubwolken auch direkt sehen. Dann nämlich, wenn sie von hellen, heißen Sternen in ihrer Nachbarschaft beleuchtet werden. Ein schönes Beispiel dafür ist der Große Orionnebel (Katalogbezeichnung M 42) südlich der drei Gürtelsterne des Himmelsjägers. Schon in einem Fernglas zeigt sich ein blaues, faseriges Lichtfleckchen – das vom Staub zurückgeworfene Licht der hellen, jungen und bläulich-weiß leuchtenden Sterne. Im Gegensatz zu den Dunkelwolken nennt man solche leuchtenden Staubwolken „Reflexionsnebel".

Aber auch in Bereichen, wo scheinbar weder Reflexionsnebel noch Dunkelwolken zu beobachten sind, gibt es häufig Schichten von Staub, die das Licht der dahinterliegenden Sterne um ein bis zwei Größenklassen schwächen. Wie kann man nun solche dunklen Staubgebiete ausfindig machen und wie ihre Entfernung bestimmen?

Systematisches Stochern im Nebel

Der Heidelberger Astronom Max Wolf (1863–1932), Gründer der Sternwarte auf dem Königsstuhl bei Heidelberg, hat ein Verfahren entwickelt, um absorbierende Staubschichten aufzuspüren und ihre Entfernung zumindest abzuschätzen. Es handelt sich dabei um eine stellarstatistische Methode.

Die Zahl der Sterne pro Quadratgrad nimmt umso mehr zu, je geringer ihre scheinbare Helligkeit ist. Statistisch gesehen sind lichtschwächere Sterne nämlich weiter entfernt als hellere. Trägt man nun die Sternenzahl pro Quadratgrad gegenüber der scheinbaren Helligkeit der Sterne in ein doppelt logarithmisches Diagramm ein, so erhält man eine gerade Linie, die die Abhängigkeit der Sternenzahl von der Helligkeit direkt ablesen lässt! Doch bei manchen

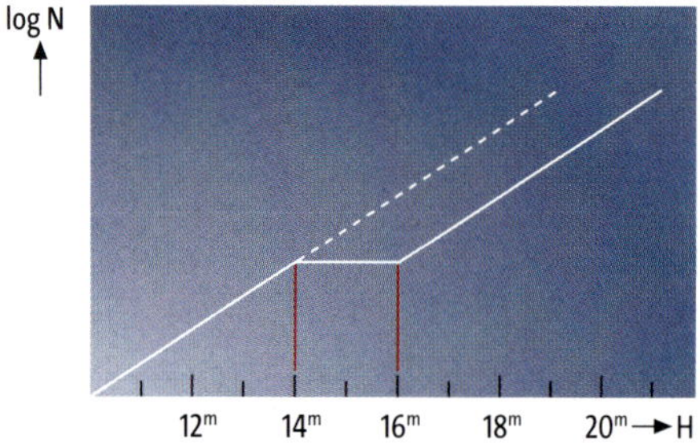

9.7 Die WOLF-Kurve. N gibt die Anzahl der Sterne pro Flächeneinheit an, H die scheinbare Helligkeit. Die gestrichelte Linie gibt den theoretischen Verlauf der Kurve ohne Absorption durch eine Dunkelwolke an. Die durchgezogene Linie mit Knick bei 14^m und 16^m gibt den realen Verlauf an, wenn eine absorbierende Staubwolke die dahinter liegenden Sterne um 2^m schwächt.

Sternfeldern zeigt sich, dass dieser lineare Verlauf unterbrochen ist. Ab einer bestimmten Helligkeit nimmt die Zahl der Sterne kaum mehr zu, doch nach ein bis zwei Größenklassen nimmt die Beziehung wieder ihren gewohnten Verlauf: Die Zahl der Sterne pro Flächeneinheit steigt wieder mit ihrer abnehmenden Helligkeit (siehe Abb. 9.7 oben).

Die Ursache der beiden Knicke in der so genannten Wolf-Kurve ist leicht erklärbar: Eine interstellare Gas- und Staubwolke liegt in einer bestimmten Entfernung. Sie macht sich dadurch bemerkbar, dass sie das Licht aller Sterne, die von uns aus gesehen hinter der Wolke stehen, gleichmäßig um einen bestimmten Betrag schwächt. Daher erscheint die Wolf-Kurve im Diagramm für Sterne hinter der Wolke nach rechts (zu geringeren Helligkeiten) parallel verschoben. Die gestrichelte Linie in Abb. 9.7 zeigt den theoretischen Verlauf der Wolf-Kurve ohne absorbierende Wolke. Freilich sind solche stellarstatistischen Entfernungsbestimmungen nicht übermäßig genau. Zudem funktionieren sie nur einigermaßen brauchbar in der galaktischen Hauptebene, also in geringen galaktischen Breiten. Genauer wird die Entfernungsbestimmung, wenn man vor und hinter der Wolke Veränderliche vom Typ Delta-Chepheï vorfindet.

Außer durch Verfärbung und durch Absorption macht sich der interstellare Staub auch dadurch bemerkbar, dass er das Sternenlicht polarisiert. Daraus folgt, dass die Teilchen keine winzigen Kügelchen sondern eher nadelförmig sind. Sie werden durch das galaktische Magnetfeld parallel ausgerichtet. Zwar ist das Magnetfeld der Milchstraße außerordentlich schwach – es ist nur etwa ein Hunderttausendstel so stark wie das Erdmagnetfeld – aber es reicht aus, um die interstellaren Partikel auszurichten.

Die Staubkörnchen sind winzig klein. Ihre Durchmesser liegen zwischen einem Zehntausendstel und einem Tausendstel Millimeter. Ihre Temperatur beträgt fernab von Sternen nur wenige Grade über dem absoluten Nullpunkt, der bei –273° Celsius (= 0 Kelvin) liegt. Die Körnchen bestehen zum Großteil aus Siliziumverbindungen, teils auch aus Graphit, teils aus Eisen. Häufig dürften sie von einem Eispanzer umgeben sein. Ihre Entstehung verdanken sie komplexen interstellaren Molekülen, die als Kondensationskeime dienen. In der, galaktisch gesehen, kurzen Zeitspanne von rund hundert Millionen Jahren wachsen die Körner auf etwa ein Tausendstel Millimeter Größe an. In dieser Zeitspanne hat unsere Sonne nicht einmal eine halbe Runde um das galaktische Zentrum zurückgelegt. Und unsere Sonne samt ihren Planeten und Monden ist seit ihrer Entstehung mehr als zwanzigmal um das Milchstraßenzentrum gelaufen. In allen Wolken haben die Staubkörnchen ähnliche Größen. Sie wachsen kaum über ein Tausendstel Millimeter an Durchmesser an. Größere Partikel verdampfen vermutlich recht bald wieder.

Weiter entfernt als gedacht

Der Kohlensack im Kreuz des Südens ist eine besonders dichte und auffällige Dunkelwolke. Schon den Ureinwohnern Australiens war dieses himmlische Phänomen bekannt. Sie sahen im Kohlensack den Teufel in Gestalt eines Emus, der unter einem Baum – markiert durch die Sterne des Südlichen Kreuzes – auf ein Opossum (Beutelratte) lauert, das unter den Ästen des Baumes vor Verfolgung Schutz suchen will.

Auch den ersten europäischen Seefahrern fiel die dunkle Stelle im Kreuz des Südens auf. Vincente Yanez Pinzon erwähnt sie bereits 1499. Der astronomisch versierte Seefahrer Amerigo Vespuzzi beschreibt den Kohlensack als „il Canopo fosco", das dunkle Flussdelta. Die Römer nannten das ausgedehnte Nildelta nämlich Kanopus. (Nicht zu verwechseln mit dem Stern Kanopus [α Carinae], Hauptstern im Schiffskiel und zweithellster Fixstern an der irdischen Himmelskugel.) Manche sprachen auch von der Schwarzen Magellan-Wolke, im Gegensatz zu den beiden leuchtenden Magellanschen Wolken.

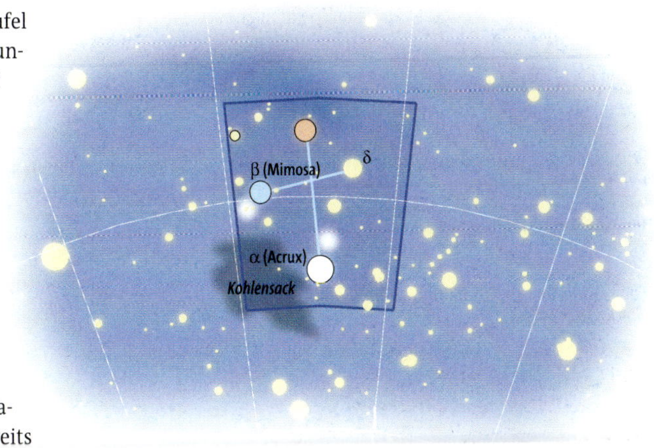

9.8 Lage des „Kohlensacks" in der südlichen Milchstraße auf dem Gebiet des Sternbildes Kreuz des Südens.

Besonders problematisch ist die Entfernungsbestimmung des Kohlensacks. Im optischen Bereich versagt die beschriebene Methode von Max Wolf. Nur ein freisichtiger Stern ist inmitten des Kohlensacks zu sehen. Es sind kaum Hintergrundsterne auszumachen, das Feld ist für Stellarstatistik relativ klein, die statistischen Schwankungen lassen keinen sicheren Verlauf einer Wolf-Kurve ermitteln. Zudem ist der innere Aufbau der Wolke extrem inhomogen, vor allem, was die Dichte betrifft. Die bisherigen Entfernungsschätzungen lagen zwischen 450 und 600 Lichtjahren; dies ist ein viel zu kleiner Wert. Erst mit Hilfe der Radioastronomie, wo vor allem die interstellaren CO-Moleküle (Kohlenmonoxid) beobachtet werden, ließen einen besseren Entfernungswert ermitteln unter der Annahme, dass der Kohlensack an der allgemeinen Rotation der Galaxis teilnimmt. Dann ergibt sich gemäß der Oortschen Rotationsformel*) eine viermal so große Distanz: Rund 2000 Lichtjahre trennen uns vom Kohlensack, dessen Dimensionen enorm sind. Der Durchmesser des Kohlensacks misst etwa 250 Lichtjahre in den dichteren Bereichen. Damit ist er größer als der Orionnebel. In einigen Dutzend Millionen Jahren wird der Kohlensack hell erleuchtet strahlen. Dann nämlich wird er zu einem Nest junger, heißer, massereicher Sterne werden und einen prächtigen Anblick von der Südhalbkugel der Erde bieten. Ob aber in fünfzig oder hundert Millionen Jahren noch Menschen auf unserem Planeten leben, bleibt ungewiss. Niemand vermag dies zu sagen. Aber für das Universum ist die Menschheit ohnehin nur eine kurze Episode in der Milliarden Jahre währenden Geschichte des Kosmos.

*) siehe *Astrowissen* von H.-U. Keller, 3. Auflage, Seite 214

Oktober 2008

- Merkur bietet in der zweiten Oktoberhälfte die einzige Morgensichtbarkeit in diesem Jahr.
- Venus spielt ihre Rolle als Abendstern, ist aber noch nicht sehr auffällig.
- Jupiter ist ebenfalls am Abendhimmel vertreten und wird von Venus verfolgt.
- Saturn macht sich wieder am Morgenhimmel bemerkbar.

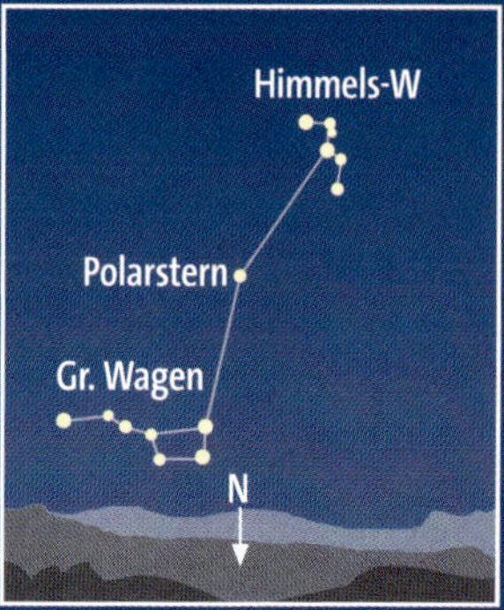

Großer Wagen und Himmels-W Anfang Oktober um 22 Uhr

10.1 Anblick des morgendlichen Osthimmels am 25. Oktober gegen 5^h30^m MEZ (= 6^h30^m MESZ). Zu Saturn im Löwen gesellt sich die schmale Sichel des abnehmenden Mondes. Knapp über dem Osthorizont macht sich Merkur bemerkbar.

1 Mi	Mond bei Mars, Abstand 5°,4 um 5^h
2 Do	Mond bei Venus, Abstand 5°,1 um 3^h
3 Fr	Tag der deutschen Einheit Sternschnuppen Delta-Aurigiden
4 Sa	
5 So	Sternschnuppen Giacobiniden (bis 9.)
6 Mo	Merkur in unterer Konjunktion mit der Sonne
7 Di	**Mond im ersten Viertel** Mond bei Jupiter, Abstand 5°,4 um 18^h
8 Mi	
9 Do	
10 Fr	Mond bei Neptun, Abstand 0°,9 um 11^h
11 Sa	
12 So	Mond bei Uranus, Abstand 4°,0 um 17^h
13 Mo	
14 Di	**Vollmond**
15 Mi	Merkur im Stillstand, dann rechtläufig
16 Do	
17 Fr	Merkur im Perihel
18 Sa	
19 So	
20 Mo	Sternschnuppen Orioniden
21 Di	**Mond im letzten Viertel**
22 Mi	Merkur in größter westlicher Elongation
23 Do	
24 Fr	
25 Sa	Mond bei Saturn, Abstand 4°,8 um 4^h
26 So	Ende der Sommerzeit, 3^h
27 Mo	Mond bei Merkur, Abstand 7°,2 um 19^h
28 Di	
29 Mi	**Neumond**
30 Do	Mond bei Mars, Abstand 5°,1 um 2^h
31 Fr	

Sonne – Sternbilder

23.10. 3h:
Sonne tritt in das Tierkreiszeichen Skorpion
31.10. 2h:
Sonne tritt in das Sternbild Waage
Julianisches Datum am
1. Oktober, 1h MEZ: 2454740,5

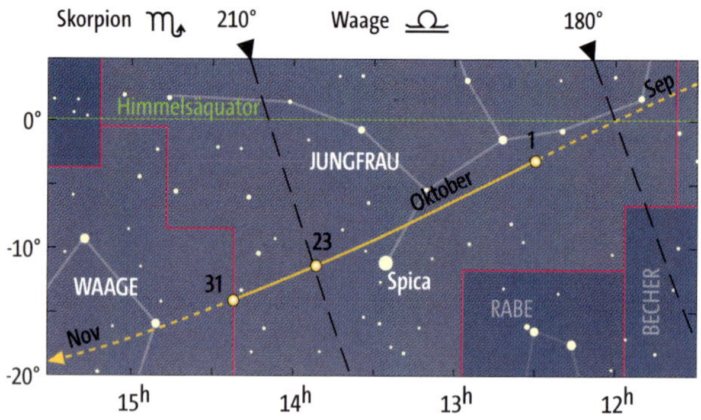

Tabelle Sonnenlauf

Tag	Dämmerg. Anfang	Aufgang MEZ	Kulmination	Untergang MEZ	Dämmerg. Ende	Mittagshöhe	Zeitgleichg.	Rektaszension	Deklination
	h m	h m	h m	h m	h m	o	m	h m	o
1.	5 10	6 20	12 09	17 58	19 07	36,6	+11	12 30	− 3,2
5.	5 17	6 26	12 08	17 49	18 59	35,0	+12	12 44	− 4,7
10.	5 24	6 34	12 07	17 39	18 48	33,1	+13	13 02	− 6,6
15.	5 32	6 42	12 06	17 28	18 38	31,3	+14	13 21	− 8,5
20.	5 40	6 50	12 05	17 18	18 29	29,5	+15	13 40	−10,3
25.	5 47	6 58	12 04	17 09	18 20	27,7	+16	13 59	−12,1
31.	5 56	7 08	12 03	16 58	18 10	25,7	+17	14 22	−14,1

Tages- und Nachtstunden

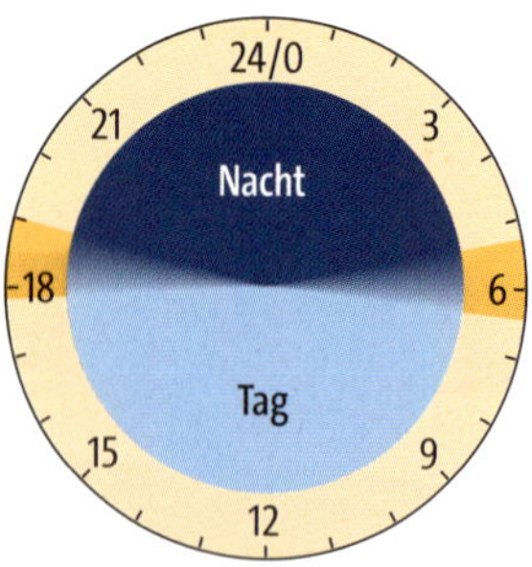

5. Oktober

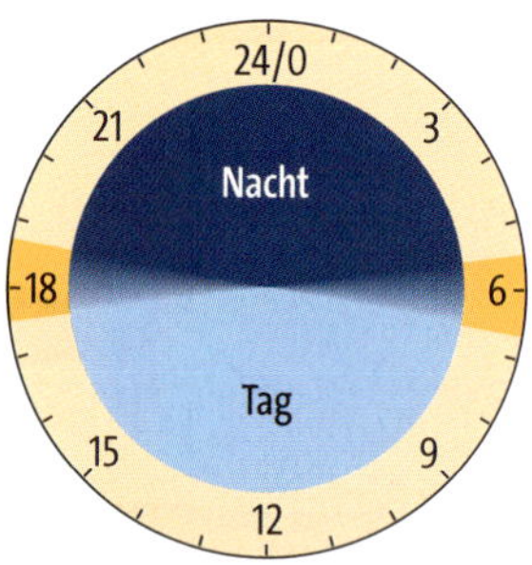

15. Oktober

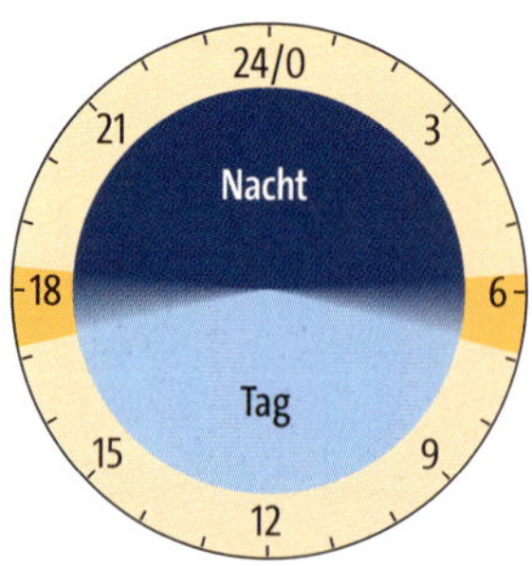

25. Oktober

Tabelle Mondlauf

Datum		Aufg. MEZ	Kulmination	Unterg. MEZ	Rektaszension	Deklination	Sterne und Sternbilder	Phase	MEZ
		h m	h m	h m	h m	°			
Mi	1.	8 54	13 39	18 13	13 35	−15,1	Spica		
Do	2.	10 08	14 25	18 35	14 24	−19,6	Waage	Größte Südbreite	
Fr	3.	11 18	15 14	19 04	15 14	−23,2	Waage		
Sa	4.	12 24	16 04	19 41	16 05	−25,8	Antares		
So	5.	13 21	16 55	20 29	16 58	−27,1	Antares	Erdferne 405/29',5	12^h
Mo	6.	14 07	17 46	21 28	17 51	−27,3	Schütze		
Di	7.	14 43	18 36	22 34	18 44	−26,1	Schütze, Nunki	**Erstes Viertel**	**$10^h\ 04^m$**
Mi	8.	15 11	19 24	23 45	19 36	−23,8	* Schütze		
Do	9.	15 33	20 11	–	20 26	−20,4	* Steinbock		
Fr.	10.	15 51	20 56	0 59	21 15	−16,0	Steinbock	Aufsteigender Knoten	
Sa	11.	16 06	21 42	2 15	22 03	−10,8	* Wassermann	Libration Ost	
So	12.	16 21	22 27	3 31	22 51	− 5,0	Wassermann		
Mo	13.	16 37	23 15	4 49	23 39	+ 1,3	Fische		
Di	14.	16 54	–	6 11	0 29	+ 7,6	Fische	**Vollmond**	**$21^h\ 02^m$**
Mi	15.	17 15	0 05	7 36	1 22	+13,7	Fische		
Do	16.	17 42	0 59	9 04	2 19	+19,1	Widder, Hamal	Größte Nordbreite	
Fr	17.	18 20	1 58	10 32	3 19	+23,5	Stier, Plejaden	Erdnähe 364/32',8	7^h
Sa	18.	19 12	3 01	11 51	4 22	+26,3	Stier		
So	19.	20 20	4 05	12 56	5 28	+27,3	Stier, Al Nath		
Mo	20.	21 39	5 08	13 44	6 32	+26,4	Zwillinge		
Di	21.	23 02	6 07	14 18	7 34	+23,8	Pollux	**Letztes Viertel**	**$12^h\ 55^m$**
Mi	22.	–	7 02	14 42	8 32	+19,8	Krebs, Krippe	Absteigender Knoten	
Do	23.	0 24	7 52	15 02	9 25	+14,9	Löwe		
Fr	24.	1 42	8 38	15 17	10 15	+ 9,3	Löwe, Regulus	Libration West	
Sa	25.	2 58	9 23	15 32	11 02	+ 3,4	Löwe		
So	26.	4 12	10 06	15 46	11 49	− 2,5	Jungfrau		
Mo	27.	5 25	10 49	16 01	12 34	− 8,2	Jungfrau		
Di	28.	6 39	11 34	16 18	13 21	−13,5	Spica		
Mi	29.	7 51	12 20	16 39	14 09	−18,2	Jungfrau	**Neumond** Größte Südbreite	**$0^h\ 14^m$**
Do	30.	9 03	13 07	17 05	14 58	−22,1	Waage		
Fr	31.	10 11	13 57	17 39	15 49	−25,0	Skorpion		

Passage des Mondes am Stern Al Nath

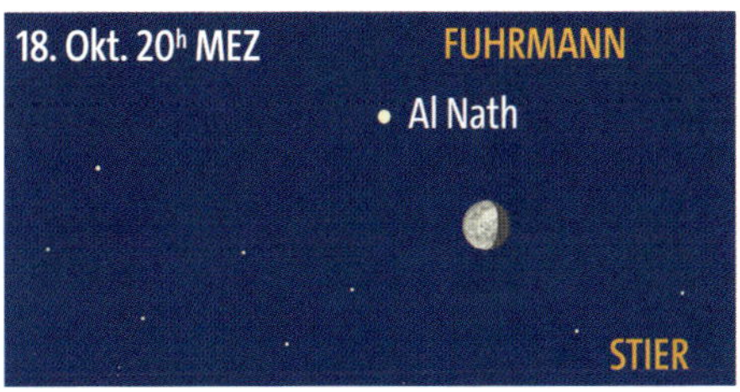

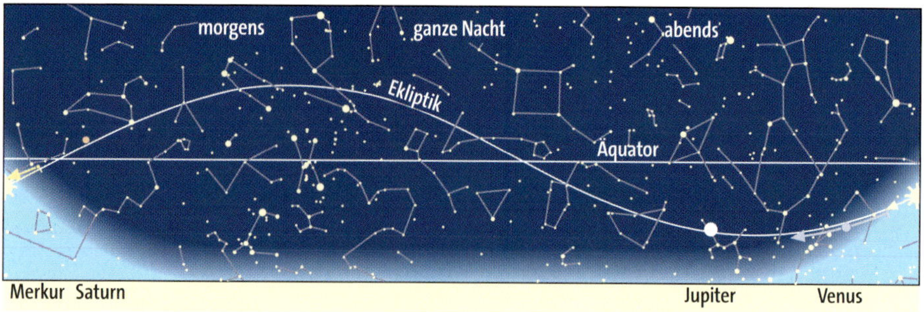

Merkur bietet in der zweiten Oktoberhälfte die einzige Morgensichtbarkeitschance des ganzen Jahres. Zu Monatsbeginn eilt er rückläufig auf die Sonne zu, mit der er bereits am 6. zusammentrifft. An diesem Tag steht er in unterer Konjunktion mit ihr. Anschließend entfernt er sich rasch rückläufig von der Sonne, die rechtläufig durch den Tierkreis zieht, weshalb die westlichen Winkelabstände von Merkur bis 15. schnell anwachsen. Am 15. beendet Merkur seine rückläufige Bewegung und wird wieder rechtläufig. Seine größte westliche Elongation erreicht Merkur am 22. mit 18°19′ Winkelabstand von der Sonne.

Um den 17. taucht Merkur tief am Osthimmel in der Morgendämmerung auf. Der Merkur-

10.2 Heliozentrischer Anblick des Planetensystems im letzten Jahresviertel 2008. Eingetragen sind im linken Teil die Positionen der inneren Planeten für den 1. Oktober (10), den 1. November (11), den 1. Dezember 2008 (12) und den 1. Januar 2009 (1). Der rechte Teil zeigt das äußere Planetensystem samt einiger Planetoiden. Die Pfeile deuten die Richtungen zu den ferneren Planeten sowie zum Frühlingspunkt an.

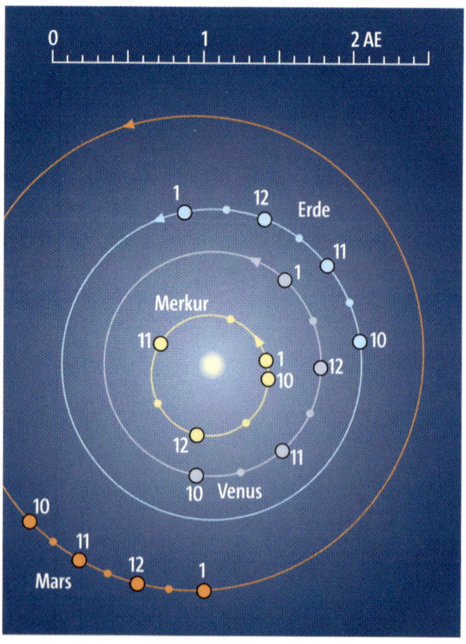

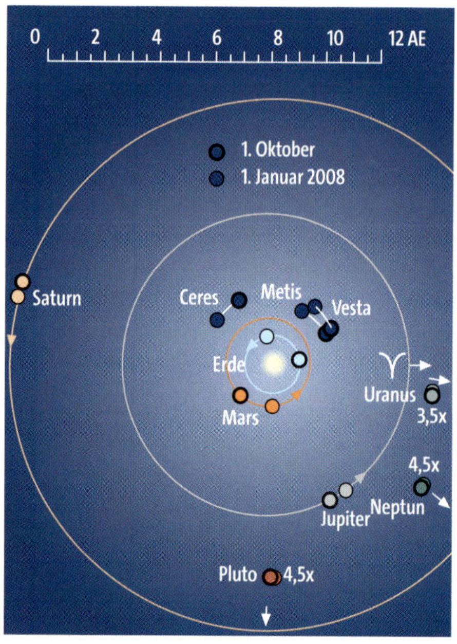

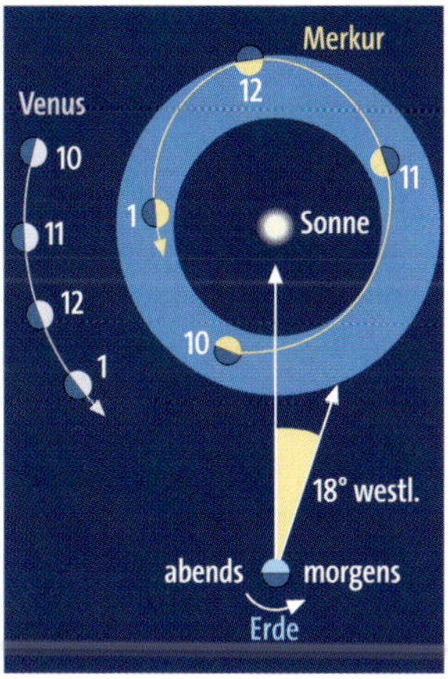

10.3 Merkur und Venus:
Heliozentrische Bewegungen von Merkur und Venus *relativ* zur Erde. In den dicker ausgezogenen Bahnteilen sind die Planeten beobachtbar. Die Zahlen geben die Positionen jeweils zum Monatsersten an. Östlicher Winkelabstand bedeutet Abendsichtbarkeit; westliche Elongation: Planet steht am Morgenhimmel.

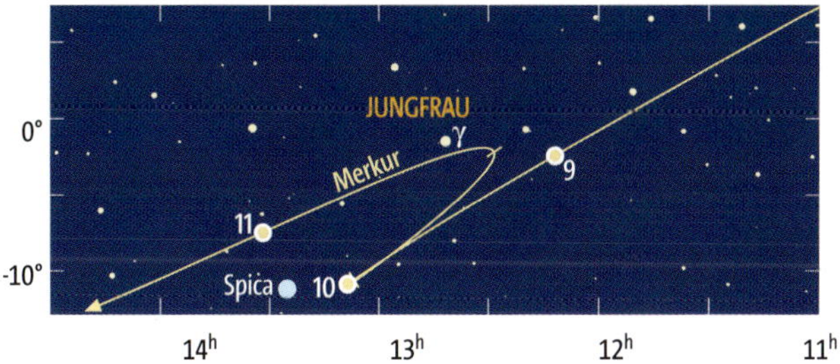

10.6 Die Merkurschleife
im Gebiet der Sternbilder Jungfrau, Waage und Skorpion.

aufgang erfolgt an diesem Tag um 5^h12^m (= 6^h12^m Sommerzeit), die Merkurhelligkeit beträgt dabei $0^m,3$. Etwa zwanzig Minuten nach seinem Aufgang sollte man Merkur erkennen können. Bald nach 6^h verblasst Merkur in der zunehmenden Morgenhelle. Bis 22. nimmt die Merkurhelligkeit auf $-0^m,5$ kräftig zu, die Merkuraufgänge verfrühen sich geringfügig auf 5^h08^m (= 6^h08^m Sommerzeit). Bis Monatsende steigt die Merkurhelligkeit weiter auf $-0^m,9$ an, die Aufgänge des flinken Planeten verspäten sich allerdings auf 5^h39^m (siehe auch Abb. 10.4 und 10.5 unten).

Am Tag der größten westlichen Elongation zieht Merkur $1^{\circ},1$ südlich an Porrima (γ Virginis) vorbei. Mit $2^m,7$ scheinbarer Helligkeit ist dieser Jungfraustern in der hellen Morgendämmerung allerdings nur im Fernglas sichtbar (siehe Abb. 10.6 oben).

10.4 Merkur am Morgenhimmel:
Stellung von Merkur über dem Osthorizont zu den angegebenen Daten jeweils eine Stunde vor Sonnenaufgang. Die Pfeile deuten die Bewegungen von Merkur und Sonne in der folgenden halben Stunde an.

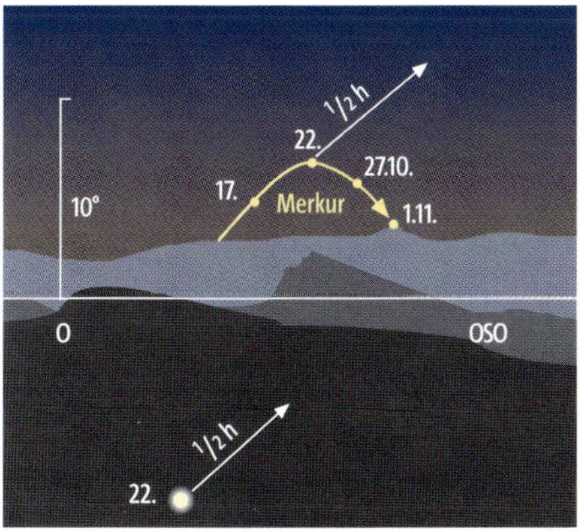

10.5 Sichtbarkeitsdiagramm für Merkur:
Es gilt genau für 50° nördlicher Breite und 10° östlicher Länge. Dunkelgelbe Fläche: Unter günstigen Sichtbedingungen kann man Merkur mit bloßen Augen erkennen, hellgelbe Fläche: Merkur ist leicht zu sehen.

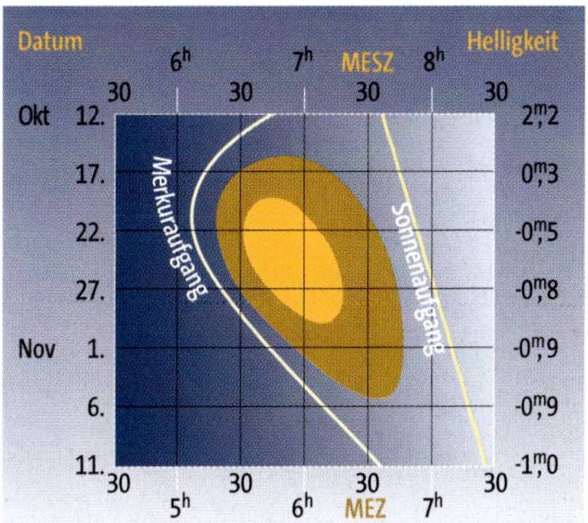

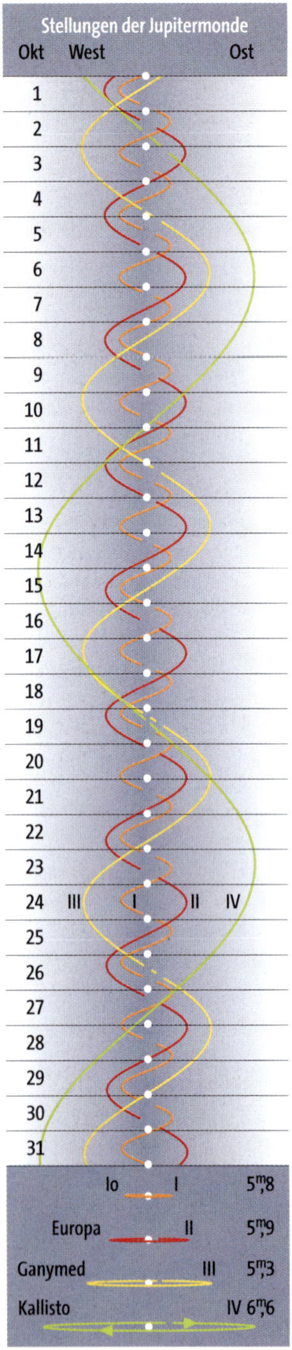

Jupitermonde

Tag	MEZ h m	Vorgang	
1.	21 16	I	BA
2.	18 01	IV	BE
	18 38	I	DA
	19 56	I	SA
	20 53	I	DE
	22 11	I	SE
3.	19 20	I	VE
4.	20 23	III	BA
5.	20 03	II	BA
7.	19 37	II	SE
8.	19 03	III	SE
9.	20 34	I	DA
	21 51	I	SA
10.	17 40	I	BA
	21 16	I	VE
	21 35	IV	DA
11.	18 35	I	SE
14.	19 28	II	SA
	19 36	II	DE
15.	17 44	III	DE
	19 42	III	SA
16.	17 25	II	VE
17.	19 37	I	BA
18.	16 59	I	DA
	18 15	I	SA
	19 14	I	DE
	20 31	I	SE
19.	17 40	I	VE
	20 35	IV	VA
21.	19 32	II	DA
22.	18 37	III	DA
23.	20 01	II	VE
25.	18 57	I	DA
	20 11	I	SA
26.	17 05	III	VE
	19 36	I	VE
27.	20 13	IV	DE
30.	17 24	II	BA

Die Merkurdichotomie wird am 21. erreicht, wobei das Planetenscheibchen unter 7,″1 erscheint.

Am 17. eilt Merkur durch das Perihel, wobei er nur 46 Millionen Kilometer (= 0,307 AE) von der Sonne entfernt ist.

Venus ist zwar Abendstern, aber noch nicht besonders auffällig. Nach Sonnenuntergang kann man sie tief am Südwesthimmel ausmachen. Am letzten Tag des Vormonats wechselte Venus aus der Jungfrau in die

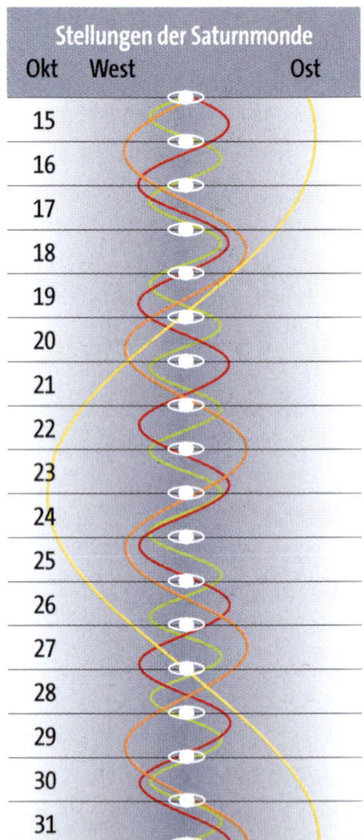

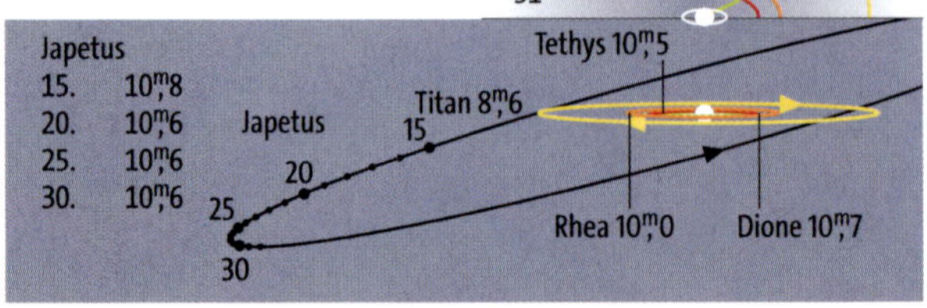

Waage. Am 18. verlässt sie die Waage und wandert durch den Skorpion in den Schlangenträger. Am 26. zieht sie drei Grad nördlich an Antares, dem Hauptstern des Skorpions vorbei.

Am 1. erfolgt der Venusuntergang um 18^h55^m (= 19^h55^m Sommerzeit). Am Monatsletzten geht die $-4^m{,}0$ helle Venus bereits um 18^h30^m unter. Am 2. erhält Venus Besuch vom zunehmenden Mond.

Mars nähert sich nur langsam seiner Konjunktionsstellung mit der Sonne. Er hält sich am Taghimmel auf und bleibt unbeobachtbar. Zur Monatsmitte verlässt er die Jungfrau und wechselt in die Waage.

Am 20. überschreitet der rote Planet die Ekliptik von Nord nach Süd – er passiert seinen absteigenden Bahnknoten, wie dies in der Fachsprache der Astronomie genannt wird. Die Marsbahn ist mit $1^\circ51'$ nur leicht zur Erdbahnebene (Ekliptik) geneigt.

Jupiter, wieder rechtläufig im Schützen, ist mit Venus strahlender Planet am Abendhimmel. Venus eilt schneller durch den Tierkreis und verfolgt den Riesenplaneten. Beide liefern sich ein spannendes Wettrennen am Abendhimmel, bis Venus den Riesenplaneten Anfang Dezember überholt.

Jupiter verkürzt seine Abendsichtbarkeit drastisch. Am 1. erfolgt der Jupiteruntergang um 22^h37^m (= 23^h37^m Sommerzeit), am 15. um 21^h48^m und am 31. bereits um 20^h56^m. Nur die immer früher einsetzende Dunkelheit ermöglicht noch eine Sichtbarkeitsdauer von gut drei Stunden.

Die Helligkeit des Riesenplaneten geht weiter leicht zurück und beträgt am Monatsende $-2^m{,}1$. Der scheinbare Äquatordurchmesser nimmt von $39''{,}8$ auf $36''{,}3$ ab.

Am 7. passiert der zunehmende Halbmond rund $2^\circ{,}5$ südlich Jupiter.

Saturn, rechtläufig im Löwen, hat seine Konjunktion mit der Sonne hinter sich und kann am Morgenhimmel aufgefunden werden (siehe auch scheinbare Saturnbahn 2008 in Abb. 2.5 auf Seite 48).

Der $1^m{,}0$ helle Ringplanet geht am 1. um 4^h08^m (= 5^h08^m Sommerzeit) auf, am 15. um 3^h22^m und am 31. schon um 2^h29^m.

Die schmale Sichel des abnehmenden Mondes zieht am 25. rund 5° südlich an Saturn vorbei (siehe auch Abb. 10.1 auf Seite 192).

Uranus, rückläufig im Wassermann, stand Mitte des Vormonats in Opposition zur Sonne. Mit Einbruch der Dunkelheit ist der grünliche Planet bereits mit Fernglas oder Teleskop auffindbar. Vom Morgenhimmel zieht sich Uranus zurück.

Am 1. geht der $5^m{,}7$ helle, grünliche Planet um 17^h20^m (= 18^h20^m Sommerzeit) auf, kulminiert um 23^h00^m und geht um 4^h44^m unter. Zur Monatsmitte, nämlich am 15., erfolgt seine Meridianpassage um 22^h03^m (= 23^h03^m Sommerzeit) und sein Untergang um 3^h47^m.

Bis Monatsende geht die Uranushelligkeit ein wenig auf $5^m{,}8$ zurück. Am 31. sinkt Uranus um

Konstellationen und Ereignisse

Datum	MEZ	Ereignis
1.	5^h	Mond bei Mars, Mond $5^\circ{,}4$ südlich
2.	3	Mond bei Venus, Mond $5^\circ{,}1$ südlich
6.	22	Merkur in unterer Konjunktion mit der Sonne
7.	8	**Mond bei Jupiter**, Mond $2^\circ{,}5$ südlich, **Abstand $5^\circ{,}4$ um 18^h**
10.	11	Mond bei Neptun, Mond $0^\circ{,}9$ nördlich
12.	17	Mond bei Uranus, Mond $4^\circ{,}0$ nördlich
15.	6	Merkur im Stillstand, anschließend rechtläufig
17.	17	Merkur im Perihel
22.	11	**Merkur in größter westlicher Elongation** (18°)
25.	9	**Mond bei Saturn**, Mond $5^\circ{,}0$ südlich, **Abstand $4^\circ{,}8$ um 4^h**
27.	19	Mond bei Merkur, Mond $7^\circ{,}2$ südlich
30.	2	Mond bei Mars, Mond $5^\circ{,}1$ südlich

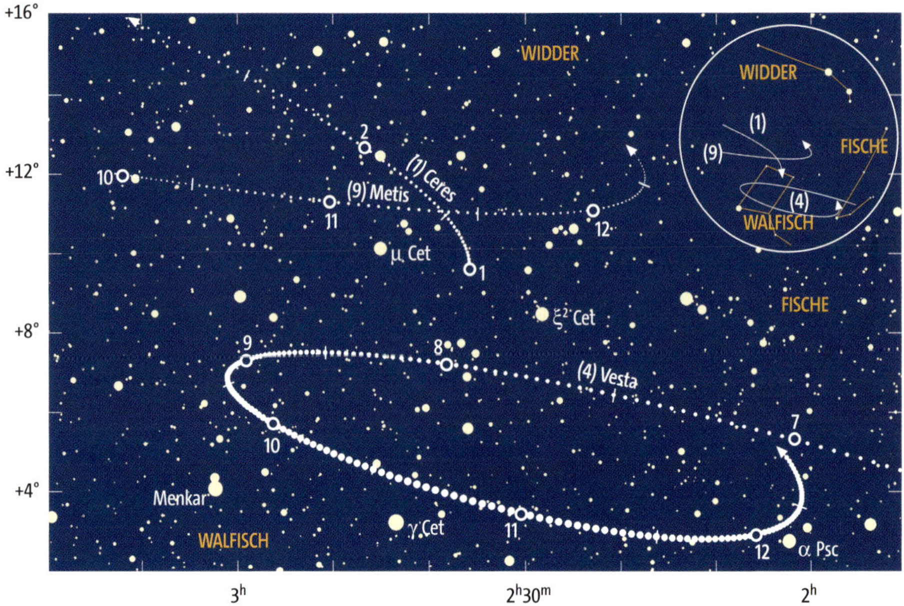

10.7 Kleinplaneten Ceres, Vesta und Metis
Scheinbare Bahnen der Kleinplaneten (1) Ceres, (4) Vesta und (9) Metis im Bereich der Sternbilder Widder, Walfisch und Fische.
Die Zahlen geben die Positionen der Planetoiden zum jeweiligen Monatsbeginn an (10 = 1. Oktober).

2^h41^m unter die Horizontlinie, nachdem er um 20^h59^m den Meridian passiert hat. In 50° nördlicher Breite erfolgt die Meridianpassage in 35° Höhe über dem Südpunkt am Horizont. Die Aufsuchkärtchen für Uranus Abb. 9.2 und Abb. 9.3 findet man auf Seite 181.

Neptun bremst seine ohnehin langsame, rückläufige Bewegung im Steinbock ab und kommt am Monatsende fast zum Stillstand (siehe Abb. 8.4 auf Seite 164).

Da die Dunkelheit nun immer früher abends einsetzt, so kann man den bläulichen Planeten noch am Abendhimmel mit lichtstarker Optik aufspüren.

Zu Monatsbeginn kulminiert der $7^m{,}9$ lichtschwache Neptun um 21^h13^m (= 22^h13^m Sommerzeit) und geht um 2^h08^m unter. Ende Oktober passiert Neptun schon um 19^h14^m den Meridian und geht um 0^h08^m unter. Die Neptunbedeckung durch den Mond am 10. bleibt von Mitteleuropa aus unbeobachtbar.

Planetoiden

Pallas (2) wird am 29. im Sternbild Hase stationär und setzt zu ihrer Oppositionsschleife an. Ihre Helligkeit beträgt zu Monatsende $8^m{,}3$. Sie kulminiert am 29. um 3^h21^m. Wegen ihrer weit südlichen Position (Deklination fast −25°!) lohnt der Versuch nicht, sie aufzusuchen.

Vesta (4) steht am 30. im Sternbild Walfisch in **Opposition** zur Sonne (siehe Aufsuchkärtchen Abb. 10.7 oben). Mit $6^m{,}4$ scheinbarer Oppositionshelligkeit ist sie fast mit bloßen Augen zu erkennen (unter extrem guten Sichtbedingungen). Auf alle Fälle reicht ein Fernglas, um Vesta aufzuspüren. Zu Monatsanfang ist die Vestahelligkeit mit $6^m{,}9$ noch eine halbe Größenklasse geringer.

Am 1. kulminiert Vesta um 2^h36^m (= 3^h36^m Sommerzeit), am 15. um 1^h31^m und am Oppositionstag um 0^h18^m. Zur Opposition trennen Vesta 230 Millionen Kilometer (= 1,54 AE) von der Erde, dies entspricht einer Lichtlaufzeit von knapp dreizehn Minuten.

Von der Sonne ist Vesta am Oppositionstag 377 Millionen Kilometer (= 2,52 AE) entfernt.

Metis (9) eilt rückläufig durch den Widder und nähert sich ihrer Opposition zur Sonne, die sie Anfang nächsten Monats erreicht.

Im Laufe des Monats nimmt die Helligkeit um fast eine ganze Größenklasse zu und erreicht zu Monatsende $8\overset{m}{,}5$. Die scheinbare Bahn von Metis ist in Abb. 10.7 auf Seite 200 eingetragen.

Metis passiert den Meridian am 1. um 2^h52^m (= 3^h52^m Sommerzeit), am 15. um 1^h50^m und am 31. bereits um 0^h33^m.

Periodische Sternschnuppenströme

Die **Delta-Draconiden**, auch **Oktober-Draconiden** genannt, sind ein temporärer Strom, deren Radiant im Sternbild des Drachen, etwa 3° östlich von γ Draconis liegt.

Die Oktober-Draconiden führen ihren Ursprung auf den Kometen 21P/Giacobini-Zinner (alte Bezeichnung: 1900 III) zurück, weshalb dieser Meteorstrom auch **Giacobiniden** heißt.

Vom 5. bis 9. Oktober passiert die Erde relativ nahe den absteigenden Knoten der Bahn des Kometen 21P. Seine Umlaufszeit beträgt 6,5 Jahre. Da die Trümmerwolke schon recht langgezogen ist und die Meteoroide sich entlang der Bahn verteilt haben, ist mit Überraschungen zu rechnen. Die Meteorhäufigkeit schwankt von Jahr zu Jahr erheblich.

Von Anfang Oktober bis in die erste Novemberwoche sind die **Orioniden** aktiv, deren Ursprung auf den Halleyschen Komet deutet.

Mit dem Maximum ist am 20. Oktober zu rechnen, wobei etwa zwanzig bis dreißig Meteore pro Stunde zu erwarten sind. Die Frequenz ist von Jahr zu Jahr verschieden. Beste Beobachtungszeit: Mitternacht bis 5^h morgens. Der Radiant liegt etwa 10° nordöstlich von Beteigeuze. Es handelt sich bei den Orioniden um sehr schnelle Objekte (um 65 Kilometer pro Sekunde).

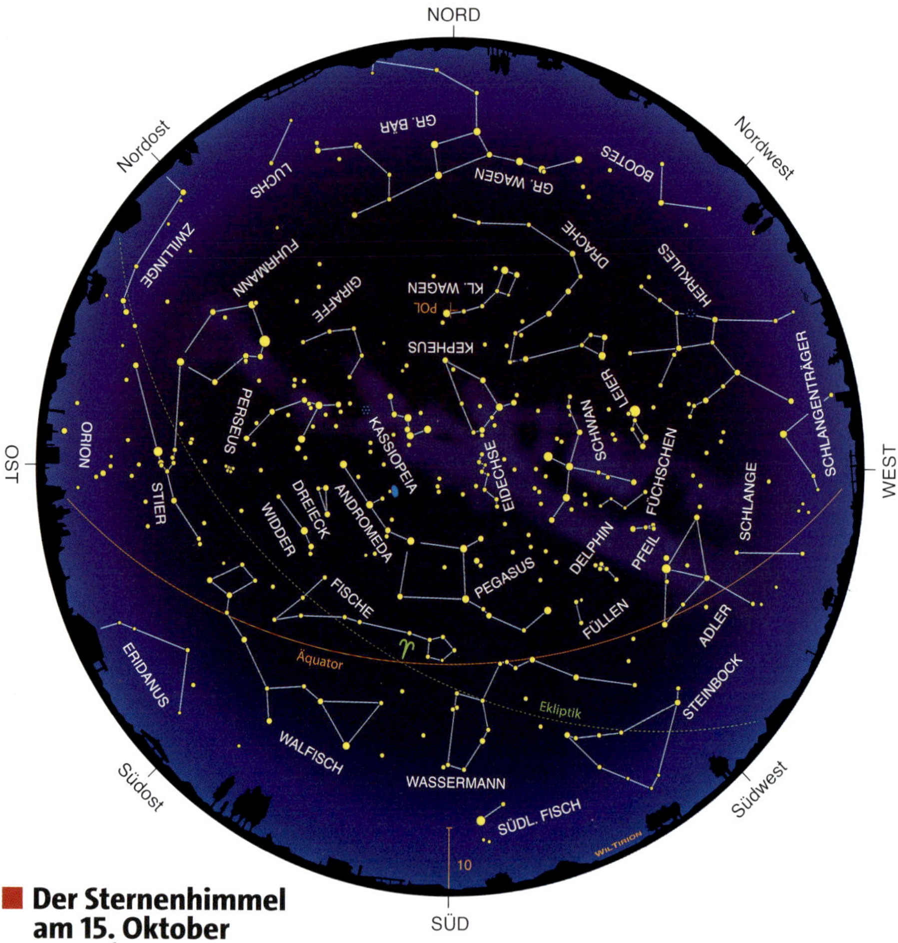

Der Sternenhimmel am 15. Oktober um 22h MEZ

Die Sternkarte ist auch gültig für:		
	MEZ	MESZ
1. 8.	3h	4h
15. 8.	2	3
1. 9.	1	2
15. 9.	0	1
1.10.	**23**	**24**
15.10.	**22**	**23**
31.10.	**21**	
15.11.	20	
30.11.	19	
15.12.	18	

Am abendlichen Sternenhimmel macht sich nun der Herbst deutlich bemerkbar.

Zwar steht das Sommerdreieck aus den hellen Sternen Wega, Deneb und Atair noch hoch im Südwesten, Deneb im Sternbild Schwan selbst ist gar zenitnah, allein im Meridian und in der östlichen Himmelshälfte nehmen nun die Herbstbilder ihren Platz ein.

Rund um das Sternbild Pegasus

Allen voran ist der Pegasus zu nennen, dessen Sternenquadrat inzwischen den Meridian erreicht hat. Auch die Einsteigerin oder der Einsteiger in die Himmelskunde kann dieses markante Sternenviereck leicht entdecken. Wie das Sommerdreieck oder das Wintersechseck gehört

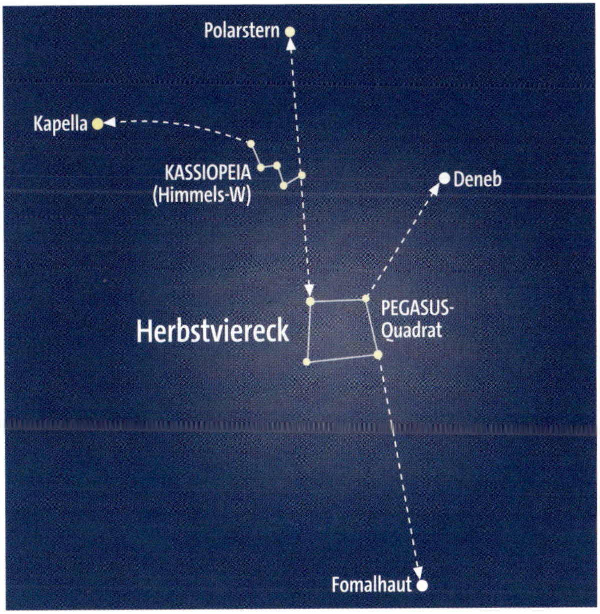

10.8 Wegweiser am Himmel:
Vom Herbstviereck (Pegasusquadrat) ausgehend findet man schnell die Kassiopeia, den Polarstern, Deneb und Fomalhaut, Hauptstern des Sternbildes Südlicher Fisch.

das Pegasusquadrat zu den Figuren, die die Jahreszeit am gestirnten Firmament charakterisieren. Deshalb nennt man es auch Herbstviereck. Der klassischen Sage nach ist der Pegasus ein geflügeltes Pferd, das dem sterbenden Leib der grauenvollen Medusa entsprungen ist. Der Pegasus soll den Poeten zu ihren fantasiereichen Gedankenflügen verhelfen. In der christlichen Sternbilderkunde wurde der Pegasus zum Erzengel Gabriel umfunktioniert. Allerdings hat sich diese Bezeichnung nicht durchgesetzt.

Der Pegasus selbst ist größer als das Herbstviereck, das lediglich die Flügelpartie markiert. Hals und Kopf liegen westlich des Pegasusquadrats. Von der Nordhalbkugel aus betrachtet liegt der Pegasus am Rücken, die Vorderhufe zeigen nach oben ebenso die Schnauze, die durch den Stern Enif (ε Pegasi) markiert wird. Enif kommt aus dem Arabischen und heißt soviel wie „Nase des Pferdes". Enif leuchtet mit $2\overset{m}{,}4$ scheinbarer Helligkeit und ist darum leicht in der an helleren Sternen armen Gegend auszumachen. Er ist ein orangener Überriesenstern in 670 Lichtjahren Entfernung, also in relativ großer Distanz für einen so hellen Stern. Kurz vor der Schnauze des Pegasus, also ein wenig nordwestlich von Enif, stößt man auf den kugelförmigen Sternhaufen M 15. Im Fernglas eher ein kleiner, unscharfer Lichtklecks, wirkt er erst in größeren Teleskopen. Die Entfernung von M15 beträgt rund 33 000 Lichtjahre.

Etwa auf der Linie Enif–Atair stößt man auf das kleine, aber markante Sternbild Delphin. Noch kleiner und recht unscheinbar ist das Füllen (lat.: Equuleus). Es liegt zwischen Enif und dem Delphin (siehe Monatssternkarte auf Seite 202). Fortgeschrittene Sternfreunde sollten einmal versuchen, dieses winzige Sternbild – möglichst mit Fernglas – aufzufinden. Es ist das zweitkleinste Sternbild und setzt sich nur aus Sternen 4. Größe und schwächer zusammen. Der Sage nach soll der flinke Götterbote Hermes das Füllen Kastor, dem sterblichen Zwillingsbruder von Pollux, zum Geschenk gemacht haben.

Die vier Sterne des Pegasusquadrats heißen Markab (α Pegasi), Scheat (β Pegasi), Algenib (γ Pegasi) und Sirrah, wobei Sirrah selbst nicht mehr direkt zum Pegasus gehört, sondern schon der erste Stern der Andromedakette, nämlich α Andromedae, ist. Scheat ist übrigens einer der größten Sterne, die wir kennen. Diese tiefrote Riesensonne, die von uns zweihundert Lichtjahre entfernt ist, übertrifft unsere Sonne 160-mal an Durchmesser. Stünde Scheat an Stelle unserer Sonne, so würde die Oberfläche dieses Sternes bis zur Marsbahn reichen.

10.9 Die Andromedagalaxie ist rund 3 Mio. LJ von uns entfernt. Aufnahme von Stefan Seip/www.astromeeting.de.

Der tiefste Blick ins Weltall

Wer gute Augen und einen dunklen, mondlosen Nachthimmel hat, erkennt im Sternbild Andromeda ein wenig nördlich des Sternes Mirach (β Andromedae) ein kleines, nebliges Lichtfleckchen. Es handelt sich um den berühmten, großen Andromedanebel, unser Nachbarmilchstraßensystem (Katalogbezeichnung: M 31). Die Andromedagalaxie ist das fernste Himmelsobjekt, das man mit bloßen Augen erkennen kann. Dieses Milchstraßensystem ist rund drei Millionen Lichtjahre von uns entfernt. Obwohl unser menschliches Vorstellungsvermögen außerstande ist, sich eine solche Distanz auch nur annähernd anschaulich vorzustellen, bleibt zu bemerken, dass der Andromedanebel unsere Nachbarmilchstraße ist. Denn die anderen großen Sternsysteme sind noch viel weiter von uns entfernt (mit Ausnahme der Galaxie M 33 – siehe weiter unten).

Südlich der Andromeda stößt man auf das kleine Bild des Widders, der zum Tierkreis gehört. Im Wesentlichen markieren nur drei Sterne den Widder, die in einem stumpfwinkligen Dreieck angeordnet sind. Der hellste Stern (α Arietis) heißt Hamal, was „Kopf des Widders" bedeutet.

Zwischen Widder und Andromeda hat das kleine Sternbild Triangulum (lat., Dreieck) seinen Platz. In ihm findet sich der so genannte Dreiecksnebel, M 33 mit Katalogbezeichnung. Er ist fast gleich weit von uns entfernt wie der Andromedanebel. M 33 gehört somit ebenfalls zur Lokalen Milchstraßengruppe. Im Gegensatz zur Andromedagalaxie sehen wir fast direkt von oben auf die prächtige Spirale von M 33.

Östlich der Andromeda findet man ihren Retter, den Helden Perseus, mit seinem berühmten Bedeckungsveränderlichen Algol (β Persei).

Im Südosten nimmt der Walfisch das Areal ein. Er ist kein Wal im Sinne der Zoologie und auch kein Fisch, sondern das Meeresungeheuer Cetus, das die Gestade Äthiopiens einst bedrohte und dem die Prinzessin Andromeda geopfert werden sollte. Im Walfisch steht auch der langperiodische Variable Mira (o Ceti).

Tief im Süden blinkt ein heller Stern, nämlich Fomalhaut (α Piscis Austrinus). Im Osten wiederum ist der Stier mit seinem roten Hauptstern Aldebaran und den beiden offenen Sternhaufen Hyaden und Plejaden aufgegangen.

Im Zenit steht nun die Kassiopeia, das Himmels-W, während der Große Wagen tief am Nordhorizont eben in unterer Kulmination durch den Meridian rollt.

Veränderliche Sterne im Oktober

Algol-Minima	2. 22^h39^m	5. 19^h29^m	20. 3^h32^m	23. 0^h20^m	25. 21^h10^m	28. 17^h59^m
β-Lyrae-Minima	3. 1^hN	9. 12^hH	15. 24^hN	22. 11^hH	28. 22^hN	
δ-Cephei-Maxima	5. 10^h	10. 19^h	16. 4^h	21. 13^h	26. 22^h	
Mira-Helligkeit	1. 9^m	10. 9^m	20. 9^m	31. 8^m		

Das Licht des Tierkreises

10.10 Aufnahme des Zodiakallichtkegels. Aufnahme von Stefan Seip/www.astromeeting.de.

Zu den selten beobachteten Himmelserscheinungen gehört das Tierkreislicht. Nur wenige Menschen haben es bewusst gesehen. Selbst unter Sternfreunden und Amateurastronomen findet man nur wenige, die sich rühmen können, dieses zarte Lichtband mit eigenen Augen beobachtet oder sogar fotografiert zu haben. Der Tierkreis ist bekanntlich der Gürtel jener dreizehn Sternbilder und zwölf Zeichen, durch die die Sonne im Laufe eines Jahres hindurch wandert. Da griechisch ζωδιακός („Zodiakos") so viel wie Tierkreis heißt, spricht man im Fachjargon der Astronomen auch vom Zodiakallicht.

Ein gespenstisches Leuchten

Der schwache Lichtschimmer des Tierkreislichtes lässt sich immer schwerer beobachten, denn die Sichtbedingungen für Himmelsphänomene verschlechtern sich durch zivilisatorische Einflüsse (Abgase und Staub von Industrie und Verkehr, Lichtsmog greller irdischer Beleuchtung) immer mehr. Um das Tierkreislicht zu sehen, muss man einen günstigen Beobachtungsplatz finden, an dem beispielsweise auch die Milchstraße in sternklarer Nacht deutlich sichtbar ist. Der Universalgelehrte und Entdecker Alexander von Humboldt (1769–1859) erwähnt, dass das Zodiakallicht etwa die Hellig-

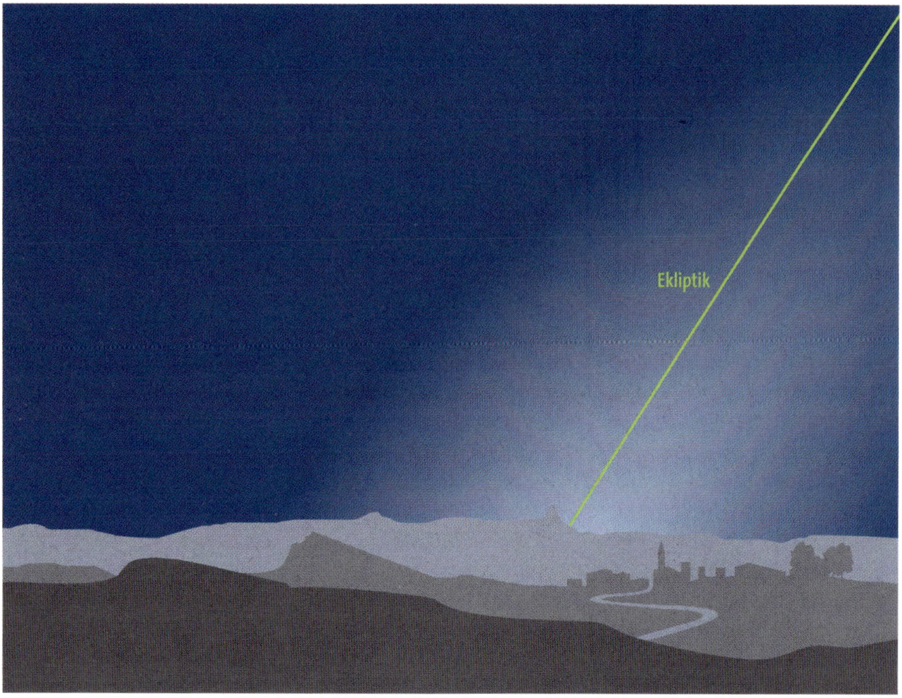

10.11 Zeichnung der Zodiakallichtpyramide.

keit der auffälligeren Partien der Milchstraße aufweist.

Hat man einen günstigen Beobachtungsplatz eingenommen, so kann man kurz vor Ende der astronomischen Dämmerung (Sonne 18° unter dem Horizont) abends im Westen oder zu Beginn der astronomischen Dämmerung morgens im Osten entlang der scheinbaren Sonnenbahn (Ekliptik) eine schwache, kegelförmige Aufhellung ausmachen. Die Basis dieses zarten Lichtkegels liegt in den horizontnahen Dunstschichten, die Spitze ist nach oben gerichtet. Die Breite der Basis misst etwa 30°.

In unseren Breiten ist das Tierkreislicht immer dann einigermaßen günstig zu beobachten, wenn die Ekliptik steil zum Horizont steht. Dies ist im Frühling abends der Fall und im Herbst morgens. In den Tropen steht die Ekliptik fast senkrecht zum Horizont, weshalb das Tierkreislicht dort ganzjährig sowohl abends als auch morgens günstig zu beobachten ist.

In Mitteleuropa ist die Ekliptik im Frühjahr abends nach Sonnenuntergang rund 60° zum Horizont geneigt, ebenso die morgendliche Ekliptik zum Osthorizont im Oktober zu Sonnenaufgang. Ende September jedoch ist der Neigungswinkel der Ekliptik am Abendhimmel zum Westhorizont kleiner als 20°, was eine Beobachtung des Zodiakallichtes nicht zulässt.

Die Sonne sollte jedenfalls mindestens 16° unter dem Horizont sein. Sonst besteht die Gefahr, die Abenddämmerung oder das Restlicht horizontnaher Dunstschichten mit dem Zodiakallicht zu verwechseln. Die Basis der Zodiakallichtpyramide wird ohnehin fast immer durch die Dunstschichten am Horizont abgeschnitten. Die Spitze des Tierkreislichtes reicht bis in eine Höhe von 50°. So endet sie an Frühlingsabenden beispielsweise kurz vor dem offenen Sternhaufen der Plejaden (M 45) im Sternbild Stier.

Die falsche Morgendämmerung

Weder bei Griechen oder Römern noch bei den Arabern wurde das Zodiakallicht erwähnt, vermutlich, weil man es schlicht für ein Dämmerungsphänomen hielt. Man glaubt aber, den Ägyptern sei dieses Himmelsphänomen bekannt gewesen, denn dreieckige Abbildungen auf Denkmälern interpretieren Ägyptologen als Darstellung des Zodiakallichtes. Alexander von Humboldt berichtete, dass auch die Azteken das Tierkreislicht kannten. Im 11. nachchristlichen Jahrhundert beschreibt der persische Dichter, Astronom und Mathematiker Omar Khayyam das Zodiakallicht als „falsche Morgendämmerung“. Diese Bezeichnung ist in die islamische Welt eingegangen. Im Koran heißt es ebenfalls „erste oder falsche Dämmerung“ sowie „Wolfsschwanz“.

Im Abendland hat als erster Giovanni Domenico Cassini, Direktor der Pariser Sternwarte und Entdecker der Hauptteilung des Saturnringes, im Jahre 1683 das Tierkreislicht beschrieben.

Der Lichtkegel des Zodiakallichtes endet nicht abrupt an der Kegelspitze. Unter extrem guten Sichtbedingungen sieht man eine Lichtbrücke, die sich vom abendlichen bis zum morgendlichen Zodiakallichtkegel über den gesamten Nachthimmel zieht. In der Mitte zwischen beiden Kegelspitzen zeigt dieser vollständige Bogen eine deutliche Aufhellung, also 180° in ekliptikaler Länge von der Sonne entfernt. Auch dieses Phänomen hat Humboldt bei einer Reise in die Tropen beschrieben. Da dieser schwache, ovale Lichtfleck mit einer Ausdehnung von 30° Länge und 20° in Breite der Sonne gegenüber steht, nennt man ihn schlicht „Gegenschein“.

Auch in der englischen Fachliteratur wird die deutsche Bezeichnung „Gegenschein“ verwendet, während er in den populären astronomischen Schriften in Amerika als „counterglow“ bezeichnet wird.

Zwar soll den Gegenschein bereits Esprit Pezenas (1692–1776) schon 1730 erwähnt haben, doch als sein eigentlicher Entdecker gilt der dänische Astronom Theodore Brorsen (1819–1895). Er hat ihn im Jahre 1854 ausführlich beschrieben. Der mit bloßen Augen erkennbare Bereich des Gegenscheins hat nur etwa 3° Durchmesser und erscheint kreisrund.

Staub im Sonnensystem

Lange rätselte man über die Natur des Tierkreislichtes und des Gegenscheins. Die einen glaubten an eine Leuchterscheinung in der oberen Erdatmosphäre, ähnlich wie das Polarlicht (tellurische Hypothese). Andere vermuteten die Quelle des Zodiakallichtes im interplanetarischen Raum (kosmische Hypothese). Geklärt werden konnte diese Frage durch den amerikanischen Astronomen Edward Arthur Fath (1890–1959), der in den Jahren 1908 und 1909 nicht nur die ersten Aufnahmen vom Zodiakallicht gewann, sondern auch polarimetrische und spektroskopische Untersuchungen durchführte. Aus dem Polarisationsgrad des Tierkreislichtes schloss Fath auf leuchtenden Staub. Das Spektrum entlarvte das Zodiakallicht als reflektiertes Sonnenlicht. Das Phänomen des Tierkreislichtes wird nämlich von einer zur Erdbahnebene konzentrierten, interplanetaren Staubwolke hervorgerufen, die das einfallende Sonnenlicht reflektiert. Die Dichte dieser zirkumsolaren Staubscheibe nimmt in Richtung Sonne kontinuierlich zu, wie verschiedene Raumsonden inzwischen nachgewiesen haben. Mitverantwortlich für das Zodiakallicht sind auch die äußersten Koronaschichten der Sonne. Die Erde wandert sozusagen noch durch die Exosphäre der Sonne.

Die Staubkörnchen, an denen das Sonnenlicht reflektiert wird, sind recht klein, nämlich nur ein Hunderttausendstel bis ein Zehntausendstel Millimeter (10 bis 100 µm). Noch ist nicht klar, welcher Anteil des interplanetaren Staubes auf meteoroidisches Kometenmaterial zurückgeht und welcher auf Kollisionsfragmente aus dem Planetoidengürtel. Ein Teil des Materials

10.12 Die zirkumsolare Staubscheibe bewirkt die Erscheinung des Tierkreislichtes und des Gegenscheins. Illustration von Ralf Schoofs/Bildagentur Astrofoto.

spiralisiert sich infolge des Poynting-Robertson-Effektes in die Sonne hinein. Erforderlich ist somit eine Quelle, die den interplanetaren Staub nachliefert. Sie dürfte im Kuipergürtel ebenso zu finden sein wie in der Oortschen Wolke, die permanent Kometenmaterial nachliefert. Die Gesamtmasse des interplanetaren Staubes im Bereich des Planetensystems beträgt nur rund ein Hundertmillionstel der Erdmasse.

Die Farbe des Zodiakallichtes wird mit gelblich bis rötlich beschrieben, was leicht verständlich ist, handelt es sich doch um Sonnenlicht, das in der irdischen Atmosphäre selektiv (wellenlängenabhängig) gestreut wird (auch Sonne und Mond erscheinen in Horizontnähe rötlich). Gelegentlich wurden jedoch Helligkeitsschwankungen vermutet, aber nie sicher nachgewiesen. Wahrscheinlich handelt es sich bei diesbezüglichen Beobachtungen um meteorologische Effekte und nicht um reale Helligkeitsänderungen des Tierkreislichtes, denn die Sicht durch unsere Lufthülle variiert erheblich.

Die Konzentration der zirkumsolaren Staubscheibe zur Erdbahnebene ist nicht allzu groß. Die Bahnen der Staubteilchen sind bis zu 30° zur Ekliptik geneigt. Etwa 0,5 AE nördlich und südlich der Erdbahnebene beträgt die räumliche Dichte des Staubes noch ein Viertel des Wertes in der Erdbahnebene. In einer Astronomischen Einheit von der Sonne entfernt, also in der Erdbahn, beträgt die Dichte des Staubes immerhin nur 10^{-22} g/cm³. Etwas anschaulicher ist folgende Aussage: Pro Kubikkilometer sind nur etwa zehn bis zwanzig Staubteilchen von etwa 10 μm Größe anzutreffen – eine wahrlich extrem geringe Dichte.

Für den Sternfreund und die Sternfreundin mag es reizvoll sein, einmal selbst das Zodiakallicht zu sehen und vielleicht sogar eine Aufnahme zu gewinnen. In unseren Breiten wird dies wohl nur in Ausnahmefällen gelingen. Aber im Zeitalter des Ferntourismus kommt so mancher in tropische Gegenden, wo das Tierkreislicht noch gut sichtbar ist – vorausgesetzt, man vermeidet lichtüberflutete Hotelanlagen oder Feriendörfer.

Doch auf einsamen Pfaden vermag man dieses Naturphänomen noch zu erspähen.

November 2008

- Merkur beendet zu Monatsbeginn seine einzige Morgensichtbarkeit des Jahres.
- Venus ist am frühen Abendhimmel vertreten. Sie eilt dem Riesenplaneten Jupiter nach, den sie zu Monatsende einholt.
- Der Ringplanet Saturn beherrscht den Morgenhimmel.

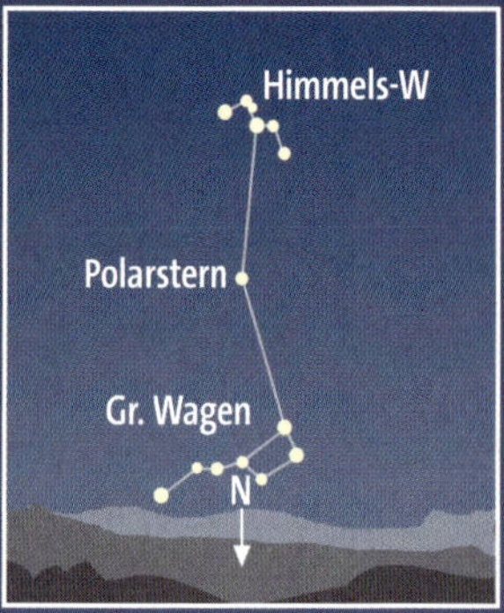

Großer Wagen und Himmels-W Anfang November um 22 Uhr

11.1 Die beiden hellsten Planeten sind am frühen Abendhimmel knapp über dem Südwesthorizont zu sehen. Zu Venus u Jupiter gesellt sich die Sichel des zunehmenden Mondes am 1. beziehungsweise 3. November (Himmelsanblick gegen 18^h

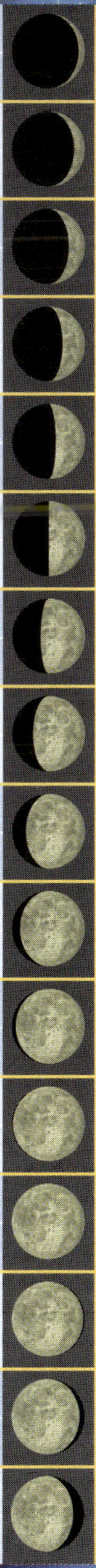

1 Sa	Allerheiligen; Venus im Aphel Mond bei Venus, Abstand 4°,7 um 17^h
2 So	Neptun im Stillstand, dann rechtläufig
3 Mo	Mond bei Jupiter, Abstand 3°,5 um 20^h
4 Di	
5 Mi	
6 Do	**Mond im ersten Viertel** Mond bei Neptun, Abstand 0°,3 um 20^h
7 Fr	
8 Sa	
9 So	Mond bei Uranus, Abstand 4°,1 um 2^h
10 Mo	
11 Di	Sternschnuppen Tauriden
12 Mi	Venus bei Pluto, Abstand 7°,9 um 7^h
13 Do	**Vollmond**
14 Fr	
15 Sa	
16 So	

17 Mo	Sternschnuppen Leoniden
18 Di	
19 Mi	Buß- und Bettag **Mond im letzten Viertel**
20 Do	
21 Fr	Mond bei Saturn, Abstand 5°,6 um 19^h
22 Sa	
23 So	Totensonntag
24 Mo	
25 Di	Merkur in oberer Konjunktion mit Sonne
26 Mi	
27 Do	**Neumond** Mond bei Merkur, Abstand 3°,7 um 22^h
28 Fr	Mond bei Mars, Abstand 4°,1 um 0^h Uranus im Stillstand, dann rechtläufig
29 Sa	Merkur bei Mars, Abstand 0°,6 um 7^h
30 So	1. Advent Merkur im Aphel

Sonne – Sternbilder

22.11. 1^h:
Sonne tritt in das Tierkreiszeichen Schütze
23.11. 4^h:
Sonne tritt in das Sternbild Skorpion
29.11. 17^h:
Sonne tritt in das Sternbild Schlangenträger
Julianisches Datum am
1. November, 1^h MEZ: 2454771,5

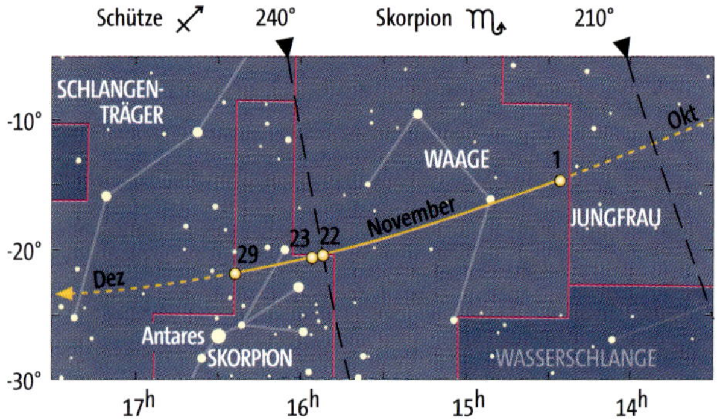

Tabelle Sonnenlauf

Tag	Dämmerg. Anfang	Aufgang MEZ	Kulmination	Untergang MEZ	Dämmerg. Ende	Mittagshöhe	Zeitgleichg.	Rektaszension	Deklination
	h m	h m	h m	h m	h m	°	m	h m	°
1.	5 58	7 10	12 03	16 56	18 08	25,4	+17	14 26	−14,4
5.	6 04	7 17	12 03	16 50	18 03	24,1	+17	14 41	−15,7
10.	6 11	7 25	12 04	16 42	17 56	22,7	+16	15 01	−17,1
15.	6 18	7 33	12 05	16 35	17 50	21,4	+15	15 22	−18,5
20.	6 25	7 41	12 06	16 30	17 46	20,2	+14	15 42	−19,7
25.	6 31	7 49	12 07	16 25	17 42	19,1	+13	16 04	−20,7
30.	6 38	7 56	12 09	16 21	17 39	18,3	+11	16 25	−21,6

Tages- und Nachtstunden

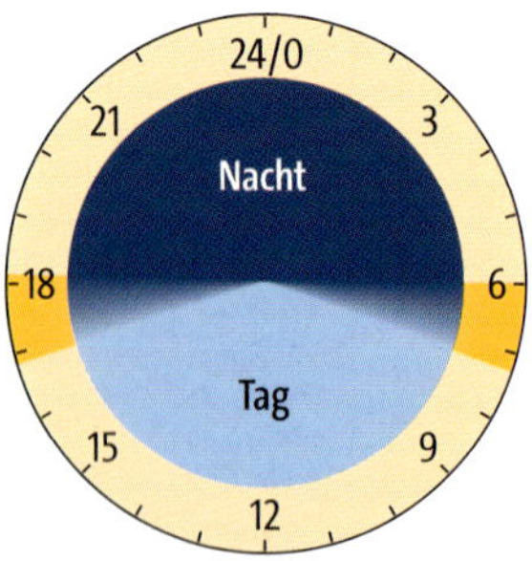

5. November

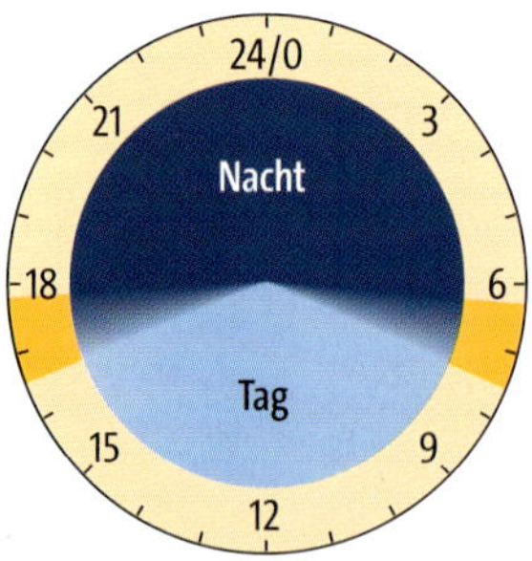

15. November

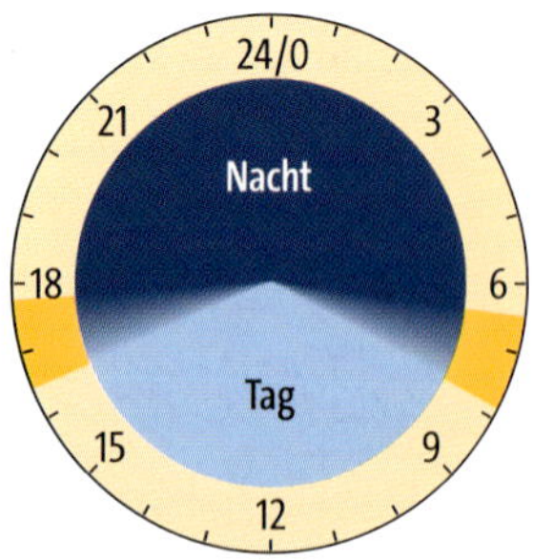

25. November

Tabelle Mondlauf

Datum	Aufg. MEZ	Kulmination	Unterg. MEZ	Rektaszension	Deklination	Sterne und Sternbilder	Phase	MEZ
	h m	h m	h m	h m	°			
Sa 1.	11 11	14 48	18 24	16 42	−26,7	Antares		
So 2.	12 01	15 39	19 18	17 35	−27,1	Schlangenträger	Erdferne 406/29',5	6^h
Mo 3.	12 41	16 28	20 21	18 27	−26,4	Schütze, Nunki		
Di 4.	13 11	17 17	21 30	19 19	−24,4	Schütze, Nunki		
Mi 5.	13 35	18 03	22 41	20 09	−21,4	Steinbock		
Do 6.	13 54	18 48	23 54	20 58	−17,4	Steinbock	**Erstes Viertel** Aufsteigender Knoten	$5^h\ 03^m$
Fr 7.	14 10	19 32	–	21 45	−12,6	Steinbock		
Sa 8.	14 25	20 16	1 08	22 32	− 7,1	Wassermann	Libration Ost	
So 9.	14 40	21 02	2 23	23 19	− 1,2	Fische		
Mo 10.	14 56	21 50	3 41	0 07	+ 5,0	Fische		
Di 11.	15 15	22 43	5 04	0 58	+11,1	Fische		
Mi 12.	15 40	23 40	6 31	1 53	+16,9	Widder, Hamal	Größte Nordbreite	
Do 13.	16 13	–	8 00	2 53	+21,7	* Widder	**Vollmond**	$7^h\ 17^m$
Fr 14.	17 00	0 43	9 26	3 57	+25,2	Stier, Plejaden	Erdnähe 359/33',3	11^h
Sa 15.	18 04	1 48	10 41	5 04	+27,0	* Stier, Al Nath		
So 16.	19 22	2 55	11 37	6 11	+26,7	Zwillinge		
Mo 17.	20 47	3 58	12 17	7 16	+24,5	Pollux		
Di 18.	22 11	4 56	12 46	8 16	+20,8	Krebs, Krippe	Absteigender Knoten	
Mi 19.	23 32	5 49	13 07	9 12	+15,9	* Krebs	**Letztes Viertel**	$22^h\ 31^m$
Do 20.	–	6 37	13 24	10 03	+10,4	Löwe, Regulus	Libration West	
Fr 21.	0 49	7 22	13 39	10 51	+ 4,5	Sextant		
Sa 22.	2 03	8 05	13 53	11 38	− 1,3	Jungfrau		
So 23.	3 16	8 48	14 08	12 23	− 7,1	Jungfrau		
Mo 24.	4 28	9 31	14 24	13 09	−12,4	Spica		
Di 25.	5 40	10 16	14 43	13 56	−17,2	Jungfrau	Größte Südbreite	
Mi 26.	6 51	11 03	15 08	14 45	−21,2	Waage		
Do 27.	8 00	11 52	15 40	15 35	−24,3	Waage	**Neumond**	$17^h\ 55^m$
Fr 28.	9 03	12 42	16 20	16 27	−26,2	Antares		
Sa 29.	9 56	13 33	17 12	17 20	−27,0	Schlangenträger	Erdferne 406/29',4	18^h
So 30.	10 39	14 24	18 12	18 13	−26,5	Kaus Australis		

Der Mond begegnet den Plejaden

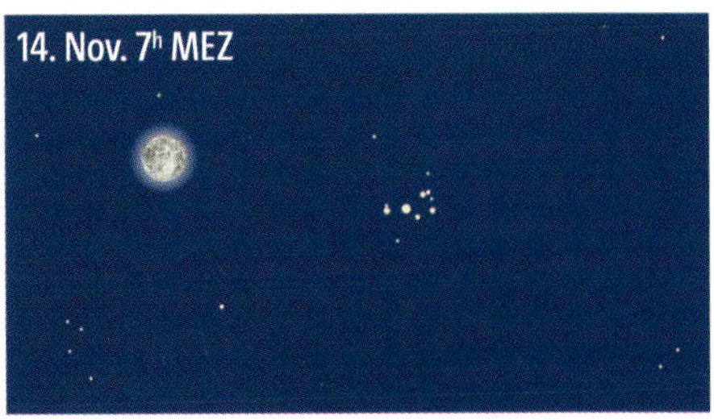

11 Der Planetenlauf November 2008

Merkur beendet Anfang des Monats seine einzige Morgensichtbarkeit des Jahres. Letztmals am 5. wird man den $-0\overset{m}{,}9$ hellen Merkur in der Morgendämmerung ausmachen können. Der flinke Planet geht am 1. um 5^h43^m auf, am 5. erst um 6^h04^m (siehe auch Abb. 10.4 und 10.5 auf Seite 197).

Merkur eilt der Sonne nach und holt sie am 25. ein. An diesem Tag steht er in oberer Konjunktion mit ihr. Fünf Tage später passiert er sein Aphel. Somit ergibt sich zur oberen Konjunktion eine maximale Erdentfernung von 217 Millionen Kilometer (= 1,45 AE).

Die Begegnung mit Mars am 29. erfolgt am Taghimmel und bleibt unbeobachtbar.

Venus ist am frühen Abendhimmel vertreten. Sie nähert sich allmählich dem Riesenplaneten Jupiter, der ebenfalls abends am Südwesthimmel strahlt und gegebenenfalls mit dem Abendstern verwechselt werden kann.

Venus verlässt den Schlangenträger und wechselt am 9. in den Schützen, wobei sie den Winterpunkt am 12. in $2\overset{\circ}{,}1$ südlichem Abstand passiert. Im letzten Monatsdrittel zieht sie etwa ein Grad nördlich an Nunki (σ Sagittarii) vorbei. Gleich zu Monatsbeginn begegnet ihr die Sichel des zunehmenden Mondes, nämlich am 1. abends (siehe auch Abb. 11.1 auf Seite 210).

Ihre Untergänge verlagert Venus von 18^h30^m am Monatsanfang auf 19^h11^m zum Monatsende. Die Venushelligkeit steigt weiter leicht auf $-4\overset{m}{,}1$ an. Zur Monatsmitte sind 75 % des gut 15″ großen Venusscheibchens beleuchtet.

Am 1. geht Venus durch das Aphel ihrer Bahn, wobei sie 109 Millionen Kilometer, das sind 0,73 AE, von der Sonne entfernt ist.

Mars hält sich am Taghimmel bei der Sonne auf und bleibt unsichtbar. Bis Monatsende hat ihn die Sonne fast eingeholt. Nur noch $1\overset{\circ}{,}5$ trennen beide Gestirne voneinander. Die Konjunktion steht unmittelbar bevor. Die Begegnung mit Merkur am 29. bleibt unbeobachtbar.

Zu Monatsende wechselt Mars aus der Waage in den Schlangenträger, ein Sternbild, das ebenfalls zum Tierkreis gehört, was manchmal vergessen wird.

Jupiter ist Planet am frühen Abendhimmel. Er beschleunigt seine rechtläufige Bewegung im Schützen (siehe Abb. 7.5 auf Seite 140).

Venus steuert auf den Riesenplaneten zu. Beide hellste Planeten des irdischen Himmels stehen tief am Westhimmel als auffällige Gestirne. Allerdings ist Jupiters Glanzzeit für dieses Jahr vorüber.

Die Jupiteruntergänge verfrühen sich von 20^h53^m am 1. auf 20^h09^m am 15. Am 30. geht der $-2\overset{m}{,}0$ helle Riesenplanet schon um 19^h25^m unter. Da Jupiter in der Abenddämmerung erst gegen 16^h40^m erkannt werden kann, bleiben etwa zweieinhalb Stunden Abendsichtbarkeitsdauer.

Die zunehmende Mondsichel gesellt sich am 3. abends zum Riesenplaneten (siehe Abb. 11.1 auf Seite 210).

Am 30. trennen uns 868 Millionen Kilometer (= 5,80 AE) von Jupiter. Dies entspricht einer Lichtlaufzeit von 48 Minuten.

Saturn wandert rechtläufig durch den Löwen und passiert am 3. nur 0,°1 nördlich σ Leonis ($4^m,1$) – siehe auch Abb. 2.5 auf Seite 48. Der Ringplanet ist am Morgenhimmel vertreten, wobei er immer früher aufgeht.

Am 1. erfolgt der Saturnaufgang um 2^h25^m und am 15. um 1^h37^m. Am Monatsletzten geht der $1^m,0$ helle Riesenplanet bereits um 0^h43^m auf. Damit wird er zum Planeten der zweiten Nachthälfte.

Uranus bremst seine ohnehin langsame, rückläufige Bewegung im Wassermann immer mehr ab und kommt kaum vom Fleck. Am 28. wird er stationär und kehrt seine Bewegungsrichtung um. Damit endet auch seine Oppositionsperiode (siehe Abb. 9.3 auf Seite 181).

Aus der zweiten Nachthälfte zieht sich Uranus völlig zurück. Am 1. geht der sonnenferne Planet um 2^h37^m unter und am 15. um 1^h41^m. Am letzten Tag des Monats erfolgt der Untergang des $5^m,8$ hellen Uranus um 0^h42^m. Spätestens eine Stunde vor Untergang ist Uranus von der Beobachtungsliste zu streichen. Die günstigste Beobachtungszeit für den grünlichen Planeten fällt jetzt in die Abendstunden. Am 1. kulminiert Uranus um 20^h55^m, am 15. um 19^h59^m und am 30. bereits um 19^h00^m.

Neptun kommt am 2. im Sternbild Steinbock zum Stillstand und beendet damit seine diesjährige Oppositionsperiode.

11.2 Mond begegnet Neptun
Enge Begegnung des zunehmenden Halbmondes mit Neptun am 6. November. Anblick im lichtstarken Fernglas oder Teleskop bei geringer Vergrößerung. Gesichtsfelddurchmesser 5°.

Anschließend wandert er wieder rechtläufig durch den Tierkreis – wenn auch anfangs noch recht zögerlich. In den ersten Tagen ist kaum eine Bewegung zu erkennen (siehe auch Abb. 8.4 auf Seite 164).

Neptun verkürzt drastisch seine Beobachtungszeit. Bis Monatsende kann er aber noch einwandfrei am Abendhimmel aufgestöbert werden.

Am 1. geht der $7^m,9$ helle Neptun um 19^h10^m durch den Meridian und um 0^h04^m erfolgt sein Untergang. Am 15. passiert Neptun um 18^h15^m den Meridian und geht um 23^h06^m unter. Ende November kulminiert Neptun bereits um 17^h17^m und sinkt um 22^h08^m unter den Horizont. Erst gegen 17^h30^m ist es dunkel genug, um den sonnenfernsten Planeten aufspüren zu können.

Zu einer Begegnung mit dem zunehmenden Halbmond

Konstellationen und Ereignisse

Datum	MEZ	Ereignis
1.	8^h	Venus im Aphel
1.	9	**Mond bei Venus**, Mond 2,°6 südlich, **Abstand 4,°7 um 17^h**
2.	8	Neptun im Stillstand, anschließend rechtläufig
3.	23	**Mond bei Jupiter**, Mond 1,°9 südlich, **Abstand 3,°5 um 20^h**
6.	20	**Mond bei Neptun**, Mond 1,°1 nördlich, **Abstand 0,°3 um 20^h** (Fernrohr!)
9.	2	Mond bei Uranus, Mond 4,°1 nördlich
12.	7	Venus bei Pluto, Venus 7,°9 südlich
21.	19	Mond bei Saturn, Mond 5,°6 südlich
25.	18	Merkur in oberer Konjunktion mit der Sonne
27.	22	Mond bei Merkur, Mond 3,°7 südlich
28.	0	Mond bei Mars, Mond 4,°1 südlich
28.	1	Uranus im Stillstand, anschließend rechtläufig
29.	7	Merkur bei Mars, Merkur 0,°6 südlich
30.	16	Merkur im Aphel

kommt es am 6. in den Abendstunden (siehe Abb. 11.2 auf Seite 215). Wenn der Mond schließlich Neptun bedeckt, ist er bei uns schon untergegangen.

Planetoiden

Ceres (1) wandert rechtläufig durch den Löwen und passiert im ersten Monatsdrittel etwa ein Grad südlich Algieba (γ Leonis, $2\overset{m}{,}0$). Algieba kann als Aufsuchhilfe dienen (siehe Abb. 2.5 auf Seite 48).

Die Cereshelligkeit nimmt im Laufe des Monats von $8\overset{m}{,}7$ auf $8\overset{m}{,}4$ zu. Die Aufgänge von Ceres verlagern sich von 0^h14^m zu Monatsbeginn auf 23^h02^m am Monatsende. Ceres kulminiert am 1. um 7^h52^m, am 15. um 7^h16^m und am 30. schon um 6^h35^m.

Vesta (4), rückläufig im Walfisch, hat ihre Opposition zur Sonne gerade hinter sich und ist immer noch leicht aufzufinden, wenn auch ihre Helligkeit von $6\overset{m}{,}5$ zu Monatsanfang um eine halbe Größenklasse auf $7\overset{m}{,}0$ zu Monatsende abfällt (siehe auch Abb. 10.7 auf Seite 200).

Am 1. passiert Vesta den Meridian um 0^h08^m, am 15. um 22^h55^m und am 30. um 21^h46^m. Der Vestauntergang erfolgt am letzten Novembertag um 4^h07^m.

Metis (9) kommt am 4. abends in **Opposition** zur Sonne. Sie wandert rückläufig durch den Widder und erreicht eine Oppositionshelligkeit von $8\overset{m}{,}5$. Der Stern μ Ceti ($4\overset{m}{,}3$), an dem Metis nördlich vorbeiläuft, kann als Aufsuchhilfe dienen (siehe Abb. 10.7 auf Seite 200). Bis Monatsende sinkt die Metishelligkeit auf $9\overset{m}{,}1$ ab.

Zur Opposition kulminiert Metis um 0^h13^m und geht um 7^h11^m unter. Am 15. erfolgt ihre Meridianpassage um 23^h14^m und am 30. bereits um 22^h03^m.

Zur Opposition ist Metis von der Erde 171 Millionen Kilometer (= 1,14 AE) und von der Sonne 319 Millionen Kilometer (= 2,13 AE) entfernt. Von Metis benötigt das Licht neuneinhalb Minuten, bis es uns erreicht.

Periodische Sternschnuppenströme

Die **Leoniden** treten vom 9. November an am Morgenhimmel in Aktion. Ihr Radiant liegt im Löwen rund 10° nordöstlich von Regulus. Das spitze Maximum ist in der Nacht vom 17. auf 18. November zu erwarten (gegen 3^h MEZ). Die Sternschnuppen sind außerordentlich schnell (um 70 Kilometer pro Sekunde). Das Erscheinen der Leoniden geht auf den Kometen 55P/Tempel-Tuttle (alte Bezeichnung: 1866 I) zurück. In den letzten Jahren waren die Leoniden besonders aktiv. Es war ein regelrechter „Leoniden-Sturm“ zu beobachten mit tausenden Sternschnuppen pro Stunde. Nur alle 33 Jahre kollidiert die Erde mit dem Zentrum der Leoniden-Trümmerwolke. In diesem Jahr ist mit einer eher bescheidenen Leoniden-Aktivität zu rechnen. Immerhin sind etwa fünfzig Sternschnuppen pro Stunde am Morgenhimmel zu erwarten.

Auf die **Tauriden**, deren Maximum auf den 11. November fällt, wurde schon im September hingewiesen. Zwischen 20^h und 4^h morgens ist mit etwa fünf bis zehn Meteoren pro Stunde zu rechnen. In den letzten Jahren hat sich gezeigt, dass die **Tauriden** eigentlich in zwei Teilströme zerfallen. Die **N-Tauriden** haben ihr Maximum am 11. November, die **S-Tauriden** sind etwas früher dran, ihr Höhepunkt fällt auf den 4. November.

Veränderliche Sterne im November

Algol-Minima	9. 5^h14^m	12. 2^h03^m	14. 22^h52^m	17. 19^h41^m	29. 6^h57^m	
β-Lyrae-Minima	4. 10^hH	10. 21^hN	17. 8^hH	23. 19^hN	30. 7^hH	
δ-Cephei-Maxima	1. 6^h	6. 15^h	12. 0^h	17. 9^h	22. 18^h	28. 2^h
Mira-Helligkeit	1. 8^m	10. 8^m	20. 7^m	30. 6^m		

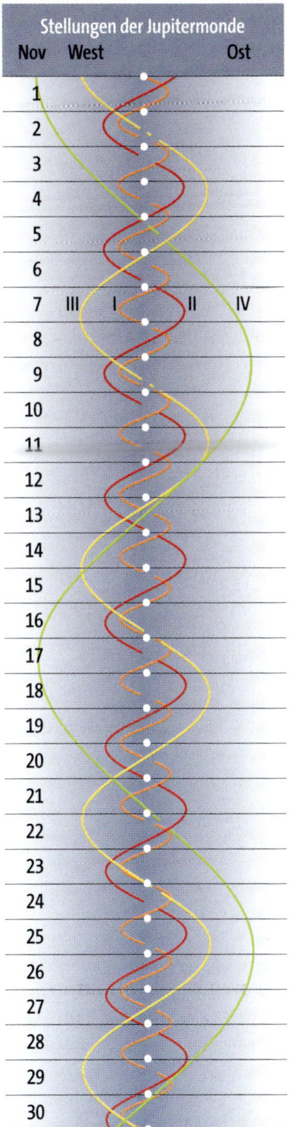

Jupitermonde

Tag	MEZ		Vorgang	
	h	m		
2.	17	40	III	VA
	18	02	I	BA
3.	16	35	I	SA
	17	40	I	DE
	18	50	I	SE
5.	19	03	IV	VE
6.	20	07	II	BA
8.	16	38	II	SA
	17	06	II	DE
	19	26	II	SE
9.	17	08	III	BA
	20	01	I	BA
10.	17	23	I	DA
	18	30	I	SA
	19	39	I	DE
11.	17	56	I	VE
15.	17	06	II	DA
	19	15	II	SA
	19	53	II	DE
17.	17	07	II	VE
	19	23	I	DA
18.	16	31	I	BA
	19	51	I	VE
19.	17	09	I	SE
20.	19	11	III	SE
25.	18	31	I	BA
26.	16	48	I	SA
	18	08	I	DE
	19	05	I	SE
27.	16	01	III	DA
	16	15	I	VE
	19	23	III	DE
30.	16	15	IV	SA

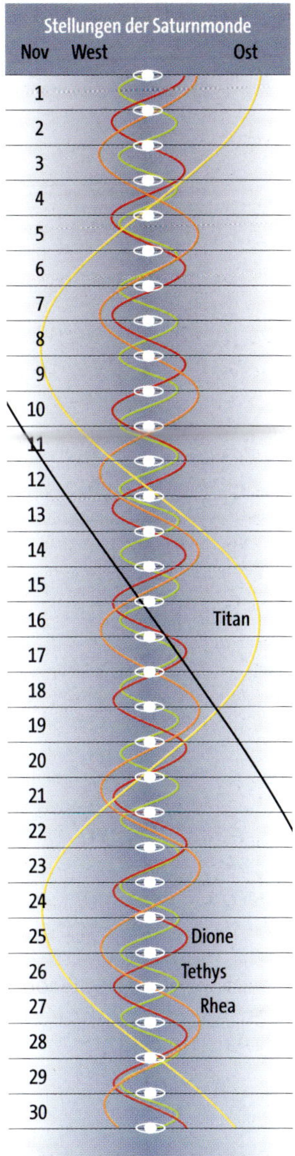

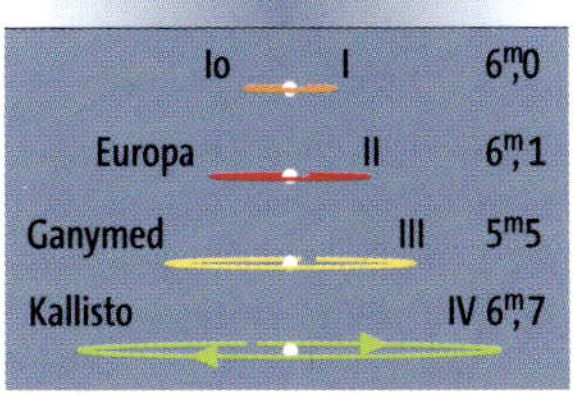

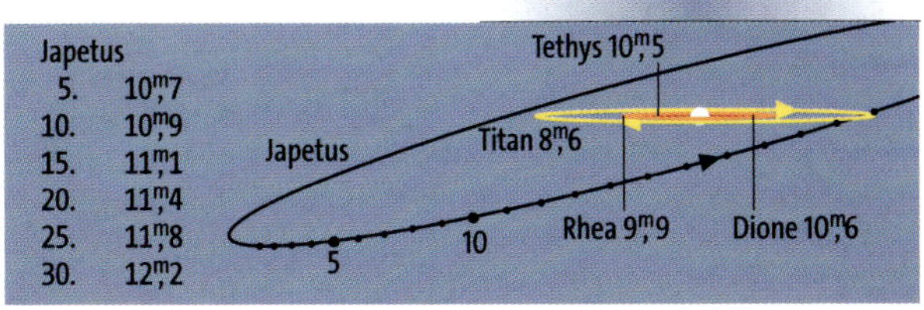

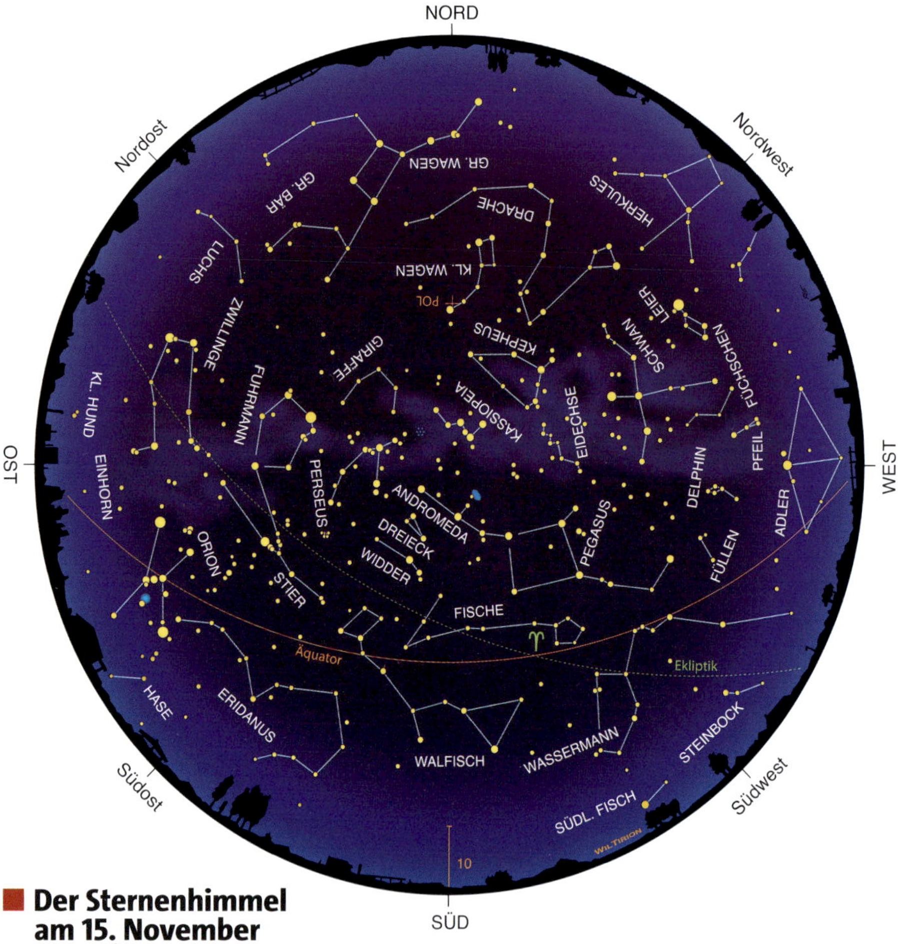

Der Sternenhimmel am 15. November um 22^h MEZ

Die Sternkarte ist auch gültig für:

	MEZ	MESZ
1. 9.	3^h	4^h
15. 9.	2	3
1.10.	1	2
15.10.	0	1
1.11.	**23**	
15.11.	**22**	
30.11.	**21**	
15.12.	20	
31.12.	19	
15. 1.	18	

Zwar ist im Westen noch das Sommerdreieck zu sehen, dennoch ist der Charakter des Himmels eindeutig herbstlich. Und im Osten sind gar die Wintersternbilder in Anmarsch. Man beginne seinen nächtlichen Streifzug durch die Welt der Sterne mit einem Blick zum Zenit. Dort erkennt man auf Anhieb das Himmels-W, die Königin Kassiopeia. Die mittlere Spitze des Ws deutet ungefähr auf den Polarstern. Lässt man vom Polarstern den Blick zum Nordhorizont hinuntergleiten, so stößt man auf den Großen Wagen, dessen sieben Sterne jetzt tief im Norden stehen. Er passiert gerade den Meridian in unterer Kulmination. Als Zirkumpolarsternbild ist er in dieser Position noch über dem Horizont, während ansonsten Sterne und Sternbilder in unterer Kulmination nicht zu sehen sind, weil diese unterhalb des Horizonts erfolgt.

Ebenfalls in Zenitnähe entdeckt man die Sternenkette der Andromeda. Unsere Nachbarmilchstraße, der Andromedanebel, befindet sich fast genau im Meridian. Das Pegasusquadrat hat seinen Meridiandurchgang bereits hinter sich und ist ein wenig nach Westen gerückt. Hoch im Osten ist der Perseus zu sehen, dessen Gestalt nun gut zu erkennen ist. Im Perseus findet sich der Bedeckungsveränderliche Algol (β Persei), der Prototyp der Klasse der Algol-Variablen und ein ideales Übungsobjekt für diejenigen Sternfreunde, die sich der Beobachtung veränderlicher Sterne widmen wollen. Die Entfernung der Doppelsonne Algol wurde zu 93 Lichtjahren gemessen.

Zwischen dem Polarstern und dem Perseus liegt ein Feld an weniger hellen Sternen. Sie gehören zu dem unscheinbaren und darum wenig bekannten Sternbild Giraffe (lat.: Camelopardalis). Die Giraffe ist ein neuzeitliches Sternbild, das erst im Jahre 1613 von dem holländischen Pfarrer und Liebhaberastronomen Petrus Plancius eingeführt wurde.

Das Gebiet um den Meridian halten außer Andromeda und Kepheus noch die Sternbilder Widder, Fische und Walfisch besetzt. Im Südwesten dehnt sich der Wassermann aus. Darunter ist gerade noch Fomalhaut im Südlichen Fisch zu erkennen.

Im Osten funkelt es an hellen Sternen, die Wintersternbilder drängen auf die Himmelsbühne: Der Fuhrmann mit Kapella, der Stier mit Aldebaran und den beiden offenen Sternhaufen Plejaden und Hyaden, der Orion mit Beteigeuze und Rigel sowie die Zwillinge mit Kastor und Pollux ziehen die Blicke auf sich.

Nur noch der Kleine und der Große Hund fehlen von den Winterbildern. Auch sie werden zur Wintersonnenwende am Nachthimmel zur Standardbeobachtungszeit vertreten sein.

Objekte für Feldstecher und Fernrohr

Der große Andromedanebel, die Nr. 31 im Katalog von Charles Messier, gehört zu den prominenten Fernglasobjekten am abendlichen Herbsthimmel. M 31 ist allerdings kein Nebel, keine Gas- und Staubwolke wie der Orionnebel oder der Trifid-Nebel im Schützen, sondern ein riesiges Sternensystem, eine Milchstraße oder Galaxie. Mit knapp drei Millionen Lichtjahren Entfernung ist M 31 unsere Nachbarmilchstraße. Sie übertrifft dabei in Ausdehnung und Sternenzahl unsere eigene Galaxis noch um einiges. Auch wenn man seit knapp hundert Jahren weiß, dass M 31 ein Sternensystem und nicht eine Gaswolke ist, so spricht man heute noch vom Andromeda*nebel*. Ebenso hat sich der Begriff Spiralnebel eingebürgert, obwohl Spiralnebel Galaxien sind und keine galaktischen Nebel.

Die Andromedagalaxie und unsere Galaxis sind die größten Milchstraßensysteme der so genannten Lokalen Milchstraßengruppe.

Der Triangulum-Nebel (M 33) im Sternbild Dreieck (daher der Name!) gehört neben einigen Dutzend Zwerggalaxien zur Lokalen Gruppe. Auch M 33 ist am herbstlichen Abendhimmel ein

11.3 Der „Dreiecksnebel“: Aufnahme der Spiralgalaxie M 33 (Triangulumgalaxie) im Sternbild Dreieck, gewonnen von Stefan Seip mit einem 105-mm-Traveler-Refraktor und CCD-Kamera.

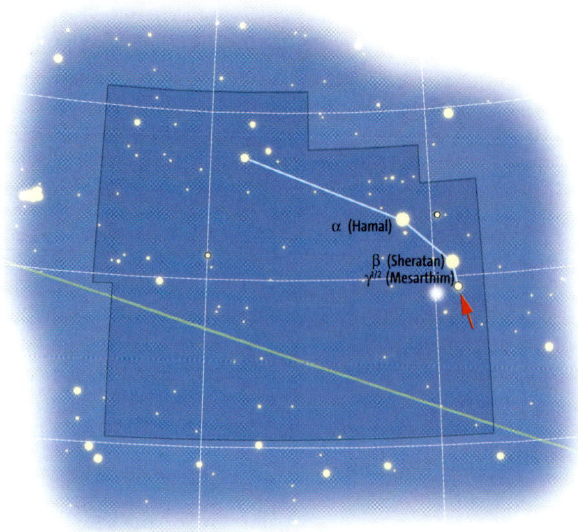

11.4 Das Sternbild Widder mit dem Doppelstern Mesarthim (γ Arietis).

Stück südlich von M 31 zu sehen. Bei M 33 sehen wir fast senkrecht auf diese Spiralgalaxie. M 33 ist gegenüber M 31 und unserem Milchstraßensystem etwas kleiner und etwa gleich weit entfernt von uns wie M 31. Während M 31 schon mit bloßen Augen unter guten Sichtbedingungen erkannt werden kann, so ist die Galaxie M 33 erst im Fernglas auszumachen. Die Andromedagalaxie und unsere Milchstraße nähern sich einander an und werden in rund fünf Milliarden Jahren zu einer riesigen elliptischen Galaxie verschmelzen.

Die offenen Sternhaufen h und χ im Perseus sind im Herbst ein lohnendes Objekt für die Beobachtung mit bloßen Augen oder dem Fernglas. In der Monatssternkarte sind sie durch ein paar blaue Punkte zwischen Perseus und Kassiopeia (näher bei Perseus) angedeutet.

Ein prominenter Doppelstern ist Alamak (γ Andromedae). Er weist einen netten Farbkontrast auf. Ein gelber, $2\overset{m}{,}2$ heller Stern hat in $9\overset{''}{,}6$ Distanz einen bläulichen, $4\overset{m}{,}9$ hellen Begleiter. Dieser Begleitstern hat in nur $0\overset{''}{,}4$ Abstand einen 6^m hellen Nachbarn. Während Alamak selbst schon im Dreizöller spielend zu trennen ist, benötigt man ein Teleskop mit mindestens 40 cm Öffnung, um den Begleiter aufzulösen (ruhige Luft vorausgesetzt!).

Mesarthim (γ Arietis) im Widder zählt ebenfalls zu den prominenten Doppelsternen. Im Unterschied zu Alamak zeigt γ Ari keinen Farbkontrast. Zwei weiße Sterne, fast gleich hell ($4\overset{m}{,}6$ und $4\overset{m}{,}7$), stehen in $7\overset{''}{,}5$ Abstand voneinander. Im Vierzöller ist Mesarthim leicht zu trennen. Alamak ist 350 Lichtjahre und Mesarthim 200 Lichtjahre von uns entfernt.

Die Doppelsterne Nr. 56 in der Andromeda und Nr. 6 im Sternbild Triangulum (lat., Dreieck) sind weniger bekannt sind. Die Nummern beziehen sich auf den Sternkatalog von John Flamsteed (erster Astronomer Royal, 1646 – 1719).

Bei 56 And handelt es sich um einen $5\overset{m}{,}7$ hellen, orangefarbenen Stern, der in 201″ Distanz einen tiefroten, $5\overset{m}{,}9$ hellen Kompagnon besitzt. 56 And steht an der Grenze zum Sternbild Dreieck. Jedes kleine Fernglas zeigt ihn getrennt. Es handelt sich hier nicht um einen echten, sondern um einen optischen Doppelstern. Beide Komponenten stehen nur zufällig in der gleichen Richtung, sind aber räumlich weit getrennt. Die hellere Komponente ist 320 Lichtjahre weit weg, der Begleiter jedoch ist fast tausend Lichtjahre entfernt.

Nahe von 56 And findet sich übrigens auch der offene Sternhaufen NGC 752, den man sich gleich vorknöpfen kann, wenn man 56 And im Visier hatte.

Der Doppelstern 6 Trianguli kann mit einem Fernrohr ab 6 cm Öffnung aufgelöst werden. Ein $5\overset{m}{,}3$ heller, gelber Riesenstern besitzt in $3\overset{''}{,}9$ Abstand einen bläulichen, $6\overset{m}{,}9$ hellen Begleiter. Das Sternenpaar ist rund 300 Lichtjahre von uns entfernt.

Als Kugelsternhaufen sei M 15 beim Kopf des Pegasus empfohlen. M1 5 ist leicht mit einem Fernglas aufzustöbern. Er erscheint als nebelhaftes Lichtfleckchen von rund 4′ Durchmesser. Um M 15 zu finden, benutze man die Sternkarte E 23 im *Atlas für Himmelsbeobachter* von Erich Karkoschka.

Die Galaxie NGC 7331 findet man in der gleichen Sternkarte E 23. Sie befindet sich etwa vier Grad nördlich von η Pegasi, ein mit $2^{\mathrm{m}}\!,5$ scheinbarer Helligkeit gut auffindbarer Anhaltsstern. NGC 7331 ist ein Objekt für fortgeschrittene Sternfreunde, die über eine Optik mit mindestens vier Zoll Öffnung verfügen. Empfehlenswert ist jedoch ein Teleskop mit 20 cm Objektivdurchmesser oder größer, denn die Galaxie ist mit 10^{m} Gesamthelligkeit doch recht lichtschwach. Man sieht diesem Milchstraßensystem auf die Kante, weshalb es im Teleskop spindelförmig erscheint. Das Zentralgebiet weist eine ovale Form auf, den Astronomen als zentraler „bulge" (engl., Ausbuchtung, Beule) bekannt. Die Entfernung von NGC 7331 beträgt etwa 60 Millionen Lichtjahre.

Die Galaxie M 74 in den Fischen ist ein Ziel für geübte Beobachter. M 74 liegt etwa ein Grad östlich von η Piscium ($3^{\mathrm{m}}\!,6$) und gilt als schwieriges Objekt. Irdisches Streulicht sowie Mondlicht sind auf alle Fälle zu meiden. M 74 ist eine Spiralgalaxie. Im Teleskop des Sternfreundes erscheint nur ein diffuser Kern mit einem leuchtenden Saum. Die Gesamthelligkeit beträgt $9^{\mathrm{m}}\!,5$. Die Entfernung dieses Milchstraßensystems wurde zu rund 50 Millionen Lichtjahren bestimmt.

11.5 Schöne Doppelsterne: Aufsuchkärtchen für die Doppelsterne Nr. 56 Andromedae und Nr. 6 Trianguli.

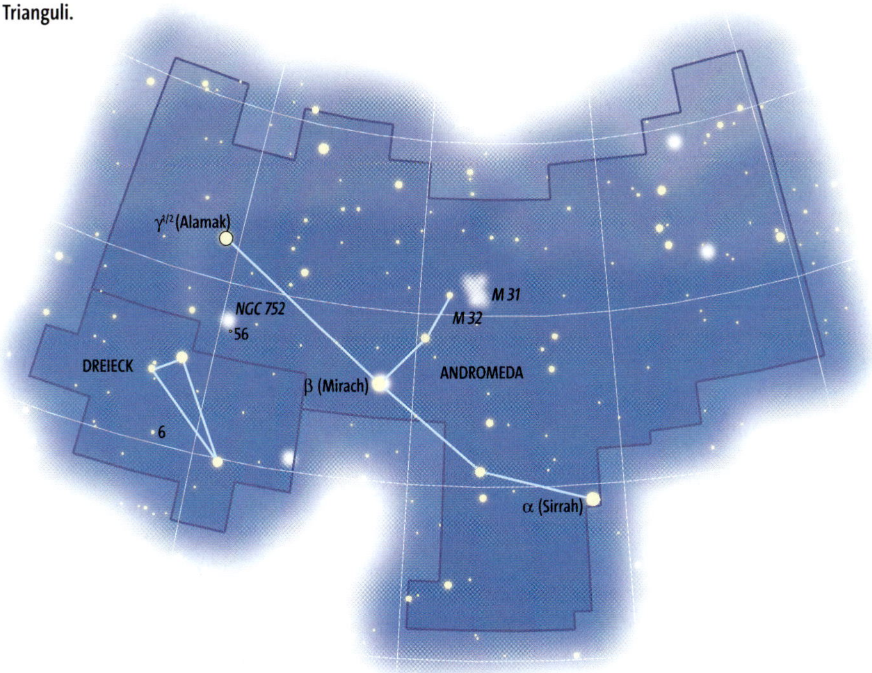

Auf der Jagd nach fernen Planeten

11.6 Mit Hilfe der Kepler-Mission sollen erdähnliche Planeten fremder Sonnen entdeckt werden.

Zu den spannendsten Fragen der Astronomie zählt zweifelsohne die nach unseren Brüdern und Schwestern im All. Ist die Erde der einzige bewohnte Planet in den Tiefen des Universums oder gibt es noch andere Schauplätze, auf denen mehr oder minder entwickeltes Leben anzutreffen ist? Eng damit verbunden ist die Frage, ob unsere Sonne der einzige Stern ist, der von Planeten umrundet wird, oder gehören zu Sternen im Normalfall Planeten einfach dazu? Denn auf der Oberfläche von Sternen kann wegen der hohen Temperaturen von einigen tausend Grad kein organisches Material existieren. Komplizierte Molekülverbindungen, eine Voraussetzung für Organismen, können sich nur bei relativ niedrigen Temperaturen bilden und bestehen. Wie jeder weiß, kann man Gegenstände durch Erhitzen sterilisieren, also Keime abtöten. Deshalb sucht man nach Planeten, die im Licht ihrer Muttersterne geeignete Zustände für eine biologische Evolution bieten. Unter dem Begriff „Planeten“ werden solche Körper zusammengefasst, die Massen von etwa einem Tausendstel und dem Tausendfachen der Erdmasse aufweisen und um einen Stern kreisen. Massearmere Objekte zählen zu den Asteroiden, die auf Grund ihrer geringen Anziehungskraft keine Atmosphäre halten können. Massereichere Objekte wiederum werden als Braune Zwerge klassifiziert, ein Zwischenstadium von Planeten und Sternen (siehe auch *Kosmos Himmelsjahr 1998*, Monatsthema „Gibt es Braune Zwerge?“).

In unserem Sonnensystem mit acht Planeten sowie zahlreichen Zwergplaneten und tausenden Kleinkörpern ist die Erde der einzige Planet mit höher entwickeltem Leben. Gibt es woanders vielleicht erdähnliche Planeten, also Planeten mit Masse und Größe unserer Erde, die in einem Abstand ihre Muttersonne umkreisen, so dass die Oberflächentemperaturen lebensfreundlich sind? Man nennt solche Bereiche um Sterne habitable Zonen oder kurz Ökosphären.

Lange war man auf Spekulationen angewiesen, ob um andere Sterne, also Sonnen, ebenfalls Planeten kreisen. Seit einigen Jahren ist es jedoch gelungen, Planeten außerhalb unseres Sonnensystems nachzuweisen. Man nennt sie „extrasolare Planeten". Die Bezeichnung „extrasolar" ist nicht ganz glücklich gewählt, laufen doch auch die Planeten Merkur bis Neptun einschließlich der Erde außerhalb der Sonne um diese, sind also ebenfalls „extrasolar". Besser ist deshalb die Bezeichnung „Exoplaneten" für Planeten außerhalb unseres eigenen Sonnensystems.

Um einen Exoplaneten zu finden, muss man nur nachsehen, ob Sterne von Planeten umkreist werden. Dies ist leicht gesagt, aber kaum durchführbar. Denn erscheinen uns schon Sterne nur als schwache Lichtpünktchen, die in Wirklichkeit grell leuchtende, heiße Sonnen sind, so sind Planeten in Entfernungen von Lichtjahren so lichtschwach, dass man sie bis dato zumindest nicht direkt sehen kann, selbst nicht mit den bisher größten Teleskopen.

Würden wir Jupiter aus der Entfernung des nächsten Sterns, nämlich Toliman (α Centauri), also aus etwas mehr als vier Lichtjahren Entfernung beobachten, so wäre er nur 21^m hell. Von Sirius aus betrachtet, also aus knapp neun Lichtjahren Distanz, wäre Jupiter nur noch $22\overset{m}{.}5$ hell und sein maximaler Winkelabstand von der Sonne würde nur zwei Bogensekunden betragen.

Selbst in Riesenteleskopen bliebe er in den Strahlen unserer Sonne verborgen. Mit speziellen Verfahren versucht man inzwischen dennoch, Exoplaneten direkt zu „sehen".

Mit dem Doppler-Wobble auf Planetensuche

Doch es gibt indirekte Methoden, Planeten anderer Sonnen zu entlarven. Inzwischen hat man mehr als zweihundert Exoplaneten aufgespürt. Eine dieser Nachweismethoden wird „Doppler-Wobble" genannt. Damit hat es Folgendes auf sich: Genau genommen kreist ein Planet nicht um den Mittelpunkt seiner Muttersonne, sondern um den Schwerpunkt des Systems Planet–Stern. Da der gemeinsame Schwerpunkt die Verbindungslinie Planet–Sternmittelpunkt im umgekehrten Massenverhältnis teilt, so liegt der Schwerpunkt des Systems meist sehr nahe dem Sternmittelpunkt, oft sogar innerhalb des Sternglobus. Der Mittelpunkt des Sterns kreist dabei gemäß der Umlaufszeit des Planeten ebenfalls um den Schwerpunkt. Wenn die Bahn des Sterns um den gemeinsamen Schwerpunkt nicht genau senkrecht auf der Sichtlinie (Visionsradius) steht, so bewegt sich der Stern einmal auf den Beobachter zu und nach einem halben Umlauf wieder von ihm weg. Gemäß dem Doppler-Prinzip wird man ein rhythmisches Schwanken der Radialgeschwindigkeit des Sternes registrieren. Daher die Bezeichnung „Doppler-Wobble", da das englische Wort „wobble" so viel wie „wackeln" oder „schwanken" bedeutet. Bei engen Doppelsternen sind solche periodischen Radialgeschwindigkeitsschwankungen schon lange bekannt (so genannte „spektroskopische Doppelsterne"). Bei Doppelsternen liegen solche Radialgeschwindigkeitsvariationen in der Größenordnung von etlichen *Kilometern* pro Sekunde. Wegen der im Verhältnis zum Mutterstern geringen Masse eines Exoplaneten sind die durch ihn verursachten Radialgeschwindigkeitsschwankungen lediglich in der Größenordnung von wenigen *Metern* pro Sekunde. Es bedarf daher äußerst präziser Messungen der Radialgeschwindigkeit, um solche geringe Schwankungen zu registrieren.

Erstmals gelang es im Jahre 1995, mit dieser „Doppler-Wobble"-Methode bei dem sonnenähnlichen Stern 51 Pegasi (Spektraltyp: G2 V) ei-

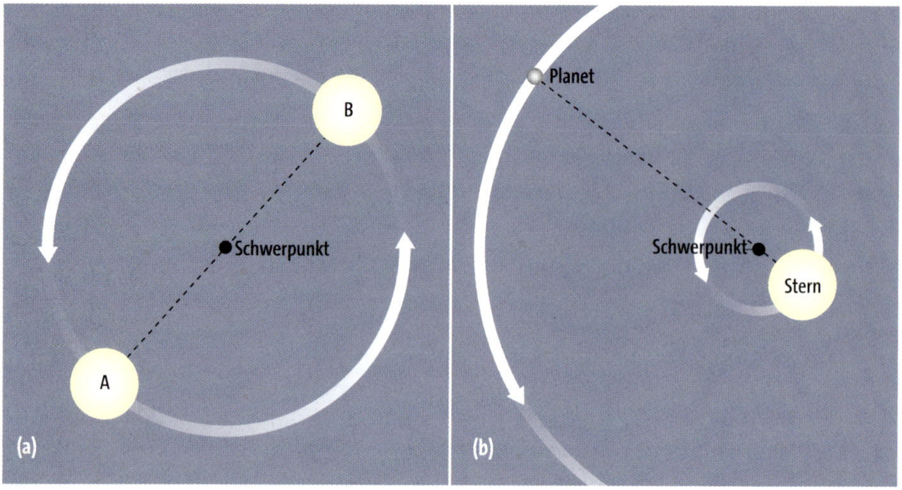

11.7 Im Bild (a) kreisen zwei Sterne gleicher Masse um den gemeinsamen Schwerpunkt. Im Bild (b) kreisen ein im Vergleich zum Mutterstern massearmer Planet und der Mutterstern um den gemeinsamen Schwerpunkt. Der Stern vollführt nur eine kleine Bewegung um den Schwerpunkt, die aber inzwischen messbar ist.

nen unsichtbaren Begleiter mit einer Mindestmasse von einer halben Jupitermasse aufzuspüren. Wegen der nicht bekannten Neigung der Umlaufbahn des Begleiters kann aus der Radialgeschwindigkeitsschwankung immer nur die Mindestmasse ermittelt werden. Bei einer so geringen Masse des Begleiters von 51 Pegasi kann es sich weder um einen Stern noch um einen braunen Zwerg handeln. Vielmehr läuft um die Sonne 51 Peg ein jupiterähnlicher Planet.

Schon drei Jahre vor der Entdeckung des Begleiters von 51 Peg fand man drei Exoplaneten, die allerdings keinen sonnenähnlichen Stern, sondern einen Neutronenstern, einen Pulsar, umkreisen.

Auffallend ist, dass mit der „Doppler-Wobble"-Methode fast nur Exoplaneten nachgewiesen werden, deren Masse der des Jupiter ähnlich sind beziehungsweise sie sogar deutlich übertreffen, und die überraschenderweise alle sehr nahe den Mutterstern umkreisen. Teils sind sie ihrer Sonne näher als Merkur unserer Sonne, was zu hohen Oberflächentemperaturen von über tausend Grad führt – sicher kein geeigneter Ort für Lebensformen. Man nennt diese Sorte Exoplaneten daher auch „heiße Jupiter". Wie man sich schnell klar macht, beruht ihre Entdeckung auf einem Auswahleffekt. Denn je massereicher ein Exoplanet ist und desto näher er seine Muttersonne umkreist, desto größer fällt die Radialgeschwindigkeitsvariation aus – und desto eher werden sie daher entdeckt. Erdähnliche Planeten in ein, zwei Astronomischen Einheiten Distanz von der Muttersonne sind sehr schwierig nachzuweisen.

Leuchtsignale aus dem All

Ein weiteres Verfahren, um Exoplaneten zu finden, ist die Transit-Methode. Sie beruht auf extrem genauen Messungen von Sternhelligkeiten. Wenn die Umlaufebene eines Planeten in oder fast in der Richtung des Visionsradius liegt, oder anders ausgedrückt, man auf die Bahnkante blickt, so zieht der Planet von Zeit zu Zeit vor seinem Mutterstern vorbei, ähnlich wie gelegentlich Merkur oder Venus vor der Sonne entlangwandern. Ein solcher Vorgang wird in der Astronomie „Transit" genannt. Bei einem Transit verdeckt der Planet einen Teil der Sternoberfläche. Der Helligkeitsabfall ist allerdings extrem gering. Würde man von Regulus aus einen Jupitertransit vor unserer Sonne registrieren, so würde sich die Helligkeit von der Sonne lediglich um $0^{m},008$ verringern! Man muss schon sehr genau photometrieren, um solche geringen Helligkeitsschwankungen zu bemerken. Dennoch sind die Beobachtungsverfahren inzwischen so weit fortgeschritten, dass dies gelingt. Am besten ist es jedoch, man kombiniert beide geschilderten Methoden. Denn dann kann man auch die Masse des Exoplaneten genau angeben, liegt doch bei einem Transit die Bahnebene in Richtung Sichtstrahl (Visionsradius) und die Radialgeschwindigkeitsschwankungen gehen gemäß dem 3. Kepler-Gesetz voll in die Massenbestimmung ein.

Bei jupiterähnlichen Planeten sind die Helligkeitseinbrüche in der Größenordnung von einem Prozent. Will man aber erdähnliche Exoplaneten aufspüren (die berühmte Suche nach der „zweiten Erde"), so muss man selbst Helligkeitsänderungen von einem hundertstel Prozent (0,01 %) registrieren! Und dies funktioniert von der Erde aus wegen der stets turbulenten Atmosphäre nicht. Nur von außerhalb der Erdatmosphäre gelingt es, so genaue Messungen durchzuführen. Mit Hilfe des Satelliten Corot sollen mit der Transit-Methode auch relativ kleine, also erdähnliche Exoplaneten entdeckt werden. Corot wurde Ende Dezember 2006 mit einer Sojuz-Rakete vom Weltraumbahnhof Baikonur in Kasachstan in eine 900 Kilometer hohe Umlaufbahn gebracht. Corot ist ein Akronym für **CO**nvection, **RO**tation and Planetary **T**ransits. Es sollen nicht nur Transits von Exoplaneten verfolgt, sondern auch Schwingungen und Rotationen von Sternen beobachtet werden. Um einen Transit eindeutig zu identifizieren, ist eine genaue Analyse der Lichtkurven erforderlich, denn Sterne zeigen aus verschiedenen Gründen selbst mehr oder minder starke Helligkeitsschwankungen. So erzeugen Flecken

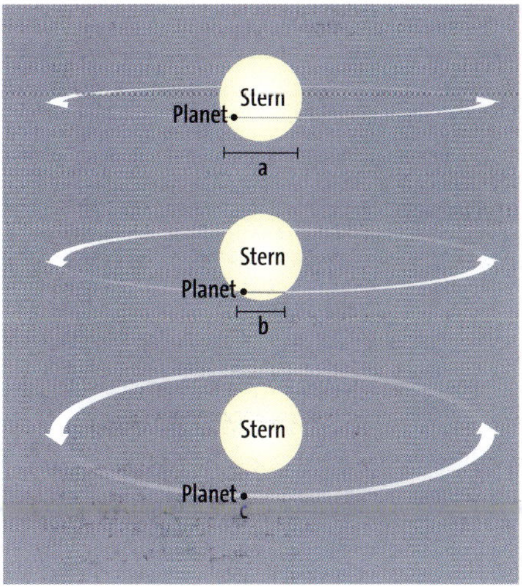

11.8 Transit-Methode zum Aufspüren extrasolarer Planeten: In (a) und (b) kommt es zu einem geringen Helligkeitsabfall des zentralen Sterns, wenn ein Planet zwischen Stern und Erde vorbeiwandert. Ist die Planetenbahn stärker geneigt, dann kommt es zu keiner Helligkeitsänderung. In diesem Fall versagt die Transit-Methode zum Aufspüren von Exoplaneten.

in den Sternphotosphären durch die Rotation Helligkeitsänderungen, geringe radiale Schwingungen verändern ebenfalls die Sternhelligkeit. Sowohl aus der Form der Lichtkurve als auch aus der spektroskopischen Analyse lässt sich jedoch klären, ob ein Transitphänomen beobachtet wurde oder ob die Helligkeitsänderung eine andere Ursache hat.

Corot ist ein verhältnismäßig kleiner Satellit mit einem bescheidenen Teleskop – was die Objektivöffnung betrifft. Mit 630 Kilogramm Masse, einer Länge von etwas mehr als vier Metern und einer maximalen Dicke von zwei Metern zählt Corot eher zu den Kleinsatellitenmissionen. An Bord befindet sich ein Spiegelteleskop mit einer freien Öffnung von lediglich 27 Zentimetern. Das Sternenlicht fällt in der Brennebene auf vier CCD-Chips mit je 2048 × 2048 Pixel. Der Satellit fliegt auf einer polaren Bahn, die

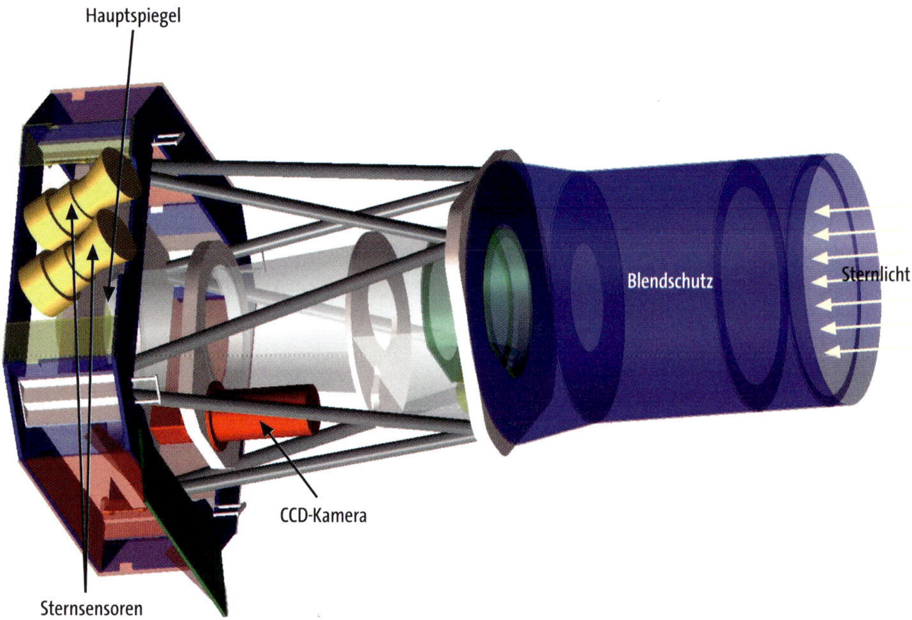

11.9 Das optische System von Corot, der Raumsonde zum Auffinden von Exoplaneten.

also um 90° zum Erdäquator gekippt ist. Das Teleskop ist dabei senkrecht zur Umlaufsebene ausgerichtet. Dadurch wird verhindert, dass die Sonne oder die Erde in das Blickfeld des Teleskops gelangen. In den ersten fünf Monaten sollen 60 000 Sterne von 11^m bis 16^m in ausgewählten, sternreichen Milchstraßengebieten detektiert werden. Man hofft, erstmals auch erdähnliche (was Durchmesser und Masse betrifft) Exoplaneten zu finden.

Vor kurzem hat auch das inzwischen legendäre Weltraumteleskop Hubble, das in 500 Kilometer Höhe die Erde umrundet, sechzehn Exoplaneten mit Hilfe der Transit-Methode gefunden. Die neu entdeckten Planeten umkreisen Sterne, die nahe dem galaktischen Zentrum stehen und daher von uns mehr als 20 000 Lichtjahre entfernt sind. Es handelt sich dabei durchweg um jupiterähnliche Exoplaneten.

Licht auf krummen Wegen

Eine weitere Methode, Exoplaneten aufzuspüren, bietet der Gravitationslinseneffekt. Wie Albert Einstein (1879–1955) in seiner Allgemeinen Relativitätstheorie gezeigt hat, krümmen Massen den sie umgebenden Raum. Lichtstrahlen folgen diesen Krümmungen. Kurz: Massen lenken Licht ab. Dabei können Massen wie optische Linsen wirken und Lichtstrahlen fokussieren. Galaxien und Galaxienhaufen können das Licht ferner Quasare in zwei oder mehrere Punktquellen aufspalten oder auch Galaxien zu Bögen verformen (so genannte Einsteinkreuze oder Einsteinringe).

Wandert ein Stern oder auch ein Planet zwischen einem fernen Stern, der punktförmig erscheint, und dem irdischen Beobachter hindurch, so wird durch den Gravitationslinseneffekt das Licht des Hintergrundsterns kurzfristig verstärkt, nämlich gebündelt. Die Sternhelligkeit nimmt zu und fällt anschließend wieder ab. Die Lichtkurve ist dabei absolut symmetrisch.

Da es sich bei Planeten, die vor fernen Sternen vorbeiziehen, um relativ massearme Objekte handelt, so ist ihre Wirkung auch nur gering. Man spricht deshalb vom Mikrolinseneffekt.

Wandert ein Planet um einen Stern, der als Mikrolinse für einen Hintergrundstern wirkt, so verändert er die Lichtkurve in einer charakteristischen Weise – sie ist dann nicht mehr symmetrisch. Freilich ist dies ein sehr diffiziles Verfahren und funktioniert auch nur, wenn entsprechend viele Hintergrundsterne vorhanden sind, um überhaupt als Lichtquelle für eine Mikrolinse zur Verfügung zu stehen. Während Corot auf eine französische Initiative zurückgeht und ein Esa-Projekt ist, plant die Nasa im November 2008 ihre Kepler-Mission zu starten. Mit einem Ein-Meter-Teleskop an Bord soll Kepler sechs Jahre lang bis zu hunderttausend sonnenähnliche Sterne nach terrestrischen Exoplaneten absuchen – sowohl mit der Transit- als auch mit der Gravitationslinsenmethode. Man hofft, dann endlich auch erdähnliche Planeten zu entdecken, die innerhalb einer Ökosphäre, also einer „bewohnbaren Zone", ihren Mutterstern umkreisen. Die Suche nach einer zweiten Erde wird dann vielleicht von Erfolg gekrönt werden.

Für die Menschheit bleibt jedoch unsere Erde auch in Zukunft der einzige Lebensraum – auf Gedeih und Verderb.

Dezember 2008

- Am 21. passiert die Sonne den tiefsten Punkt ihrer Jahresbahn; die Wintersonnenwende tritt ein.
- Venus überholt zu Monatsbeginn den Jupiter. Beide helle Planeten sind am südwestlichen Abendhimmel zu sehen.
- Mars wird am 5. von der Sonne eingeholt.
- Der Riesenplanet Jupiter zieht sich im Laufe des Monats vom Abendhimmel zurück.

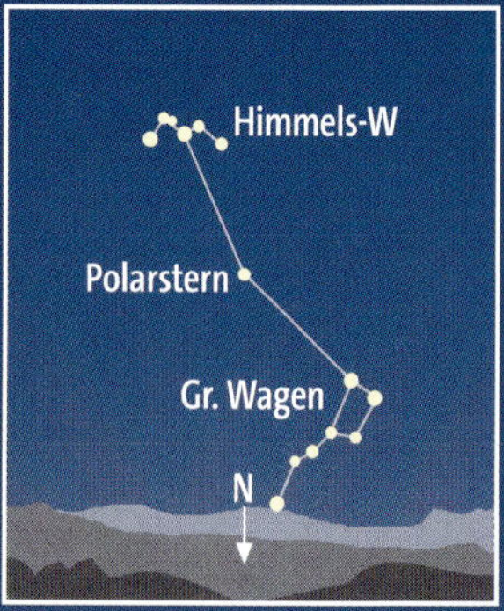

Großer Wagen und Himmels-W Anfang Dezember um 22 Uhr

12.1 Enge Begegnung der Planeten Venus und Jupiter mit der zunehmenden Mondsichel am 1. Dezember gegen 19^h MEZ knapp über dem Südwesthorizont.

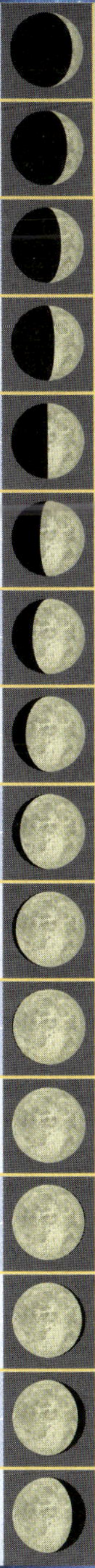

1 Mo Mond bei Venus und Jupiter, 18^h
Bedeckung der Venus durch den Mond

2 Di

3 Mi

4 Do Mond bei Neptun, Abstand 1,°4 um 4^h

5 Fr **Mond erstes Viertel**
Mars in Konjunktion mit der Sonne

6 Sa Mond bei Uranus, Abstand 4,°4 um 10^h

7 So

8 Mo

9 Di

10 Mi

11 Do

12 Fr **Vollmond**
Sternschnuppen Geminiden

13 Sa

14 So

15 Mo

16 Di

17 Mi

18 Do

19 Fr **Mond letztes Viertel**; bei Saturn
Sternschnuppen Coma-Bereniciden

20 Sa

21 So Winteranfang, 13^h04^m
Sternschnuppen Ursiden

22 Mo Pluto in Konjunktion mit der Sonne

23 Di

24 Mi Heiliger Abend

25 Do 1. Weihnachtstag

26 Fr 2. Weihnachtstag

27 Sa **Neumond**; bei Mars, Abstand 2,°7
Venus bei Neptun, Abstand 1,°4 um 18^h

28 So

29 Mo Mond bei Merkur, Abstand 4,°8 um 17^h
Mond bei Jupiter, Abstand 2,°8 um 17^h

30 Di

31 Mi Silvester
Mond bei Venus und Jupiter, 17^h

Sonne – Sternbilder

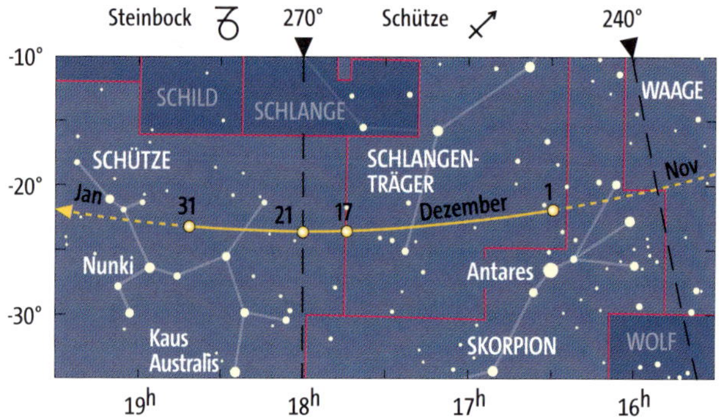

17.12. 24h:
Sonne tritt in das Sternbild Schütze
21.12. 13h04m:
Sonne tritt in das Tierkreiszeichen Steinbock
Julianisches Datum am
1. Dezember, 1h MEZ: 2454801,5

Tabelle Sonnenlauf

Tag	Dämmerg. Anfang	Aufgang MEZ	Kulmination	Untergang MEZ	Dämmerg. Ende	Mittagshöhe	Zeitgleichg.	Rektaszension	Deklination
	h m	h m	h m	h m	h m	o	m	h m	o
1.	6 39	7 57	12 09	16 21	17 39	18,1	+11	16 29	−21,8
5.	6 43	8 02	12 11	16 19	17 38	17,6	+ 9	16 47	−22,4
10.	6 48	8 08	12 13	16 18	17 37	17,0	+ 7	17 08	−22,9
15.	6 52	8 12	12 15	16 18	17 38	16,7	+ 5	17 30	−23,3
20.	6 55	8 15	12 18	16 20	17 40	16,6	+ 2	17 53	−23,4
25.	6 58	8 18	12 20	16 23	17 43	16,6	0	18 15	−23,4
31.	6 59	8 18	12 23	16 28	17 47	16,9	− 3	18 41	−23,1

Tages- und Nachtstunden

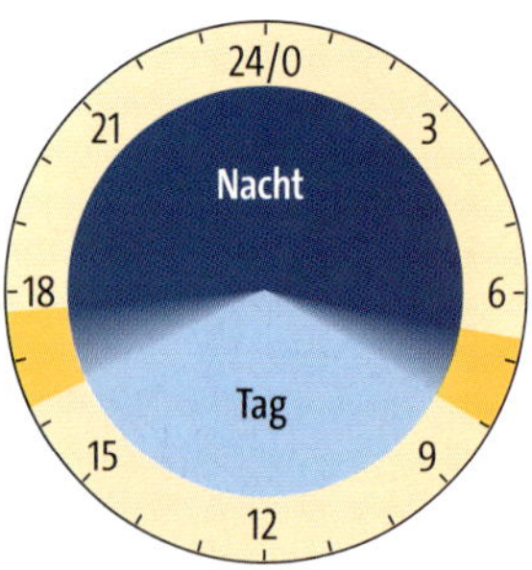

5. Dezember

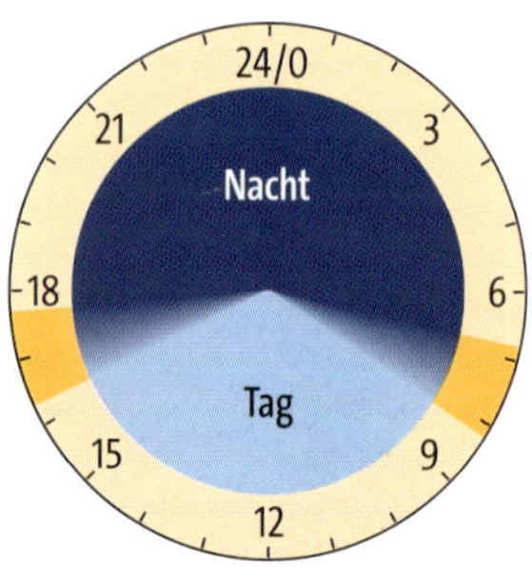

15. Dezember

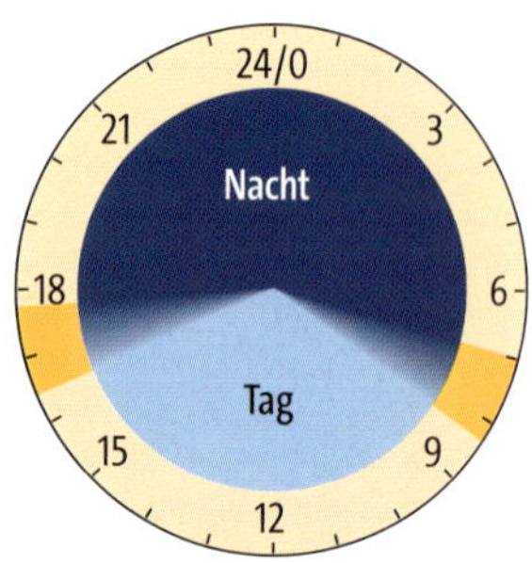

25. Dezember

Tabelle Mondlauf

Datum	Aufg. MEZ	Kulmination	Unterg. MEZ	Rektaszension	Deklination	Sterne und Sternbilder	Phase	MEZ
	h m	h m	h m	h m	°			
Mo 1.	11 12	15 12	19 19	19 05	−24,9	* Schütze, Nunki		
Di 2.	11 37	15 59	20 29	19 55	−22,1	Schütze		
Mi 3.	11 58	16 44	21 40	20 44	−18,4	Steinbock	Aufsteigender Knoten	
Do 4.	12 14	17 27	22 51	21 30	−13,8	Steinbock		
Fr 5.	12 29	18 10	–	22 16	− 8,7	Wassermann	**Erstes Viertel**	**22^h 26^m**
Sa 6.	12 44	18 53	0 03	23 02	− 3,1	* Fische	Libration Ost	
So 7.	12 59	19 38	1 18	23 48	+ 2,8	Fische		
Mo 8.	13 15	20 27	2 35	0 36	+ 8,8	Fische		
Di 9.	13 36	21 20	3 57	1 28	+14,6	Fische		
Mi 10.	14 04	22 19	5 24	2 24	+19,7	Widder, Hamal	Größte Nordbreite	
Do 11.	14 44	23 24	6 52	3 26	+23,8	Stier, Plejaden		
Fr 12.	15 40	–	8 14	4 32	+26,4	Stier	**Vollmond**	**17^h 37^m**
							Erdnähe 357/33′,5	23^h
Sa 13.	16 53	0 31	9 21	5 40	+27,0	* Stier, Al Nath		
So 14.	18 19	1 38	10 10	6 48	+25,5	Zwillinge		
Mo 15.	19 48	2 41	10 44	7 53	+22,2	Pollux		
Di 16.	21 14	3 39	11 09	8 52	+17,5	* Krebs, Krippe	Absteigender Knoten	
Mi 17.	22 35	4 30	11 29	9 47	+12,0	Löwe, Regulus		
Do 18.	23 52	5 18	11 45	10 37	+ 6,0	Sextant		
Fr 19.	–	6 03	11 59	11 25	0,0	Löwe	**Letztes Viertel**	**11^h 29^m**
Sa 20.	1 06	6 46	12 14	12 12	− 5,9	Jungfrau		
So 21.	2 19	7 30	12 30	12 58	−11,4	Spica		
Mo 22.	3 31	8 14	12 48	13 44	−16,3	Spica	Größte Südbreite	
Di 23.	4 42	9 00	13 11	14 32	−20,4	Waage		
Mi 24.	5 51	9 49	13 40	15 22	−23,7	Waage		
Do 25.	6 56	10 38	14 18	16 14	−25,9	Antares		
Fr 26.	7 52	11 29	15 06	17 07	−26,9	Schlangenträger	Erdferne 407/29,4	19^h
Sa 27.	8 38	12 20	16 04	18 00	−26,7	Schütze	**Neumond**	**13^h 22^m**
So 28.	9 14	13 09	17 10	18 52	−25,3	Schütze, Nunki		
Mo 29.	9 42	13 57	18 19	19 43	−22,8	Schütze		
Di 30.	10 03	14 42	19 30	20 32	−19,2	Steinbock	Aufsteigender Knoten	
Mi 31.	10 21	15 25	20 41	21 19	−14,9	Steinbock		

Der Mond zieht an Al Nath vorbei

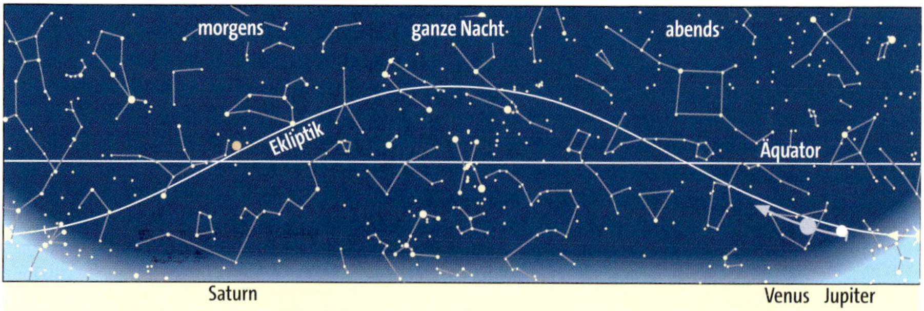

Merkur stand im letzten Monatsdrittel in oberer Konjunktion mit der Sonne. Er entfernt sich von ihr in östlicher Richtung, die Sonne folgt ihm, weshalb sein östlicher Winkelvorsprung nur langsam wächst. Bis Jahresende erreicht seine östliche Elongation knapp 19°. Dies genügt kaum für eine Abendsichtbarkeit, denn Merkur hält sich in den südlichsten Gefilden des Tierkreises auf: Im Dezember bleibt Merkur unsichtbar. Am 4. Januar 2009 kommt er dann mit 19°21′ Winkelabstand in größte östliche Elongation von der Sonne und wird schließlich am 20. Januar 2009 in unterer Konjunktion stehen.

Venus wird zum auffälligen Abendstern und übertrifft bei weitem den ebenfalls recht hellen Jupiter, den sie am 1. überholt. Die beiden hellsten Planeten geben sich am Abendhimmel ein Stelldichein. Zu der Szene gesellt sich ebenfalls am 1. die Sichel des zunehmenden Mondes – ein spektakuläres Dreigestirn, das unübersehbar den Südwesthimmel schmückt (siehe Abb. 12.1 auf Seite 228 und Abb. 12.3 auf Seite 233).

Hinzu kommt, dass der Mond außerdem unseren inneren Nachbarplaneten bedeckt. Diese Venusbedeckung ist von ganz Mitteleuropa beobachtbar (siehe Seite 17, Kapitel „Finsternisse", und Seite 258, Tabelle „Sternbedeckungen").

Bis Jahresende nimmt die Venushelligkeit auf $-4^{\mathrm{m}}\!.3$ zu. Venus verlässt am 7. den Schützen und wandert durch den Steinbock, wobei sie zu Silvester schließlich in den Wassermann wechselt. Venus geht am 1. um $19^{\mathrm{h}}13^{\mathrm{m}}$ unter und am 15. um

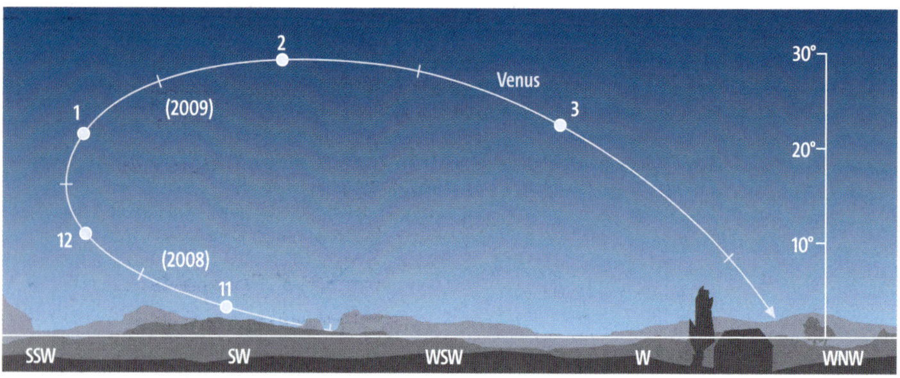

12.2 Venus am Abendhimmel: **Stellung der Venus über dem Westhorizont jeweils eine Stunde nach Sonnenuntergang von November 2008 bis Mitte März 2009. Die Zahlen geben die Venusposition zum jeweiligen Monatsersten an (12 = 1. Dezember).**

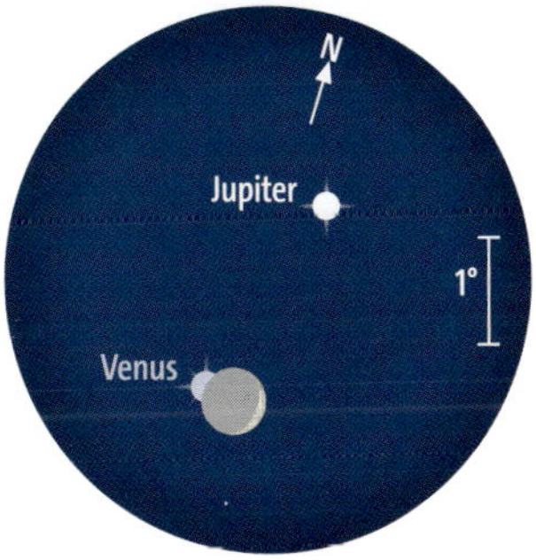

12.3 Planetentreffen mit Mond: Das Dreigestirn Venus, Jupiter und zunehmende Mondsichel am 1. Dezember gegen 17^h MEZ kurz *vor* der Venusbedeckung durch den Mond.

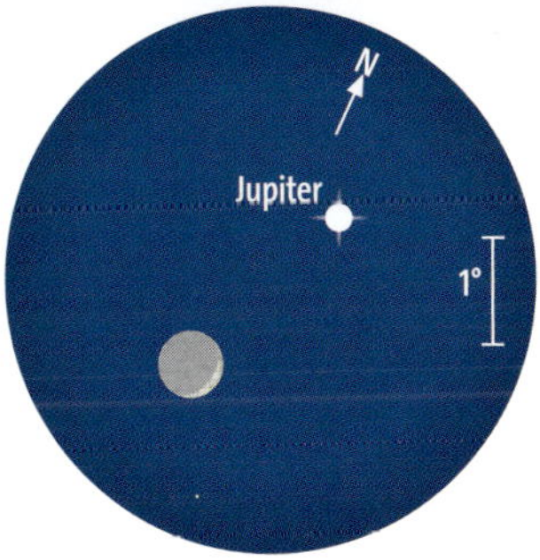

12.4a Der Mond bedeckt Venus: Fernglasanblick am 1. Dezember gegen 18^h MEZ: Jupiter und Mond sind zu sehen, Venus ist gerade vom Mond bedeckt!

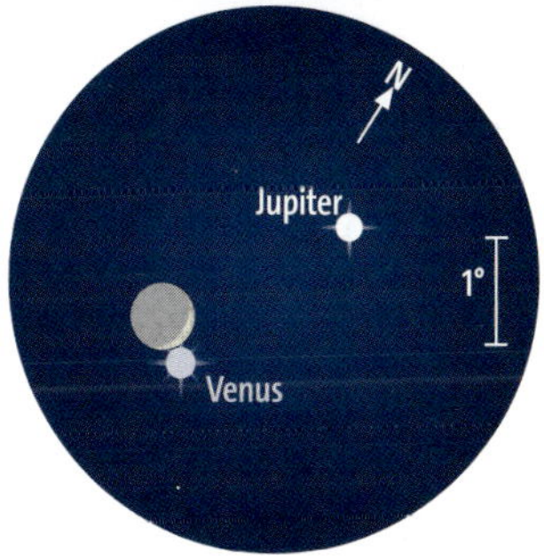

12.4b Ende der Venusbedeckung: Das Dreigestirn Venus, Jupiter und Mondsichel am 1. Dezember gegen 19^h kurz *nach* der Venusbedeckung durch den Mond.

19^h50^m. Am letzten Tag des Jahres erfolgt ihr Untergang um 20^h32^m. Das Venusscheibchen wächst bis Jahresende auf gut 21″ an, die Beleuchtungsphase geht auf 58 % zurück – Venus erscheint wie der Halbmond.

Im Steinbock begegnet sie am 27. Neptun in 1,°5 südlichem Abstand. Am 31. begegnet der zunehmende Mond abermals Venus, diesmal kommt es aber zu keiner Bedeckung. Ihre größte östliche Elongation von der Sonne wird sie mit 47°07′ am 14. Januar 2009 erreichen. Somit ist Venus zum Jahreswechsel ein auffälliges Gestirn am frühen Abendhimmel.

Mars wird am 5. von der Sonne eingeholt und steht mit ihr im Sternbild Schlangenträger in Konjunktion. Er befindet sich somit am Taghimmel und bleibt nachts unsichtbar unter dem Horizont. Am Tag der Konjunktion beträgt die Entfernung des Mars von der Erde 370,46 Mio. Kilometer (= 2,476 AE). Am 25. beginnt auf der Nordhalbkugel des Mars der Herbst.

Jupiter gibt seine Abschiedsvorstellung von der Himmelsbühne. Bevor der Riesenplanet sich völlig vom Abendhimmel zurückzieht, bietet er zusammen mit Venus und der schmalen Sichel des zunehmenden Mondes einen besonders netten Himmelsanblick. Am 1. bilden

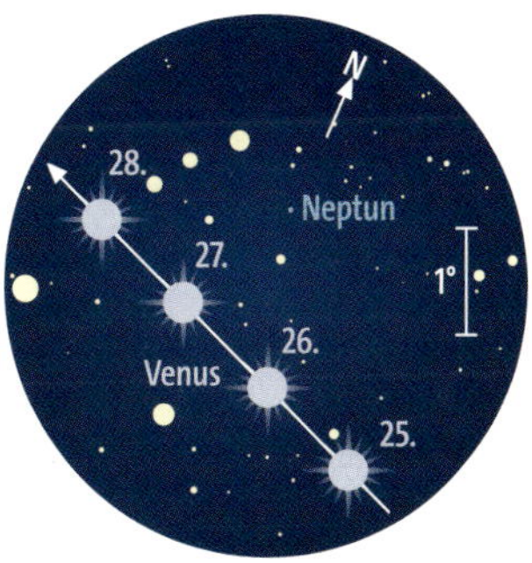

12.5 Venus trifft Neptun: Zum Jahresende 2008 zieht Venus am fernen Neptun vorbei. Abendlicher Fernglasanblick.

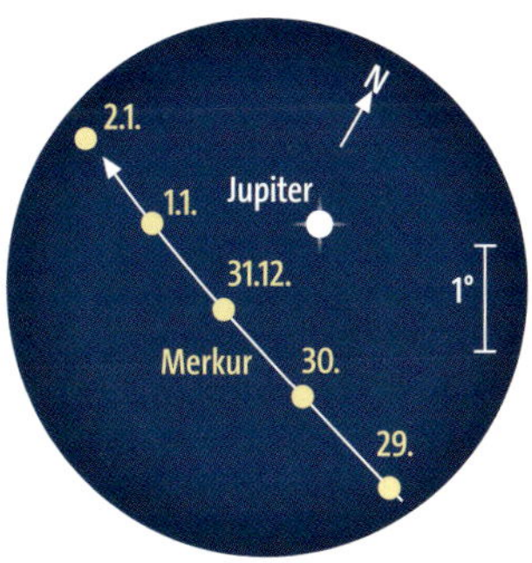

12.6 Merkur begegnet Jupiter zum Jahreswechsel 2008 / 2009. Abendlicher Fernglasanblick bei 5° Gesichtsfelddurchmesser.

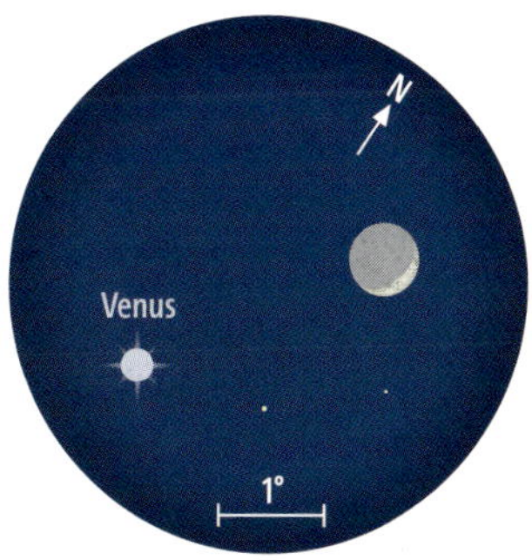

12.7 Schauspiel zu Silvester: Am Silvesterabend zieht die zunehmende Mondsichel an Venus vorbei. Fernglasanblick gegen 20^h MEZ.

Jupiter, Venus und Mond ein schönes Dreigestirn gegen 19^h knapp über dem Südwesthorizont (siehe Abb. 12.1 auf Seite 228 und 12.3, 12.4 und 12.5 auf Seite 233).

Zu Monatsbeginn geht Jupiter noch um 19^h22^m unter, am 15. um 18^h43^m und am Silvestertag schon um 17^h59^m. Damit bleibt nur eine knappe Stunde, um den inzwischen $-1^m\!.9$ hellen Jupiter weit im Südwesten zu erspähen. Um die Begegnung mit Merkur am 31. zu verfolgen, benötigt man eine lichtstarke Optik, denn Merkur ist freiäugig kaum zu sehen (siehe Abb. 12.7 auf Seite 233).

Zu Beginn des neuen Jahres ist Jupiter von der Liste lohnender Beobachtungsobjekte zu streichen. Am 24. Januar 2009 wird ihn die Sonne schließlich einholen. An diesem Tag steht er in Konjunktion mit ihr.

Saturn, rechtläufig im Löwen, nähert sich der Grenze zum Sternbild Jungfrau. Er ist in der zweiten Nachthälfte beobachtbar. Seine Aufgänge verlagert der Ringplanet in die Zeit weit vor Mitternacht. Der Saturnaufgang erfolgt am 1. um 0^h40^m und am 15. um 23^h44^m. Zu Silvester steigt der $0^m\!.9$ helle Ringplanet schon um 22^h42^m über die östliche Horizontlinie.

Im Fernrohr scheint der Saturnring nur noch als schmaler Strich. Die Ringöffnung beträgt ein Grad (!), die Längsausdehnung misst $41''\!.9$ am 31., die senkrechte Achse nur mehr $0''\!.6$. Der scheinbare Äquatordurchmesser liegt bei $18''\!.5$, der Poldurchmesser hingegen bei $16''\!.5$. Zurzeit ist uns noch die Südseite der Ringebene zugekehrt. Spannend wird es 2009, wenn ab 10. August die Sonne die Nordseite des Ringes beleuchtet und die Erde die Ringebene am 4. September von Süd nach Nord durchstößt. In Opposition zur Sonne kommt der Ringplanet schon am 8. März 2009 noch im Sternbild Löwe an der Grenze zur Jungfrau.

Uranus, wieder rechtläufig im Wassermann, kommt zunächst kaum voran (siehe Aufsuchkärtchen Abb. 9.3 auf Seite 181). Der grünliche Planet kann noch nach Einbruch der Dunkelheit in den frühen Abendstunden aufgesucht werden. Wenn es dunkel genug geworden ist, um Uranus zu beobachten, hält er sich bereits in Meridiannähe, also in bester Beobachtungsposition, auf.

Am 1. erfolgt der Uranusuntergang um 0^h38^m, am 15. um

Konstellationen und Ereignisse

Datum	MEZ	Ereignis
1.	2^h	**Venus bei Jupiter**, Venus $2^\circ\!.0$ südlich, **Abstand $2^\circ\!.0$ um 18^h**
1.	16	**Mond bei Jupiter**, Mond $1^\circ\!.3$ südlich, **Abstand $1^\circ\!.9$ um 18^h**
1.	17	**Mond bei Venus**, Mond $0^\circ\!.8$ nördlich, **Abstand $0^\circ\!.1$ um 18^h; Bedeckung!** (siehe Seite 17)
4.	4	Mond bei Neptun, Mond $1^\circ\!.4$ nördlich
5.	23	Mars in Konjunktion mit der Sonne
6.	10	Mond bei Uranus, Mond $4^\circ\!.4$ nördlich
19.	4	**Mond bei Saturn**, Mond $6^\circ\!.1$ südlich, **Abstand $5^\circ\!.9$ um 0^h**
21.	13^h04^m	**Sonne im Winterpunkt, Wintersonnenwende**
22.	10	Pluto in Konjunktion mit der Sonne
27.	0	Mond bei Mars, Mond $2^\circ\!.7$ südlich
27.	3	**Venus bei Neptun**, Venus $1^\circ\!.5$ südlich, **Abstand $1^\circ\!.4$ um 18^h** (Fernrohr!)
29.	5	**Mond bei Merkur**, Mond $0^\circ\!.7$ nördlich, **Abstand $4^\circ\!.8$ um 17^h**
29.	10	**Mond bei Jupiter**, Mond $0^\circ\!.6$ südlich, **Abstand $2^\circ\!.8$ um 17^h**
31.	7	**Merkur bei Jupiter**, Merkur $1^\circ\!.3$ südlich, **Abstand $1^\circ\!.2$ um 17^h**
31.	12	Mond bei Neptun, Mond $1^\circ\!.7$ nördlich
31.	22	**Mond bei Venus**, Mond $3^\circ\!.4$ nördlich, **Abstand $2^\circ\!.6$ um 20^h**

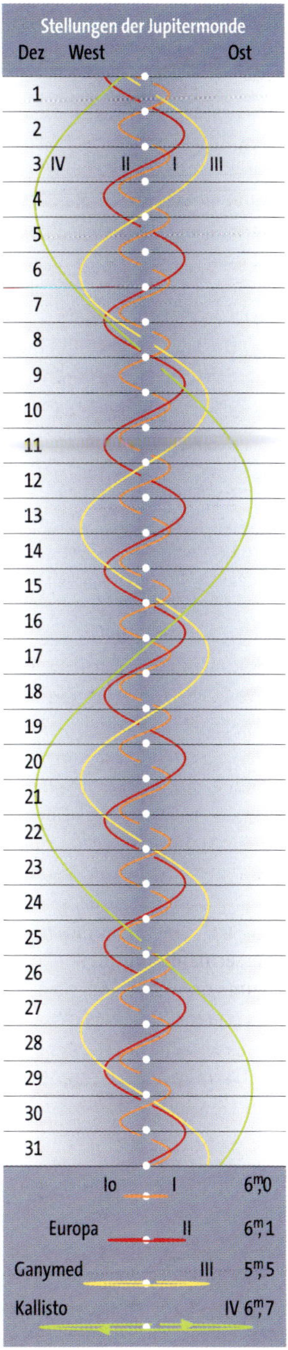

Jupitermonde

Tag	MEZ		Vorgang	
	h	m		
1.	17	47	II	BA
3.	16	40	II	SE
	17	53	I	DA
	18	43	I	SA
4.	18	11	I	VE
8.	17	12	III	VE
10.	16	28	II	SA
	17	46	II	DE
11.	17	04	I	BA
12.	16	40	I	DE
	17	23	I	SE
17.	17	48	II	DA
19.	16	25	I	DA
	16	47	II	VE
	17	01	I	SA

$23^{h}40^{m}$ und am 31. geht der nur $5^{m}{,}9$ helle Planet schon um $22^{h}39^{m}$ unter. Die Uranuskulminationen erfolgen am 1. um $18^{h}56^{m}$, am 15. um $18^{h}01^{m}$ und am letzten Tag des Jahres bereits um $17^{h}00^{m}$.

Neptun, rechtläufig im Steinbock, zieht sich um die Monatsmitte vom Abendhimmel ganz zurück – die Konjunktion mit der Sonne ist nicht mehr fern. Sie tritt am 13. Februar 2009 ein. Erfahrene Planetenjäger – mit guter Optik ausgestattet – mögen Neptun noch zu Einbruch der nun früh einsetzenden Dunkelheit auffinden (siehe auch Abb. 8.4 auf Seite 164).

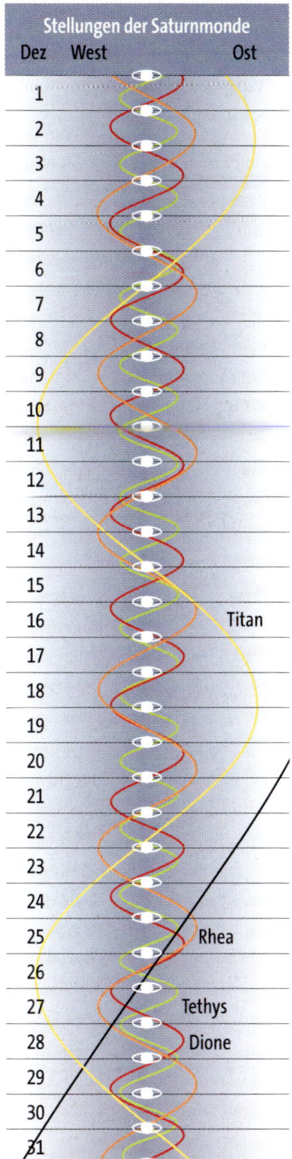

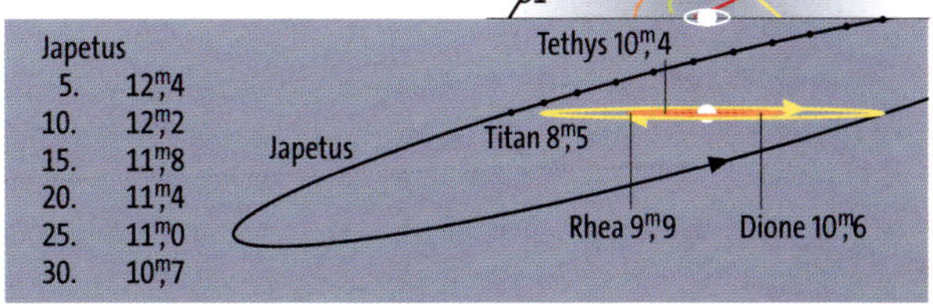

Am 1. kulminiert Neptun um 17^h13^m und geht um 22^h04^m unter. Zur Monatsmitte, am 15., erfolgt seine Meridianpassage um 16^h19^m und sein Untergang um 21^h11^m. Am letzten Tag des Jahres passiert Neptun schon um 15^h18^m den Meridian und geht bereits um 20^h10^m unter.

Am 27. zieht Venus etwa $1^\circ\!,5$ südlich an Neptun vorbei (siehe Abb. 12.5 auf Seite 233) – der hellste Planet trifft den lichtschwächsten! Mit entsprechender Ausrüstung (Teleskop!) ist dieses Planetentreffen noch kurz am Abendhimmel beobachtbar.

Planetoiden

Ceres (1) bremst ihre schnelle rechtläufige Wanderung durch den Löwen merkbar ab. Im Januar 2009 setzt sie dann zur Oppositionsschleife an und wird in Rektaszension stationär, in Deklination aber strebt sie dann nach Norden (siehe Abb. 2.5 auf Seite 48). Die Cereshelligkeit nimmt um eine halbe Größenklasse zu und beträgt am Jahresende $7^m\!,9$.

Ceres kulminiert am 1. um 6^h32^m, am 15. um 5^h50^m und am 31. schon um 4^h58^m.

Pallas (2) steht am 4. im Sternbild Taube an der Grenze zum Hasen in Opposition zur Sonne. Mit nur $8^m\!,0$ Oppositionshelligkeit und $-32^\circ\!,4$ Deklination ist sie selbst bei ihrer Kulmination um 0^h42^m nicht im Horizontdunst auszumachen.

Ihre Oppositionsentfernung von der Erde beträgt 234 Millionen Kilometer (= 1,56 AE).

Vesta (4) wird am 19. abends im Sternbild Fische stationär, wobei sie nach Norden strebt und wieder rechtläufig wird. Am 7. passiert sie ein halbes Grad nördlich α Piscium ($3^m\!,8$), der als Aufsuchhilfe dienen kann (siehe Abb. 10.7 auf Seite 200). Mit ihrem zweiten Stillstand in diesem Jahr beendet Vesta ihre Oppositionsperiode. Ihre Helligkeit sinkt bis Jahresende von $7^m\!,0$ zu Anfang Dezember auf $7^m\!,6$ ab.

Vesta passiert den Meridian am 1. um 21^h41^m, am 15. um 20^h42^m und am Silvestertag schon um 19^h41^m. Am letzten Tag des Jahres erfolgt der Vestauntergang um 2^h11^m.

Metis (9) beendet am 18. ihre Oppositionsperiode – sie wird stationär und ist anschließend wieder rechtläufig, wobei sie im Widder nach Norden strebt (siehe Abb. 10.7 auf Seite 200). Ihre Helligkeit sinkt von $9^m\!,1$ auf $9^m\!,9$ erheblich ab, was sie zu einem schwierigen Objekt werden lässt. Am 1. kulminiert Metis um 21^h58^m, am 15. um 20^h59^m und am 31. bereits um 19^h59^m.

Periodische Sternschnuppenströme

Vom 6. bis 16. Dezember macht sich der ekliptikale Strom der **Geminiden** bemerkbar. Ihr Ausstrahlungspunkt liegt in den Zwillingen, rund 1° südwestlich von Kastor. Das Maximum tritt in den Morgenstunden des 12. Dezember ein, wo stündlich bis 120 Meteore, mitunter auch sehr helle Objekte, über den Himmel huschen. Die Geschwindigkeiten liegen um 35 Kilometer pro Sekunde. Die günstigste Beobachtungszeit liegt zwischen 21^h und 6^h morgens.

Vom 16. bis 25. Dezember tauchen die **Ursiden** auf, deren Radiant im Sternbild Kleiner Bär zu finden ist. Ihr scharfes Maximum erreichen die Ursiden-Meteore in der Nacht vom 21. auf 22. Dezember gegen Mitternacht. Da der Radiant zirkumpolar ist, können die Ursiden die ganze Nacht beobachtet werden. Der Ursprung der Ursiden wird auf den Kometen 8P/Tuttle (früher 1858 I) zurückgeführt. Die Sternschnuppen haben mittlere Geschwindigkeiten von 35 Kilometer pro Sekunde. In den letzten Jahren wurden rund zehn bis zwanzig, manchmal auch mehr Objekte pro Stunde im Maximum registriert.

Wenig ergiebig ist der Strom mit dem Namen **Coma Bereniciden**, dessen Radiant im Haar der Berenike liegt und die um die Jahreswende auftreten – etwa von Mitte Dezember bis Mitte Januar. Es handelt sich um sehr schnelle Objekte (um 65 Kilometer pro Sekunde). Das Maximum liegt um den 19. Dezember, wobei lediglich fünf bis zehn Meteore pro Stunde zu erwarten sind.

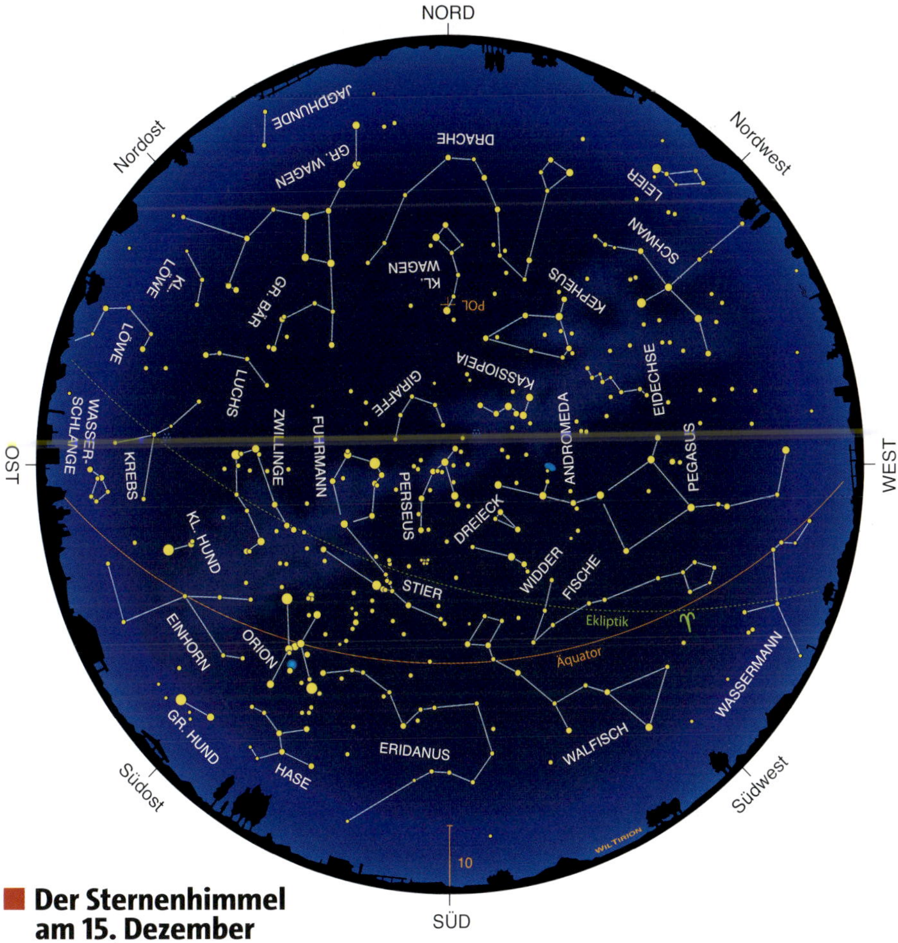

Der Sternenhimmel am 15. Dezember um 22ʰ MEZ

Die Sternkarte ist auch gültig für:

	MEZ	MESZ
15. 9.	4^h	5^h
1.10.	3	4
15.10.	2	3
1.11.	1	
15.11.	0	
1.12.	**23**	
15.12.	**22**	
31.12.	**21**	
15. 1.	20	
31. 1.	19	

Der Fixsternhimmel stellt sich nun vollends auf den Winter um. Atair im Sommersternbild Adler ist bereits untergegangen, womit das Sommerdreieck aufgelöst ist. Deneb im Schwan ist noch im Westen und Wega (Sternbild Leier) tief im Nordwesten zu erblicken. Allerdings, Deneb ist in unseren Breiten ohnehin zirkumpolar und Wega fast.

Jahreszeitenwechsel am Sternenzelt

Außer Perseus, der gerade den Meridian durchschreitet, sind alle Herbstbilder in die westliche Himmelshälfte gerückt. In Richtung Südwesten erkennt man noch relativ hoch stehend das Pegasusquadrat. Seine Südwestecke deutet zum Horizont,

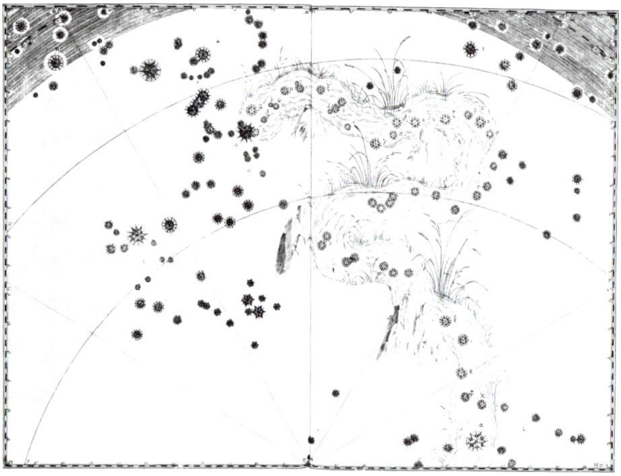

12.8 Das Sternbild Fluss Eridanus in einer Darstellung aus dem Sternbilder-Atlas *Uranometria* von Johannes Bayer aus dem Jahr 1603.

das Sternenviereck steht schräg zum Horizont, so dass es aussieht wie eine überdimensionale Vorfahrtstafel. Vom Pegasus zieht sich die Sternenkette der Andromeda zum Zenit. Südlich der Andromeda liegt das kleine, aber einprägsame Sternbild Triangulum (lat., Dreieck).

Eben den Meridiandurchgang hinter sich hat der Widder. Den Raum im Südwesten nehmen jetzt die Fische ein und tiefer das ebenfalls ausgedehnte Sternbild des Walfisch. Fomalhaut, der helle Stern im Südlichen Fisch, ist bereits unter dem Horizont verschwunden.

Tief im Süden schlängelt sich der Fluss Eridanus um den Meridian. In unseren Breiten sehen wir vom Sternbild Eridanus nur einen Teil. Der Fluss der Unterwelt zieht sich von Rigel im Orion in Windungen nach Südwesten. Der helle Hauptstern des Eridanus, Achernar oder α Eridani, bleibt in unseren Breiten stets unter dem Horizont. Der arabische Name Achernar bedeutet so viel wie Stern am Flussende. Achernar gehört mit $0^{m}{,}5$ zu den zehn hellsten Fixsternen des irdischen Firmaments und ist eine heiße, bläuliche, leuchtkräftige Sonne in 143 Lichtjahren Entfernung. Allerdings kann man Achernar nur südlich von etwa 30° nördlicher Breite sehen.

Im Gegensatz zum wenig attraktiven Südwest- und Südhimmel – in unseren Städten erscheint er wegen der Lichtverschmutzung fast sternleer – funkelt der Ost- und Südosthimmel nur so von hellen Sternen. Alle bedeutenden Wintersternbilder sind zur Standardbeobachtungszeit (22^{h} MEZ zur Monatsmitte) bereits über dem Horizont. Das komplette Wintersechseck mit Kapella, Pollux, Prokyon, Sirius, Rigel und Aldebaran ist nun sichtbar. Die Figur des Orion im Südosten kann auch der ungeübte Sterneninteressierte kaum übersehen. Knapp über dem Südosthorizont funkelt Sirius, der hellste Stern im Großen Hund und mit $-1^{m}{,}5$ der hellste Stern am Himmel überhaupt. Die meisten anderen Sterne des Großen Hundes hingegen sind noch nicht aufgegangen.

Das Sternbild Fluss Eridanus (Eridanus)

Nur wenige kennen dieses Sternbild, denn für unsere Breiten ist der Eridanus ein recht unscheinbares Bild. Der Eridanus zählt zu den ausgedehntesten Sternbildern, die wir kennen. Sein Hauptstern Achernar, ε Eridani, gehört mit $0^{m}{,}5$ zu den zehn hellsten Fixsternen des Himmels. Allerdings, mit einer Deklination von −57° steht Achernar so weit südlich, dass er von unseren Breiten aus nicht gesehen werden kann. Erst südlich von 33° nördlicher Breite taucht Achernar bei seiner Kulmination tief am Südhorizont knapp über dem Südpunkt auf.

Der Eridanus ist keine Sagengestalt, sondern ein Fluss. Seinen Ursprung nimmt der Fluss Eridanus bei Rigel im Orion. Zunächst schlängelt er sich westwärts in Richtung Walfisch, von wo er sich in zwei großen Bögen südwärts windet und dann in unseren Breiten unter dem Horizont verschwindet (siehe

Monatssternkarte Dezember auf Seite 237). Die bei uns sichtbaren Sterne des Eridanus sind dritter und vierter Größenklasse, weshalb er bei uns nicht besonders auffällt. Und nicht nur das: Durch seine weit südliche Lage schwächt die horizontnahe Luftschicht das Sternenlicht, so dass dieses Sternbild kaum zu erkennen ist.

12.9 Das Sternbild Eridanus als moderne Skelettkarte. Es beginnt bei β Orionis (Rigel) und endet bei α Eridani (Achernar).

Bereits die Ägypter sahen in dieser Sternenanordnung einen Fluss. Bei ihnen war es genauer der Totenfluss. Ihrer Vorstellung nach beginnt der Totenfluss bei Osiris, dem Richter der Toten, dargestellt durch das Sternbild Orion. Man sah aber auch im Eridanus das Abbild des Nil.

Die alten Griechen übernahmen die Vorstellung von einem Fluss (ο ποταμος). Erst bei Aratos und Eratosthenes findet man die Bezeichnung Εριδανος (Eridanos).

Er wird dem Sohn des Sonnengottes zum Verhängnis. Phaeton, wie der junge Mann heißt, darf auf inständiges Bitten hin einmal selbst den Sonnenwagen mit den feurigen Rossen über den Himmel lenken. Doch Phaeton wird bei seiner Reise hoch über die Länder und nahe den Sternen schwindelig. Als er den gewaltigen Skorpion erblickt, erschrickt er vollends. Er verliert die Kontrolle über die Rosse, die durchgehen. Der Sonnenwagen kommt ins Schleudern, Phaeton fällt aus ihm heraus und stürzt kopfüber in die Tiefe, wobei er schließlich in den Fluss Eridanus fällt, der sein nasses Grab wird. Seine Schwestern, die Heliaden, beweinen den unglücklichen Phaeton. Die Tropfen ihrer Tränen gerinnen zu Bernstein, den man an den Gestaden des Eridanus angeblich noch heute findet. Aratos meint, nur am Firmament sei der viel beweinte Fluss Eridanus vorhanden, während Eratosthenes ihn als identisch mit dem Nil bezeichnet.

Der christliche Sternbilderhimmel sieht hier den Jordanfluss. In neuerer Zeit wurde der Eridanus mit dem Po in Oberitalien und dem Ebro in Spanien verglichen. Gottfried Kirch zeichnete im Jahre 1688 den oberen Teil des Eridanus als brandenburgisches Szepter. In einer alten Darstellung sieht man auch die nördlichen Teile des Eridanus als Straußennest. Meist wurde dieses Sternenareal jedoch mit Wasser in Verbindung gebracht. Bei Eudoxos heißt es einfach Okeanos, dessen Fluten die Erdscheibe umspülen.

Achernar (α Eri) ist mit $0\overset{m}{.}5$ der neunthellste Stern am Himmel. Er leuchtet bläulich-weiß (Spektraltyp: B3) und ist 143 Lichtjahre entfernt. Sein Name kommt aus dem Arabischen: Akhir Al Nahr bedeutet das Ende des Flusses.

Während Achernar wegen seiner südlichen Lage bei uns nicht zu sehen ist, befindet sich Cursa (β Eridani) als Stern mit $2\overset{m}{.}8$ Helligkeit etwa drei Grad nordwestlich von Rigel im Orion. Cursa leuchtet weiß (A3) und ist 89 Lichtjahre entfernt. Der Name leitet sich ebenfalls vom Arabischen ab und bedeutet Fußschemel (für den Himmelsjäger Orion). Cursa gehört zum Bewegungshaufen des Bärenstroms.

Tiefrot leuchtet Zaurak (γ Eri) mit $3\overset{m}{.}0$ Helligkeit und Spektralklasse M1. Seine Distanz beträgt 220 Lichtjahre. Die arabische Bezeichnung bedeutet Bootsstern.

Der nach α Centauri und Sirius drittnächste freiäugig sichtbare Stern ist ε Eridani. Von ihm ist kein Eigenname bekannt. Mit $3\overset{m}{.}7$ scheinbarer Helligkeit ist er auch nicht besonders auffällig. ε Eri ist ein K2-Stern der Leuchtkraftklasse V. Mit 10,5 Lichtjahren Entfernung ist er uns noch ein wenig näher als 61 Cygni. Seine Leuchtkraft entspricht etwa einem Drittel der unserer Sonne. Mit τ Ceti zusammen war ε Eridani einer der beiden ersten Kandidaten des Projektes Ozma, als man zu Beginn der 60er Jahre des vorigen Jahrhunderts mit einem Radioteleskop des nationalen amerikanischen Radioastronomischen Observatoriums (NRAO) in Green Bank (West Virginia) nach Signalen außerirdischer Zivilstationen lauschte.

Im Eridanus liegt auch der Planetarische Nebel NGC 1535 nahe γ Eri. Mit 9^m Helligkeit ist er kein ganz leichtes Objekt. Seine Entfernung wird zu 5 000 Lichtjahren geschätzt.

Nördlich von τ_4 Eri stößt man auf die Galaxie NGC 1300, eine Balkenspirale von beeindruckender Schönheit – allerdings nur erkennbar auf Aufnahmen größerer Teleskope.

Veränderliche Sterne im Dezember

Algol-Minima	2. 3^h46^m	5. 0^h35^m	7. 21^h24^m	10. 18^h13^m	22. 5^h30^m	25. 2^h19^m	27. 23^h08^m	30. 19^h57^m
β-Lyrae-Minima	6. 18^hN	13. 5^hH	19. 17^hN	26. 4^hH				
δ-Cephei-Maxima	3. 11^h	8. 20^h	14. 5^h	19. 14^h	24. 22^h	30. 7^h		
Mira-Helligkeit	1. 6^m	10. 5^m	20. 4^m	31. 3^m				

Die geheimnisvolle Dunkle Energie

12.10 Milliarden von Milchstraßensystemen füllen das mit modernen Teleskopen überschaubare Universum. Sie bilden riesige Galaxienhaufen, die sich ihrerseits wieder zu Superhaufen zusammenfinden.

Noch vor hundert Jahren war man sich nicht sicher, ob unser Milchstraßensystem mit einigen hundert Milliarden Sternen das Einzige seiner Art im Kosmos ist, oder ob es sich bei den schwachen Nebelfleckchen wie dem im Sternbild Andromeda nicht um ähnliche Sternsysteme weit außerhalb unserer Milchstraße handelt.

In den Zwanziger Jahren des vorigen Jahrhunderts konnte man mit dem damals größten Spiegelteleskop der Welt, dem 2,5-Meter-Reflektor des Mt. Wilson Observatoriums in Kalifornien, die Randpartien des Andromedanebels und anderer Nebel in Einzelsterne auflösen. Damit war klar, dass es außer unserem Milchstraßensystem, der Galaxis, noch andere Galaxien gibt. Das Tor zu den Tiefen des Universums war aufgestoßen. Der Kosmos ist gefüllt von solchen Welteninseln, riesigen Sternsystemen unterschiedlicher Größen und Formen. Viele zeigen eine Spirale, andere sehen elliptisch aus, manche sind unregelmäßig geformt. Das Licht dieser Galaxien ist Millionen und Milliarden Jahre zur Erde unterwegs. Die Galaxien finden sich zu mehr oder minder großen Haufen zusammen, die ihrerseits wieder Superhaufen bilden. Die Galaxien sind gewissermaßen die Bausteine des Kosmos. Galaxienhaufen und -superhaufen erzeugen die honigwabenartige Struktur der Materie im Kosmos. Riesige Wände oder Mauern aus Galaxienhaufen umspannen enorm große Leerräume oder Voids, wie sie nach dem englischen Wort für Hohlraum oder Leere genannt werden. Mit modernen Riesenteleskopen lassen sich heutzutage Galaxien aufspüren, die mehr als zehn Milliarden Lichtjahre von uns entfernt sind. Noch viel weiter werden wir nie sehen können. Denn ein

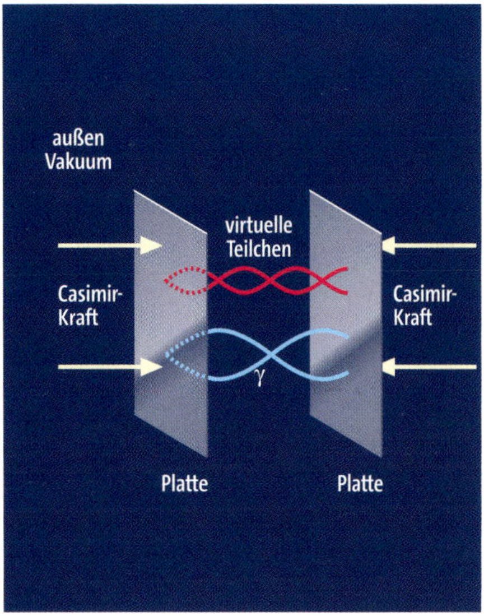

12.11 Der Casimir-Effekt gilt als Nachweis für die Existenz der nicht verschwindenden Vakuumenergie.

Blick in die unergründlichen Tiefen des Weltraumes ist stets auch ein Blick in die Vergangenheit. Da das Universum knapp vierzehn Milliarden Jahre alt ist, gibt es keine Sterne und Sternsysteme, die weiter entfernt sein könnten. Denn die ersten Sterne und Galaxien entstanden etwa 200 Millionen Jahre nach dem ominösen Urknall, dem Beginn unseres Universums (siehe auch Monatsthema Januar „Das Ende des dunklen Zeitalters" auf Seite 35).

Einsteins größte Eselei?

Nach dem Gravitationsgesetz von Isaac Newton (1643–1727) ziehen Massen einander an. Die Galaxien unterliegen der Schwerkraft. Somit kann das Weltall eigentlich nicht stabil sein. Im Laufe der Zeit muss es in sich zusammenfallen. Da uns bisher aber die Sterne nicht auf den Kopf gefallen sind, so muss wohl etwas am Gravitationsgesetz nicht stimmen, dachte Albert Einstein (1879–1955). Flugs fügte er ein Korrekturglied in die Gravitationsformel ein. Als Symbol verwendete er den griechischen Buchstaben Λ (Lambda), weshalb man vom Lambda-Term oder Lambda-Glied spricht. Dieser Term beschreibt eine abstrakte Kraft, eine Art Antigravitation. Damit wollte Einstein das Weltall gewissermaßen stabilisieren.

Doch die beiden amerikanischen Astronomen Edwin P. Hubble und sein Kollege Milton Humason entdeckten im ersten Drittel des vorigen Jahrhunderts, dass die Galaxien voreinander fliehen, das Weltall sich ausdehnt. Die Expansion des Universums rührt offensichtlich vom Urschwung her, den die Materie beim Urknall, dem Big Bang, mitbekommen hat. Das Universum ist also gar nicht stabil, sondern strebt auseinander. Einstein fühlte sich blamiert, hatte er doch offensichtlich völlig überflüssig das Newtonsche Gravitationsgesetz zu korrigieren versucht (was im Übrigen schon mehrfach vorher versucht wurde und auch heute immer noch versucht wird). Einstein selbst nannte sein Vorhaben den „größten Unsinn meines Lebens", ohne zu ahnen, dass Jahrzehnte später sein Lambda-Glied wieder aus der Versenkung geholt wurde.

Die Frage, die sich bald stellte, lautet: Dehnt sich das Weltall für alle Zeiten aus oder kommt die Expansion eines Tages zum Stillstand und fällt das Weltall danach wieder in sich zusammen, bis es den superdichten, überheißen Urzustand wieder erreicht? Die Lösung dieser Frage ist im Prinzip einfach. Man muss nur die Anziehungskraft der Massen mit der Bewegungsenergie der Galaxien vergleichen. Wird ein Stein in die Höhe geschleudert, so bremst ihn die irdische Schwerkraft. Er wird langsamer, kommt in einer bestimmten Höhe zum Stillstand und fällt dann wieder zur Erde zurück, wo er mit der gleichen Geschwindigkeit aufschlägt, mit der er in die Höhe geworfen wurde. Je größer die Anfangsgeschwindigkeit, desto höher steigt der Stein. Ab einer bestimmten Geschwindigkeit kommt der Stein gar nicht mehr zurück. Man nennt sie deshalb Flucht- oder Entweichgeschwindigkeit. Für die Erde beträgt sie 11,2 Kilometer pro Sekunde, das sind 40 320 Kilometer pro Stunde. Will man zum Mond oder Mars reisen, so muss das Raumschiff mindestens diese Geschwindigkeit erreichen.

Ähnlich ist es mit dem Weltall. Ab einer bestimmten Expansionsgeschwindigkeit fliegt es für immer auseinander. Um zu entscheiden, ob die Expansion ewig anhält oder sich eines mehr oder minder fernen Tages in eine Kontraktion umkehrt, muss man die Expansionsrate, den so genannten Hubble-Parameter, kennen und die Massen im Weltall, also die mittlere Materiedichte, bestimmen. Beide Werte sind beziehungsweise waren nur schwer zu ermitteln. Für jede Expansionsrate gibt es eine kritische Dichte, bei der die kinetische Energie gleich der potenziellen Gravitationsenergie ist. Dies entspricht dem Grenzfall der Entweichgeschwindigkeit, die Expansion kommt erst nach unendlich langer Zeit zum Stillstand.

Die Zukunft des Universums

Bald stellte sich heraus, dass die sichtbare und unmittelbar beobachtbare Materie wie Sterne und Planeten, interstellare Materie sowie Schwarze Löcher höchstens zehn Prozent der kritischen Dichte ausmachen. Auch die immer noch ominöse Dunkle Materie (siehe Monatsthema Januar auf Seite 35) reicht nicht aus, um das Weltall zu schließen. Auch ihr Anteil an der mittleren Materiedichte liegt deutlich unter der kritischen Dichte. Andererseits wurde noch nach verborgener, gravitativ wirkender Materie gesucht, denn die Expansionsrate entspricht ziemlich genau dem parabolischen Grenzfall mit Stillstand nach unendlich langer Zeit.

Eines schien aber klar: Die im Weltall vorhandenen Massen bremsen die Expansion, wenn sie diese auch nicht zum Stillstand bringen. So war das Erstaunen groß, als sich ab 1998 immer deutlicher herausstellte, dass die Ausdehnung des Universums nicht nur nicht in endlicher Zeit gestoppt wird, sondern dass die Expansion in Zukunft noch schneller als heute erfolgen wird, kurz, das Universum beschleunigt expandiert! Wie kam man darauf und was oder wer treibt das Universum immer schneller auseinander?

Will man die Ausdehnungsgeschwindigkeit des Weltalls messen, so muss man möglichst tief ins Weltall schauen. Etwas genauer gesagt: Entfernung und Geschwindigkeit ferner Galaxien sind zu bestimmen. Seit 1998 scheint klar, dass die Expansionsrate, der so genannte Hubble-Parameter, früher, also bei ferneren Galaxien, kleiner war als heute und sich somit die Expansion beschleunigt. Erkannt hat man dies durch Beobachtung ferner Supernovae. Sie sind die idealen Standardkerzen zur primären Distanzbestimmung weit entfernter Galaxien, denn sie sind einerseits die hellsten Einzelobjekte im Weltall – sie werden teils so hell wie hundert Milliarden Sonnen, also wie eine ganze Galaxie. Andererseits sind ihre wahren Leuchtkräfte recht gut bekannt. Diese streuen nur wenig, vor allem die der Supernovae vom Typ Ia. Wenn in einer Galaxie eine solche Supernova aufflammt, dann kann aus der gemessenen scheinbaren Helligkeit auf ihre Entfernung geschlossen werden, und damit ist auch die Entfernung der Galaxie bestimmt. Misst man außerdem die Rotverschiebung der Linien im Supernova-Spektrum, so erfährt man, wie schnell sich die Galaxie von uns entfernt. Auf diese Weise kann man bestimmen, wie schnell sich der Kosmos ausdehnt und auch, ob die Ausdehnungsgeschwindigkeit sich im Laufe der Geschichte des Universums geändert hat.

Mehrere renommierte Forscherteams haben seit 1997 zahlreiche Supernovae in Galaxien untersucht, die fünf Milliarden, also fünftausend Millionen Lichtjahre und weiter entfernt sind. Dies sind Distanzen von etwa dem halben Weg zurück zum Urknall. Die Resultate waren verblüffend, aber nicht wegzudiskutieren: Die Expansion des Universums wird nicht nur durch die vorhandenen Massen nicht abgebremst (ähnlich wie ein emporgeschleuderter Stern durch die Erdschwere langsamer wird), sondern erfolgt immer schneller. Wenn dem so ist, so muss eine Kraft vorhanden sein, die die Expansion antreibt und schneller werden lässt. Da man von ihr aber nichts weiß, außer dass sie die Ausdehnung des Alls steuert, nennt man sie „Dunkle Energie". Die dunkle Energie hat eine abstoßende Wirkung, sie wirkt gewissermaßen als Antigravitation. Und genau dieselbe Funktion hat auch der rein theoretisch von Einstein eingeführte Λ-Term, inzwischen auch als „kosmologische Konstante" bezeichnet, obwohl niemand weiß, ob sie im Laufe der Milliarden Jahre der kosmischen Geschichte sich nicht doch vielleicht ändert. So ist im Nachhinein betrachtet Einstein rehabilitiert. Der Λ-Term ist ein weiterer Beweis für die genialen Gedankengänge dieses herausragenden Physikers.

Das brodelnde Nichts

Gemäß der allseits bekannten Formel Einsteins $E = mc^2$ kommt der Dunklen Energie auch eine Masse zu. Das heißt, die Dunkle Energie wirkt auch gravitativ. Sie bewirkt, dass die mittlere Dichte des Universums heute fast der kritischen Dichte entspricht. Dabei entfällt, wie Messungen der kosmischen Hintergrundstrahlung durch die Satelliten Cobe und Wmap zeigen, der Löwenanteil auf die Dunkle Energie, nämlich 73 Prozent. Immerhin 23 Prozent steuert die auch heute noch ominöse Dunkle Materie bei, während die „normale" Materie aus Molekülen, Atomen und den bekannten Elementarteilchen einschließlich Strahlung (Photonen und Neutrinos) lediglich vier Prozent zur mittleren Dichte des Universums beitragen. Mit anderen Worten: Woraus das Weltall besteht, ist uns gerade mal zu vier Prozent bekannt. Dunkle Materie und Dunkle Energie machen sich lediglich durch ihre Schwerkraftwirkung bemerkbar – sowohl anziehend wie abstoßend.

Nach den Erkenntnissen der Quantenmechanik ist die Erscheinung der Dunklen Energie schlicht eine Eigenschaft des leeren (!) Raums. Man spricht daher vom Quantenvakuum, das die Vakuumenergie enthält, denn den absolut leeren Raum der klassischen Physik gibt es gar nicht. In der modernen Physik ist ein Vakuum ein Raum, in dem die Energiefelder ihr niedrigstes Niveau einnehmen. Definiert man diesen Zustand als „Null-Energie-Level", dann muss man in Kauf nehmen, dass negative Energiedichten auftreten. Denn gemäß der Heisenbergschen Unschärferelation kann ein absolut exakter Nullpegel niemals eintreten – die Energiewerte schwanken beständig zwischen Plus und Minus. Dieser Zustand wird treffend durch die Bezeichnung „Quantenvakuumfluktuation" beschrieben. Das Quantenvakuum ist ein See von virtuellen Partikeln, die gegebenenfalls reell werden können. Dass dies zutrifft, hat der holländische Physiker Hendrik Brugt Casimir (geb. 1909 in Den Haag) anhand eines nach ihm benannten Effektes gezeigt. Der Casimir-Effekt besagt, dass zwei planparallele Platten, die fast auf den absoluten Nullpunkt gekühlt im Hochvakuum auf wenige tausendstel Millimeter nahe ge-

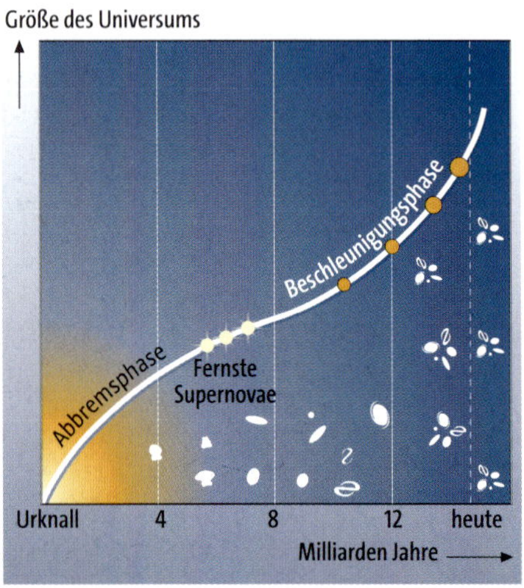

12.12 Ferne Supernovae lassen erkennen, dass die Ausdehnung des Weltalls einst langsamer erfolgte. Die Dunkle Energie bewirkt eine in Zukunft beschleunigte Expansion des Universums.

12.13 Verteilung von Dunkler Materie im Weltall (Hubble-Weltraum-Teleskop).

bracht, durch den Druck des Quantenvakuums eine geringe Kraft erfahren, die sie einander näher bringen will. Der Casimir-Effekt ist inzwischen experimentell nachgewiesen worden. Der Effekt beruht auf der Welleneigenschaft des quantisierten Vakuumfeldes und hat nichts zu tun mit Gravitation oder elektrostatischen Kräften der Platten.

Die dunkle Energie hat somit zwei Eigenschaften: Sie wirkt sowohl abstoßend, trägt aber gemäß ihrer Energiedichte auch zur Schwerkraftwirkung bei. In einer sehr frühen Phase des Weltalls (nur 10^{-35} Sekunden nach dem Urknall) war sie enorm viel größer – nämlich um 122 Zehnerpotenzen! Man spricht vom falschen Vakuum, das in der Epoche der Inflation (bis 10^{-32} Sekunden) zerfiel und uns jene Materie bescherte, die wir kennen, als auch die Dunkle Materie. Materie ist schlicht gesagt eingefrorene oder kondensierte Energie. Mit der Expansion des Weltalls nimmt die Materiedichte mit der dritten Potenz des Weltradius ab, die Strahlungsdichte sogar mit der vierten Potenz. Nicht so die Dichte der Dunklen Energie. Sie bleibt konstant und übernimmt langsam aber stetig die führende Rolle, was zu einer beschleunigten Expansion des Weltalls führt.

Wer aber weiß, ob nicht das heutige Quantenvakuum in einem erneuten Phasenübergang auf ein noch tieferes Energieniveau urplötzlich zerfällt, in vielleicht nur einer Quintillionstel (= 10^{-30}) Sekunde? Doch davon würden wir nichts spüren, denn alle Elementarteilchen wären wesentlich schneller zerfallen als unsere Nerven die Botschaften von dem Desaster an das Gehirn weiterleiten könnten. Dies ist freilich reine Spekulation. Aber die Existenz der Dunklen Energie scheint kaum anzuzweifeln zu sein, die beschleunigte Expansion ist zu beobachten.

Doch was die Dunkle Energie genau ist, weiß heute noch niemand zu sagen.

T.1 Die Größe der Planetenscheibchen im Jahre 2008. Man beachte den eingetragenen Maßstab in Bogensekunden. Anblick im umkehrenden Fernrohr (Norden unten, Osten rechts).

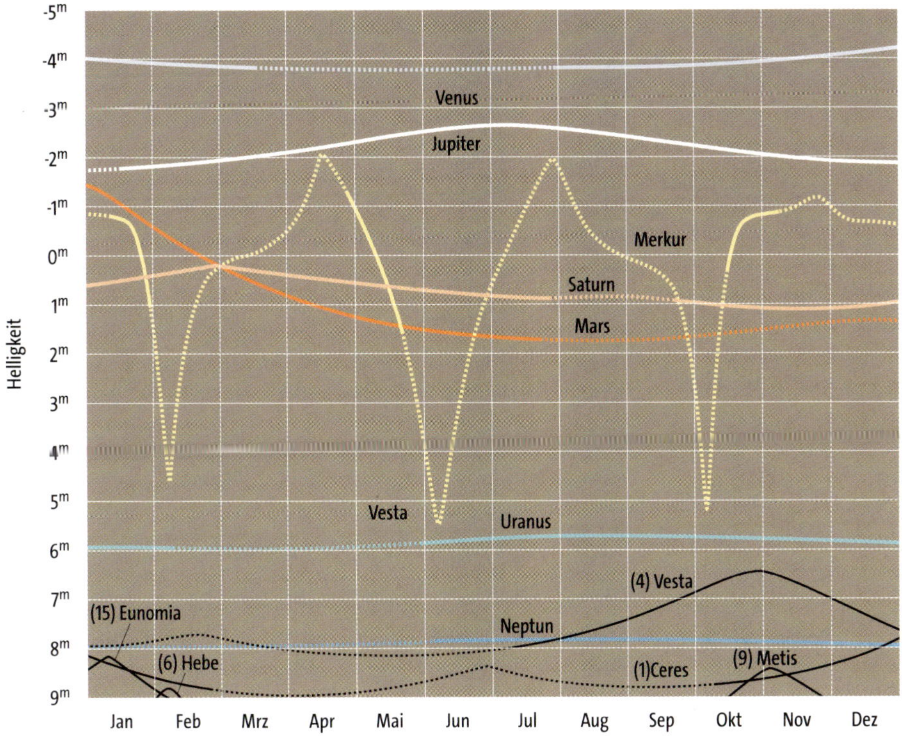

T.2 Die Helligkeiten der Planeten 2008.

T.3 Die Sichtbarkeiten der Planeten im Jahr 2008.

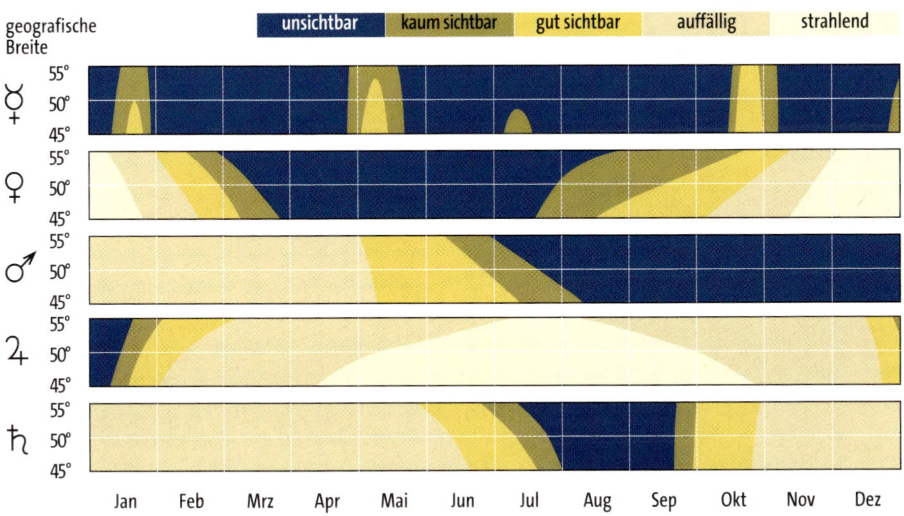

Ekliptikale Koordinaten des Mondes 2008

	JANUAR		FEBRUAR		MÄRZ		APRIL		MAI		JUNI	
Tag	Länge °	Breite °	Länge °	Breite °	Länge °	Breite °	Länge °	Breite °	Länge °	Breite °	Länge °	Breite °
2.	209,1	−4,5	252,8	−5,1	272,6	−4,3	318,3	−0,8	353,5	+2,5	45,9	+5,0
4.	232,8	−5,1	277,1	−4,1	297,5	−2,6	345,4	+1,7	22,4	+4,3	76,4	+4,5
6.	256,8	−4,9	302,5	−2,2	323,7	−0,4	14,2	+3,8	52,7	+5,0	106,5	+2,8
8.	281,4	−3,8	328,9	+0,1	351,4	+2,1	44,0	+5,0	83,0	+4,4	135,1	+0,5
10.	306,7	−1,9	356,2	+2,5	20,1	+4,2	73,8	+4,9	112,2	+2,6	161,9	−1,9
12.	332,8	+0,4	24,2	+4,4	49,1	+5,2	102,4	+3,5	139,6	+0,3	187,2	−3,7
14.	359,7	+2,7	52,6	+5,3	77,8	+4,9	129,7	+1,4	165,4	−1,9	211,4	−4,8
16.	27,4	+4,5	80,9	+4,9	105,7	+3,5	155,7	−0,9	190,2	−3,7	235,3	−5,1
18.	56,0	+5,2	109,0	+3,3	132,7	+1,3	180,8	−2,9	214,4	−4,7	259,0	−4,4
20.	85,0	+4,6	136,4	+1,0	158,8	−1,0	205,3	−4,4	238,2	−5,0	282,9	−3,0
22.	113,8	+2,9	162,9	−1,4	184,2	−3,1	229,4	−5,0	262,0	−4,3	307,2	−1,1
24.	141,6	+0,6	188,4	−3,5	208,8	−4,6	253,2	−4,8	285,8	−2,9	332,2	+1,2
26.	168,0	−1,8	212,8	−4,8	232,9	−5,2	276,9	−3,7	310,2	−1,0	358,3	+3,2
28.	193,0	−3,7	236,7	−5,3	256,6	−4,9	301,2	−2,0	335,4	+1,2	25,8	+4,7
30.	217,0	−4,9	–	–	280,6	−3,7	326,5	+0,2	2,3	+3,3	54,9	+5,1

	JULI		AUGUST		SEPTEMBER		OKTOBER		NOVEMBER		DEZEMBER	
Tag	Länge °	Breite °	Länge °	Breite °	Länge °	Breite °	Länge °	Breite °	Länge °	Breite °	Länge °	Breite °
2.	84,9	+4,2	137,6	+0,1	186,6	−3,9	220,0	−5,1	264,4	−3,8	296,5	−1,3
4.	114,8	+2,1	165,3	−2,4	211,9	−5,0	244,3	−4,9	288,0	−2,2	320,5	+0,9
6.	143,5	−0,4	191,4	−4,2	236,3	−5,2	268,0	−3,8	311,9	−0,2	345,4	+2,9
8.	170,5	−2,7	216,3	−5,2	260,1	−4,4	291,8	−2,1	336,9	+2,0	11,8	+4,5
10.	195,8	−4,4	240,3	−5,2	284,0	−2,9	316,3	0,0	3,6	+3,8	40,2	+5,1
12.	220,1	−5,2	264,1	−4,3	308,5	−0,9	342,2	+2,2	32,3	+4,9	70,3	+4,4
14.	243,9	−5,0	288,1	−2,7	334,2	+1,4	9,8	+4,1	62,3	+4,7	100,9	+2,5
16.	267,7	−4,1	312,9	−0,5	1,2	+3,5	38,7	+5,0	92,4	+3,3	130,6	0,0
18.	291,9	−2,3	338,7	+1,8	29,3	+4,9	68,2	+4,7	121,6	+1,0	158,7	−2,5
20.	316,6	−0,2	5,4	+3,9	57,9	+5,1	97,2	+3,1	149,2	−1,5	185,0	−4,2
22.	342,1	+2,1	33,0	+5,1	86,4	+4,0	125,3	+0,9	175,4	−3,4	210,1	−5,1
24.	8,6	+4,0	61,2	+5,1	114,5	+2,0	152,3	−1,5	200,7	−4,7	234,3	−5,0
26.	36,1	+5,1	89,7	+4,0	142,0	−0,4	178,4	−3,4	225,2	−5,0	258,1	−4,1
28.	64,8	+5,1	118,2	+1,8	168,9	−2,7	203,7	−4,7	249,2	−4,5	281,7	−2,4
30.	94,0	+3,7	146,2	−0,7	194,9	−4,3	228,4	−5,0	272,9	−3,1	305,5	−0,3

Koordinaten gelten für 1h MEZ und sind geozentrische Werte.
Von Mitteleuropa aus steht der Mond etwa 0,7° südlicher.
Abstand der Mondbahn relativ zu helleren Sternen 2008:

Stern:	Hamal	Aldebaran	Al Nath	Pollux	Regulus	Spica	Antares	Nunki
Mond:	5° südl.	10° nördl.	1° südl.	5° südl.	2° südl.	3° südl.	1° südl.	0–1° südl.

T.4 Lage der Mondbahn im Tierkreis relativ zur Ekliptik von 180° bis 360° ekl. Länge.

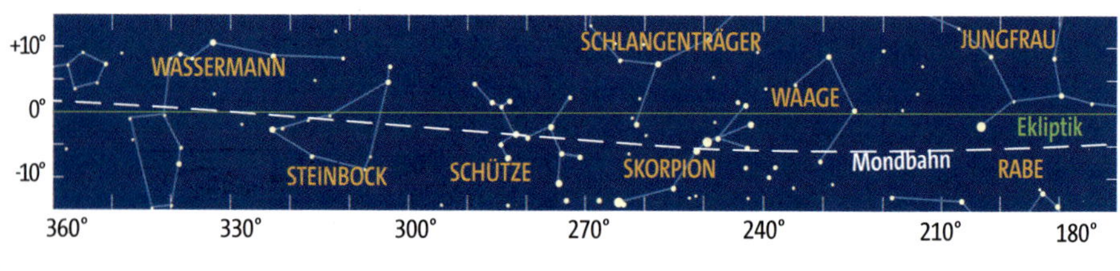

Ekliptikale Koordinaten der Sonne und der großen Planeten 2008

Datum		SONNE Länge °	MERKUR Länge °	MERKUR Breite °	VENUS Länge °	VENUS Breite °	MARS Länge °	MARS Breite °	JUPITER Länge °	JUPITER Breite °	SATURN Länge °	SATURN Breite °
Jan	1.	279,8	288,1	−2,1	241,4	+2,0	89,8	+3,5	272,9	+0,2	158,3	+1,7
	10.	289,0	302,8	−2,0	252,3	+1,7	86,9	+3,6	275,0	+0,2	158,0	+1,7
	20.	299,1	317,5	−0,7	264,6	+1,3	84,8	+3,5	277,2	+0,1	157,6	+1,8
	31.	310,3	323,3	+2,2	278,1	+0,8	84,0	+3,4	279,6	+0,1	156,9	+1,8
Feb	10.	320,5	313,4	+3,7	290,4	+0,3	84,6	+3,2	281,7	+0,1	156,2	+1,8
	20.	330,6	308,2	+2,1	302,7	−0,2	86,3	+3,0	283,6	+0,1	155,4	+1,8
	29.	339,6	312,8	+0,3	313,9	−0,6	88,6	+2,8	285,3	+0,1	154,7	+1,8
Mrz	10.	349,6	323,4	−1,3	326,2	−1,0	91,8	+2,7	287,0	+0,1	153,9	+1,9
	20.	359,6	337,1	−2,2	338,6	−1,3	95,5	+2,5	288,5	+0,1	153,2	+1,9
	31.	10,5	355,0	−2,3	352,2	−1,4	100,2	+2,3	289,9	0,0	152,5	+1,8
Apr	10.	20,3	13,6	−1,5	4,5	−1,5	104,7	+2,2	290,9	0,0	152,0	+1,8
	20.	30,1	34,4	0,0	16,9	−1,4	109,6	+2,0	291,7	0,0	151,7	+1,8
	30.	39,9	54,8	+1,7	29,2	−1,3	114,7	+1,9	292,1	0,0	151,6	+1,8
Mai	10.	49,6	70,6	+2,5	41,5	−1,0	120,0	+1,7	292,3	0,0	151,6	+1,8
	20.	59,2	79,6	+1,8	53,8	0,7	125,1	+1,6	292,1	0,1	151,8	+1,8
	31.	69,8	80,7	−0,7	67,3	−0,3	131,5	+1,5	291,5	−0,1	152,2	+1,7
Jun	10.	79,3	75,8	−3,4	79,6	+0,1	137,2	+1,4	290,8	−0,1	152,8	+1,7
	20.	88,9	72,8	−4,4	91,9	+0,5	143,0	+1,3	289,7	−0,1	153,5	+1,7
	30.	98,4	77,0	−3,5	104,2	+0,8	148,9	+1,2	288,5	−0,2	154,3	+1,7
Jul	10.	108,0	88,6	−1,5	116,5	+1,1	154,9	+1,0	287,3	−0,2	155,2	+1,7
	20.	117,5	106,3	+0,6	128,8	+1,3	160,9	+0,9	286,0	−0,2	156,3	+1,7
	31.	128,0	129,3	+1,7	142,3	+1,5	167,7	+0,8	284,7	−0,2	157,5	+1,7
Aug	10.	137,6	149,0	+1,5	154,6	+1,5	173,9	+0,7	283,7	−0,3	158,7	+1,7
	20.	147,2	166,2	+0,6	166,9	+1,4	180,2	+0,6	283,0	−0,3	159,9	+1,7
	31.	157,8	182,4	−0,9	180,4	+1,1	187,3	+0,5	282,5	−0,3	161,3	+1,7
Sep	10.	167,5	194,3	−2,4	192,6	+0,8	193,8	+0,4	282,4	−0,3	162,5	+1,7
	20.	177,3	201,7	−3,6	204,8	+0,4	200,4	+0,3	282,6	−0,3	163,8	+1,7
	30.	187,1	200,7	−3,6	217,1	−0,1	207,0	+0,2	283,2	−0,3	165,0	+1,7
Okt	10.	196,9	190,4	−1,0	229,2	−0,6	213,8	+0,1	284,0	−0,3	166,2	+1,7
	20.	206,8	188,9	+1,6	241,4	−1,1	220,7	0,0	285,1	−0,3	167,3	+1,8
	31.	217,8	202,5	+2,0	254,7	−1,6	228,3	−0,1	286,6	−0,4	168,4	+1,8
Nov	10.	227,8	218,5	+1,2	266,7	−2,0	235,3	−0,2	288,1	−0,4	169,3	+1,8
	20.	237,9	234,6	0,0	278,7	−2,3	242,5	−0,3	289,9	−0,4	170,1	+1,9
	30.	248,0	250,4	−1,0	290,5	−2,4	249,7	−0,4	291,8	−0,4	170,7	+1,9
Dez	10.	258,1	266,1	−1,9	302,2	−2,3	257,0	−0,5	293,9	−0,4	171,2	+1,9
	20.	268,3	281,7	−2,2	313,7	−2,1	264,4	−0,6	296,1	−0,4	171,5	+2,0
	31.	279,5	298,0	−1,7	326,0	−1,5	272,6	−0,7	298,6	−0,4	171,6	+2,0

Länge	Jan 1.	Mrz 1.	Mai 1.	Jul 1.	Sep 1.	Nov 1.	Dez 31.	Breite
URANUS	345°,3	348°,1	351°,3	352°,5	351°,0	348°,9	349°,1	−0°,8 bis −0°,7
NEPTUN	320,1	322,3	324,0	323,8	322,3	321,3	322,3	−0,4 bis −0,3
PLUTO	269,0	270,7	270,8	269,4	268,4	269,1	271,1	+5,7 bis +6,4

T.4 Lage der Mondbahn im Tierkreis relativ zur Ekliptik von 0° bis 180° ekl. Länge.

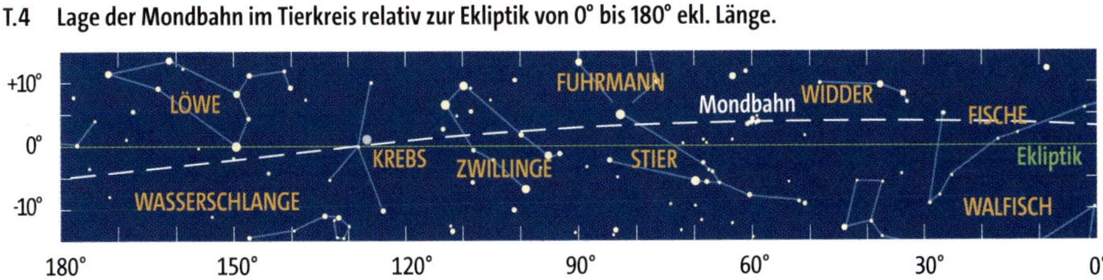

Ephemeriden der großen Planeten Januar – Juni 2008

Datum		Merkur Rektas. h m	Deklin. °	Kulmin. h m	Unterg. h m	Du. ″	bel. %	Venus Rektas. h m	Deklin. °	Kulmin. h m	Aufg. h m	Du. ″	bel. %
Jan	1.	19 20	−24,3	13 02	16 58	4,9	97	15 59	−18,4	9 40	5 09	14,6	76
	5.	19 48	−23,3	13 14	17 17	5,1	94	16 19	−19,5	9 44	5 20	14,3	78
	10.	20 22	−21,4	13 28	17 44	5,4	89	16 44	−20,6	9 50	5 32	13,9	79
	15.	20 54	−19,0	13 40	18 10	5,8	80	17 10	−21,4	9 56	5 43	13,6	80
	20.	21 21	−16,2	13 47	18 32	6,5	65	17 37	−22,0	10 03	5 53	13,3	82
	25.	21 38	−13,6	13 43	18 41	7,5	43	18 03	−22,4	10 09	6 02	13,0	83
	31.	21 40	−11,7	13 18	18 25	9,0	15	18 35	−22,4	10 18	6 11	12,6	84
Feb	5.	21 22	−11,8	12 41		10,1	2	19 02	−22,1	10 25	6 16	12,4	86
	10.	20 59	−13,3	11 58	Aufg.	10,3	4	19 28	−21,6	10 31	6 19	12,1	87
	15.	20 43	−15,0	11 24	6 36	9,8	16	19 54	−20,8	10 38	6 21	11,9	88
	20.	20 40	−16,2	11 02	6 20	8,9	31	20 20	−19,7	10 44	6 21	11,7	89
	25.	20 48	−16,8	10 51	6 12	8,1	43	20 46	−18,4	10 50	6 19	11,5	90
	29.	21 01	−16,7	10 48	6 08	7,5	51	21 06	−17,2	10 54	6 16	11,4	90
Mrz	5.	21 21	−16,1	10 49	6 05	6,9	60	21 31	−15,6	10 59	6 12	11,2	91
	10.	21 44	−15,0	10 53	6 03	6,4	66	21 55	−13,7	11 04	6 07	11,0	92
	15.	22 11	−13,2	11 00	6 00	6,1	72	22 19	−11,7	11 08	6 01	10,9	93
	20.	22 39	−10,9	11 08	5 56	5,7	77	22 43	− 9,5	11 12	5 54	10,8	94
	25.	23 08	− 8,1	11 18	5 52	5,5	82	23 06	− 7,2	11 15	5 46	10,6	94
	31.	23 45	− 4,1	11 32	5 46	5,3	88	23 34	− 4,4	11 19	5 36	10,5	95
Apr	5.	0 18	− 0,2	11 45	5 41	5,1	93	23 56	− 2,0	11 22	5 28	10,4	96
	10.	0 53	+ 4,0	12 00		5,0	97	0 19	+ 0,4	11 25	5 19	10,3	96
	15.	1 29	+ 8,4	12 18	Unterg.	5,0	100	0 42	+ 2,9	11 28	5 10	10,2	97
	20.	2 08	+13,0	12 37	19 50	5,1	99	1 04	+ 5,3	11 31	5 02	10,1	97
	25.	2 49	+17,1	12 58	20 33	5,4	91	1 27	+ 7,7	11 35	4 53	10,0	98
	30.	3 28	+20,6	13 17	21 12	5,8	78	1 50	+10,0	11 38	4 45	10,0	98
Mai	5.	4 04	+23,1	13 33	21 42	6,5	63	2 14	+12,2	11 42	4 37	9,9	99
	10.	4 34	+24,5	13 43	22 01	7,3	48	2 38	+14,3	11 46	4 31	9,8	99
	15.	4 58	+25,0	13 46	22 07	8,2	35	3 02	+16,2	11 50	4 24	9,8	99
	20.	5 14	+24,8	13 42	21 59	9,3	23	3 26	+18,0	11 55	4 19	9,8	100
	25.	5 22	+24,0	13 29	21 39	10,4	13	3 52	+19,6	12 01	4 15	9,7	100
	31.	5 20	+22,4	13 02	21 01	11,6	5	4 22	+21,2	12 08	4 13	9,7	100
Jun	5.	5 11	+20,8	12 33	20 22	12,2	1	4 48	+22,3	12 14		9,7	100
	10.	5 00	+19,3	12 03		12,2	1	5 15	+23,1	12 21	Unterg.	9,7	100
	15.	4 51	+18,3	11 35	Aufg.	11,6	5	5 41	+23,6	12 28	20 39	9,7	100
	20.	4 48	+18,0	11 13	3 39	10,6	12	6 08	+23,9	12 35	20 48	9,7	100
	25.	4 52	+18,4	10 58	3 21	9,5	21	6 35	+23,8	12 42	20 54	9,7	100
	30.	5 05	+19,4	10 52	3 08	8,4	32	7 02	+23,5	12 49	20 59	9,8	99

Datum		Saturn Rektas. h m	Deklin. °	Kulmin. h m	Aufg. h m	Äqu. ″	Pol. ″	Ring gr. A. ″	kl. A. ″	Öffn. °	hel. Ö. °	Leucht.
Jan.	1.	10 42	+10,0	4 22	21 27	19,1	17,0	43,3	5,1	−6,7	−9,0	0,41
	15.	10 41	+10,2	3 25	20 29	19,5	17,4	44,2	5,4	−7,0	−8,8	0,42
	31.	10 37	+10,6	2 19	19 21	19,8	17,7	45,0	5,9	−7,5	−8,6	0,45
Feb	15.	10 33	+11,1	1 16	18 15	20,0	17,9	45,4	6,3	−8,0	−8,4	0,48
	29.	10 29	+11,5	0 17		20,0	17,9	45,5	6,8	−8,6	−8,1	0,52
Mrz	15.	10 25	+11,9	23 09	Unterg.	19,9	17,8	45,2	7,1	−9,1	−7,9	0,48
	31.	10 21	+12,3	22 02	5 09	19,6	17,5	44,5	7,4	−9,6	−7,7	0,47
Apr	15.	10 18	+12,5	21 01	4 09	19,2	17,2	43,5	7,4	−9,8	−7,4	0,45
	30.	10 17	+12,6	20 01	3 09	18,7	16,8	42,5	7,3	−9,9	−7,2	0,44
Mai	15.	10 17	+12,5	19 03	2 10	18,2	16,3	41,4	7,1	−9,9	−7,0	0,43
	31.	10 19	+12,3	18 02	1 08	17,7	15,9	40,2	6,7	−9,6	−6,7	0,42
Jun	15.	10 23	+12,0	17 06	0 11	17,3	15,4	39,2	6,2	−9,2	−6,5	0,40
	30.	10 27	+11,5	16 12	23 10	16,9	15,1	38,3	5,7	−8,6	−6,3	0,39

Mars Rektas. h m	Mars Deklin. °	Mars Kulmin. h m	Mars Unterg. h m	Mars Du. ″	Mars bel. %	Jupiter Rektas. h m	Jupiter Deklin. °	Jupiter Kulmin. h m	Jupiter Aufg. h m	Jupiter Äqu. ″	Jupiter Pol. ″	Datum	
5 59	+26,9	23 34	8 12	15,4	100	18 13	−23,2	11 52	7 51	31,7	29,6	1.	Jan.
5 53	+27,0	23 13	7 51	15,1	99	18 17	−23,2	11 40	7 39	31,7	29,7	5.	
5 46	+27,0	22 46	7 24	14,6	99	18 22	−23,2	11 25	7 24	31,8	29,8	10.	
5 41	+26,9	22 22	6 59	14,1	98	18 26	−23,2	11 10	7 09	32,0	29,9	15.	
5 37	+26,9	21 58	6 35	13,5	97	18 31	−23,1	10 56	6 54	32,1	30,0	20.	
5 34	+26,8	21 36	6 12	12,9	96	18 36	−23,0	10 41	6 38	32,3	30,2	25.	
5 33	+26,7	21 12	5 47	12,2	95	18 42	−23,0	10 23	6 20	32,5	30,4	31.	
5 34	+26,6	20 53	5 27	11,6	94	18 46	−22,9	10 07	6 04	32,8	30,7	5.	Feb
5 36	+26,5	20 36	5 09	11,0	93	18 51	−22,8	9 52	5 49	33,1	30,9	10.	
5 39	+26,5	20 20	4 52	10,5	93	18 55	−22,7	9 37	5 33	33,4	31,2	15.	
5 43	+26,4	20 04	4 36	10,0	92	18 59	−22,6	9 21	5 17	33,7	31,5	20.	
5 49	+26,3	19 50	4 21	9,5	91	19 03	−22,6	9 06	5 01	34,0	31,8	25.	
5 54	+26,3	19 39	4 10	9,2	91	19 06	−22,5	8 53	4 47	34,3	32,1	29.	
6 00	+26,2	19 27	3 57	8,7	91	19 10	−22,4	8 37	4 31	34,7	32,5	5.	Mrz
6 08	+26,1	19 14	3 44	8,4	90	19 14	−22,3	8 21	4 14	35,2	32,9	10.	
6 16	+26,0	19 03	3 31	8,0	90	19 17	−22,2	8 05	3 57	35,6	33,3	15.	
6 25	+25,8	18 52	3 19	7,7	90	19 20	−22,1	7 48	3 40	36,1	33,8	20.	
6 34	+25,6	18 41	3 07	7,4	90	19 23	−22,0	7 31	3 23	36,7	34,3	25.	
6 45	+25,3	18 29	2 53	7,1	90	19 26	−21,9	7 11	3 02	37,3	34,9	31.	
6 55	+25,1	18 19	2 41	6,8	90	19 28	−21,9	6 53	2 44	37,9	35,4	5.	Apr
7 05	+24,8	18 10	2 29	6,6	90	19 30	−21,8	6 36	2 26	38,5	36,0	10.	
7 16	+24,4	18 01	2 17	6,4	90	19 32	−21,7	6 18	2 08	39,1	36,6	15.	
7 26	+24,0	17 52	2 05	6,2	90	19 34	−21,7	6 00	1 49	39,7	37,1	20.	
7 37	+23,5	17 43	1 53	6,0	90	19 35	−21,7	5 41	1 30	40,4	37,7	25.	
7 48	+23,0	17 34	1 41	5,8	91	19 36	−21,7	5 22	1 11	41,0	38,4	30.	
7 59	+22,5	17 25	1 29	5,6	91	19 36	−21,6	5 03	0 52	41,7	39,0	5.	Mai
8 10	+21,9	17 17	1 16	5,5	91	19 36	−21,6	4 43	0 33	42,3	39,6	10.	
8 21	+21,2	17 08	1 04	5,4	91	19 36	−21,7	4 24	0 13	43,0	40,2	15.	
8 33	+20,5	17 00	0 51	5,2	92	19 35	−21,7	4 03	23 49	43,6	40,8	20.	
8 44	+19,7	16 52	0 38	5,1	92	19 35	−21,7	3 43	23 29	44,2	41,3	25.	
8 58	+18,8	16 42	0 22	5,0	92	19 33	−21,8	3 18	23 04	44,9	42,0	31.	
9 09	+17,9	16 33	0 09	4,9	92	19 32	−21,9	2 57	22 43	45,4	42,5	5.	Jun
9 20	+17,0	16 25	23 53	4,8	93	19 30	−22,0	2 35	22 22	45,9	42,9	10.	
9 32	+16,0	16 17	23 39	4,7	93	19 28	−22,0	2 14	22 01	46,3	43,3	15.	
9 43	+15,0	16 08	23 25	4,6	93	19 26	−22,1	1 52	21 40	46,7	43,7	20.	
9 54	+14,0	16 00	23 11	4,5	94	19 23	−22,2	1 29	21 18	47,0	43,9	25.	
10 06	+12,9	15 51	22 57	4,5	94	19 20	−22,3	1 07	20 56	47,2	44,1	30.	

Uranus Rektas. h m	Uranus Deklin. °	Uranus Kulmin. h m	Uranus Unterg. h m	Uranus Du. ″	Neptun Rektas. h m	Neptun Deklin. °	Neptun Kulmin. h m	Neptun Unterg. h m	Neptun Du. ″	Pluto Rektas. h m	Pluto Deklin. °	Datum	
23 07	−6,5	16 45	22 16	3,4	21 30	−15,1	15 09	19 57	2,2	17 55	−17,1	1.	Jan
23 09	−6,3	15 51	21 24	3,4	21 32	−14,9	14 15	19 05	2,2	17 58	−17,2	15.	
23 11	−6,0	14 51	20 25	3,4	21 34	−14,8	13 15	18 05	2,2	18 00	−17,2	31.	
23 14	−5,7	13 55	19 31	3,4	21 36	−14,6	12 18		2,2	18 01	−17,1	15.	Feb
23 17	−5,4	13 03	18 40	3,3	21 38	−14,4	11 25	Aufg.	2,2	18 03	−17,1	29.	
23 20	−5,1	12 07		3,3	21 41	−14,2	10 28	5 35	2,2	18 03	−17,1	15.	Mrz
23 24	−4,7	11 07	Aufg.	3,4	21 42	−14,1	9 27	4 33	2,2	18 04	−17,1	31.	
23 26	−4,4	10 11	4 30	3,4	21 44	−14,0	8 30	3 35	2,2	18 04	−17,0	15.	Apr
23 29	−4,2	9 15	3 32	3,4	21 45	−13,9	7 32	2 37	2,3	18 03	−17,0	30.	
23 31	−3,9	8 18	2 34	3,4	21 46	−13,8	6 33	1 38	2,3	18 02	−17,0	15.	Mai
23 33	−3,8	7 17	1 32	3,5	21 46	−13,8	5 30	0 35	2,3	18 00	−17,0	31.	
23 34	−3,7	6 19	0 33	3,5	21 45	−13,9	4 31	23 32	2,3	17 59	−17,0	15.	Jun
23 34	−3,7	5 20	23 31	3,6	21 45	−13,9	3 31	22 33	2,3	17 57	−17,1	30.	

Ephemeriden der großen Planeten Juli – Dezember 2008

Datum		Merkur Rektas.	Deklin.	Kulmin.	Unterg.	Du.	bel.	Venus Rektas.	Deklin.	Kulmin.	Unterg.	Du.	bel.
		h m	o	h m	h m	″	%	h m	o	h m	h m	″	%
Jul	5.	5 26	+20,7	10 53	3 02	7,4	45	7 29	+22,9	12 56	21 01	9,8	99
	10.	5 54	+21,9	11 02	3 02	6,6	59	7 55	+22,0	13 03	21 01	9,9	99
	15.	6 30	+22,9	11 19	3 12	5,9	75	8 21	+20,8	13 09	21 00	9,9	98
	20.	7 11	+23,0	11 41	3 34	5,5	88	8 46	+19,4	13 15	20 57	10,0	98
	25.	7 56	+22,1	12 07	4 05	5,2	97	9 11	+17,7	13 20	20 52	10,0	98
	31.	8 49	+19,6	12 36		5,0	100	9 41	+15,5	13 26	20 45	10,2	97
Aug	5.	9 30	+16,6	12 57	Unterg.	5,0	97	10 04	+13,4	13 30	20 38	10,2	96
	10.	10 07	+13,2	13 13	20 20	5,1	93	10 28	+11,2	13 33	20 30	10,4	96
	15.	10 40	+ 9,6	13 27	20 14	5,2	88	10 51	+ 8,9	13 37	20 21	10,5	95
	20.	11 10	+ 5,9	13 37	20 06	5,4	83	11 14	+ 6,4	13 40	20 12	10,6	94
	25.	11 38	+ 2,3	13 44	19 56	5,7	78	11 36	+ 3,9	13 43	20 03	10,7	93
	31.	12 07	− 1,8	13 50	19 42	6,0	71	12 03	+ 0,9	13 46	19 51	10,9	92
Sep	5.	12 29	− 5,0	13 52	19 29	6,4	65	12 25	− 1,7	13 48	19 42	11,1	91
	10.	12 49	− 7,8	13 51	19 15	6,9	58	12 48	− 4,3	13 51	19 32	11,2	90
	15.	13 04	−10,2	13 47	18 59	7,5	50	13 10	− 6,8	13 53	19 22	11,4	89
	20.	13 15	−11,8	13 37	18 42	8,2	39	13 33	− 9,3	13 56	19 13	11,6	88
	25.	13 18	−12,4	13 20	18 22	9,1	26	13 55	−11,7	14 00	19 04	11,8	87
	30.	13 11	−11,4	12 52		9,9	12	14 19	−14,0	14 03	18 56	12,1	86
Okt	5.	12 55	− 8,7	12 16	Aufg.	10,2	1	14 42	−16,1	14 07	18 49	12,3	85
	10.	12 37	− 5,0	11 38	6 00	9,8	3	15 06	−18,1	14 12	18 42	12,6	84
	15.	12 28	− 2,4	11 12	5 21	8,6	20	15 31	−19,9	14 16	18 37	12,9	83
	20.	12 35	− 2,0	11 00	5 07	7,4	44	15 56	−21,5	14 22	18 33	13,2	82
	25.	12 55	− 3,6	11 00	5 14	6,4	66	16 22	−22,9	14 28	18 30	13,5	80
	31.	13 26	− 6,9	11 09	5 39	5,6	83	16 53	−24,2	14 35	18 30	13,9	79
Nov	5.	13 55	−10,1	11 18	6 04	5,2	91	17 19	−24,9	14 42	18 31	14,3	77
	10.	14 26	−13,2	11 29	6 31	5,0	96	17 45	−25,4	14 49	18 35	14,7	76
	15.	14 57	−16,2	11 41	6 59	4,8	98	18 12	−25,6	14 55	18 41	15,1	74
	20.	15 29	−18,9	11 53	7 26	4,7	100	18 38	−25,4	15 02	18 49	15,5	73
	25.	16 01	−21,2	12 06	7 52	4,6	100	19 05	−25,0	15 09	18 59	16,0	71
	30.	16 35	−23,0	12 19		4,6	100	19 30	−24,2	15 15	19 11	16,6	70
Dez	5.	17 08	−24,4	12 34	Unterg.	4,7	99	19 56	−23,2	15 20	19 23	17,2	68
	10.	17 43	−25,2	12 48	16 36	4,8	98	20 20	−21,9	15 25	19 36	17,8	66
	15.	18 17	−25,5	13 03	16 50	4,9	95	20 44	−20,4	15 29	19 50	18,5	65
	20.	18 52	−25,1	13 18	17 08	5,2	92	21 07	−18,7	15 32	20 03	19,2	63
	25.	19 25	−24,2	13 32	17 29	5,5	86	21 29	−16,8	15 35	20 16	20,1	61
	31.	20 02	−22,2	13 44	17 54	6,1	74	21 55	−14,3	15 37	20 32	21,2	58

Datum		Saturn Rektas.	Deklin.	Kulmin.	Aufg.	Äqu.	Pol.	Ring gr. A.	kl. A.	Öffn.	hel. Ö.	Leucht.
		h m	o	h m	h m	″	″	″	″	o	o	
Jul	15.	10 33	+11,0	15 18	22 14	16,6	14,8	37,6	5,2	−7,9	−6,1	0,37
	31.	10 39	+10,3	14 22	21 14	16,3	14,6	37,0	4,6	−7,1	−5,8	0,35
Aug	15.	10 46	+ 9,6	13 30		16,1	14,4	36,6	4,0	−6,3	−5,6	0,33
	31.	10 53	+ 8,9	12 34	Aufg.	16,1	14,4	36,5	3,4	−5,3	−5,3	0,35
Sep	15.	11 01	+ 8,2	11 42	5 00	16,1	14,4	36,5	2,8	−4,5	−5,1	0,28
	30.	11 07	+ 7,5	10 50	4 12	16,2	14,5	36,8	2,3	−3,6	−4,9	0,23
Okt	15.	11 14	+ 6,8	9 58	3 22	16,4	14,6	37,2	1,8	−2,8	−4,6	0,19
	31.	11 20	+ 6,2	9 01	2 29	16,7	14,9	37,8	1,4	−2,1	−4,4	0,15
Nov	15.	11 25	+ 5,8	8 07	1 37	17,0	15,2	38,6	1,0	−1,5	−4,2	0,12
	30.	11 29	+ 5,4	7 12	0 43	17,4	15,6	39,6	0,8	−1,1	−3,9	0,09
Dez	15.	11 31	+ 5,2	6 15	23 44	17,9	16,0	40,6	0,6	−0,9	−3,7	0,07
	31.	11 33	+ 5,2	5 13	22 42	18,4	16,4	41,8	0,6	−0,8	−3,4	0,07

Mars						Jupiter						Datum	
Rektas.	Deklin.	Kulmin.	Unterg.	Du.	bel.	Rektas.	Deklin.	Kulmin.	Aufg.	Äqu.	Pol.		
h m	o	h m	h m	″	%	h m	o	h m	h m	″	″		
10 17	+11,8	15 43	22 43	4,4	94	19 18	−22,4	0 45	20 35	47,3	44,3	5.	Jul
10 28	+10,7	15 35	22 29	4,3	95	19 15	−22,5	0 23		47,4	44,3	10.	
10 40	+ 9,5	15 26	22 14	4,3	95	19 12	−22,6	0 00	Unterg.	47,4	44,3	15.	
10 51	+ 8,3	15 18	22 00	4,2	95	19 10	−22,7	23 33	3 42	47,2	44,2	20.	
11 02	+ 7,1	15 10	21 46	4,2	96	19 07	−22,8	23 11	3 19	47,0	44,0	25.	
11 16	+ 5,6	15 00	21 28	4,1	96	19 04	−22,9	22 45	2 52	46,7	43,7	31.	
11 27	+ 4,4	14 51	21 14	4,1	96	19 02	−22,9	22 23	2 30	46,3	43,3	5.	Aug
11 39	+ 3,1	14 43	21 00	4,0	96	19 00	−23,0	22 01	2 08	45,9	42,9	10.	
11 50	+ 1,8	14 35	20 45	4,0	97	18 58	−23,0	21 40	1 46	45,4	42,5	15.	
12 02	+ 0,5	14 27	20 31	4,0	97	18 57	−23,1	21 19	1 25	44,9	42,0	20.	
12 14	− 0,8	14 19	20 16	3,9	97	18 55	−23,1	20 58	1 04	44,4	41,5	25.	
12 28	− 2,4	14 09	19 59	3,9	98	18 55	−23,1	20 34	0 39	43,7	40,8	31.	
12 39	− 3,7	14 01	19 45	3,9	98	18 54	−23,2	20 14	0 19	43,0	40,2	5.	Sep
12 51	− 5,1	13 53	19 31	3,8	98	18 54	−23,2	19 54	23 55	42,4	39,7	10.	
13 03	− 6,4	13 46	19 17	3,8	98	18 54	−23,2	19 35	23 36	41,8	39,1	15.	
13 16	− 7,7	13 38	19 04	3,8	98	18 55	−23,1	19 16	23 17	41,1	38,5	20.	
13 28	− 9,0	13 31	18 50	3,8	99	18 56	−23,1	18 57	22 59	40,5	37,9	25.	
13 41	−10,2	13 24	18 37	3,8	99	18 57	−23,1	18 39	22 40	39,9	37,3	30.	
13 53	−11,5	13 17	18 23	3,8	99	18 59	−23,1	18 21	22 23	39,3	36,7	5.	Okt
14 06	−12,7	13 10	18 10	3,8	99	19 01	−23,0	18 03	22 05	38,7	36,2	10.	
14 20	−13,9	13 04	17 58	3,8	99	19 03	−23,0	17 46	21 48	38,1	35,6	15.	
14 33	−15,0	12 58	17 46	3,8	99	19 06	−22,9	17 29	21 31	37,6	35,1	20.	
14 47	−16,1	12 51	17 34	3,7	100	19 08	−22,9	17 12	21 15	37,0	34,6	25.	
15 03	−17,4	12 45	17 20	3,7	100	19 12	−22,8	16 52	20 56	36,4	34,1	31.	
15 17	−18,4	12 39	17 09	3,7	100	19 15	−22,7	16 35	20 40	36,0	33,6	5.	Nov
15 32	−19,3	12 34	16 58	3,7	100	19 19	−22,6	16 19	20 25	35,5	33,2	10.	
15 46	−20,2	12 29	16 48	3,8	100	19 23	−22,4	16 03	20 09	35,1	32,8	15.	
16 01	−21,0	12 24	16 39	3,8	100	19 26	−22,3	15 48	19 54	34,7	32,5	20.	
16 17	−21,7	12 19	16 30	3,8	100	19 30	−22,2	15 32	19 40	34,4	32,1	25.	
16 32	−22,3	12 15	16 22	3,8	100	19 35	−22,0	15 16	19 25	34,0	31,8	30.	
16 48	−22,9	12 11		3,8	100	19 39	−21,9	15 01	19 11	33,8	31,6	5.	Dez
17 03	−23,3	12 07	Aufg.	3,8	100	19 43	−21,7	14 46	18 57	33,5	31,3	10.	
17 19	−23,7	12 04	8 05	3,8	100	19 48	−21,5	14 31	18 43	33,2	31,1	15.	
17 36	−23,9	12 00	8 03	3,8	100	19 53	−21,3	14 16	18 29	33,0	30,9	20.	
17 52	−24,1	11 57	8 01	3,8	100	19 57	−21,1	14 01	18 15	32,9	30,7	25.	
18 12	−24,1	11 53	7 57	3,9	100	20 03	−20,8	13 43	17 59	32,7	30,6	31.	

Uranus					Neptun					Pluto		Datum	
Rektas.	Deklin.	Kulmin.	Unterg.	Du.	Rektas.	Deklin.	Kulmin.	Unterg.	Du.	Rektas.	Deklin.		
h m	o	h m	h m	″	h m	o	h m	h m	″	h m	o		
23 33	−3,7	4 20	22 31	3,6	21 43	−14,0	2 31	21 33	2,3	17 56	−17,1	15.	Jul
23 32	−3,9	3 16	21 28	3,6	21 42	−14,2	1 27	20 29	2,3	17 54	−17,1	31.	
23 31	−4,1	2 16	20 28	3,7	21 40	−14,3	0 26		2,4	17 53	−17,2	15.	Aug
23 28	−4,3	1 11	19 24	3,7	21 39	−14,4	23 18	Unterg.	2,3	17 53	−17,3	31.	
23 26	−4,5	0 10		3,7	21 37	−14,6	22 17	3 13	2,3	17 53	−17,4	15.	Sep
23 24	−4,7	23 04	Unterg.	3,7	21 36	−14,7	21 17	2 12	2,3	17 53	−17,4	30.	
23 22	−4,9	22 03	3 47	3,7	21 35	−14,7	20 17	1 12	2,3	17 54	−17,5	15.	Okt
23 21	−5,1	20 59	2 41	3,6	21 35	−14,8	19 14	0 08	2,3	17 56	−17,6	31.	
23 20	−5,2	19 59	1 41	3,6	21 35	−14,7	18 15	23 06	2,3	17 57	−17,6	15.	Nov
23 19	−5,2	19 00	0 42	3,5	21 36	−14,7	17 17	22 08	2,3	17 59	−17,7	30.	
23 20	−5,2	18 01	23 40	3,5	21 37	−14,6	16 19	21 11	2,2	18 02	−17,7	15.	Dez
23 21	−5,0	17 00	22 39	3,5	21 39	−14,5	15 18	20 10	2,2	18 04	−17,7	31.	

Ephemeriden hellerer Kleinplaneten 2008

Datum		Ceres (1) Rektas. h m	Deklin. °	Kulmin. h m
Jan	**1.**	2 35	+ 9,6	20 13
	5.	2 35	+ 9,9	19 57
	10.	2 36	+10,3	19 39
	15.	2 37	+10,8	19 20
	20.	2 39	+11,3	19 03
	25.	2 42	+11,9	18 46
	31.	2 46	+12,5	18 26
Feb	**5.**	2 49	+13,1	18 10
	10.	2 53	+13,7	17 54
	15.	2 58	+14,3	17 39
	20.	3 02	+14,9	17 24
	25.	3 08	+15,5	17 10
	29.	3 12	+16,0	16 59
Mrz	5.	3 18	+16,6	16 45
	10.	3 24	+17,2	16 31
	15.	3 31	+17,8	16 18
	20.	3 37	+18,4	16 05
	25.	3 44	+19,0	15 53
	31.	3 53	+19,7	15 38
Okt	5.	9 33	+20,7	8 57
	10.	9 41	+20,3	8 45
	15.	9 49	+19,9	8 34
	20.	9 57	+19,6	8 22
	25.	10 04	+19,2	8 10
	31.	10 13	+18,8	7 55
Nov	**5.**	10 20	+18,5	7 42
	10.	10 27	+18,2	7 29
	15.	10 34	+17,9	7 16
	20.	10 40	+17,7	7 03
	25.	10 46	+17,6	6 49
	30.	10 52	+17,4	6 35
Dez	**5.**	10 57	+17,4	6 20
	10.	11 02	+17,3	6 06
	15.	11 06	+17,4	5 50
	20.	11 10	+17,5	5 34
	25.	11 13	+17,7	5 18
	31.	11 16	+18,0	4 58

Datum		Vesta (4) Rektas. h m	Deklin. °	Kulmin. h m
Jul	1.	2 01	+5,3	7 44
	5.	2 06	+5,6	7 33
	10.	2 13	+6,0	7 20
	15.	2 19	+6,3	7 06
	20.	2 25	+6,6	6 53
	25.	2 30	+6,9	6 38
	31.	2 37	+7,1	6 21
Aug	**5.**	2 41	+7,3	6 06
	10.	2 46	+7,4	5 51
	15.	2 50	+7,5	5 35
	20.	2 53	+7,5	5 18
	25.	2 56	+7,4	5 02
	31.	2 58	+7,3	4 40
Sep	**5.**	3 00	+7,2	4 22
	10.	3 00	+7,0	4 03
	15.	3 01	+6,7	3 44
	20.	3 00	+6,4	3 23
	25.	2 58	+6,1	3 02
	30.	2 56	+5,8	2 41
Okt	**5.**	2 54	+5,4	2 18
	10.	2 50	+5,0	1 55
	15.	2 46	+4,6	1 31
	20.	2 42	+4,2	1 07
	25.	2 37	+3,9	0 43
	31.	2 31	+3,5	0 13
Nov	**5.**	2 26	+3,2	23 44
	10.	2 21	+3,0	23 19
	15.	2 16	+2,9	22 55
	20.	2 12	+2,8	22 32
	25.	2 09	+2,8	22 08
	30.	2 06	+2,9	21 46
Dez	**5.**	2 03	+3,0	21 24
	10.	2 02	+3,2	21 03
	15.	2 01	+3,5	20 42
	20.	2 00	+3,9	20 22
	25.	2 01	+4,3	20 03
	31.	2 02	+4,8	19 41

Datum		Hebe (6) Rektas. h m	Deklin. °	Kulmin. h m
Jan	1.	9 46	+ 9,6	3 26
	5.	9 44	+10,0	3 09
	10.	9 42	+10,6	2 47
	15.	9 39	+11,3	2 24
	20.	9 35	+12,1	2 01
	25.	9 31	+12,9	1 37
	31.	9 25	+13,9	1 08
Feb	**5.**	9 21	+14,8	0 43
	10.	9 16	+15,6	0 19
	15.	9 11	+16,5	23 50

Datum		Metis (9) Rektas. h m	Deklin. °	Kulmin. h m
Okt	1.	3 12	+11,9	2 52
	5.	3 10	+11,9	2 35
	10.	3 08	+11,8	2 13
	15.	3 05	+11,7	1 50
	20.	3 01	+11,6	1 27
	25.	2 57	+11,5	1 03
	31.	2 51	+11,3	0 33
Nov	**5.**	2 46	+11,2	0 08
	10.	2 40	+11,1	23 39
	15.	2 35	+11,0	23 14
	20.	2 31	+10,9	22 50
	25.	2 27	+11,0	22 26
	30.	2 23	+11,0	22 03

Datum		Eunomia (15) Rektas. h m	Deklin. °	Kulmin. h m
Jan	**1.**	7 37	+23,7	1 18
	5.	7 32	+23,5	0 57
	10.	7 26	+23,3	0 32
	15.	7 21	+23,0	0 07
	20.	7 15	+22,7	23 37
	25.	7 10	+22,4	23 12
	31.	7 05	+22,1	22 43
Feb	5.	7 01	+21,8	22 20
	10.	6 58	+21,5	21 58
	15.	6 56	+21,2	21 36

In den **halbfett** gedruckten Tagesintervallen sind die Kleinplaneten einfacher aufzufinden.

Spaltenüberschriften: Rektaszension und Deklination für 1^h MEZ.
Kulmination = Meridiandurchgang: MEZ für 10° östliche Länge.
Aufgang oder Untergang: MEZ für 10° östliche Länge und 50° nördliche Breite.
Scheinbarer Durchmesser für 1^h MEZ, Äqu.: Äquatordurchmesser, Pol: Poldurchmesser.
Beleuchteter Teil des Planetenscheibchens für 1^h MEZ.

Zentralmeridiane Mars und Jupiter 2008 (1^h MEZ = 2^h MESZ)

Dat.	Mars Jan	Mars Feb	Mars Mrz	Mars Apr	Mars Mai	Jupiter System I Mrz	Jupiter System I Apr	Jupiter System I Mai	Jupiter System I Jun	Jupiter System I Jul	Jupiter System I Aug	Jupiter System I Sep	Jupiter System I Okt	Jupiter System I Nov	Jupiter System II Mrz	Jupiter System II Apr	Jupiter System II Mai	Jupiter System II Jun	Jupiter System II Jul	Jupiter System II Aug	Jupiter System II Sep	Jupiter System II Okt	Jupiter System II Nov
1.	158°	241°	332°	39°	111°	190°	43°	100°	318°	19°	237°	93°	147°	356°	98°	74°	262°	243°	76°	58°	37°	222°	194°
2.	149	231	322	29	102	348	201	258	116	177	35	251	305	154	248	224	53	34	226	208	187	12	344
3.	140	222	313	19	92	146	359	56	274	335	193	49	103	311	38	14	203	184	17	358	337	162	134
4.	132	213	304	10	83	304	157	214	72	133	351	206	260	109	188	165	353	335	167	149	127	312	284
5.	123	204	294	0	73	101	314	12	230	291	149	4	58	267	339	315	144	125	317	299	277	102	74
6.	114	195	285	351	63	259	112	170	28	89	307	162	216	64	129	105	294	275	108	89	68	252	225
7.	105	186	275	341	54	57	270	328	186	247	105	320	13	222	279	255	84	66	258	240	218	42	15
8.	96	176	266	332	44	215	68	126	344	45	263	118	171	20	69	46	235	216	49	30	8	193	165
9.	87	167	257	322	34	13	226	284	142	203	61	276	329	177	219	196	25	7	199	180	158	343	315
10.	79	158	247	313	25	170	24	82	300	1	219	73	127	335	9	346	175	157	349	331	308	133	105
11.	70	149	238	303	15	328	182	240	98	159	17	231	284	133	160	137	326	307	140	121	99	283	255
12.	61	140	228	294	6	126	340	38	256	317	175	29	82	290	310	287	116	98	290	271	249	73	45
13.	52	130	219	284	356	284	138	196	54	115	333	187	240	88	100	77	266	248	81	62	39	223	195
14.	43	121	209	274	346	82	295	354	212	273	131	345	38	246	250	227	57	39	231	212	189	13	345
15.	34	112	200	265	337	240	93	152	10	71	289	143	195	43	40	18	207	189	21	2	339	163	135
16.	25	102	190	255	327	37	251	310	168	229	87	300	353	201	191	168	357	340	172	152	130	313	285
17.	16	93	181	246	317	195	49	108	326	27	245	98	151	359	341	318	148	130	322	303	280	103	75
18.	7	84	172	236	308	353	207	266	124	185	43	256	308	156	131	108	298	280	112	93	70	253	225
19.	358	75	162	227	298	151	5	64	283	344	200	54	106	314	281	259	89	71	263	243	220	44	15
20.	349	65	153	217	288	309	163	222	81	142	358	212	264	112	71	49	239	221	53	34	10	194	165
21.	340	56	143	207	279	107	321	20	239	300	156	9	61	269	222	199	29	12	204	184	160	344	315
22.	331	47	134	198	269	264	119	178	37	98	314	167	219	67	12	350	180	162	354	334	311	134	105
23.	322	37	124	188	259	62	277	336	195	256	112	325	17	225	162	140	330	312	144	124	101	284	255
24.	313	28	115	179	250	220	75	134	353	54	270	123	175	22	312	290	120	103	295	275	251	74	45
25.	304	19	105	169	240	18	233	292	151	212	68	280	332	180	102	81	271	253	85	65	41	224	195
26.	295	9	96	159	230	176	31	90	309	10	226	78	130	338	253	231	61	44	235	215	191	14	345
27.	286	360	86	150	221	334	188	248	107	168	24	236	288	135	43	21	212	194	26	5	341	164	135
28.	277	351	77	140	211	131	346	46	265	326	181	34	85	293	193	171	2	344	176	156	131	314	285
29.	268	341	67	131	201	289	144	204	63	124	339	191	243	91	343	322	152	135	327	306	282	104	75
30.	259		58	121	192	87	302	2	221	281	137	349	41	248	134	112	303	285	117	96	72	254	225
31.	250		48		182	245		160		79	295		198		284		93		267	246		44	
D	−2	−2	3	9	15	Neigung der Planetenachse zur Erde									D = −1°,5								

Korrektur für MEZ	0^h	1^h	2^h	3^h	4^h	5^h	6^h	7^h	17^h	18^h	19^h	20^h	21^h	22^h	23^h	24^h	Änderung
Mars	−15°	0°	+15°	+29°	+ 44°	+ 58°	+ 73°	+ 88°	−126°	−111°	−97°	−82°	−68°	−53°	−38°	− 24°	+14°,6/Stunde
Jupiter System I	−37	0	+37	+73	+110	+146	+183	+219	−135	− 98	−62	−25	+12	+48	+85	+121	+36°,6/Stunde
Jupiter System II	−36	0	+36	+73	+109	+145	+181	+218	−140	−104	−67	−31	+ 5	+41	+78	+114	+36°,3/Stunde

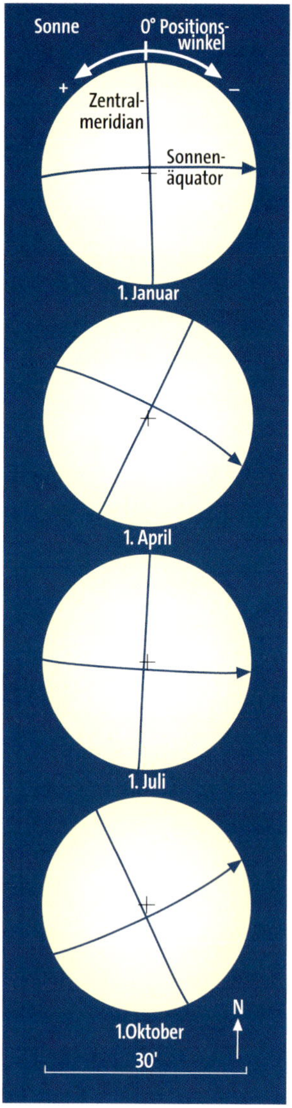

T.5 Lage des Zentralmeridians und des Äquators der Sonne im Verlauf des Jahres relativ zum Beobachter auf der Erde.

Ephemeride der Sonnenscheibe 2008 (1^h MEZ)

Datum		Entferng. AE	Du. ′	Z.M. °	B_0 °	P °	Sternzeit h m
Jan	1	0,983	32,5	321,1	−2,9	+ 2,4	6 40
	10.	0,983	32,5	202,6	−4,0	− 1,9	7 16
	20.	0,984	32,5	70,9	−5,0	− 6,6	7 55
	31.	0,985	32,5	286,1	−5,9	−11,4	8 38
Feb	10.	0,987	32,4	154,4	−6,5	−15,4	9 18
	20.	0,989	32,4	22,8	−7,0	−18,8	9 57
	29.	0,991	32,3	264,2	−7,2	−21,3	10 33
Mrz	10.	0,993	32,2	132,5	−7,2	−23,6	11 12
	20.	0,996	32,1	0,7	−7,0	−25,2	11 52
	31.	0,999	32,0	215,6	−6,6	−26,1	12 35
Apr	10.	1,002	31,9	83,7	−6,0	−26,3	13 14
	20.	1,005	31,8	311,6	−5,2	−25,6	13 54
	30.	1,007	31,8	179,5	−4,2	−24,3	14 33
Mai	10.	1,010	31,7	47,3	−3,2	−22,2	15 13
	20.	1,012	31,6	275,1	−2,1	−19,5	15 52
	31.	1,014	31,6	129,5	−0,8	−15,8	16 35
Jun	10.	1,015	31,5	357,2	+0,4	−11,8	17 15
	20.	1,016	31,5	224,8	+1,6	− 7,6	17 54
	30.	1,017	31,5	92,4	+2,8	− 3,1	18 34
Jul	10.	1,017	31,5	320,1	+3,8	+ 1,4	19 13
	20.	1,016	31,5	187,8	+4,8	+ 5,9	19 53
	31.	1,015	31,5	42,2	+5,7	+10,5	20 36
Aug	10.	1,014	31,6	270,0	+6,4	+14,3	21 15
	20.	1,012	31,6	137,8	+6,9	+17,7	21 55
	31.	1,009	31,7	352,5	+7,2	+20,9	22 38
Sep	10.	1,007	31,8	220,4	+7,2	+23,2	23 18
	20.	1,004	31,9	88,4	+7,1	+24,9	23 57
	30.	1,001	31,9	316,4	+6,7	+25,9	0 36
Okt	10.	0,999	32,0	184,5	+6,2	+26,3	1 16
	20.	0,996	32,1	52,6	+5,5	+25,9	1 55
	31.	0,993	32,2	267,5	+4,4	+24,7	2 39
Nov	10.	0,990	32,3	135,6	+3,4	+22,7	3 18
	20.	0,988	32,4	3,8	+2,2	+19,9	3 57
	30.	0,986	32,4	232,0	+1,0	+16,4	4 37
Dez	10.	0,985	32,5	100,2	−0,3	+12,4	5 16
	20.	0,984	32,5	328,5	−1,6	+ 7,8	5 56
	31.	0,983	32,5	183,6	−2,9	+ 2,6	6 39

Z.M. Zentralmeridian (Abnahme 13°,2/Tag), B_0 Neigung der Sonnenachse zur Erde, P Positionswinkel des Sonnen-Nordpols, Sternzeit Greenwich

Beginn der synodischen Sonnenrotation nach Carrington 2008

Rot. Nr	Datum	MEZ h m	Rot. Nr	Datum	MEZ h m
2066	Jan 25.	10 18	2073	Aug 3.	5 39
2067	Feb 21.	18 29	2074	Aug 30.	11 20
2068	Mar 20.	2 14	2075	Sep 26.	17 42
2069	Apr 16.	9 04	2076	Okt 24.	0 38
2070	Mai 13.	14 51	2077	Nov 20.	7 55
2071	Jun 9.	19 51	2078	Dez 17.	15 33
2072	Jul 7.	0 36			

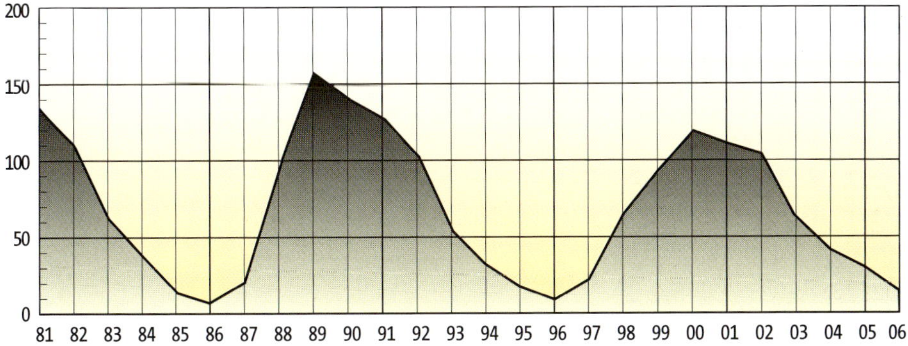

T.6 Jahresmittel der Sonnenfleckenrelativzahlen von 1981 bis 2006.

T.7 Monatsmittel der Sonnenfleckenrelativzahlen von Januar 2001 bis März 2007.

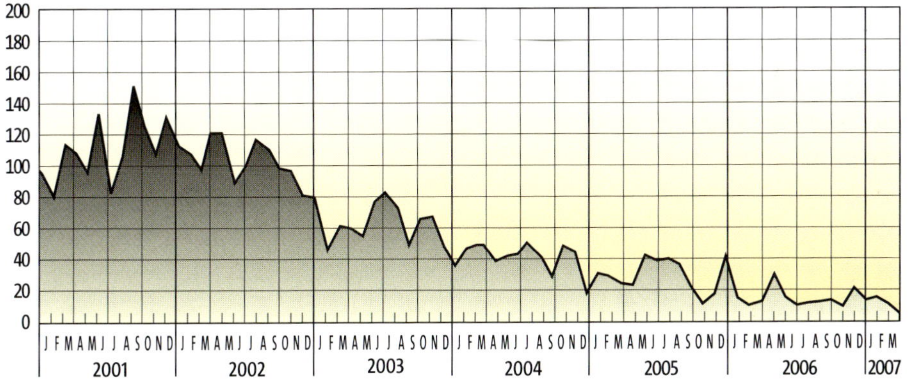

T.8 Stellung und relative Lage der zunehmenden Mondsichel zum Westhorizont jeweils am ersten Sichtbarkeitsabend nach Neumond eine halbe Stunde nach Sonnenuntergang im Jahre 2008.

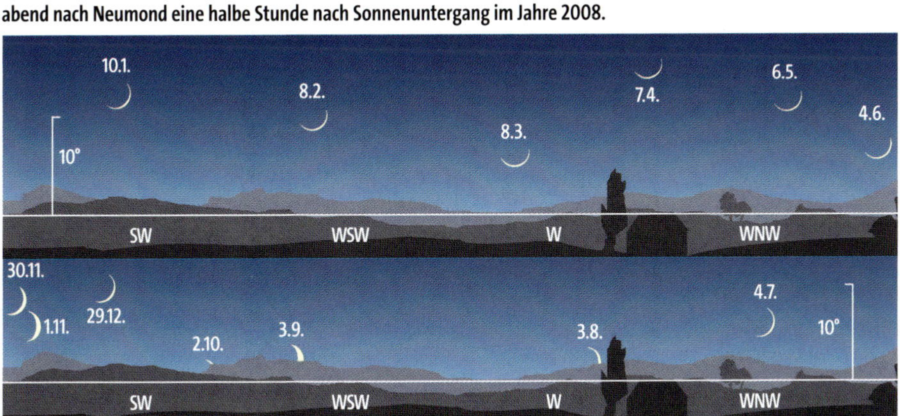

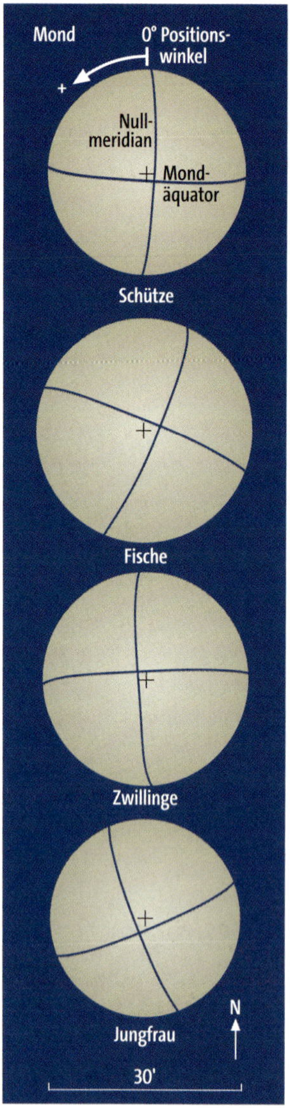

T.9 Lage des Nullmeridians und des Mondäquators relativ zum Beobachter auf der Erde in Abhängigkeit von der Position des Mondes im Tierkreis (siehe auch monatliche Rubrik „Der Mondlauf").

Sternbedeckungen durch den Mond 2008

Datum		MEZ h m	Stern	Hell. m	bel. %	E/A	P °
Jan	12.	19 20	ZC 3357	6,8	19	E	20
	14.	20 05	51 Psc	5,7:	39	E	40
	25.	6 55	48 Leo	5,1	91	A	280
Feb	15.	19 15	HR 1632	6,6	68	E	20
	18.	1 10	57 Gem	5,0	88	E	40
	22.	22 35	ν Leo	4,3	97	A	250
	29.	5 55	τ Sco	2,8	49	E	130
	29.	7 10	**τ Sco**	2,8	48	A	250
Mrz	12.	18 45	18 Tau	5,6:	31	E	70
	12.	19 05	Taygeta	4,3:	31	E	165
	12.	19 20	Asterope	5,8	31	E	145
	12.	19 25	22 Tau	6,4	31	E	150
	12.	20 15	SAO 76206	6,5	31	E	65
	12.	21 45	SAO 76272	6,8:	32	E	45
	12.	22 05	SAO 76286	6,8	32	E	50
	14.	18 55	**136 Tau**	4,6:	53	E	75
	15.	20 20	39 Gem	6,1	65	E	85
	15.	20 45	40 Gem	6,4:	65	E	110
Apr	11.	23 55	SAO 78795	7,0	41	E	95
	12.	0 15	SAO 96210	6,7	41	E	100
	12.	1 30	37 Gem	5,7	41	E	120
	12.	22 50	82 Gem	6,2:	52	E	90
	13.	20 05	28 Cnc	6,7	61	E	65
	13.	20 10	SAO 98010	6,6	61	E	115
	13.	20 30	SAO 98021	6,4	61	E	70
	13.	20 30	41 Cnc	6,3:	61	E	95
	22.	23 40	1 Sco	4,6	94	A	360
Mai	11.	22 10	HR 3711	6,5	47	E	55
	12.	20 25	**31 Leo**	4,4	57	E	150
	14.	0 10	58 Leo	4,8:	69	E	60
Jul	11.	22 00	SAO 158468	6,9	66	E	75
	13.	20 55	4 Sco	5,6	82	E	60
Aug	13.	21 25	HR 7277	5,8	91	E	35
	23.	22 10	**Maia**	3,8	51	A	285
	23.	22 30	**Alcyone**	2,9:	51	A	200
Sep	8.	19 20	HR 6680	5,8	61	E	35
	9.	20 40	HR 7103	6,3	70	E	25
	20.	3 45	16 Tau	5,5	73	A	190
	20.	4 20	Maia	3,8	73	A	195
	20.	4 25	Taygeta	4,3:	73	A	230
	23.	3 50	37 Gem	5,7	40	A	275
Okt	8.	21 10	4 Cap	5,9	64	E	85
	9.	21 15	HR 8083	6,2	73	E	65
	11.	20 10	67 Aqr	6,4	89	E	90
Nov	13.	21 10	Alcyone	2,9:	99	A	235
	15.	19 40	139 Tau	4,8	90	A	225
	19.	2 00	82 Cnc	5,3	60	A	245
Dez	1.	17 05	**Venus**	–4,1	13	E	85
	1.	18 25	**Venus**	–4,1	14	A	225
	6.	22 45	**λ Psc**	4,5	60	E	25
	13.	23 20	ε Gem	3,0	98	A	260
	16.	23 55	18 Leo	5,6	76	A	340

Hell. = Helligkeit („:" = Doppelstern),
E/A = Eintritt/Austritt,
bel. = beleuchteter Teil der Mondscheibe, P = Positionswinkel
halbfett: Ereignis bereits im Fernglas sichtbar

Sternbedeckungen

Datum		MEZ h	Hamburg m	Hannover m	Berlin m	Dresden m	Leipzig m	Düsseldorf m	Frankfurt m	Nürnberg m	Stuttgart m	München m	Zürich m	Wien m
Jan	12.	19	21,5	20,1	20,7	19,6	19,5	18,4	17,7	17,8	16,8	17,3	15,7	18,9
	14.	20	07,8	06,8	09,4	08,9	08,1	03,8	04,6	06,3	04,4	06,3	03,3	10,4
	25.	6/7	52,0	53,9	55,4	58,2	57,1	54,2	57,2	59,8	59,9	02,3	01,9	04,6
Feb	15.	19	–	–	–	–	–	–	20,5	18,1	12,8	12,8	06,3	19,4
	18.	1	–	–	–	–	–	07,3	10,7	18,1	10,1	15,9	07,6	–
	22.	22	45,4	43,0	47,8	45,8	44,5	36,8	36,4	38,3	33,1	35,2	25,3	44,2
	29.	5/6	54,4	54,1	59,2	0,01	58,0	50,2	52,8	56,5	53,9	57,7	53,3	05,4
	29.	7	07,8	07,7	13,6	14,8	12,4	02,8	06,3	10,8	07,4	12,0	06,3	20,3
Mrz	12.	18	44,2	43,8	48,2	48,8	47,1	39,7	42,4	45,8	43,4	46,9	43,0	53,1
	12.	19	05,4	–	–	–	–	–	–	–	–	–	–	–
	12.	19	10,0	14,1	16,6	23,2	20,9	17,1	28,7	–	–	–	–	–
	12.	19	20,1	27,8	27,9	–	–	–	–	–	–	–	–	–
	12.	20	11,2	11,1	14,7	15,4	14,1	08,4	10,8	13,6	12,0	14,8	12,3	19,2
	12.	21	46,5	46,0	49,1	49,1	48,0	43,5	45,1	47,1	45,8	47,7	45,9	50,9
	12.	22	02,8	02,8	05,2	05,6	04,7	01,0	02,7	04,4	03,6	05,3	04,0	07,7
	14.	18/19	56,5	55,0	00,7	00,3	58,3	49,3	51,6	55,2	51,0	55,8	50,4	03,8
	15.	20	18,6	17,8	23,8	24,2	22,0	12,7	15,7	19,8	16,8	21,0	16,1	29,0
	15.	20	38,9	39,6	44,3	46,3	44,2	36,7	40,5	44,6	43,0	47,1	44,1	53,2
Apr	11.	23	49,3	51,0	50,7	52,7	52,4	52,7	54,3	55,1	56,2	56,8	58,2	56,0
	12.	0	11,8	13,6	12,6	14,6	14,5	15,8	17,1	17,5	18,9	19,2	21,1	17,7
	12.	1	28,2	30,0	–	–	–	33,2	–	–	–	–	–	–
	12.	22	45,7	47,3	49,3	51,6	50,4	47,0	49,9	52,4	52,2	54,6	54,0	57,1
	13.	19/20	–	05,8	–	–	11,0	56,7	00,0	05,0	00,1	05,2	58,0	17,4
	13.	20	05,4	–	10,4	12,3	10,2	02,2	06,2	10,4	08,7	12,8	09,7	19,2
	13.	20	28,3	26,7	35,5	34,9	31,9	19,8	23,3	28,2	24,2	29,2	23,0	39,7
	13.	20	25,6	25,8	31,4	32,9	30,6	22,0	25,7	30,0	27,7	32,0	28,1	39,4
	22.	23	–	–	–	–	–	41,3	41,5	39,4	43,5	42,4	45,9	–
Mai	11.	22	08,3	08,7	15,5	16,6	13,9	05,1	08,8	13,0	10,8	14,8	11,3	22,3
	12.	20	15,6	17,6	20,2	23,2	21,6	17,6	21,2	24,3	24,4	27,4	27,2	30,8
	14.	0	05,0	06,1	10,4	12,3	10,5	03,9	07,5	11,1	09,7	13,1	10,7	17,8
Jul	11.	21/22	07,5	00,5	–	07,1	05,2	57,6	01,5	05,5	03,8	07,8	04,4	13,9
	13.	20/21	52,8	52,2	59,5	00,0	57,3	45,6	49,1	54,1	49,8	54,8	47,7	05,0
Aug	13.	21	26,8	25,5	30,1	29,4	27,9	20,4	21,7	24,4	21,0	23,8	18,4	30,7
	23.	22	17,1	–	15,0	13,3	14,0	–	–	–	–	–	–	09,5
	23.	22	39,6	37,8	35,3	32,3	33,9	–	–	31,5	–	–	–	24,0
Sep	8.	19	20,0	19,1	24,0	23,9	22,2	13,9	16,1	19,4	16,0	19,4	13,9	26,6
	9.	20	45,0	44,0	46,3	46,0	45,1	41,1	41,5	43,0	40,9	42,6	39,1	47,0
	20.	3	57,5	53,6	56,9	50,3	51,3	47,5	43,7	38,6	33,7	–	–	–
	20.	4	32,1	28,7	32,8	27,7	27,7	22,2	19,4	16,9	11,4	–	–	–
	20.	4	27,6	26,2	31,1	29,9	28,5	21,0	21,9	24,1	20,5	22,6	17,1	29,2
	23.	3	54,5	53,1	56,8	55,7	54,6	49,2	49,7	51,1	48,5	49,9	46,0	55,0
Okt	8.	21	05,1	05,6	10,4	12,2	10,0	02,2	05,5	09,7	07,3	11,7	07,2	19,5
	9.	21.	13,2	12,9	17,1	17,8	16,1	09,2	11,4	14,6	12,0	15,4	11,0	22,3
	11.	20	10,1	08,6	14,5	14,0	11,9	03,0	04,7	08,1	04,3	08,1	01,8	17,9
Nov	13.	21	18,1	15,8	18,0	15,4	15,2	12,3	11,2	10,9	08,8	08,6	05,8	10,7
	15.	19	47,0	45,1	43,6	40,6	41,9	44,8	41,9	39,2	39,2	36,4	37,1	33,1
	19.	1/2	09,6	07,1	10,7	07,9	07,2	02,1	00,8	01,0	57,2	57,2	51,4	02,7
Dez	1.	16/17	02,3	03,0	08,3	10,6	08,1	59,2	03,2	08,0	05,4	10,5	05,6	19,2
	1.	18	23,2	23,8	25,4	26,1	25,6	22,8	24,4	25,6	25,0	25,9	24,9	26,6
	6.	22	50,9	49,3	50,6	49,5	49,3	47,0	46,8	47,4	46,1	47,0	45,0	49,2
	13.	23	21,9	20,4	24,7	23,5	22,2	15,8	16,3	18,2	15,0	16,8	11,9	22,9
	16.	23	48,2	50,6	52,3	54,9	53,7	50,8	53,0	55,0	54,5	56,3	55,0	59,4

Unter jeder Stadt sind die Minuten und Zehntelminuten der Sternbedeckungszeit angegeben.

Sternzeit um 20^h MEZ = 21^h MESZ auf 10° östlicher Länge

Tag	Jan	Feb	Mrz	Apr	Mai	Jun	Jul	Aug	Sep	Okt	Nov	Dez
	h m	h m	h m	h m	h m	h m	h m	h m	h m	h m	h m	h m
1.	2 23	4 25	6 20	8 22	10 20	12 23	14 21	16 23	18 25	20 24	22 26	0 24
2.	2 27	4 29	6 24	8 26	10 24	12 26	14 25	16 27	18 29	20 27	22 30	0 28
3.	2 31	4 33	6 28	8 30	10 28	12 30	14 29	16 31	18 33	20 31	22 34	0 32
4.	2 35	4 37	6 32	8 34	10 32	12 34	14 33	16 35	18 37	20 35	22 38	0 36
5.	2 39	4 41	6 36	8 38	10 36	12 38	14 37	16 39	18 41	20 39	22 41	0 40
6.	2 43	4 45	6 40	8 42	10 40	12 42	14 41	16 43	18 45	20 43	22 45	0 44
7.	2 47	4 49	6 43	8 46	10 44	12 46	14 44	16 47	18 49	20 47	22 49	0 48
8.	2 51	4 53	6 47	8 50	10 48	12 50	14 48	16 51	18 53	20 51	22 53	0 52
9.	2 55	4 57	6 51	8 54	10 52	12 54	14 52	16 55	18 57	20 55	22 57	0 56
10.	2 59	5 01	6 55	8 57	10 56	12 58	14 56	16 58	19 01	20 59	23 01	0 59
11.	3 03	5 05	6 59	9 01	11 00	13 02	15 00	17 02	19 05	21 03	23 05	1 03
12.	3 07	5 09	7 03	9 05	11 04	13 06	15 04	17 06	19 09	21 07	23 09	1 07
13.	3 11	5 13	7 07	9 09	11 08	13 10	15 08	17 10	19 13	21 11	23 13	1 11
14.	3 14	5 17	7 11	9 13	11 12	13 14	15 12	17 14	19 16	21 15	23 17	1 15
15.	3 18	5 21	7 15	9 17	11 15	13 18	15 16	17 18	19 20	21 19	23 21	1 19
16.	3 22	5 25	7 19	9 21	11 19	13 22	15 20	17 22	19 24	21 23	23 25	1 23
17.	3 26	5 29	7 23	9 25	11 23	13 26	15 24	17 26	19 28	21 27	23 29	1 27
18.	3 30	5 32	7 27	9 29	11 27	13 30	15 28	17 30	19 32	21 31	23 33	1 31
19.	3 34	5 36	7 31	9 33	11 31	13 33	15 32	17 34	19 36	21 34	23 37	1 35
20.	3 38	5 40	7 35	9 37	11 35	13 37	15 36	17 38	19 40	21 38	23 41	1 39
21.	3 42	5 44	7 39	9 41	11 39	13 41	15 40	17 42	19 44	21 42	23 45	1 43
22.	3 46	5 48	7 43	9 45	11 43	13 45	15 44	17 46	19 48	21 46	23 49	1 47
23.	3 50	5 52	7 47	9 49	11 47	13 49	15 48	17 50	19 52	21 50	23 52	1 51
24.	3 54	5 56	7 50	9 53	11 51	13 53	15 51	17 54	19 56	21 54	23 56	1 55
25.	3 58	6 00	7 54	9 57	11 55	13 57	15 55	17 58	20 00	21 58	0 00	1 59
26.	4 02	6 04	7 58	10 01	11 59	14 01	15 59	18 02	20 04	22 02	0 04	2 03
27.	4 06	6 08	8 02	10 05	12 03	14 05	16 03	18 06	20 08	22 06	0 08	2 07
28.	4 10	6 12	8 06	10 08	12 07	14 09	16 07	18 09	20 12	22 10	0 12	2 10
29.	4 14	6 16	8 10	10 12	12 11	14 13	16 11	18 13	20 16	22 14	0 16	2 14
30.	4 18	–	8 14	10 16	12 15	14 17	16 15	18 17	20 20	22 18	0 20	2 18
31.	4 22	–	8 18	–	12 19	–	16 19	18 21	–	22 22	–	2 22

Korrektur für andere östliche geografische Längen

Länge	4°	5°	6°	7°	8°	9°	11°	12°	13°	14°	15°	16°
Korr.	-24^m	-20^m	-16^m	-12^m	-8^m	-4^m	$+4^m$	$+8^m$	$+12^m$	$+16^m$	$+20^m$	$+24^m$

Korrektur für andere Uhrzeiten derselben Nacht (Datumswechsel um Mitternacht)

MEZ	18^h	19^h	21^h	22^h	23^h	0^h	1^h	2^h	3^h	4^h	5^h	6^h
MESZ	19^h	20^h	22^h	23^h	0^h	1^h	2^h	3^h	4^h	5^h	6^h	7^h
Korr.	-2^h00^m	-1^h00^m	$+1^h00^m$	$+2^h00^m$	$+3^h00^m$	$+4^h01^m$	$+5^h01^m$	$+6^h01^m$	$+7^h01^m$	$+8^h01^m$	$+9^h01^m$	$+10^h02^m$

Erläuterungen siehe auch Seite 288 unter „Sternzeit".
Die obige Tabelle gibt für jeden Tag des Jahres die Sternzeit um 20^h MEZ (= 21^h Sommerzeit) am Meridian 10° östlicher Länge an. Für den Ortsmeridian des Beobachters ist eine Korrektur entsprechend der geografischen Längendifferenz zu 10° östlicher Länge anzubringen. Pro Längengrad beträgt diese Korrektur vier Minuten. Für Orte westlich des Meridians ist die Korrektur abzuziehen, für Orte östlich hingegen zu addieren. Auf der rechten Seite findet man in der Tabelle „Geografische Koordinaten größerer Städte" in der letzten Spalte die Zeitkorrektur vermerkt. Wer zu einer anderen Zeit als 20^h beobachtet, muss noch die Zeitkorrektur gemäß der obigen Tabelle anbringen. Beispiel: Wieviel Uhr Sternzeit ist es am 25. März um 23^h in München? Aus der Tabelle entnimmt man: Sternzeit am 25. März um 20^h = 7^h54^m. Dies gilt für 10° östlicher Länge. Die Zeitkorrektur für München beträgt laut Tabelle rechts sechs Minuten. Da München östlich vom 10°-Meridian liegt, sind diese sechs Minuten zu addieren, und man erhält 8^h00^m (Achtung: Das Vorzeichen in der Spalte Zeitkorrektur der rechten Tabelle gilt für die Korrektur der Kulminationszeiten! Für die Sternzeitberechnung kehren sich die Vorzeichen um!). Am 25. März ist es also um 20^h MEZ 8^h00^m Sternzeit. Für 23^h MEZ ist gemäß obiger Tabelle die Korrektur von 3^h00^m anzubringen; um 23^h MEZ ist es also am 25. März in München 11^h00^m Sternzeit.

Geografische Koordinaten größerer Städte mit Zeitkorrektur

Stadt	östl. Länge	nördl. Breite	Zeitkorrektur gegen 10° östl. Länge
Aachen	6°,1	50°,8	$+16^{m}$
Amsterdam	4,9	52,4	+20
Antwerpen	4,4	51,2	+22
Augsburg	10,9	48,4	− 4
Baden-Baden	8,2	48,8	+ 7
Basel	7,6	47,6	+ 9
Berlin	13,4	52,5	−14
Bern	7,4	46,9	+10
Bielefeld	8,5	52,0	+ 6
Bochum	7,2	51,5	+11
Bonn	7,1	50,7	+12
Bozen	11,3	46,5	− 5
Braunschweig	10,5	52,3	− 2
Bregenz	9,8	47,5	+ 1
Bremen	8,8	53,1	+ 5
Brünn	16,6	49,2	−26
Brüssel	4,3	50,8	+23
Chemnitz	12,9	50,8	−12
Coburg	11,0	50,3	− 4
Darmstadt	8,7	49,9	+ 5
Dortmund	7,5	51,5	+10
Dresden	13,7	51,1	−15
Düsseldorf	6,8	51,2	+13
Duisburg	6,8	51,4	+13
Eisenach	10,3	51,0	− 1
Emden	7,2	53,4	+11
Erfurt	11,0	51,0	− 4
Essen	7,0	51,5	+12
Frankfurt (Main)	8,7	50,1	+ 5
Frankfurt (Oder)	14,6	52,3	−18
Freiburg (Breisgau)	7,9	48,0	+ 9
Genf	6,2	46,2	+15
Görlitz	15,0	51,2	−20
Graz	15,5	47,1	−22
Halle	12,0	51,5	− 8
Hamburg	10,0	53,6	0
Hannover	9,7	52,4	+ 1
Heidelberg	8,7	49,4	+ 5
Heilbronn	9,2	49,1	+ 3
Innsbruck	11,4	47,3	− 6
Kaiserslautern	7,8	49,4	+ 9
Karlsruhe	8,4	49,0	+ 6
Kassel	9,5	51,3	+ 2
Kiel	10°,1	54°,3	-1^{m}
Klagenfurt	14,3	46,6	−17
Koblenz	7,6	50,4	+10
Köln	7,0	50,9	+12
Konstanz	9,2	47,7	+ 3
Krefeld	6,6	51,3	+14
Leipzig	12,4	51,3	−10
Linz (Donau)	14,3	48,3	−17
Ludwigshafen (Rh.)	8,4	49,5	+ 6
Lübeck	10,7	53,9	− 3
Lüttich	5,5	50,6	+18
Luxemburg	6,1	49,6	+15
Magdeburg	11,6	52,1	− 7
Mailand	9,2	45,5	+ 3
Mainz	8,3	50,0	+ 7
Mannheim	8,5	49,5	+ 6
Mönchengladbach	6,4	51,2	+14
München	11,6	48,1	− 6
Münster	7,6	52,0	+10
Nürnberg	11,1	49,5	− 4
Osnabrück	8,0	52,3	+ 8
Potsdam	13,1	52,4	−12
Prag	14,4	50,1	−18
Regensburg	12,1	49,0	− 8
Reutlingen	9,2	48,5	+ 3
Rostock	12,1	54,1	− 8
Rotterdam	4,5	51,9	+22
Saarbrücken	7,0	49,2	+12
Salzburg	13,1	47,8	−12
Schwerin	11,4	53,6	− 6
Stralsund	13,1	54,3	−12
Straßburg	7,7	48,6	+ 9
Stuttgart	9,2	48,8	+ 3
Trier	6,6	49,8	+13
Tübingen	9,1	48,5	+ 4
Ulm	10,0	48,4	0
Wien	16,4	48,2	−25
Wiesbaden	8,2	50,1	+ 7
Wilhelmshaven	8,1	53,5	+ 8
Worms	8,4	49,6	+ 7
Würzburg	9,9	49,8	0
Wuppertal	7,1	51,3	+11
Zürich	8,6	47,4	+ 6

Erläuterungen siehe auch Seite 287.
Die Tabelle enthält die geografischen Koordinaten einiger größerer Städte in Mitteleuropa. In der vierten Spalte ist der Zeitunterschied der Ortszeit zum Meridian 10° östlicher Länge in Minuten angegeben. Um diesen Betrag kulminieren die Gestirne in der jeweiligen Stadt früher (negativer Wert) oder später (positiver Wert). Beispiel: Für Stuttgart findet man $+3^{m}$, für München -6^{m}. In Stuttgart gehen die Gestirne jeweils drei Minuten später durch den Meridian als im Himmelsjahr angegeben, in München dagegen um sechs Minuten früher.
Die Auf- und Untergangszeiten sind außer von der geografischen Länge auch noch von der geografischen Breite abhängig. Um sie für einen bestimmten Ort zu korrigieren, benutze man das Nomogramm auf Seite 262.

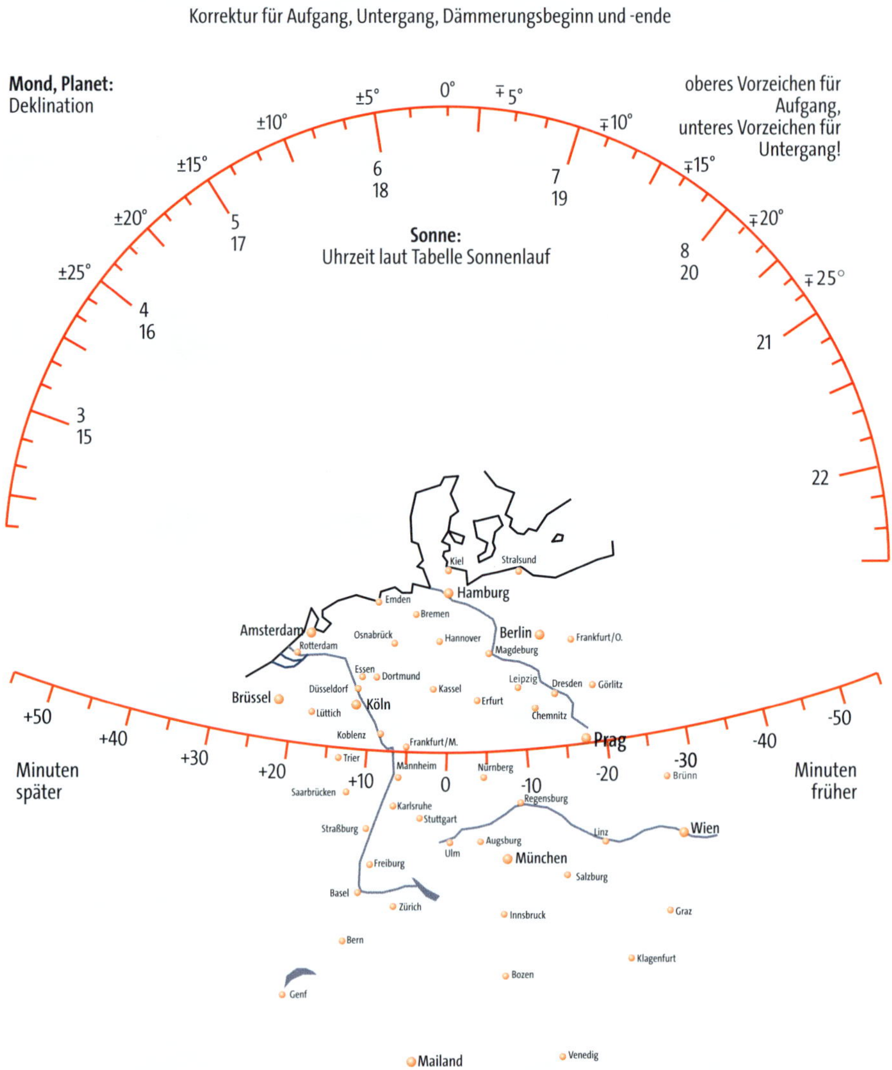

T.10 Nomogramm zur Bestimmung der Auf- und Untergangszeiten (Erläuterungen siehe Seite 287).

Korrektur für Auf- und Untergangszeiten

Sonne: Datum:			Jan. 21.	Febr. 8.	Febr. 23.	März 8.	März 20.	April 2.	April 16.	Mai 1.	Mai 20.	Juni 21.
		Dez. 22.	Nov. 22.	Nov. 3.	Okt. 19.	Okt. 6.	Sept. 23.	Sept. 10.	Aug. 27.	Aug. 12.	Juli 24.	
Mond, Planet:												
Deklination		–25°	–20°	–15°	–10°	– 5°	0°	+ 5°	+10°	+15°	+20°	+25°
Hamburg	Aufgang	+21^m	+15^m	+10^m	+ 6^m	+ 3^m	+ 1^m	– 4^m	– 7^m	–11^m	–16^m	–22^m
	Unterg.	–21	–15	–10	– 6	– 3	+ 1	+ 4	+ 7	+11	+16	+22
Hannover	Aufgang	+14	+11	+ 8	+ 5	+ 3	+ 1	– 1	– 4	– 6	– 9	–13
	Unterg.	–12	– 9	– 6	– 3	– 1	+ 1	+ 3	+ 6	+ 8	+11	+15
Berlin	Aufgang	+ 1	– 3	– 6	– 9	–12	–14	–16	–19	–21	–25	–29
	Unterg.	–28	–24	–21	–18	–16	–14	–11	– 9	– 6	– 3	+ 1
Dresden	Aufgang	– 9	–11	–12	–13	–14	–15	–16	–17	–18	–19	–21
	Unterg.	–20	–19	–18	–17	–16	–15	–14	–13	–12	–11	– 9
Leipzig	Aufgang	– 2	– 4	– 6	– 7	– 8	–10	–11	–12	–13	–15	–17
	Unterg.	–17	–15	–13	–12	–11	–10	– 8	– 7	– 6	– 4	– 2
Düsseldorf	Aufgang	+19	+18	+16	+15	+14	+13	+12	+11	+10	+ 8	+ 6
	Unterg.	+ 7	+ 8	+10	+11	+12	+13	+14	+15	+16	+18	+20
Frankfurt	Aufgang	+ 6	+ 6	+ 6	+ 5	+ 5	+ 5	+ 5	+ 5	+ 5	+ 5	+ 4
	Unterg.	+ 4	+ 5	+ 5	+ 5	+ 5	+ 5	+ 5	+ 5	+ 6	+ 6	+ 6
Nürnberg	Aufgang	– 6	– 6	– 5	– 5	– 4	– 4	– 3	– 3	– 2	– 2	– 1
	Unterg.	– 1	– 2	– 2	– 3	– 3	– 4	– 4	– 5	– 5	– 6	– 6
Stuttgart	Aufgang	– 3	– 1	0	+ 1	+ 2	+ 3	+ 4	+ 5	+ 6	+ 7	+ 9
	Unterg.	+ 9	+ 7	+ 6	+ 5	+ 4	+ 3	+ 2	+ 1	0	– 1	– 3
München	Aufgang	–15	–13	–11	– 9	– 8	– 6	– 5	– 3	– 1	+ 1	+ 3
	Unterg.	+ 3	0	– 2	– 3	– 5	– 6	– 8	– 9	–11	–13	–16
Zürich	Aufgang	– 7	– 3	0	+ 2	+ 4	+ 6	+ 8	+11	+13	+16	+20
	Unterg.	+19	+15	+12	+10	+ 8	+ 6	+ 4	+ 1	– 1	–4	– 8
Wien	Aufgang	–34	–32	–30	–28	–27	–25	–24	–22	–21	–19	–16
	Unterg.	–17	–19	–21	–22	–24	–25	–27	–28	–30	–32	–35
Halber Tagbogen												
53° nördl. Breite		3^{h}32^m	4^{h}09^m	4^{h}41^m	5^{h}10^m	5^{h}37^m	6^{h}04^m	6^{h}31^m	6^{h}58^m	7^{h}28^m	8^{h}00^m	8^{h}38^m
50° nördl. Breite		3 50	4 21	4 50	5 15	5 40	6 04	6 28	6 52	7 19	7 47	8 20
47° nördl. Breite		4 04	4 32	4 57	5 20	5 42	6 03	6 25	6 47	7 11	7 36	8 04

\+ positiv: Korrektur addieren, Auf- oder Untergang findet später statt
– negativ: Korrektur subtrahieren, Auf- oder Untergang findet früher statt

Beispiel: Auf- und Untergang der Sonne am 20. März in Stuttgart.
Laut Tabelle „Sonnenlauf“ auf Seite 64 lauten die Werte 6^{h}22^m und 18^{h}33^m für 50° Nord und 10° Ost.
Korrektur +3 und +3. Also geht die Sonne in Stuttgart um 6^{h}24^m auf und um 18^{h}36^m unter.
Für Daten und Deklinationen, die nicht in obiger Tabelle aufgeführt sind, nimmt man den nächstliegenden Wert, ohne einen großen Fehler zu begehen.

2009

Januar

Mo		5	12	19	26●
Di		6	13	20	27
Mi		7	14	21	28
Do	**1**	8	15	22	29
Fr	2	9	16	23	30
Sa	3	10	17	24	31
So	4☽	11○	18☾	25	

Februar

Mo		2	9○	16☾	23
Di		3☽	10	17	24
Mi		4	11	18	25●
Do		5	12	19	26
Fr		6	13	20	27
Sa		7	14	21	28
So	1	8	15	22	

März

Mo		2	9	16	23	30
Di		3	10	17	**24**	31
Mi		4☽	11○	18☾	25	
Do		5	12	19	26●	
Fr		6	13	20	27	
Sa		7	14	21	28	
So	1	8	15	22	29	

April

Mo		6	12	19	25●
Di		7	13	20	26
Mi	1	8	14	21	27
Do	2☽		15	22	28
Fr	3	9○	16	23	29
Sa	4	10	17☾	24	30
So	5	11	18		

Mai

Mo		4	11	18	25
Di		5	12	19	26
Mi		6	13	20	27
Do		7	14	21	28
Fr	1☽	8	15	**22**	29
Sa	2	9○	16	23	30
So	3	10	17☾	24●	31☽

Juni

Mo	1	8	15☾	22●	29☽
Di	2	9	16	23	30
Mi	3	10	17	24	
Do	4	11	18	25	
Fr	5	12	19	26	
Sa	6	13	20	27	
So	7○	14	21	28	

Juli

Mo		6	13	20	27
Di		7○	14	21	28☽
Mi	1	8	15☾	22●	29
Do	2	9	16	23	**30**
Fr	3	10	17	24	31
Sa	4	11	18	25	
So	5	12	19	26	

August

Mo		3	10	17	24	31
Di		4	11	18	25	
Mi		5	12	19	26	
Do		6○	13☾	20●	27☽	
Fr		7	14	21	28	
Sa	1	8	15	22	29	
So	2	9	16	23	30	

September

Mo		7	14	21	28
Di	1	8	15	22	29
Mi	2	9	16	23	30
Do	3	10	17	**24**	
Fr	4○	11	18●	25	
Sa	5	12☾	19	26☽	
So	6	13	20	27	

Oktober

Mo		4○	11☾	18●	25
Di		5	12	19	26☽
Mi		6	13	20	27
Do	1	7	14	21	28
Fr	2	8	15	22	29
Sa	**3**	9	16	23	30
So		10	17	24	31

November

Mo		2○	9☾	16●	23	30
Di		3	10	17	24☽	
Mi		4	11	18	25	
Do		5	12	19	26	
Fr		6	13	20	27	
Sa		7	14	21	28	
So	**1**	8	15	22	29	

Dezember

Mo		7	14	21	28
Di	1	8	15	22	29
Mi	2○	9☾	16●	23	30
Do	3	10	17	24☽	31○
Fr	4	11	18	**25**	
Sa	5	12	19	**26**	
So	6	13	20	27	

Feiertage:

Aschermittwoch:	25. Februar	Pfingstsonntag:	31. Mai	Totensonntag:	22. Nov.
Ostersonntag:	12. April	Fronleichnam:	11. Juni	1. Advent:	29. Nov.
Chr. Himmelfahrt:	21. Mai	Buß- und Bettag:	18. Nov.		

Das Jahr 2009 ist ein **Gemeinjahr** zu 365 Tagen.

Beginn der Jahreszeiten:

Frühling: 20. März 12^h43^m Herbst: 22. Sept. 22^h18^m Erde in Sonnennähe: 4. Jan. 16^h
Sommer: 21. Juni 6^h45^m Winter: 21. Dez. 18^h47^m Erde in Sonnenferne: 4. Juli 3^h

Finsternisse:

26. Januar: Ringförmige Sonnenfinsternis, 22. Juli: Totale Sonnenfinsternis, **31. Dezember:** Partielle Mondfinsternis

Planeten:

Innere Planeten

Merkur:	Größte östliche Elongation:	*4. Jan.*	(19°)	**26. April**	(20°)	18. Dez.	(20°)
	Größte westliche Elongation:	13. Feb.	(26°)	*13. Juli*	(23°)	**6. Okt.**	(18°)

Venus: Untere Konjunktion: 27. März
Größte östl. Elongation: 14. Jan. (47°)
Größte westl. Elongation: 5. Juni (46°)

Äußere Planeten	Opposition	(Mio. km)	im Sternbild	Konjunktion
Mars:	–	–	–	–
Jupiter:	14. August	603	Steinbock	24. Januar
Saturn:	8. März	1256	Löwe	17. September
Uranus:	17. September	2856	Fische	13. März
Neptun:	17. August	4341	Steinbock	13. Februar
Pluto:	23. Juni	4586	Schütze	24. Dezember

2010

Januar

Mo		4	11	18	25
Di		5	12	19	26
Mi		**6**	13	20	27
Do		7☾	14	21	28
Fr	**1**	8	15●	22	29
Sa	2	9	16	23☽	30☺
So	3	10	17	24	31

Februar

Mo	1	8	15	22☽
Di	2	9	16	23
Mi	3	10	17	24
Do	4	11	18	25
Fr	5	12	19	26
Sa	6☾	13	20	27
So	7	14●	21	28☺

März

Mo	1	8	15●	22	29
Di	2	9	16	23☽	30☺
Mi	3	10	17	24	31
Do	4	11	18	25	
Fr	5	12	19	26	
Sa	6	13	20	27	
So	7☾	14	21	28	

April

Mo		5	12	19	26
Di		6☾	13	20	27
Mi		7	14●	21☽	28☺
Do	1	8	15	22	29
Fr	2	9	16	23	30
Sa	3	10	17	24	
So	4	11	18	25	

Mai

Mo		3	10	17	24	31
Di		4	11	18	**25**	
Mi		5	12	19	26	
Do		6☾	13	20	27	
Fr		7	14●	21☽	28☺	
Sa	**1**	8	15	22	29	
So	2	9	16	23	30	

Juni

Mo		7	14	21	28
Di	1	8	**15**	22	29
Mi	2	9	16	23	30
Do	3	10	17	24	
Fr	4☾	11	18	25	
Sa	5	12●	19☽	26☺	
So	6	13	20	27	

Juli

Mo		5	12	19	26☺
Di		6	13	20	27
Mi		7	14	21	28
Do	1	8	15	22	29
Fr	2	9	16	23	30
Sa	3	10	17	24	31
So	4☾	11●	18☽	25	

August

Mo		2	9	16☽	23	30
Di		3☾	10●	17	24☺	31
Mi		4	11	18	25	
Do		5	12	19	26	
Fr		6	13	20	27	
Sa		7	14	21	28	
So	1	8	15	22	29	

September

Mo		6	13	20	27
Di		7	14	21	28
Mi	1☾	8●	15☽	22	29
Do	2	9	16	23☺	30
Fr	3	10	17	24	
Sa	4	11	18	25	
So	5	12	19	26	

Oktober

Mo		4	11	18	25
Di		5	12	19	26
Mi		6	13	20	27
Do		7●	14☽	21	28
Fr	1☾	8	15	22	29
Sa	2	9	16	23☺	30☾
So	**3**	10	17	24	31

November

Mo	**1**	8	15	22	29
Di	2	9	16	23	30
Mi	3	10	17	24	
Do	4	11	18	25	
Fr	5	12	19	26	
Sa	6●	13☽	20	27	
So	7	14	21☺	28☾	

Dezember

Mo		6	13☽	20	27
Di		7	14	21☺	28☾
Mi	1	8	15	22	29
Do	2	9	16	23	30
Fr	3	10	17	24	31
Sa	4	11	18	**25**	
So	5●	12	19	**26**	

Feiertage:

Aschermittwoch:	17. Februar	Pfingstsonntag:	23. Mai	Totensonntag:	21. Nov.
Ostersonntag:	4. April	Fronleichnam:	3. Juni	1. Advent:	28. Nov.
Chr. Himmelfahrt:	13. Mai	Buß- und Bettag	17. Nov.		

Das Jahr 2010 ist ein Gemeinjahr zu 365 Tagen.

Beginn der Jahreszeiten:

Frühling: 20. März 18^h32^m
Sommer: 21. Juni 12^h28^m
Herbst: 23. Sept. 4^h09^m
Winter: 22. Dez. 0^h38^m
Erde in Sonnennähe: 3. Jan. 1^h
Erde in Sonnenferne: 6. Juli 12^h

Finsternisse:

15. Januar: Ringförmige Sonnenfinsternis
11. Juli: Totale Sonnenfinsternis
26. Juni: Partielle Mondfinsternis
21. Dezember: Totale Mondfinsternis

Planeten:

Innere Planeten

Merkur:	Größte östliche Elongation:	**8. April** (19°)	7. Aug. (27°)	1. Dez. (21°)
	Größte westliche Elongation:	*27. Jan.* (25°)	26. Mai (25°)	**19. Sept.** (18°)
Venus:	Obere Konjunktion:	11. Jan.	Untere Konjunktion: 29. Okt.	
	Größte östliche Elongation:	20. Aug. (46°)		

Äußere Planeten	Opposition	(Mio. km)	im Sternbild	Konjunktion
Mars:	29. Januar	99,3	Krebs	–
Jupiter:	21. September	591	Fische	28. Februar
Saturn:	22. März	1272	Jungfrau	1. Oktober
Uranus:	21. September	2856	Fische	17. März
Neptun:	20. August	4339	Steinbock	14. Februar
Pluto:	25. Juni	4614	Schütze	27. Dezember

Astronomische Institute, Planetarien und Sternwarten

Aschersleben
Planetarium Aschersleben
Im Tierpark
Auf der Alten Burg 40
06449 Aschersleben
Tel.: (03473) 2592
www.sternfreunde-aschersleben.de
e-Mail: tierpark@aschersleben.de

Augsburg
Ṡ-Planetarium
Im Thäle 3
86152 Augsburg
Tel.: (08 21) 3 24 67 62

Bamberg
Dr.-Remeis-Sternwarte Bamberg
Astronomisches Institut der Universität Erlangen-Nürnberg
Sternwartstraße 7
96049 Bamberg
Tel.: (09 51) 9 52 22 0
Fax: (09 51) 9 52 22 22
e-Mail: postmaster@sternwarte.uni-erlangen.de

Basel
Astronomisches Institut der Universität Basel
Venusstraße 7
CH 4102 Binningen
Tel.: (0 61) 20 55 4 54
Fax: (0 61) 20 55 4 55
http://www.astro.unibas.ch/

Berlin
Zentrum für Astronomie und Astrophysik
Technische Universität Berlin
Hardenbergstraße 36
10623 Berlin
Tel.: (0 30) 31 42 37 34
http://www-astro.physik.TU-Berlin.de
e-Mail: kontakt@astro.physik.TU-Berlin.de

Archenhold-Sternwarte
Alt-Treptow 1
12435 Berlin-Treptow
Tel.: (0 30) 5 34 80 80
e-Mail: info@astw.de
www.astw.de

Wilhelm-Foerster-Sternwarte und Planetarium
Munsterdamm 90
12169 Berlin
Tel.: (0 30) 7 90 09 30
www.wfs-be-schule.de
e-Mail: buero@wfs.be.schule.de

Zeiss-Großplanetarium Berlin
Prenzlauer Allee 80
10405 Berlin
Tel.: (0 30) 4 21 84 50
e-Mail: zgp@astw.de
www.astw.de

Bern
Astrodrom
Universität Bern
Muesmattstr. 29
CH 3012 Bern
Tel.: (00 41) 3 16 31 86 52
Fax: (00 41) 3 16 31 42 10
e-Mail: schweng@sis.unibe.ch

Bochum
Astronomisches Institut der Ruhr-Universität
Universitätsstr. 150/NA7
44780 Bochum
Tel.: (02 34) 32 2 34 54
Fax: (02 34) 32 1 41 69
e-Mail: chini@astro.ruhr-uni-bochum.de
http://www.astro.ruhr-uni-bochum.de/

Planetarium und Sternwarte
Castroper Straße 67
44777 Bochum
Tel.: (02 34) 5 16 06 0
Fax: (02 34) 5 16 06 51
e-Mail: planetarium@bochum.de

Bonn
Astronomische Institute der Universität Bonn
Sternwarte mit Observatorium Hoher List
Institut für Astrophysik und Extraterrestrische Forschung

Auf dem Hügel 71
53121 Bonn
Tel. Sternwarte:
(02 28) 73 36 55, 56
Tel. Radioastronomie:
(02 28) 73 36 57, 58
Tel. Astrophysik:
(02 28) 73 36 71, 76
Gemeinsames Fax:
(02 28) 73 36 72
e-Mail: user@astro.uni-bonn.de

Radioobservatorium Effelsberg
53902 Bad Münstereifel
Tel.: (0 22 57) 30 11 01
Fax: (0 22 57) 30 11 05

Observatorium Hoher List
54550 Daun/Eifel
Tel.: (0 65 92) 21 50
Fax: (0 65 92) 98 51 40

Max-Planck-Institut für Radioastronomie
Auf dem Hügel 69
53121 Bonn
Tel.: (02 28) 52 51
Fax: (02 28) 52 52 29
e-Mail: username@mpifr-bonn.mpg.de
http://www.mpifr-bonn.mpg.de/

Bremen
Sternwarte der Olbers-Gesellschaft
Olbers-Planetarium der Hochschule Bremen, FB Nautik
Werderstr. 73
28199 Bremen
Tel.: (04 21) 70 68 82
e-Mail: Dieter.Vornholz@t-online.de

Cottbus
Raumflugplanetarium Juri Gagarin
Lindenplatz 21
03044 Cottbus
Tel.: (03 55) 71 31 09
Fax: (03 55) 7 29 58 22
e-Mail: info@planetarium-cottbus.de

Dresden
Technische Universität Dresden
Lohrmann-Observatorium und Professur für Astronomie im Institut für Planetare Geodäsie

Mommsenstraße 13
01069 Dresden
Tel.: (03 51) 4 63 3 40 97
Fax: (03 51) 4 63 3 70 19
e-Mail: lohrmobs@
rcs.urz.tu-dresden.de
http://astro.geo.tu-dresden.de

Frankfurt
Institut für Theoretische Physik
(Astrophysik)
Robert-Mayer-Straße 10
60054 Frankfurt/Main
Tel.: (0 69) 7 98 28 238
Fax: (0 69) 7 98 28 283
e-Mail: stoecker@astro.uni-
frankfurt.de
http://www.astro.uni-
frankfurt.de

Freiburg im Breisgau
Kiepenheuer-Institut für
Sonnenphysik
Schöneckstraße 6
79104 Freiburg
Tel.: (07 61) 31 98 0
Fax: (07 61) 3 19 81 11
e-Mail: secr@kis.uni-freiburg.de
http://www.kis.uni-freiburg.de

Planetarium Freiburg
Bismarckallee 7g
79098 Freiburg
Tel.: (07 61) 3 89 06 30
Fax: (07 61) 3 89 06 590
e-Mail: zschetzsche@
planetarium-freiburg.de

Göttingen
Universitäts-Sternwarte
Geismarlandstraße 11
37083 Göttingen
Tel.: (05 51) 39 50 42/39 50 53
Fax: (05 51) 39 50 43
e-Mail: sekr@astro.physik.
uni-goettingen.de
http://www.astro.physik.
uni-goettingen.de

Außenstelle am Observatorio
del Teide/Teneriffa
Tel.: (00 34) 9 22 32 91 41/42/43
Fax: (00 34) 9 22 32 91 40

Graz
Sektion Astrophysik des Instituts
für Geophysik, Astrophysik und
Meteorologie der Universität Graz
Universitätsplatz 5
A 8010 Graz
Tel.: ++316 380 52 70
Fax: ++316 380 9825
e-Mail: arnold.hanslmeier@
uni-graz.at
http://www.kfunigraz.ac.at/igam

Observatorium Lustbühel Graz
Lustbühelstraße 46
A 8042 Graz
Tel.: ++316 46 73 67
Fax: ++316 46 73 65

Sonnenobservatorium
Kanzelhöhe
A 9521 Treffen/Kärnten
Tel.: ++4248 27 17 0
Fax: ++4248 27 17 15

Halle
Raumflugplanetarium
Peißnitzinsel 4 a
06108 Halle
Tel.: (03 45) 8 06 03 17

Hamburg
Hamburger Sternwarte
Gojenbergsweg 112
21029 Hamburg
Tel.: (0 40) 4 28 86 52 52
e-Mail: jschmitt@
hs.uni-hamburg.de

Planetarium
Hindenburgstraße 1b
22303 Hamburg
Tel.: (0 40) 428 86 52 10

Hannover
Astronomische Station am
Institut für Erdmessung der
Universität
Schneiderberg 50
30167 Hannover
Tel.: (05 11) 7 62 24 75

Heidelberg
Astronomisches Recheninstitut
Mönchhofstraße 12–14
69120 Heidelberg
Tel.: (0 62 21) 40 50
Fax: (0 62 21) 40 52 97
http://www.ari.uni-heidelberg.de

Institut für Theoretische
Astrophysik
Albert-Überle-Str. 2
69120 Heidelberg
Tel.: (0 62 21) 54 48 37
Fax: (0 62 21) 54 42 21
e-Mail: ita@ita.uni-heidelberg.de
http://www.ita.
uni-heidelberg.de/

Max-Planck-Institut für
Astronomie
Königstuhl 17
69117 Heidelberg
Tel.: (0 62 21) 52 80
Fax: (0 62 21) 52 82 46
e-Mail: sekretariat@mpia.de
http://www.mpia.de

Außenstelle Deutsch-Spanisches
Astronomisches Zentrum
Calar Alto/Almeria
Apartados Correos 511
Almeria/Spanien
Tel.: ++34/9 50 23 09 88,
++34/9 50 63 25 00
Fax: ++34/9 50 63 25 04
e-Mail: >name<@caha.es

Landessternwarte Königstuhl 12
69117 Heidelberg
Tel.: (0 62 21) 50 90
Fax: (0 62 21) 5 09 2 02
e-Mail: Postmaster@
lsw.uni-heidelberg.de
http://www.lsw.
uni-heidelberg.de

Innsbruck
Institut für Astronomie der
Universität Innsbruck
Technikerstraße 25
A 6020 Innsbruck
Tel.: (05 12) 5 07 60 31
Fax: (05 12) 5 07 29 23
e-Mail: Astro@uibk.ac.at

Astronomische Institute, Planetarien und Sternwarten

Jena
Universitäts-Sternwarte
Schillergäßchen 2
07745 Jena
Tel.: (0 36 41) 94 75 01
Fax: (0 36 41) 94 75 02
e-Mail: moni@astro.uni.jena.de
http://www.astro.uni-jena.de

Planetarium
Am Planetarium 5
07743 Jena
Tel.: (0 36 41) 88 54 88
Fax: (0 36 41) 88 54 20

Kassel
Planetarium im Museum für Astronomie und Technikgeschichte
Orangerie
An der Karlsaue 20 c
34121 Kassel

Kiel
Institut für Theoretische Physik und Astrophysik
Leibnizstr. 15
24118 Kiel
Tel.: (04 31) 8 80 41 10
Fax: (04 31) 8 80 41 00
e-Mail: postmaster@astrophysik.uni-kiel.de
http://www.astrophysik.uni-kiel.de

Kieler Planetarium e. V.
Fachhochschule Kiel
Sokratesplatz 6
24149 Kiel
Tel.: (04 31) 2 10 17 41
Fax: (04 31) 2 10 17 51
e-Mail: service@Kieler-planetarium.de

Klagenfurt
Raumflugplanetarium
Villacher Straße 239
A 9020 Klagenfurt
Sternwarte Kreuzbergl
Tel.: (04 63) 2 17 00

Köln
Physikalisches Institut der Universität zu Köln
Zülpicher Straße 77
50937 Köln
Tel.: (02 21) 4 70 35 67
Fax: (02 21) 4 70 51 62
e-Mail: ...@ph1.uni-koeln.de
http://www.phi.uni-koeln.de

Laupheim
Volkssternwarte und Planetarium
Parkweg 44
88471 Laupheim
Tel.: (0 73 92) 9 10 59
Fax: (0 73 92) 9 10 58
e-Mail: contact@planetarium-laupheim.de
http://www.planetarium-laupheim.de

Locarno
Istituto Ricerche Solari Locarno (IRSOL)
via Patocchi
CH 6605 Locarno-Monti
Tel.: 00 41 9 17 43 42 26
Fax: 00 41 9 17 30 13 20
e-Mail: mbianda@irsol.ch
http://www.irsol.ch

Luzern
Planetarium im Verkehrshaus der Schweiz
Lidostraße 5
CH 6006 Luzern
Tel. (0 41) 3 70 44 44

Mannheim
Planetarium
W.-Varnholt-Allee 1
68165 Mannheim
Tel.: (06 21) 41 56 92
Fax: (06 21) 41 24 11

München
Europäische Südsternwarte (ESO)
Karl-Schwarzschild-Straße 2
85748 Garching
Tel.: (0 89) 32 00 62 76
Fax: (0 89) 3 20 23 62

Institut für Astronomie und Astrophysik der Universität München
Universitäts-Sternwarte
Scheinerstraße 1
81679 München
Tel.: (0 89) 21 80 60 01
Fax: (0 89) 21 80 60 03
e-Mail: adis@usm.uni-muenchen.de
http://www.usm.uni-muenchen.de

Max-Planck-Institut für Astrophysik
Karl-Schwarzschild-Str. 1
85741 Garching
Tel.: (0 89) 3 00 00 0
Fax: (0 89) 3 00 00 22 35
e-Mail: userid@mpa-garching.mpg.de

Max-Planck-Institut für extraterrestrische Physik
Giessenbachstraße 1
85748 Garching
Tel.: +49 89 3 00 00 0
Fax: +49 89 3 00 00 35 69
e-Mail: hrs@mpe.mpg.de
http://www.mpe.mpg.de

Planetarium und Bayerische Volkssternwarte
Rosenheimer Str. 145h
81671 München
Tel.: (0 89) 40 62 39
Fax: (0 89) 49 49 87
e-Mail: volkssternwarte@lrz.tum.de

Münster
Planetarium im Naturkundemuseum
Sentruper Straße 285
48161 Münster
Tel.: (02 51) 5 91 05
Fax: (02 51) 5 91 60 98
e-Mail: planetarium@lwl.org
www.planetarium-muenster.de

Nürnberg
Nicolaus-Copernicus-Planetarium
Am Plärrer 41
90429 Nürnberg
Tel.: (09 11) 9 29 65 53
e-Mail: planetarium@osn.de
www.planetarium-nuernberg.de

Osnabrück
Museum am Schölerberg/
Planetarium
Am Schölerberg 8
49082 Osnabrück
Tel.: (05 41) 56 00 30

Potsdam
Astrophysikalisches Institut
Potsdam
Sternwarte Babelsberg
An der Sternwarte 16
14482 Potsdam
Tel.: (03 31) 7 49 90
Fax: (03 31) 7 49 92 67
e-Mail: director@aip.de
http://www.aip.de

Astrophysikalisches
Observatorium Potsdam
mit Sonnenobservatorium
Einsteinturm
Telegrafenberg
14473 Potsdam
Tel.: (03 31) 2 88 23 31
Fax: (03 31) 2 88 23 10

Observatorium für Solare Radio-
astronomie Tremsdorf
14552 Tremsdorf
Tel.: (03 31) 7 49 92 92
Fax: (03 31) 7 49 93 52

URANIA-Planetarium
und „Bruno H. Bürgel-Gedenk-
stätte"
Gutenbergstr. 71/72
14467 Potsdam
Tel.: (03 31) 2 70 27 21/24
Fax: (03 31) 29 24 47
e-Mail: Planetarium.Potsdam@
t-online.de
www.urania-potsdam.de

Recklinghausen
Westf. Volkssternwarte/
Planetarium
Stadtgarten 6
45657 Recklinghausen
Tel.: (0 23 61) 2 31 34
e-Mail: info@sternwarte-
recklinghausen.de
www.sternwarte-reckling
hausen.de

Schneeberg
Sternwarte und Planetarium
Heinrich-Heine-Straße
08289 Schneeberg
Tel.: (0 37 72) 2 24 39

Schwaz
Zeiss-Planetarium Schwaz
Alte Landstr. 15
A 6130 Schwaz/Tirol
Tel.: +43 ((0) 52 42) 7 21 29
Fax: +43 ((0) 52 42) 7 21 29 4
e-Mail: info@planetarium-
schwaz.at

Siegen
Sternwarte der Universität
Adolf-Reichwein-Straße
57068 Siegen
Tel.: (02 71) 7 40 46 13
Fax: (02 71) 7 40 23 30

Sonneberg
Sternwarte Sonneberg
Sternwartestraße 32
96515 Sonneberg
Tel.: (0 36 75) 8 12 10
Fax: (0 36 75) 8 12 19
e-Mail: office@stw.tu-ilmenau.de
http://www.stw.tu-ilmenau.de

Stuttgart
Carl-Zeiss-Planetarium mit
Sternwarte Welzheim
Mittlerer Schlossgarten
70173 Stuttgart
Tel.: (07 11) 1 62 92 15
Fax: (07 11) 216 39 12
e-Mail: info@planetarium-
stuttgart.de
www.planetarium-stuttgart.de
www.sternwarte-welzheim.de

Sternwarte Welzheim
Tel.: (0 71 82) 42 84
http://www.sternwarte-
welzheim.de

Tautenburg
Thüringer Landessternwarte
Tautenburg
Karl-Schwarzschild-
Observatorium
Sternwarte 5
07778 Tautenburg
Tel.: (03 64 27) 86 30
Fax: (03 64 27) 8 63 29
e-Mail: [username]@tls-
tautenburg.de
http://www.tls-tautenburg.de

Tübingen
Institut für Astronomie und
Astrophysik
Abteilung Astronomie
Sand 1
72076 Tübingen
Tel.: (0 70 71) 29 7 24 86
Fax: (0 70 71) 29 34 58
www.astro.uni-tuebingen.de

Abt. Theoretische Astrophysik
Auf der Morgenstelle 10
72076 Tübingen
Tel.: (0 70 71) 29 7 40 07
Fax: (0 70 71) 29 50 94
www.tat.physik.uni-tuebingen.de

Welzheim
Siehe Planetarium **Stuttgart**

Wernigerode
Harzplanetarium
Sekundarschule „Maxim Gorki"
Walther-Rathenau-Straße 11
38855 Wernigerode
Tel.: (0 39 43) 3 22 77

Wien
Astronomisches Büro
Hasenwartgasse 32
A 1230 Wien
Tel./Fax: 00 43 1 889 35 41
e-Mail: astbuero@astrono
misches-buero-wien.or.at
http://members.ping.at/
astbuero

Astronomische Institute, Planetarien und Sternwarten

Sterngarten Georgenberg
Freiluftplanetarium

Institut für Astronomie der Universität Wien, Universitäts-Sternwarte
Türkenschanzstraße 17
A 1180 Wien
Tel.: (0 04 31) 4 27 75 18 01
Fax: (0 04 31) 42 77 95 18
e-Mail: user@astro.univie.ac.at
http://www.astro.univie.ac.at

Kuffner-Sternwarte
Johann-Staud-Straße 10
A 1160 Wien
Tel.: (02 22) 9 14 81 30
Fax: (02 22) 9 14 81 30 31
e-Mail: admin@kuffner.ac.at

URANIA-Sternwarte
Uraniastraße 1
A 1010 Wien
Tel.: (02 22) 7 12 61 91

Planetarium
Oswald-Thomas-Platz 1
A 1020 Wien
Tel.: +43 (0) 1 7 29 54 94
Fax: +43 (0) 1 7 29 54 94 77
admin@planetarium-wien.at
www.planetarium-wien.at

Wolfsburg
Planetarium
Uhlandweg 2
38440 Wolfsburg
Tel.: (0 53 61) 2 19 39

Würzburg
Lehrstuhl für Astronomie
Institut für Theoretische Physik und Astrophysik
Am Hubland
97074 Würzburg
Tel.: (09 31) 8 88 50 31
Fax: (09 31) 8 88 46 03
e-Mail: mannheim@astro.uni-wuerzburg.de

Zürich
Institut für Astronomie
ETH-Zentrum
CH 8092 Zürich
Tel.: +41 44 6 32 38 13
Fax: +41 1 6 32 12 05
e-Mail: username@astro.phys.ethz.ch
http://www.astro.phys.ethz.ch

URANIA-Sternwarte
Uraniastraße 9
CH 8000 Zürich
Tel.: (01) 211 65 23
e-Mail: urania@astronomie.ch
http://urania.astronomie.ch

Das Verzeichnis erhebt keinen Anspruch auf Vollständigkeit. Weitere Institute, Planetarien und Sternwarten nimmt der Herausgeber gerne auf. Entsprechende Hinweise sende man bitte an:

PLANETARIUM STUTTGART
Mittlerer Schlossgarten
70173 Stuttgart

Amateurastronomische Vereinigungen, Beobachtungsstationen und Privatsternwarten

Aachen
Sternwarte am Hangeweiher
VHS Aachen
Peterstr. 21–25
52062 Aachen
www.sternwarte-aachen.de
e-Mail: juergen.balk@mail.aachen.de

Aalen
Astronomische Arbeitsgemeinschaft Aalen e. V.
Mohlstr. 23
73431 Aalen
e-Mail: ulrich.goerze@cyberfun.de

Albstadt
Sternwarte und Planetarium
Hartmannstraße 140
72458 Albstadt-Ebingen

Alzey
Interessengemeinschaft der Hobbyastronomen Alzey u. Umland e.V.
Oppenheimer Weg 25
55291 Saulheim
e-Mail: emilpallos@aol.com

Amberg
Volkssternwarte Amberg
Kirchensteig 19 b
92224 Amberg

Arnstadt-Espenfeld
Privatsternwarte Arnstadt-Espenfeld
Espenfeld Nr. 39 a
99338 Arnstadt-Espenfeld

Augsburg
siehe **Diedorf**

Bad Driburg
Sternwarte der F.-W.-Weber-Realschule
Elsterweg 13
33014 Bad Driburg
e-Mail: sternwarte-bad-driburg@gmx.de

Bad Dürkheim
Astronomischer Arbeitskreis
Pfalzmuseum für Naturkunde
Hermann-Schäfer-Str. 17
67098 Bad Dürkheim

Bad Homburg
Astronomische Gesellschaft
Orion e. V.
Valkenierstr. 10
61350 Bad Homburg
www.agorion.de
e-Mail: Oliver.Debus@agorion.de

Bad Mergentheim
Astronomische Vereinigung
Weikersheim e. V.
Bregenzer Str. 9
97980 Bad Mergentheim

Bad Salzuflen
Walter-Baade-Sternwarte
Wasserfuhr 25e
32108 Bad Salzuflen
e-Mail: info@sternfreunde-bs.de
www.lohfeld.de
www.sternfreunde-bs.de

Bad Salzschlirf
Sternwarte – Freundeskreis der Himmelskunde
Dr.-Martiny-Straße 1
36364 Bad Salzschlirf

Bad Sauerbrunn
Burgenländische Amateurastronomen
Postgasse 2
A 7202 Bad Sauerbrunn

Bad Zwesten
Sternwarte der Hardtwaldklinik I
Hardtstr. 31
34596 Bad Zwesten

Baindt
s. **Waldburg-Weingarten**

Basel
Astronomischer Verein
Venusstraße 7
CH 4102 Binningen

Bautzen
Sternwarte Bautzen
Schulsternwarte und Planetarium
Czornebohstraße 82 (Naturpark)
02625 Bautzen

Beelitz
Sternfreunde Beelitz e. V.
Jahnstr. 9
14547 Beelitz
e-Mail: info@sternwarte-beelitz.de
www.sternwarte-beelitz.de

Bentheim
Astronomischer Verein der Grafschaft Bentheim e. V.
Jahnstr. 3,
49828 Neuenhaus

Bielefeld
Schulsternwarte
Brackweder Gymnasium
Beckumer Straße 10
33647 Bielefeld
http://free.pages.at/stbi/index.htm
e-Mail: astro@bwg.bi.nw.schule.de

Arbeitsgemeinschaft
Astronomie, Physik, Umwelt
Naturwissenschaftlicher Verein
Kreuzstraße 38
33602 Bielefeld

Volkssternwarte Ubbedissen
Wietkamp 5
33699 Bielefeld

Bochum
Institut für Umwelt- und Zukunftsforschung e. V.
vorm. Sternwarte Bochum
Blankensteiner Str. 200 a
44797 Bochum
Tel.: (0234) 47711
Fax: (0234) 5798958
e-Mail: office@iuz-bochum.de
office@sternwarte-bochum.de
www.sternwarte-bochum.de

Bonn
Volkssternwarte Bonn e. V.
Poppelsdorfer Allee 47
53115 Bonn

Bozen
Amateurastronomen „Max Valier"
Verein zur Förderung der Astronomie in Südtirol
Neustifterweg 5
I 39100 Bozen
www.maxvalier.org
e-Mail: info@maxvalier.org

Braunschweig
Sternfreunde Braunschweig-Hondelage e. V.
Ackerweg 1 B
38108 Braunschweig
www.sternwarte-braunschweig.de
e-Mail: Hans-W.Zimmermann@t.online

Buchloe
Astronomische Gesellschaft Buchloe e. V.
Alois-Reiner-Str. 15b
86807 Buchloe
www.astronomie-buchloe.de

Bülach
Schul- und Volkssternwarte Bülach
Rotzibüch bei Eschenmosen
CH 8180 Bülach

Buxtehude
Astronomie-AG der VHS Buxtehude
Braunschweiger Str. 4
21614 Buxtehude
www.buxastro.de
e-Mail: uffrecht.u@t-online.de

Casablanca
Sahara Sky
Dunes de Tinfou
45900 Zagora Marokko
Tel.: (00 21 2) 44 84 85 62
www. saharasky.com
e-Mail: hotelsahara@menara.ma

Amateurastronomische Vereinigungen, Beobachtungsstationen und Privatsternwarten

Diedorf
Astronomische Vereinigung Augsburg e. V.
Sternwarte und Planetarium Diedorf
Pestalozzistr. 17a
86420 Diedorf/Augsburg
Tel.: (0 82 38) 73 44
Fax: (0 12 12) 5 13 01 04 17
www.sternwarte-diedorf.de
e-Mail: info@sternwarte-diedorf.de

Donzdorf
Sternfreunde Donzdorf
Messelberg-Sternwarte beim Schulzentrum
73072 Donzdorf
www.sternwarte-donzdorf.de
e-Mail: info@sternwarte-donzdorf.de

Dornbirn
Vorarlberger Amateur-Astronomen
Kreuzgasse 8
A 6850 Dornbirn
e-Mail: gebhard.koeb@cable.vol.at

Dortmund
Sternwarte im Westfalenpark
Astronomischer Verein Dortmund e. V.
Hörder Bahnhofstr. 9
44263 Dortmund

Drebach
Volkssternwarte und Zeiss-Planetarium
Straße der Jugend 14
09430 Drebach
www.sternwarte-drebach.de
www.planetarium-drebach.de
e-Mail: kontakt@sternwarte-drebach.de

Duisburg
Rudolf-Römer-Sternwarte Rheinhausen e. V.
Schwarzenberger Str. 147 (im KFR)
47226 Duisburg

Durmersheim
Sternfreunde Durmersheim und Umgebung e. V.
Im Eck 1/19
76448 Durmersheim

Egloffstein
Sternwarte Feuerstein e. V.
Sternwarte 1
91320 Ebermannstadt
Tel.: +49 (0) 174 2 43 60 32
hllp://www.sfeu.ebermannstadt.de
e-Mail: info@sfeu.ebermannstadt.de

Eisenstadt
Burgenländische Landessternwarte
Dr.-Karl-Renner-Straße 1
A 7000 Eisenstadt
www.alrukaba.at
www.astronomie.at/burgenland

Erkrath
Sternwarte Neanderhöhe Hochdahl und Planetarium
Sedentaler Str. 105
40699 Erkrath

Ersigen
Privatsternwarte Lohberg
Gsteigweg 7
CH 3423 Ersigen
e-Mal: fluekiger@fluekiger.ch
www.ursusmajor.ch

Eschwege
Vereinigte Amateur-Astronomen Eschwege VAAE 1975 e. V.
Hauptstraße 36
36205 Sontra-Ulfen
http://home.arcor.de/vaae/wellcome.html

Essen
Walter-Hohmann-Sternwarte Essen e. V.
Wallneyer Str. 159
45133 Essen
www.sternwarte-essen.de

Frankfurt/Main
Volkssternwarte des Phys. Vereins
Robert-Mayer-Straße 2–4
60054 Frankfurt am Main
www.physikalischer-verein.de
e-Mail: info@physikalischer-verein-de

Freiburg
Sternfreunde Freiburg e. V.
Rosenstr. 1a
79108 Freiburg
http://www.sternfreunde-breisgau.de
e-Mail: clearskies@sternfreunde-breisgau.de

Fürstenfeldbruck
Astrogilde Fürstenfeldbruck und Gilching
Landsbergerstr. 17
82205 Gilching
Tel.: (0 81 05) 77 95 0
www.astrogilde.de
E-Mail: info@astrogilde.de

Fulda
Hans-Nüchter-Sternwarte
Freiherr-von-Stein-Schule
Domänenweg 2
36037 Fulda
Tel. (06 61) 9 69 40 0
www.hans-nuechter-sternwarte.de
e-Mail: hns@hans-nuechter-sternwarte.de

Planetarium im Vonderau Museum
Jesuitenplatz 2
36037 Fulda
Tel.: (06 61) 9 28 35 0
Fax: (06 61) 9 28 35 13
www.museum-fulda.de
e-Mail: planetarium@museum-fulda.de

Fuldatal
Volkssternwarte Rothwesten
Brüder-Grimm-Str. 24
34233 Fuldatal

Germering
Sternwarte des
Max-Born-Gymnasiums
Johann-Sebastian-Bach-Str. 8
82110 Germering

Gilching
Volkssternwarte Gilching
in der VHS Gilching
Landsberger Str. 17a
Tel.: (08 10 5) 77 95 0
82205 Gilching
e-Mail: info@astrogilde.de

Glücksburg
Menke Planetarium und
Sternwarte der FH Flensburg
Fördestr. 35,
24960 Glücksburg

Gmunden
Eisner-Sternwarte
Kalvarienberg
A 4810 Gmunden
e-Mail: karl.silber@aon.at

Görlitz
Scultetus-Sternwarte
Sternwarte und Planetarium
An der Sternwarte 1
02827 Görlitz
Tel./Fax: (0 35 81) 7 82 22
e-Mail: sternwarte@goerlitz.de

Gondelsheim
Kraichgau-Sternwarte
Gondelsheim e. V.
Lilienstraße 25
76669 Bad Schönborn
www.mhm-ka.de/
gondelsheim.html
www.gondelsheim.de/v117.htm

Göttingen
Amateurastronomische
Vereinigung Göttingen e. V.
Schlesierring 8
37085 Göttingen
http://www.avgoe.de
e-Mail: Blechte@t-online.de

Förderkreis Planetarium
Göttingen e. V.
Nordhäuser Weg 18
37085 Göttingen
e-Mail: vorstand@
planetarium-goettingen.de

Gröbenzell
Astronomische Vereinigung
West-München (AVWM)
Grasslfinger Straße 43
82194 Gröbenzell

Gudensberg
Förderverein Schulsternwarte
Gudensberg e. V.
Mönchweg 8
34225 Baunatal

Hagen
Volkssternwarte
Eugen-Richter-Turm
58135 Hagen
www.sternwarte-hagen.de
e-Mail: info@sternwarte-
hagen.de

Halberstadt
Verein für astronom. Bildung
im LK Halberstadt e. V.
Wilhelm-Trautewein-Str. 19
38820 Halberstadt
e-Mail: kdhuch@gmx.de

Hamburg
Gesellschaft für volkstümliche
Astronomie e. V.
Eiffestraße 426
20537 Hamburg
www.gva-hamburg.de
e-Mail: info@gva-hamburg.de

Hannover
Planetarium der Bismarckschule
An der Bismarckschule 5
30173 Hannover
www.planetarium-
bismarckschule.de

Volkssternwarte
Am Lindener Berg 27
30449 Hannover
www.sternwarte-hannover.de
e-Mail: info@sternwarte-
hannover.de

Hardheim
Astronomie-Arbeitskreis
Walter-Hohmann-Sternwarte
Alte Würzburger Straße 5
74736 Hardheim

Hattingen
Volkssternwarte Hattingen e. V.
Schonnefeldstr. 23
45326 Essen

Helmstedt
Astro AG der VHS Helmstedt
Hoiersdorfer Str. 5
38388 Twieflingen
e-Mail: astridgallus@gmx.de

Heilbronn
Robert-Mayer-
Volks- und Schulsternwarte
Bismarckstraße 10
74072 Heilbronn
www.sternwarte.org
e-Mail: info@sternwarte.org

Heppenheim
Starkenburg-Sternwarte
Kl. Bach 3
64646 Heppenheim

Herford
Sternwarte des Friedrichs-
Gymnasiums Herford
Werrestr. 9
32049 Herford
Tel.: (05221) 289358
e-Mail: sekretariat@fgh-online.de

Heringsdorf
Volkssternwarte
„Manfred von Ardenne"
Seebad Heringsdorf
Strandpromenade
17424 Heringsdorf
www.sternwarte-usedom.de
e-Mail: info@sternwarte-
usedom.de

Amateurastronomische Vereinigungen, Beobachtungsstationen und Privatsternwarten

Herne
Sternwarte Herne
Am Böckenbusch 2
44652 Herne
Tel.: (02 32 5) 77 20 2
e-Mail: info@sternwarte-herne.de

Herzberg
Planetarium und Volkssternwarte Herzberg
Lugstr. 3
04916 Herzberg/E.
Tel./Fax: (0 35 35) 7 00 57
www.herzberger-sternfreunde-eV.de
e-Mail: Planetarium.Herzberg@lausitz.net

Hof
Volkssternwarte Hof
Egerländer Weg 25
95032 Hof

Hückelhoven
Astronomische Arbeitsgemeinschaft
Städt. Gymnasium
Hartlpooler Platz
41836 Hückelhoven

Ilsede
Privatsternwarte
Alter Weg 4 B
31241 Ilsede
http://Astro-Stammtisch.Korn-Deele.de
e-Mail: greenmoon@t-online.de

Ingolstadt
Sternwarte Ingolstadt AAI e. V.
Lilienthalstr. 137
85077 Manching
Tel. (0 84 59) 65 87
http://www.Astronomiepark.de
http://www.aai-Ingolstadt.de
e-Mail: stewa.in@gmx.de

Jena
Urania-Sternwarte
Schillergäßchen 2
07745 Jena

Karlsruhe
Sternwarte des Max-Planck-Gymnasiums
Krokusweg
76199 Karlsruhe

Kassel
Astronomischer Arbeitskreis Kassel e. V.
Wilhelmshöher Allee 300 A
34131 Kassel
astronomie-kassel.de
e-Mail: kphaupt@aol.com

Kelheim
Sternfreunde Kelheim e. V.
Eschenstr. 5
93326 Abensberg
www.sternfreunde-kelheim.de
e-Mail: webmaster@sternfreunde-kelheim.de

Kempten
Astronomieverein Kempten e. V.
Saarlandstr. 1
87437 Kempten

Kiel
Gesellschaft für volkstümliche Astronomie (GvA) e. V. – Gruppe Kiel
Hofbrook 64
24119 Kronshagen
www.gva-kiel.de
e-Mail: service@gva-kiel.de

Volkssternwarte Kronshagen
Suchsdorfer Weg 33
24119 Kronshagen

Köln
Planetarium
Blücherstr. 15 17
50733 Köln
www.koelner-planetarium.de
e-Mail: info@koelner-planetarium.de

Volkssternwarte Köln
Nikolausstr. 55
50937 Köln
Tel.: (02 21) 41 54 67
Fax: (02 21) 9 41 54 08
www.volkssternwarte-koeln.de
e-Mail: info@volkssternwarte-koeln.de

Kleve
Volkssternwarte Goch/Kleve e. V.
Berlinerstr. 69
47574 Goch-Nierswalde

Königsleiten
Sternwarte und Planetarium Königsleiten
Königsleiten 29
A 5742 Wald i. Pinzgau
Tel.: +43 65 64 2 00 14
Fax: +43 65 64 2 00 15
http://www.sternwarte-koenigsleiten.com
e-Mail: sternwarte.kgl@aon.at

Krauschwitz
Lausitzer Sterngucker e. V.
Görlitzer Str. 30 A
02957 Krauschwitz
Tel.: (035771) 69658
www.lausitzer-sterngucker.de
e-Mail: sternwarte_moench@web.de

Krefeld
Vereinigung Krefelder Sternfreunde e. V.
Yorckstr. 42
47800 Krefeld
www.vks-krefeld.de
e-Mail: Krefelder_sternfreunde@gmx.de

Kreuzlingen
Sternwarte Kreuzlingen
Breitenrainstraße 21
CH 8280 Kreuzlingen

Laufen
Astronomische Arbeitsgruppe
Laufen e. V.
Goethestraße 8
83410 Laufen
www.sternwarte-laufen.de

Lemgo
Sternwarte Lemgo
Astronomische Arbeitsgemeinschaft an der
FH Lippe und Höxter e. V.
Liebigstr. 87
32657 Lemgo

Leonberg
Sternwarte Höfingen
Theodor-Heuss-Str. 6/1
71229 Leonberg
www.sternwarte.tk.
e-Mail: willy.mahl@t-online.de

Lilienthal
Astronomische Vereinigung
Lilienthal e. V.
Chemnitzer Str. 35
28832 Achim
www.avl-lilienthal.de
e-Mail: vorstand@avl.lilienthal.de

Linz
Johannes Kepler
Sternwarte Linz
Sternwarteweg 5
A 4020 Linz

Lohr
Sternwarte Luana
Zum Rötelbrunnen 2
97816 Lohr/Main

Lübeck
Sternwarte Lübeck
Am Ährenfeld 2
23564 Lübeck

Lustenau
siehe **Dornbirn**

Luxembourg
Astronomes Amateurs du
Luxembourg
16 B, Rue Emile Mayrisch
L 3522 Dudelange
www.aal.lu
e-Mail: aal@aal.lu

Luzern
Astronomische Gesellschaft
Luzern
Sternwarte Hubelmatt
Schulhaus Hubelmatt West
CH 6005 Luzern
www.agl.astronomie.ch
e-Mail: an.agl@web.de

Mainz
Volkssternwarte Mainz
Karmeliterplatz 1
55116 Mainz
http://www.astro-mainz.de
e-Mail: aagmainz@gmx.de

Marburg
Volkssternwarte Marburg e. V.
Dresdener Str. 18
(Schulzentrum)
35274 Kirchhain
www.volkssternwarte-marburg.de
www.volkssternwarte.com

Mönchengladbach
Astronomischer Arbeitskreis
Mönchengladbach e. V.
Engelsholt 143
41069 Mönchengladbach
http://astro-mg.de
e-Mail: info@astro-mg.de

Moers
Moerser Astronomische
Organisation e. V.
Drinhausstr. 2
47447 Moers
www.sternwarte-moers.de
e-Mail: info@sternwarte-moers.de

Monschau
Eifelastronomen e. V.
Verein zur Förderung und Pflege
der volksbildenden Astronomie
Görgesstr. 42
52156 Monschau
e-Mail: eifelastro@gmx.de
www.eifelastronomen.de

Münster
Sternfreunde Münster e. V.
Sentruper Straße 285
48161 Münster
www.sternfreunde-muenster.de
e-Mail: info@sternfreunde-muenster.de

Neumarkt
Bayerische Volkssternwarte
Moorstraße 5
92318 Neumarkt
www.sternwarte-neumarkt.de

Neumünster
Volkshochschule Neumünster
Arbeitsgemeinschaft Sternwarte
Gartenstr. 32
24534 Neumünster

Neustadt/Weinstraße
siehe **Bad Dürkheim**

Nordenham
Planetarium
Bahnhofstraße 52
26954 Nordenham
www.sternfreunde.nordenham.de
e-Mail: info@sternfreunde.nordenham.de

Norderney
Astronomischer Arbeitskreis
Norderney
„Wilhelm Dorenbusch
Sternwarte“
Birkenweg 22
26548 Norderney
Tel.: (01 76) 24 92 82 09 und
Tel.: (04 93 2) 86 02 65
Observatorium
Tel.: (0 49 32) 92 76 39 – Büro
www.sternwarte-norderney.de
e-Mail: SternwarteNey@aol.com

Norderstedt
Volkssternwarte Norderstedt e. V.
Am Wittmoor 52
24558 Henstedt-Ulzburg

Amateurastronomische Vereinigungen, Beobachtungsstationen und Privatsternwarten

Nürnberg
Regiomontanus-Sternwarte
Nürnberger Astronomische Arbeitsgemeinschaft e. V.
Regiomontanusweg 1
90491 Nürnberg
www.naa.net
e-Mail: info@naa.net

Nürtingen
Neckar-Alb-Sternwarte
Am Lerchenberg
Astronomische Vereinigung Nürtingen e. V.
Birkenweg 7
72622 Nürtingen
www.sternwarte-nuertingen.de
e-Mail: avn@nuertingen.netsurf.de

Oberwallis
Astronomische Gesellschaft Oberwallis
Sternwarte Simplon-Adler
Ebnetstr. 12
CH 3982 Bitsch
e-Mail: elektro@hkalbermatten.ch

Oldenburg
Oldenburger Sternfreunde e.V.
Herbartstr. 15
26122 Oldenburg

Osnabrück
Astronomiche Arbeitsgemeinschaft / Naturwissenschaftlicher Verein
Museum am Schölerberg
Am Schölerberg 8
49082 Osnabrück
Tel.: (05 41) 56 00 30
www.naturwissenschaftlicher-verein-os.de

Ottobeuren
Allgäuer Volkssternwarte Ottobeuren e. V.
Bgm.-Hasel-Str. 17
87724 Ottobeuren
Tel.: (0 83 32) 9 36 60 58
Fax: (0 83 32) 93 68 90
http://www.avso.de
e-Mail: info@avso.de

Paderborn
Volkssternwarte Paderborn e. V.
Im Schloßpark,
Schloß Neuhaus
Marstallstraße 13
33104 Paderborn
www.sternwarte-paderborn.de
e-Mail: Mail@Sternwarte-Paderborn.de

Papenburg
Sternwarte Papenburg e. V.
Bethlehem rechts 51 b
26871 Papenburg

Passau
Volkssternwarte
Veste Oberhaus 125
94034 Passau
www.Sternwarte-Passau.de

Pforzheim
Astronomischer Arbeitskreis Pforzheim 1982 e. V.
Jahnstr. 3
75365 Calw
Tel.: (07 23 1) 41 84 62
e-Mail: weisheit@pro-bw.de

Regensburg
Verein der Freunde der Volkssternwarte Regensburg
Ägidienplatz 2
93047 Regensburg

Remscheid
Astronomischer Verein Remscheid
Dr.-Hans-Schäfer-Sternwarte
Bismarckturm Am Stadtpark
42801 Remscheid
www.sternwarte-remscheid.de

Reutlingen
Planetarium und Sternwarte
Karlstraße 40
72764 Reutlingen
http://www.sternwarte-reutlingen.de
e-Mail: info@sternwarte-reutlingen.de

Rodewisch
Schulsternwarte und Planetarium „Sigmund Jähn"
Rützengrüner Str. 41 a
08228 Rodewisch (Vogtland)
Tel.: (0 37 44) 3 23 13
Fax: (0 37 44) 3 28 15
http://www.sternwarte-rodewisch.de
e-Mail: info@sternwarte-rodewisch.de

Rüsselsheim
Rüsselsheimer Sternfreunde e. V.
Staudenweg 3
65428 Rüsselsheim

Rostock
Astronomiche Station „Tycho Brahe"
Astronomischer Verein Rostock e. V.
Nelkenweg 6
18057 Rostock
e-Mail: kontakt@sternwarte-rostock.de
www.sternwarte-rostock.de

Saar
Verein der Amateurastronomen des Saarlandes e. V. (VAS)
Sternwarte Peterberg
66625 Nohfelden-Eiweiler
Tel.: (06 87 3) 91 55 6
e-Mail: info@sternwarte-peterberg.de

Saarlouis
Verein der Astronomiefreunde Cassiopeia Saarlouis e. V.
Großstr. 37
66740 Saarlouis
www.cassiopeia-saarlouis.de
e-Mail: info@cassiopeia-saarlouis.de

Salzburg
Arbeitsgruppe für Astronomie am Museum Haus der Natur
Tischlerstr. 8
A 5101 Bergheim/Salzburg
e-Mail: gerhard.grau@gmx.at

Salzburger Volkssternwarte auf dem Voggenberg
Auer von Welsbach-Str. 22
84489 Burghausen
www.hausdernatur.at/astronomie
e-Mail: be.wa-galactic-dwarf@t-online.de

Schaffhausen
Dr. h. c. Hans-Rohr-Sternwarte
Astro-AG der Naturforschenden Gesellschaft
Etzelstr. 11
CH 8200 Schaffhausen

Schkeuditz
Astronomisches Zentrum
An der Bergbreite
04435 Schkeuditz

Schriesheim
Arbeitsgemeinschaft Volkssternwarte Schriesheim e. V.
Entengasse 3
69198 Schriesheim

Schwanden ob Sigriswil
Sternwarte Planetarium SIRIUS
CH 3657 Schwanden/Sigriswil
www.sternwarte-planetarium.ch
e-Mail: info@sternwarte-planetarium.ch

Seewalchen
Astronomischer Arbeitskreis Salzkammergut + Sternwarte Gahberg bei Weyregg am Attersee
Sachsenstraße 2
A 4863 Seewalchen
www.astronomie.at
e-Mail: info@astronomie.at

Senftenberg
Planetarium
An der Ingenieurschule
01968 Senftenberg
Tel. (0 35 73) 21 12
www.planetarium-senftenberg.de
e-Mail: planetarium-senftenberg@freenet.de

Singen
Volkssternwarte Singen e. V.
Zeppelin-Realschule
Rielasingerstr. 37
78224 Singen

Soest
Volkssternwarte
Steinkuhlenweg 6
59494 Soest

Sohland
Volks- und Schulsternwarte „Bruno H. Bürgel" Sohland e.V.
Zöllnerweg 12
02689 Sohland
www.sternwarte-sohland.de

Solingen
Walter-Horn-Ges. e. V.
Sternwarte
Sternstraße 5
42719 Solingen
www.sternwarte-solingen.de
e-Mail: info@sternwarte-solingen.de

Steißlingen
Sternwarte Steißlingen
Im Städtle 19
78256 Steißlingen

St. Pölten
ANTARES Niederöstereichische Amateurastronomen
Schuhmeierstr. 1
A 3100 St. Pölten
www.noe-sternwarte.at
e-Mail: antares-info@aon.at

Stuttgart
Schwäbische Sternwarte
Zur Uhlandshöhe 41
70188 Stuttgart
mail@sternwarte.de

Suhl
Volks- und Schulsternwarte
Auf dem Hoheloh 1
98527 Suhl
www.suhler-sternfreunde.de
e-Mail: sternfreund27@web.de

Sursee
Sternwarte Sursee
Berufsschule Kotten
Kyburgerstr. 3
CH 6210 Sursee

Tirschenreuth
Volkssternwarte Tirschenreuth
Blankenbühlstraße 28
95643 Tirschenreuth

Traiskirchen
Franz-Kroller-Sternwarte
Bräuhausgasse
A 2514 Traiskirchen

Trebur
Michael Adrian Observatorium
Fichtenstr. 7
65468 Trebur
http://ww.tlt-trebur.de
www.fh-friedberg.de/users/jomo/tlt.htm
e-Mail: tlt@gmx.de

Trier
Verein Sternwarte Trier e. V.
Hofberg 40
54296 Trier
www.uni-trier.de/sternwarte
e-Mail: gruner@uni-trier.de

Amateurastronomische Vereinigungen, Beobachtungsstationen und Privatsternwarten

Tübingen
Astronomische Vereinigung Tübingen e. V.
Sternwarte der Universität
Waldhäuser Straße 64
72076 Tübingen
http://www.sternwarte-tuebingen.de
e-Mail: info@sternwarte-tuebingen.de

Überlingen
Sternwarte Überlingen
Ob. St. Leonhardstraße 45
88662 Überlingen

Villingen
Werner Antritter Stiftung
Hoptbühl-Gymnasium
Stationenweg 2
78048 VS-Villingen

Violau
Sternwarte
Bruder-Klaus-Heim
86450 Violau

Waghäusel
Astronomiefreunde 2000 Waghäusel e. V.
Kettelerstr. 19
68753 Waghäusel
http://www.afw2000.de.vu
e-Mail: wstegmueller@web.de

Waldburg
Astronomischer Arbeitskreis Waldburg-Weingarten e. V.
Gartenstraße 31
88255 Baindt
www.sternwarte-waldburg.de

Weikersheim
siehe **Bad Mergentheim**

Weil der Stadt
Johannes-Kepler-Sternwarte
Max-Caspar-Str. 47
71263 Weil der Stadt
Tel.: (0 70 33) 69 06 29
www.kepler-sternwarte.de
e-Mail: info@kepler-sternwarte.de

Wetterau
siehe **Bad Nauheim**

Wetzlar
Astronomischer Arbeitskreis Wetzlar e. V.
Sternwarte Burgsolms
Lindenstr. 11
35606 Solms

Wien
Astronomischer Jugendclub
Richard-Wagner-Platz 2/8
A 1160 Wien

Wiesbaden
Astronomische Gesellschaft Urania e. V. /
Volkssternwarte
Bierstadter Str. 47
65189 Wiesbaden

Winterthur
Sternwarte Eschenberg der AG Winterthur
Breitenstraße 2
CH 8542 Wiesendangen

Winzer
Volkssternwarte Bayerischer Wald e. V.
Am Vogelsang 1
94577 Winzer

Zeilarn
Sternfreunde Pfarrkirchen-Zeilarn
Oberhaus (Sternwarte)
84367 Zeilarn
www.cosmopan.de
e-Mail: info@cosmopan.de

Zweibrücken
Sternwarte des Naturwissenschaftlichen Vereins
FH Campus
Amerikastr. 1
66482 Zweibrücken
http://www.nawi-zw.de
e-Mail: info@nawi-zw.de

Überregionale astronomische Amateur-Vereinigungen

Arbeitskreis Meteore e. V.
Mehlbeerenweg 5
14469 Potsdam

Bundesdeutsche Arbeitsgemeinschaft für Veränderliche Sterne e. V. (BAV)
Munsterdamm 90
12169 Berlin
http://www.bav-astro.de
e-Mail: zentrale@bav-astro.de

Österreichischer Astronomischer Verein
Baumgartenstraße 23/4
A 1140 Wien

Schweizerische Astronomische Gesellschaft (SAG)
Zentralsekretariat:
Gristenbühl 13
CH 9315 Neukirch (Egnach)
http://www.astroinfo.ch

Vereinigung der Sternfreunde e. V. (VdS)
Geschäftsstelle
Am Tonwerk 6
64646 Heppenheim
www.vds-astro.de
e-Mail: vds-astro@t-online.de

Das Verzeichnis erhebt keinen Anspruch auf Vollständigkeit. Weitere Vereinigungen nimmt der Herausgeber gerne auf. Entsprechende Hinweise sende man bitte an:

PLANETARIUM STUTTGART
Mittlerer Schlossgarten
70173 Stuttgart

Erläuterungen zum Gebrauch

Inhalt

Wer zum ersten Mal dieses Jahrbuch in Händen hält und noch keine Erfahrungen im Beobachten des gestirnten Himmels hat, sollte nachstehende Erläuterungen aufmerksam lesen. Sie geben eine kurze aber profunde Einführung in die Grundlagen der praktischen Himmelskunde. Wer sich jedoch schon am Sternenhimmel auskennt, kann sofort die „Kurzhinweise zum Gebrauch" dieses Jahrbuches auf der vorderen Umschlagklappe aufschlagen.

Nur noch selten bietet sich uns modernen Zivilisationsmenschen die Gelegenheit, ungestört von irdischen Lichtquellen die Pracht eines klaren, sternenübersäten Nachthimmels zu erleben. Schier endlos scheint die Zahl der flimmernden Lichtpünktchen am samtschwarzen Firmament zu sein. Schnell kommt der Wunsch auf, sich am Sternenzelt zurechtzufinden und mehr über die Wunder des Weltalls zu erfahren.

Die vielen Sterne, die man in einer mondlosen Nacht zu sehen bekommt, sind fast ausnahmslos Sonnen, also heiße, selbst leuchtende Gasbälle, gewissermaßen Geschwister unserer eigenen Sonne. Sie prägen dem Himmel ein scheinbar unveränderliches Muster auf, das heißt, ihre gegenseitigen Positionen bleiben unverändert; man nennt sie daher Fixsterne. Die Fantasie der Menschen erkannte schon in alter Zeit in der zufälligen Anordnung der Sterne die Gestalten von Menschen, Tieren oder Gegenständen, eben die Sternbilder. Das Beispiel des Großen Wagens ist wohl jedem bekannt. Seine Form ändert sich nicht, jahraus, jahrein erkennen wir ihn in gleicher Gestalt.

E.1 Das riesige Milchstraßensystem M 81 im Sternbild Großer Bär. Hunderte Milliarden Sterne bilden eine riesige Spirale. Das Licht dieser Sonnen benötigt zwölf Millionen Jahre, um zur Erde zu gelangen. Aufgenommen auf der Sternwarte Welzheim von Martin Gertz (Beobachtergruppe Planetarium Stuttgart).

E.2 Das Sommersternbild Skorpion über den Lichtern der Stadt Frankfurt/Main. Foto: Mario Weigand.

Das Aussehen des Sternenhimmels ändert sich jedoch von Stunde zu Stunde. Da die Erde sich dreht, gehen die Sterne ebenso wie Sonne und Mond auf und unter. Am Morgenhimmel sind andere Sternbilder zu sehen als am Abendhimmel. Da die Sonne im Laufe eines Jahres durch die Tierkreissternbilder wandert, ist der Himmelsanblick auch jahreszeitlich immer wieder verschieden. Schließlich hängt es noch vom Beobachtungsort auf der Erde ab, welche Sterne zu sehen sind. In anderen geographischen Breiten sieht der Himmel entsprechend verschieden aus. Das berühmte Kreuz des Südens beispielsweise ist bei uns in Mitteleuropa nicht zu sehen.

Im *Kosmos Himmelsjahr* ist das Bild des abendlichen Fixsternhimmels für jeden Monat beschrieben. Eine Sternkarte erleichtert die Übersicht. Außerdem ist die Stellung des Großen Wagens und des Himmels-Ws um 22^{h} MEZ für jeden Monat aus einer Grafik ersichtlich. Der Große Wagen und das Himmels-W sind in jeder klaren Nacht zu beobachten, da sie bei uns zirkumpolar sind, also niemals untergehen.

Während die Fixsterne ihre Stellungen zueinander nicht ändern, sondern nur gemeinsam infolge der Erdrotation über das Firmament ziehen, gibt es Gestirne, die ihre Position im Laufe von Wochen und Monaten ändern. Man nennt sie Wandelsterne oder Planeten (griech.: πλανά ωμαι = umherirren). Sie sind die Geschwister unserer Erde, die ebenfalls ein Planet ist. Mit freiem Auge sind fünf Planeten zu sehen: Merkur, Venus, Mars, Jupiter und Saturn. Nach Erfindung des Fernrohres wurden noch drei weitere entdeckt: Uranus, Neptun und Pluto. Seit August 2006 zählt Pluto offiziell aber nicht mehr zu den Planeten, und somit sind heute acht große Planeten bekannt, die die Sonne, das Zentralgestirn, umkreisen. Inzwischen wurden jenseits der Plutobahn weitere Planetoiden aufgespürt, die Pluto zum Teil an Größe übertreffen und zusammen mit ihm und dem ehemaligen Kleinplaneten Ceres die Gruppe der Zwergplaneten bilden.

Wer die Sternbilder kennt, dem fällt ein Planet sofort als nicht dazugehöriges, gewissermaßen fremdes Gestirn auf. Außerdem flimmern Planeten im Unterschied zu den punkt-

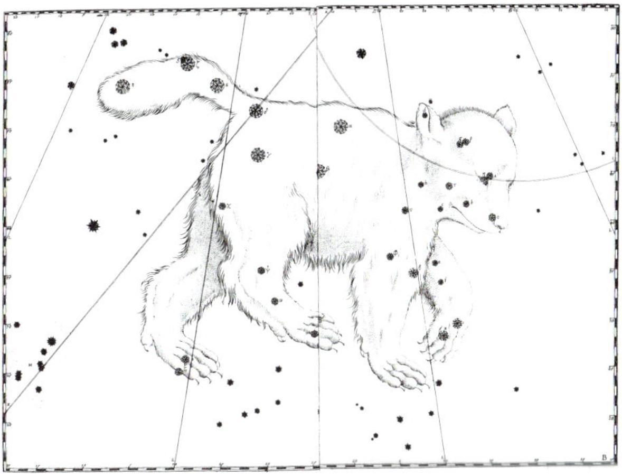

E.3 Das Sternbild Großer Bär als figürliche Darstellung im Sternatlas Uranometria von Johannes Bayer, erschienen im Jahre 1603 in Augsburg.

förmigen Fixsternen nicht oder kaum, sie glänzen ruhig im erborgten Sonnenlicht. Die Planeten laufen ziemlich genau in derselben Ebene um die Sonne, die von der Erdbahn aufgespannt wird. Die Erdbahnebene entsteht durch den Umlauf der Erde um die Sonne. Sie heißt auch Ekliptikebene.

Von der Erde aus gesehen wandert somit die Sonne in einem Jahr durch die bekannten Sternbilder des Tierkreises. Der Wanderweg der Sonne heißt Ekliptik. Mond und Planeten bewegen sich ebenfalls in der Nähe der Ekliptik. Sie sind daher stets in den Tierkreissternbildern zu finden. Niemals kann beispielsweise die Venus im Sternbild Großer Bär gesehen werden!

Ein Wort zu den Dimensionen im Weltall: Gibt man sie in Kilometer an, so erhält man die berühmten „astronomischen" Zahlen, Ungetüme mit vielen Nullen, die kaum aussprechbar sind und unter denen man sich gar nichts mehr vorstellen kann. Anschaulicher werden die Entfernungen im Kosmos, nimmt man die Reisegeschwindigkeit des Lichtes zu Hilfe: Pro Sekunde legt ein Lichtstrahl im Vakuum rund 300 000 Kilometer zurück, das ist fast die Strecke von der Erde zum Mond. Von der Sonne zur Erde sind es 8 1/3 Lichtminuten; dies entspricht 150 Millionen Kilometer. Die mittlere Entfernung Erde–Sonne wird auch Astronomische Einheit (AE) genannt. Sie ist die Basis für astronomiche Entfernungsmessungen. Bis zum fernen Pluto ist ein Lichtquant von der Sonne immerhin sechs Stunden unterwegs. Danach beginnt der Abgrund der Fixsternräume. Schon die nächsten Sterne, also Nachbarsonnen unserer eigenen, sind so weit weg, dass ihr Licht Jahre braucht, um die gewaltigen Distanzen zu überbrücken. In einem Jahr legt das Licht 9 460 000 000 000 Kilometer zurück, also fast zehn Billionen Kilometer. Sirius im Sternbild Großer Hund, ein sehr naher Stern, ist beispielsweise „nur" neun Lichtjahre entfernt. Die meisten Sterne sind aber Dutzende, Hunderte oder Tausende von Lichtjahren weit weg.

Alle Sterne am Himmel gehören zu einem riesigen System, zur Milchstraße. Als Sternenschwarm von weit über 100 Milliarden Sonnen bildet sie einen gewaltigen Diskus mit 100 000 Lichtjahren Längsdurchmesser und 15 000 Lichtjahren Querdurchmesser. Zwischen den Sternen schweben Staub- und Gaswolken, so genannte interstellare Materie. Von den Milliarden Sternen der Milchstraße sehen wir in einer klaren Nacht aber nur etwa 3000 bis 4000 Sterne.

Doch die Milchstraße ist nicht das einzige Sternensystem im Universum. Es gibt Milliarden solcher Milchstraßen oder Galaxien, wie sie auch genannt werden. Schon mit bloßen Augen kann man im Sternbild Andromeda ein schwaches Lichtfleckchen erkennen: unsere Nachbarmilchstraße, den berühmten Andromedanebel. Fast drei Millionen Jahre ist das Licht dieser Sterne zu uns unterwegs. Andere Galaxien oder Spiralnebel stehen viele Millionen, ja Milliarden Lichtjahre tief im Raum.

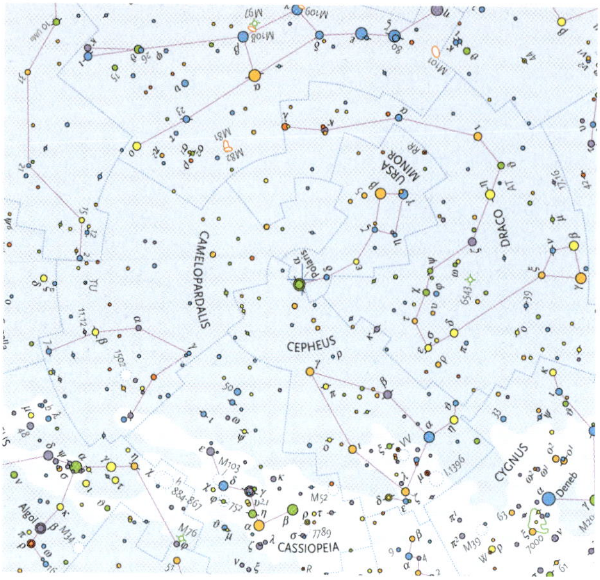

E.4 Ausschnitt aus einer modernen Sternkarte (Drehbare Sternkarte Polaris, Kosmos Verlag, Stuttgart).

Sterne, Sternbilder und Sternkarten

Je nach Phantasie und Kultur haben die einzelnen Völker Sterne und Sternbilder unterschiedlich benannt. Die alten Chinesen kannten einen anderen Tierkreis als wir ihn heute benutzen. Der Große Wagen wiederum heißt bei den Amerikanern „big dipper", große Schöpfkelle. Die meisten Sternbilder, die wir in den Sternkarten finden, stammen aus der griechisch-römischen Mythologie, viele haben ihre Wurzel im babylonischen Kulturkreis, einige kamen im Mittelalter hinzu. Die Sternbilder des Südhimmels wurden erst in der Neuzeit von den Entdeckern benannt. Damit keine Verwirrung aufkommt, hat die Internationale Astronomische Union (IAU) für die gesamte Himmelskugel 88 Sternbilder festgelegt, die für alle Astronomen und Sternfreunde verbindlich sind. Diese 88 Sternbilder haben lateinische Namen und jeweils eine Abkürzung von drei Buchstaben; Beispiel: der Krebs, lat.: Cancer, Abkürzung: Cnc. Waren früher die Grenzen zwischen den einzelnen Sternbildern unklar oder fließend, so sind die durch IAU-Beschluss festgelegten Sternbilder durch die rechtwinkligen, äquatorialen Himmelskoordinaten (Rektaszension und Deklination) eindeutig abgegrenzt.

In alten Himmelsatlanten findet man hübsch und fantasiereich ausgeschmückte Darstellungen der einzelnen Himmelsfiguren (Abb. E.3). Moderne Sternkarten zeigen nur noch Namen und Koordinatengrenzen eines Sternbildes, aber keine figürliche Darstellung mehr (Abb. E.4, links).

Speziell für die Benutzer des Himmelsjahres empfehlen sich zur ersten Orientierung die Sternkarten in dem *Atlas für Himmelsbeobachter* von Erich Karkoschka, 4. Auflage (2004), Kosmos-Verlag, Stuttgart.

Für Sternfreunde mit Fernrohren seien folgende Sternatlanten genannt:

Millennium Star Atlas, von Roger W. Sinnott und Michael A. C. Perryman (Grenzgröße 11^{m}), *Sky Atlas 2000.0*, Second Edition von Wil Tirion und Roger W. Sinnott (bis $8^{m}{,}0$), *Uranometria 2000.0* von W. Tirion/B. Rappaport/G. Lovi (Grenzgröße $9^{m}{,}5$).

Neben den klassischen Sternatlanten gibt es heute auch gute Computerprogramme, die einen gewünschten Himmelsausschnitt am Monitor erscheinen lassen. Drei empfehlenswerte Programme seien hier genannt: *BESSEL 5* von Antonius Schrode, Frankfurt/Main (www.planetarium-bessel.de.ki) und *Virtual-Sky* von Prof. Manfred Dings, Saarbrücken (e-mail: bestellung@virtualskysoft.de, homepage: http://www.virtualskysoft.de) sowie *Redshift 6* von United Soft Media (www.usm.de).

Nur die hellsten oder auffälligen Sterne, die beispielsweise periodisch ihre Helligkeit ändern, haben Eigennamen erhalten. Diese stammen häufig von den Arabern, die in klaren Wüstennächten eifrig den Himmel beobachteten. So heißen die beiden hellsten Sterne im Wintersternbild Orion Beteigeuze und Rigel, der berühmte veränderliche Stern im Perseus hingegen Algol.

Etwas systematischer hat Johannes Bayer im Jahre 1603 die Sterne bezeichnet, nämlich mit griechischen Buchstaben und dem Genitiv des lateinischen Sternbildnamens. So bekam der hellste Stern in der Leier die Bezeichnung α Lyrae (oder kurz α Lyr), der zweithellste β Lyrae, der dritthellste γ Lyrae, usw. Die Helligkeitsfolge wurde aber nicht immer streng eingehalten, manchmal hatte die Mythologie Vorrang. Von den beiden hellen Zwillingssternen trägt der hellere Pollux die Bezeichnung β Geminorum, der etwas schwächere Kastor α Geminorum. Bei Doppelsternen wird gelegentlich noch ein Index an den griechischen Buchstaben angehängt. Beispiel: ε_1 und ε_2 Lyrae, der berühmte Vierfachstern in der Leier (jede Komponente ist ihrerseits ebenfalls ein Doppelstern). Die 24 griechischen Buchstaben (siehe Seite 296) pro Sternbild reichen natürlich nicht aus, um alle Sterne zu benennen.

Den ersten umfangreichen Sternkatalog nach Erfindung des Fernrohrs hat John Flamsteed (1646–1719) im Jahre 1712 herausgegeben. Flamsteed war Gründer und erster Direktor

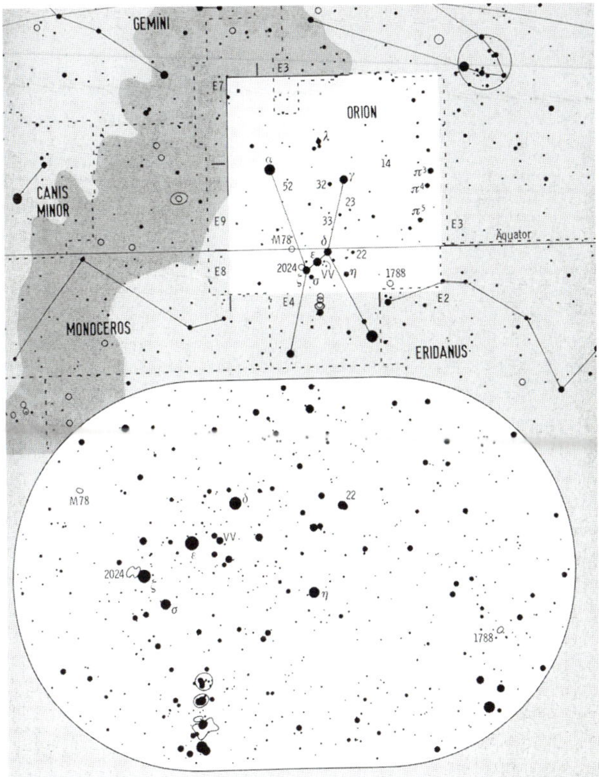

E.5 Ausschnitt aus dem *Atlas für Himmelsbeobachter* von Erich Karkoschka. Die Übersichtskarten enthalten alle Sterne bis Grenzgröße 6^m, die Aufsuchkarten für Sternhaufen und Nebel bis zur Grenzgröße 9^m. Der Ausschnitt zeigt das Sternbild Orion.

der traditionsreichen Sternwarte in Greenwich bei London und damit auch der erste Astronomer Royal. In seinem Sternkatalog *Historia Coelestis Britannica*, der rund 2700 Sterne enthält, hat Flamsteed die Sterne in einem Sternbild durchnummeriert. So hat ω Aurigae beispielsweise bei Flamsteed die Bezeichnung 4 Aurigae. Viele Sterne, die keine Bayer-Bezeichnung haben, sind jedoch mit Flamsteed-Nummern gekennzeichnet. Posthum erschien im Jahre 1729 sein *Atlas Coelestis*.

Bei schwächeren Sternen gibt man die Katalognummer an, unter der sie verzeichnet sind, oder einfach die genauen Koordinaten. Beispiele für Katalognummern: BD +52°1312 bedeutet Stern Nummer 1312 in der Deklinationszone von +52° bis +53° der so genannten Bonner Durchmusterung. HD 128974 ist ein Stern aus dem Henry-Draper-Katalog, SAO 146912 ein

E.6 Der kugelförmige Sternhaufen M 13 im Sternbild Herkules aufgenommen von Jörg Nikolaizig auf der Sternwarte Welzheim (Beobachtergruppe Planetarium Stuttgart).

Stern aus dem Smithsonian Astrophysical Observatory Star Catalogue, FK5: 1051 ist ein Stern aus dem 5. Fundamental-Katalog.

Sterne, deren Helligkeit variiert, werden häufig mit großen lateinischen Buchstaben + Sternbildnamen versehen: RR Lyrae, T Coronae Borealis. Man kann somit aus der Bezeichnung auf die Eigenart dieser Sterne schließen.

Sterngruppen und Nebel

Schon mit bloßem Auge entdeckt man im Sternbild Stier ein Grüppchen von sechs bis neun Sternen, bekannt unter dem Namen Siebengestirn oder Plejaden. Sucht man den Himmel mit Feldstecher oder Fernrohr ab, so findet man zahlreiche derartige Gruppen. Sie werden schlicht Sternhaufen genannt. Man unterscheidet offene und kugelförmige Sternhaufen: Offene Sternhaufen enthalten dutzende bis einige hundert Sterne, die alle einzeln als Lichtpunkte erkennbar sind; Kugelhaufen haben hunderttausende bis Millionen Mitgliedssterne und sind als verwaschene, kreisrunde Lichtfleckchen zu sehen. Nur die Randpartien sind in Einzelsterne auflösbar, im Zentrum stehen die Sterne zu dicht, um als einzelne Lichtpunkte erkannt zu werden.

Zwischen den punktförmigen Sternen zeigen sich auch nebelhafte Gebilde. Da diese „Nebel" ihre Positionen unter den Sternen beibehalten, sind sie keine Erscheinung in der Erdatmosphäre, sondern astronomische Objekte. Bei den Nebeln gilt es zwei Kategorien auseinander zu halten. Einmal beobachten wir tatsächlich Staub- und Gasmassen zwischen den Sternen unserer Milchstraße, zum Beispiel im Sternbild Orion den berühmten Orionnebel. Andere nebelhafte Lichtfleckchen lassen sich jedoch mit sehr großen Teleskopen in einzelne Sterne auflösen. Hier sieht man fremde, ferne Milchstraßensysteme; das Licht von Milliarden Sternen wird von uns nur als schwaches Nebelfleckchen registriert, wie beispielsweise beim Andromedanebel. Wegen ihrer häufig spiraligen Gestalt spricht man auch von Spiralnebeln oder Galaxien (griech.: γαλάξις = Milchstraße).

Der französische Astronom Charles Messier (1730–1817) hat einen Katalog mit über hundert Sternhaufen und Nebeln zusammengestellt. Sternfreunde benutzen noch heute seine Katalognummern. Der Orionnebel wird z. B. mit M 42, der Andromedanebel mit M 31, der Kugelhaufen im Herkules mit M 13 bezeichnet. Wesentlich umfangreicher ist der Katalog von John L. E. Dreyer mit dem Namen *New General Catalogue of Nebulae and Clusters of Stars*, abgekürzt mit NGC. Später erschienen noch zwei Ergänzungen (*Index-Catalogue I and II*, kurz IC I und IC II) und schließlich der überarbeitete *Revised New General Catalogue* (RNGC). Daher trägt zum Beispiel der Andromeda-Nebel M 31 auch die Bezeichnung NGC 224.

E.7 Die beiden offenen Sternhaufen M 35 und NGC 2158 (rechts unten) in den Zwillingen. Aufnahme von Bernhard Hubl.

Die Helligkeit der Sterne

Von alters her teilt man die Sterne in so genannte Größenklassen ein. Man sagt zum Beispiel, der Polarstern sei ein Stern zweiter Größe. Diese Größenklassen geben nicht den Durchmesser oder die wahre Leuchtkraft der Sterne an, sondern ihre scheinbare Helligkeit am Himmel. Sterne erster Größe sind dabei heller als solche zweiter Größe. Ein schwaches Sternpünktchen sechster Größe ist eben noch vom unbewaffneten Auge zu erkennen. Ein Stern erster Größe ist dabei hundertmal heller als ein Stern sechster Größe. Daraus folgt, dass ein Stern zweiter Größe 2,512-mal lichtschwächer ist als ein Stern erster Größe. Ein Stern dritter Größe wiederum ist 2,512-mal lichtschwächer als ein Stern zweiter Größe, denn $2{,}512^5 = 100$. Die Größenklassenskala ist somit ein logarithmisches Maß.

Als Abkürzung verwendet man ein kleines hochgestelltes ^{m} für magnitudo (lat.) = Größe. Sterne, die heller als 1^m sind, bezeichnet man mit 0^m, -1^m, -2^m, usw. Die Venus kann -4^m hell sein, was bedeutet, dass sie dann hundertmal heller strahlt als ein Stern erster Größe, also mit 1^m!

Mit Teleskopen lassen sich auch Sterne beobachten, die schwächer sind als 6^m.

In einem guten Fernglas sind Sterne bis 10^m erkennbar. In großen Teleskopen werden Sterne bis 26^m beobachtet, also Objekte, die 100 Millionen Mal lichtschwächer sind als die schwächsten, dem menschlichen Auge zugänglichen Sterne mit 6^m. Die Helligkeiten der Sterne zu schätzen, sollte man üben. Abb. E.8 zeigt den Kleinen Wagen, wobei die Helligkeiten der einzelnen Sterne vermerkt sind. Da das Sternbild Kleiner Wagen zirkumpolar ist, kann es in jeder klaren Nacht zu jeder Uhrzeit gesehen werden.

Stünden alle Sterne gleich weit entfernt, sozusagen in einer

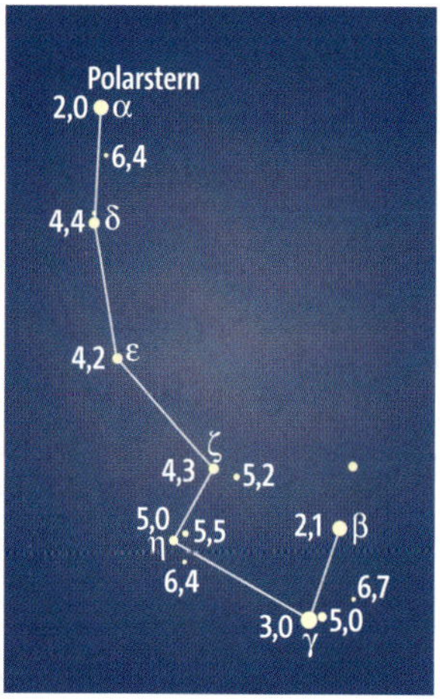

E.8 Sternbild Kleiner Wagen mit Helligkeitsangaben in Größenklassen für die einzelnen Sterne.

Normentfernung, dann entspräche die beobachtete scheinbare Helligkeit auch ihrer wirklichen Leuchtkraft. Eine solche Normentfernung wurde mit 10 Parsec (knapp 33 Lichtjahre) festgelegt. Man rechnet nun die Helligkeit aus, die ein Stern in 10 Parsec Entfernung hätte, und bezeichnet diese Größe als „absolute Helligkeit" oder „wahre Leuchtkraft" eines Sternes.

Um die absolute nicht mit der scheinbaren Helligkeit zu verwechseln, wird sie mit einem großen M (Magnitudo) abgekürzt. Beispiel: Unsere Sonne hat die enorme scheinbare Helligkeit von -27^m am Firmament und eine absolute Helligkeit von $+4{,}8^M$. Das heißt, in 33 Lichtjahren Entfernung erschiene uns die Sonne nur noch als Sternchen 5. Größe. Anmerkung: Da ^{m} auch für Minute steht, ist aus dem Textzusammenhang zu entnehmen, ob Helligkeiten oder Zeiten bzw. Koordinaten gemeint sind.

Entfernungsangaben

Unser Mond ist von der Erde im Mittel 384 400 Kilometer entfernt. Die Planeten unseres Sonnensystems sind viele Millionen Kilometer, die Sterne viele Billionen Kilometer von uns entfernt. In der Astronomie verwendet man, um große Zahlenungetüme zu vermeiden, für die Distanzen im Sonnensystem als Längenmaß die Astronomische Einheit (AE). Eine Astronomische Einheit entspricht der mittleren Entfernung der Erde von der Sonne, das sind rund 150 Millionen Kilometer.

Es gilt: 1 AE = 149 597 870 km.

Diese Strecke legt das Licht in 8^m20^s zurück. Man spricht von der Lichtlaufzeit der Astronomischen Einheit. Jupiter ist beispielsweise 5,2 AE von der Sonne und Neptun rund 30 AE von ihr entfernt. Die Lichtlaufzeiten der Planetendistanzen betragen Minuten bis wenige Stunden. Die Sterne sind jedoch so weit entfernt, dass ihr Licht Jahre, Jahrhunderte und Jahrmillionen zur Erde unterwegs ist. Man gibt daher ihre Distanzen gerne in Lichtlaufzeiten an, wobei man ein Lichtjahr (LJ) als Einheit nimmt. In einem Jahr legt ein Lichtstrahl im Vakuum rund zehn Billionen Kilometer zurück.

Es gilt: 1 LJ = $9{,}46 \times 10^{12}$ km = 63 240 AE

Ein Lichtjahr ist somit keine Zeit-, sondern eine Entfernungsangabe. In der Stellarastronomie wird ferner das Parsec (Parallaxensekunde) verwendet. Ein Parsec entspricht 3,26 Lichtjahren. Die Definition des Parsecs findet man im Begleitbuch zum *Kosmos Himmelsjahr*, dem *Astrowissen*, im Abschnitt „Entfernungseinheiten in der Astronomie".

Im *Kosmos Himmelsjahr* werden die Entfernungen im Sonnensystem in AE und die Fixsterndistanzen in Lichtjahren angegeben. Parsec werden nicht verwendet.

Zeitangaben

Alle Uhrzeiten im *Kosmos Himmelsjahr* sind grundsätzlich in **Mitteleuropäischer Zeit (MEZ)** angegeben. Die Mitteleuropäische Zeit ist die mittlere Sonnenzeit des Meridians 15° östlich von Greenwich (Nullmeridian der Erde). Sie geht gegenüber der Weltzeit (UT = Universal Time) um eine Stunde vor. Es gilt: Weltzeit plus eine Stunde = MEZ.

Wenn es in Greenwich Mitternacht (0^h) ist, dann haben wir schon 1^h (MEZ) morgens. Für ortsabhängige Angaben (z. B. Auf- und Untergänge) gelten alle Zeiten genau für einen Ort 10° östlich von Greenwich und 50° nördlicher Breite. Dieser Punkt liegt für Mitteleuropa ziemlich zentral.

Die Sommerzeit ist eine willkürliche Verschiebung der Zonenzeit um eine Stunde, um die Tageshelligkeit besser auszunutzen und (angeblich) Energie einzusparen. Sie beruht nicht auf astronomischen Grundlagen und ist außerdem von Staat zu Staat verschieden. Um die Benutzer des Himmelsjahres nicht zu verwirren und die Daten konsistent zu halten, sind alle Angaben das ganze Jahr durchgehend in MEZ vermerkt. Es gilt: MEZ plus eine Stunde = MESZ (Mitteleuropäische Sommerzeit). Gilt in einem Land die Sommerzeit, so ist zu den Zeitangaben im Himmelsjahr einfach eine Stunde zu addieren. Beispiel: Der Mondaufgang am 19. April 2008 findet laut Tabelle „Mondlauf im April" um 18^h46^m MEZ statt und somit um 19^h46^m MESZ.

Achtung: Fällt ein Ereignis in die letzte Stunde vor Mitternacht, so ändert sich auch das Datum um einen Tag. Beispiel: Der Mondaufgang erfolgt am 23. Mai 2008 um 23^h40^m MEZ; zählt man eine Stunde hinzu, erhält man 0^h40^m MESZ am 24. Mai.

Die **Mitteleuropäische Sommerzeit** (MESZ) beginnt am Sonntag, 30. März 2008 um 2^h MEZ und endet am Sonntag, 26. Oktober 2008 um 3^h MESZ. Während der Dauer der Sommerzeit sind alle Zeitangaben in den Tabellen in einem dunkleren Farbton unterlegt. Wer häufig beobachtet, sollte das ganze Jahr über eine Uhr in MEZ laufen lassen. Dies ist recht bequem und hilft, Irrtümer zu vermeiden.

Wichtiger Hinweis: Da Beginn und Ende der Sommerzeit von den Regierungen bestimmt werden und nicht aus astronomischen Gegebenheiten abzuleiten sind, also keine natürlichen Grundlagen haben, sind die Angaben in diesem Jahrbuch unverbindlich. Vermerkt sind die bei Drucklegung bekannt gewordenen Absichten über die Einführung der Sommerzeit. Änderungen der vermerkten Daten sind aufgrund kurzfristiger politischer Entscheidungen möglich. Der Herausgeber übernimmt dafür keine Verantwortung.

Alle Auf- und Untergangszeiten (MEZ) gelten exakt für 10° östlicher Länge und 50° nördlicher Breite.

Für andere Orte in Mitteleuropa können diese Zeiten erheblich differieren (bis etwa eine halbe Stunde). Um schnell auch für andere Orte die Auf- und Untergänge ermitteln zu können, ist das Nomogramm auf Seite 262 gedacht. Im Nomogramm sind die wichtigsten Städte in Mitteleuropa eingetragen. Man wähle eine Stadt, die dem eigenen Standpunkt am nächsten kommt. Dann lege man ein Lineal so auf das Nomogramm, dass es mit der Deklination des Gestirns bzw. der

Sommerzeit (MESZ) in der Bundesrepublik Deutschland

	Beginn Sonntag	Ende Sonntag		Beginn Sonntag	Ende Sonntag
1980	06. April	28. September	1995	26. März	24. September
1981	29. März	27. September	1996	24. März	27. Oktober
1982	28. März	26. September	1997	30. März	26. Oktober
1983	27. März	25. September	1998	29. März	25. Oktober
1984	25. März	30. September	1999	28. März	31. Oktober
1985	31. März	29. September	2000	26. März	29. Oktober
1986	30. März	28. September	2001	25. März	28. Oktober
1987	29. März	27. September	2002	31. März	27. Oktober
1988	27. März	25. September	2003	30. März	26. Oktober
1989	26. März	24. September	2004	28. März	31. Oktober
1990	25. März	30. September	2005	27. März	30. Oktober
1991	31. März	29. September	2006	26. März	29. Oktober
1992	29. März	27. September	2007	25. März	28. Oktober
1993	28. März	26. September	2008	30. März	26. Oktober
1994	27. März	25. September	2009	29. März	25. Oktober

Uhrzeit laut Tabelle „Sonnenlauf" am oberen Bogen übereinstimmt. Dabei gilt das obere Vorzeichen für den Aufgang, das untere für den Untergang. Die Verbindungslinie (Lineal) gibt dann am unteren Bogen die Korrektur für die Auf- bzw. Untergangszeit an. Positive Werte bedeuten eine Verspätung, ein negativer Wert deutet an: Der Auf- oder Untergang erfolgt entsprechend früher. Die Zahlen geben die Minuten an. Beispiel: Wann geht in Wien am 31. März die Sonne auf? Man verbinde mit einem Lineal den Punkt „Wien" mit der 6 Uhr-Marke am oberen Bogen. Denn laut Tabelle „Sonnenlauf" auf Seite 64 erfolgt der Sonnenaufgang am 31. März um 5^h58^m. Die Verbindungslinie schneidet den unteren Bogen bei -24^m. Der Sonnenaufgang erfolgt in Wien somit 24 Minuten früher, also um 5^h34^m MEZ bzw. 6^h34^m Sommerzeit.

Wem die Verwendung des Nomogramms zu kompliziert erscheint, der kann auch die Tabelle zur Auf- und Untergangskorrektur auf Seite 261 benutzen. Man suche die seinem Wohnort nächstliegende Stadt und lese einfach die Korrekturzeit in Minuten ab, wobei für Mond, Planeten oder Sterne noch vorher die Deklination zu ermitteln ist. Bei der Sonne beachte man das Datum. Noch wesentlich bequemer lassen sich Auf- und Untergangszeiten für den persönlichen Standort mit der Software-Version des *Kosmos Himmelsjahres* ermitteln. Dort stellt man nur einmalig die Koordinaten für seinen Standort ein und ermittelt dann mit dem „Tabellator" schnell und sicher die Auf- und Untergangszeiten von Sonne, Mond und Planeten.

Da durch den natürlichen Horizont (Häuser, Bäume, Berge etc.) die Auf- und Untergangszeiten ohnedies mit einem gewissen Spielraum zu versehen sind, kann man auf die Korrektur auch ganz verzichten, wenn man keine große Genauigkeit benötigt.

Die Sternzeit: Unser tägliches Leben richtet sich nach der Sonne, ebenso unsere bürgerliche Zeitrechnung. Auf unserer Armbanduhr lesen wir somit „Sonnenzeit" ab. Steht die Sonne im Süden, dann haben wir zwölf Uhr Mittag. Eine Stunde später ist es ein Uhr nachmittags, wieder eine Stunde später zwei Uhr nachmittags, usw. Die Sonnenzeit wird also am Stundenwinkel der Sonne gemessen.

Die Sonne steht jedoch nicht fest, sondern wandert im Laufe eines Jahres durch die Tierkreissternbilder. Um aber mit dem Fernrohr ein bestimmtes Gestirn zu finden, muss man die Stellung des Beobachters auf der Erde zu einer bestimmten Uhrzeit des Tages relativ zur Fixsternwelt kennen. Man braucht also einen „ruhenden" Punkt unter den Sternen. Dafür hat man den Frühlingspunkt ausgewählt. Er ist der Schnittpunkt der aufsteigenden Sonnenbahn mit dem Himmelsäquator. Im Frühlingspunkt steht die Sonne zu Frühlingsbeginn. Er ist auch der Nullpunkt der äquatorialen Himmelskoordinaten. Nimmt man statt der Sonne den unter den Fixsternen feststehenden Frühlingspunkt, so erhält man statt der Sonnen- die Sternzeit. Steht der Frühlingspunkt im Süden (Meridian), spricht man von 0^h Sternzeit, eine Stunde später von 1^h Sternzeit usw.

Es gilt: **Sternzeit = Stundenwinkel des Frühlingspunktes**.

Im Himmelsjahr ist die Sternzeit jeweils für 1^h MEZ (= 0^h Weltzeit) von zehn zu zehn Tagen für den Meridian von Greenwich (Nullmeridian) angegeben (siehe Tabelle auf Seite 256).

Die Tabelle auf Seite 260 erlaubt eine schnelle Bestimmung der Sternzeit zur abendlichen Beobachtungsstunde. Die Tabelle „Sternzeit" gibt die Sternzeit um 20^h MEZ (= 21^h MESZ) am Ortsmeridian 10° östlicher Länge für jeden Tag des Jahres an. Wozu dient die Sternzeit? Zunächst gibt sie an, wie der Fixsternhimmel relativ zum Beobachter steht. Um 0^h Sternzeit (SZ) sind beispielsweise Pegasus und Kassiopeia im Meridian zu finden, das Sommerdreieck hingegen im Westen, um 6^h SZ sind im Süden Orion und Sirius zu sehen, um 11^h SZ kulminiert der Löwe. Mit Hilfe der Sternzeit kann man sein Teleskop „nach Koordinaten" einstellen. Die Deklination wird direkt an einem Teilkreis eines parallaktisch montierten

Fernrohres abgelesen. Der andere Teilkreis ist der Stundenkreis. Um den Stundenwinkel eines Gestirns zu ermitteln, bilde man die Differenz Sternzeit minus Rektaszension des Gestirns, dann hat man den Stundenwinkel zum Beobachtungszeitpunkt und kann das Teleskop entsprechend einstellen.

Für die Bestimmung des Stundenwinkels eines Planeten kann man auch seine Kulminationszeit (Zeit des Meridiandurchganges) benutzen, wenn man keine Sternzeituhr zur Verfügung hat und sich die Berechnung der Sternzeit zum Beobachtungszeitpunkt ersparen will. Die Kulminationszeiten der Planeten und Kleinplaneten sind auf den Seiten 250 bis 254 angegeben. Die Kulminationszeit gilt für 10° östlicher Länge. Zunächst ist die Korrektur für die Längendifferenz des Beobachtungsortes anzubringen (siehe Seite 261, Spalte Zeitkorrektur gegen 10° östlicher Länge). Um diese so erhaltene Zeit geht der Planet durch den Meridian des Beobachters und hat somit den Stundenwinkel Null. Man bilde nun die Zeitdifferenz zwischen der Beobachtungszeit und der Zeit des Meridiandurchganges. Sie entspricht direkt dem Stundenwinkel (im Zeitmaß).

Geht beispielsweise der Planet Neptun am 31. Juli 2008 um 1^h27^m durch den Meridian, beobachtet man aber erst um 2^h36^m, dann beträgt der Stundenwinkel $t = 1^h09^m$. Erhält man einen negativen Wert, so bedeutet dies, dass das Objekt noch vor dem Meridiandurchgang steht, der Stundenwinkel also in Richtung Ost einzustellen ist.

Die Dynamische Zeit: In der Astronomie wird seit 1984 eine Dynamische Zeit verwendet, die die früher übliche Ephemeridenzeit abgelöst hat. Nähere Erläuterungen zu den Dynamischen Zeitskalen finden sich in dem Buch *Astrowissen* von H.-U. Keller, erschienen im Kosmos-Verlag, Stuttgart. Die genaue Differenz der Dynamischen Zeit (TT) zur Weltzeit (UT = Universal Time) kann erst im Nachhinein aus Beobachtungen der Gestirnspositionen bestimmt werden. Der extrapolierte Wert für das Jahr 2008 lautet: $\Delta T = +65$ Sekunden, wobei $\Delta T = TT - UT$ gilt. Die Weltzeit (UT) hinkt somit der Dynamischen Zeit (TT) um eine Minute nach.

Der beobachtende Sternfreund kann die TT unberücksichtigt lassen, wenn er nicht hohe Genauigkeitsansprüche hat. Wer jedoch die Angaben im *Kosmos Himmelsjahr* mit anderen Jahrbüchern vergleicht, muss beachten, dass alle Zeitangaben hier in MEZ = UT + 1^h und nicht in TT vermerkt sind.

Der Sonnenlauf

Die Bewegung der Sonne durch den Tierkreis ist zu Beginn jeder Monatsübersicht aus einer kleinen Grafik zu entnehmen. Die Grenzen der Sternbilder sind eingetragen sowie die wichtigsten Bahnpunkte der Sonne.

Die Tages- und Nachtstunden sowie Dämmerungslängen werden durch eine dreiteilige Zeichnung (Uhrensymbole) veranschaulicht. Diese soll einen groben und schnellen Überblick über die Länge der Tages- und Nachtzeit geben. Für die Dämmerungszeiten wurde die nautische Dämmerung (Sonne 12° unter dem Horizont) eingesetzt.

Die Tabelle „Sonnenlauf" gibt die Auf- und Untergangszeiten, Meridiandurchgang (Kulmination), Zeitgleichung und die Mittagshöhe der Sonne an sowie die äquatorialen Koordinaten Rektaszension und Deklination für 1^h MEZ jeweils von fünf zu fünf Tagen. Die Zeiten gelten exakt für einen zentralen Ort mit 10° östlicher Länge und 50° nördlicher Breite. Für diesen Ort gelten auch die Dämmerungszeiten. Angegeben ist jeweils der Beginn und das Ende der nautischen Dämmerung (Sonne 12° unter dem Horizont).

Die Sonnenhöhe zu Mittag ist in der Tabelle „Sonnenlauf" für 50° nördliche Breite angegeben. Für andere Breiten ist sie einfach zu ermitteln: 90° minus geografische Breite des Beobachters plus Sonnendeklination.

Beispiel: Wie hoch steht die Sonne am 10. Juni zu Mittag (Kulmination) in Düsseldorf (geografische Breite: +51°)? $90° - 51° + 23° = 62°$ (Im Winterhalbjahr die negativen Deklinationen der Sonne beachten!).

In der Grafik „Sonnenlauf" jeweils zu Monatsbeginn ist die scheinbare Sonnenbahn (Ekliptik) durch die Sternbilder des Tierkreises für den jeweiligen Monat eingezeichnet. Ferner sind die Eintritte der Sonne sowohl in die einzelnen Tierkreissternbilder als auch in die Tierkreiszeichen vermerkt sowie die Äquinoktien (Tagundnachtgleichen) und Solstitien (Sommer- und Winterbeginn).

Die Zeitgleichung: Die Sonnenzeit wird nach einer fiktiven „mittleren Sonne" gerechnet. Die wahre Sonne läuft nämlich ungleichförmig. So geht sie einmal vor, dann wieder nach. Die Differenz kann bis zu einer Viertelstunde plus oder minus betragen. Diese Differenz wird Zeitgleichung (ZGL) genannt. Sie ist definiert zu:

ZGL = Wahre Sonnenzeit minus Mittlere Sonnenzeit

Die Zeitgleichung und die Kulmination der wahren Sonne sind tabellarisch aufgeführt. Wer den Wert der Zeitgleichung berechnen will, ziehe von 12^h20^m die Kulminationszeit (angegeben in MEZ) ab. 12^h20^m ist nämlich die wahre Sonnenzeit der Kulmination für 10° östlicher Länge, bezogen auf den Zeitmeridian 15° östlicher Länge.

Beispiel: Wie groß ist die Zeitgleichung am 25. April? Kulminationszeit der wahren Sonne am 25. April: 12^h18^m MEZ. Also $12^h20^m - 12^h18^m = +2^m$. Das heißt, die wahre Sonne geht 2^m früher durch den Meridian (Kulmination) als die mittlere. Ein negativer Wert der Zeitgleichung bedeutet, die wahre Sonne geht nach der mittleren durch den Meridian.

Der Mondlauf

Auf- und Untergangszeiten (MEZ) gelten genau für **10° östlicher Länge und 50° nördlicher Breite** (siehe Zeitangaben). Ferner sind die Kulminationszeiten (Meridiandurchgänge) für 10° östliche Länge tabelliert.

Der Mond bewegt sich recht schnell durch den Tierkreis. Deshalb sind für jeden Tag des Jahres seine Koordinaten angegeben. Sie gelten jeweils für 1^h MEZ (= 0^h Weltzeit). Wem diese Zahlen nichts sagen, der findet in der Spalte „Sterne und Sternbilder" die Position des Mondes im Tierkreis vermerkt. Ein Sternchen (*) deutet auf eine **Sternbedeckung** hin.

Die Position des Mondes gilt wie erwähnt für 1^h MEZ. Wer also abends beobachtet, sollte die Stellung des Mondes im Tierkreis aus der Zeile des folgenden Tages entnehmen, denn der Mond läuft recht rasch. Nähere Angaben zu den **Sternbedeckungen** finden sich in der Tabelle „Sternbedeckungen durch den Mond" auf Seite 258. Die letzte Spalte enthält die Mondphasen sowie wichtige Punkte in der Bahn. Die Mondbahn ist rund 5° gegen die Ekliptik (scheinbare Sonnenbahn) geneigt. Aufsteigender Knoten bedeutet: Der Mond überschreitet die Ekliptik nach Norden; absteigender Knoten: Er wechselt wieder nach Süden. Größte Nordbreite: Der Mond steht am weitesten in nördlicher Richtung von der Ekliptik entfernt; analog dazu heißt größte Südbreite: Der Mond hat maximalen südlichen Abstand von der Ekliptik.

Im Tabellenteil findet man auf Seite 248 die Mondbahn relativ zur Ekliptik eingetragen. Wegen der Rückläufigkeit der Mondbahnknoten verläuft die Mondbahn unter den Sternen in jedem Jahr anders.

Die Libration: Bei größter Südbreite ist die Nordhalbkugel des Mondes uns ein wenig mehr zugekehrt, man spricht von maximaler Libration Nord; entsprechend sieht man bei größter Nordbreite mehr vom Südpolgebiet des Mondes.

Libration West: Westrand des Mondes, Libration Ost: Ostrand des Mondes ist uns zugekehrt (Astronomische Definition West–Ost, siehe auch *Astrowissen* von H.-U. Keller, Kapitel „Der Mond der Erde").

„Libration West" bedeutet, das Mare Crisium zeigt sich randfern, das Mare Smythii wird sichtbar. „Libration Ost" heißt, das Mare Crisium rückt an den Westrand, im Osten zeigt sich der Ringwall Grimaldi randfern und das Mare Orientale wird gut sichtbar.

Bei Erdnähe und Erdferne ist die Distanz des Mondes jeweils in tausend Kilometer vermerkt. Außerdem ist der scheinbare Monddurchmesser in Bogenminuten angegeben. Beispiel:

E.9 Die linke Zeichnung zeigt die Erdbahn und die Bahn eines äußeren Planeten. Bei O steht der Planet in Opposition, bei K in Konjunktion. Auf der rechten Seite der Abbildung sind die Erdbahn und die Bahn eines inneren Planeten dargestellt. Bei u.K. steht der Planet in unterer, bei o.K. in oberer Konjunktion mit der Sonne. Bei gr. E. steht er in größter Elongation (Winkel grau gerastert).

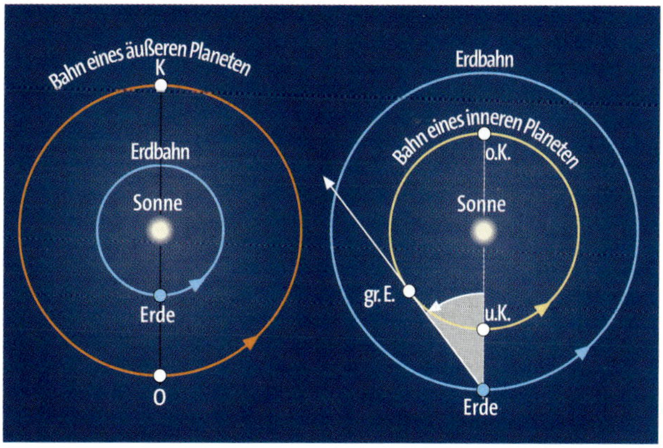

10. März 2008 – Erdnähe 366/32,6 bedeutet: Der Mond ist 366 000 Kilometer von der Erde entfernt und erscheint 32,6 Bogenminuten groß.

Der Planetenlauf

Planeten sind Geschwister der Erde. Sie laufen gemeinsam mit ihr um die Sonne. Je näher ein Planet der Sonne steht, desto schneller wandert er um sie. Wir beobachten die Planeten nicht von einem ruhenden Punkt aus, sondern vom Raumschiff Erde, das ständig in Bewegung ist. Deshalb erscheinen uns von der Erde aus (geozentrisch) die Bewegungen der Planeten vor dem Hintergrund der fernen Fixsterne – dem Muster der Sternbilder also – recht kompliziert. Überholt die Erde einen weiter außen laufenden Planeten, so scheint er einige Wochen lang zurückzubleiben, er ist „rückläufig", wie die Astronomen zu sagen pflegen. Anschließend bewegt er sich wieder in der ursprünglichen Richtung wie die Sonne, nämlich von West nach Ost, er ist wieder „rechtläufig". Durch diesen Bewegungswechsel bildet die Bahn des Planeten eine Schleife.

Ob ein Planet am Himmel zu sehen ist, hängt von der gegenseitigen Stellung von Sonne und Planet ab. Steht ein äußerer Planet von der Erde aus gesehen hinter der Sonne, Planet – Sonne – Erde bilden also eine Linie, so ist er nicht beobachtbar (Abb. E.9). Da er in Sonnenrichtung steht, geht er mit der Sonne auf und unter, bleibt somit nachts unter dem Horizont verborgen. Diese Konstellation heißt Konjunktion.

Steht der Planet von der Erde aus gesehen der Sonne gegenüber, also in der Reihenfolge Sonne – Erde – Planet (Abb. E.9), so spricht man von Opposition oder Gegenschein. Der Planet ist die ganze Nacht über zu sehen, da er mit Sonnenuntergang aufgeht und morgens mit Sonnenaufgang unter dem Westhorizont verschwindet. Bilden Sonne – Erde – Planet ein rechtwinkliges Dreieck, so spricht man von einer Quadratur.

Die inneren Planeten Merkur und Venus können, wie leicht zu sehen, niemals in Oppositionsstellung kommen. Dafür unterscheidet man bei ihnen zwischen oberer und unterer Konjunktion (Abb. E.9, oben). In diesen beiden Stellungen bleibt der Planet unsichtbar. Nur wenn der Planet westlich oder östlich der Sonne „in Elongation" steht, kann er gesehen werden. Steht Venus in östlicher Elongation, so geht sie erst nach Sonnenuntergang unter, sie ist dann Abendstern. Steht sie in westlicher Elongation, so geht sie vor der Sonne auf und ist am Morgenhimmel zu sehen.

Ähnliches gilt für Merkur. Die größte Elongation (Winkelabstand von der Sonne) kann für die Venus 48° betragen, für den sonnennäheren Merkur aber nur 28°. Merkur ist daher schwierig zu beobachten – entweder abends kurz nach Sonnenuntergang tief im Westen oder kurz vor Sonnenaufgang tief am Osthimmel. Die Sichtbarkeiten der Planeten hängen

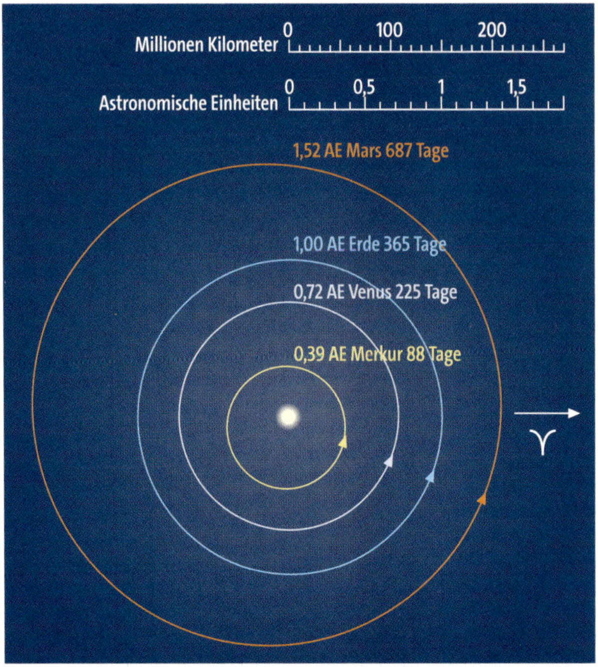

E.10 Die Bahnen der inneren Planeten um die Sonne (1 AE = 1 Astronomische Einheit = 149,6 Millionen Kilometer). Der Pfeil deutet die Richtung zum Frühlingspunkt an (Symbol: ♈).

nicht nur von den geometrischen Verhältnissen (Stellung des Planeten und der Sonne), sondern auch von meteorologischen Gegebenheiten ab. Eine starke Dunstglocke, hohe Luftfeuchtigkeit (Nebel) oder irdisches Streulicht (Neonreklame, Autoscheinwerfer, Lichtdom eines Stadions) beeinträchtigen die Beobachtung.

Aufgrund langjähriger Erfahrungen sind die Sichtbarkeitszeiten im *Kosmos Himmelsjahr* vermerkt. Je nach Beobachtungsort (stadtnah oder stadtfern) und Witterung sind die angegebenen Termine um wenige Tage zu verschieben. Jeder Beobachter wird hier seine eigenen, ganz persönlichen Erfahrungen machen. Eine Grafik vor der Rubrik „Planetenlauf" ermöglicht einen schnellen Überblick, welche Planeten am Abend, die ganze Nacht über, am Morgen oder gar nicht zu sehen sind. Eine grafische Jahresübersicht

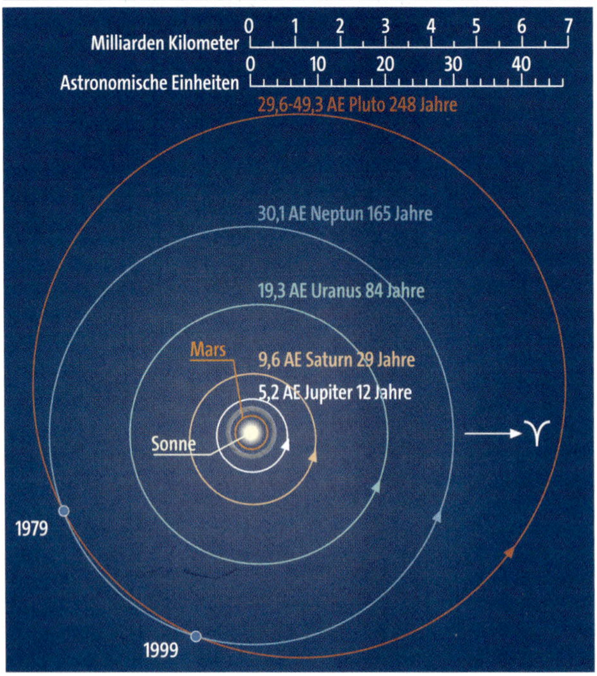

E.11 Die Bahnen der äußeren Planeten. Zwischen der Marsbahn und der Jupiterbahn laufen abertausende Kleinplaneten (Planetoiden) um die Sonne. Wegen seiner stark exzentrischen Bahn war Pluto von 1979 bis Anfang Februar 1999 der Sonne näher als Neptun.

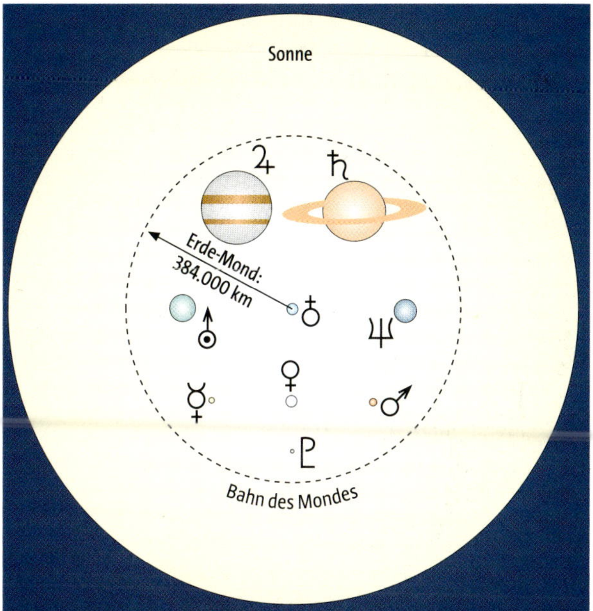

☉ Sonne	ø	1.392.000 km		♃ Jupiter	ø	142.796 km
☿ Merkur	ø	4.878 km		♄ Saturn	ø	120.536 km
♀ Venus	ø	12.104 km		♅ Uranus	ø	51.118 km
♁ Erde	ø	12.756 km		♆ Neptun	ø	49.424 km
♂ Mars	ø	6.794 km		♇ Pluto	ø	2.300 km

E.12 Größenverhältnisse der Planeten und der Mondbahn im Vergleich zur Sonne. Darunter sind die astronomischen Symbole der Planeten vermerkt, die auch in den monatlichen Sternkarten des Himmelsjahres die Orte der betreffenden Planeten markieren.

der Stellung, Größe, Helligkeit und Sichtbarkeit der Planeten findet sich auf den Seiten 246.

Die großen Planeten

Merkur: Sonnennächster Planet, zwischen $+3^{m}$ und $-1^{m},5$ hell; schwer zu beobachten, da nur kurze Sichtbarkeitsperioden und stets horizontnahe Stellung; chromgelbes Licht.
Venus: Nach Sonne und Mond hellstes Gestirn, oft als Abend- bzw. Morgenstern bezeichnet. Helligkeiten von $-3^{m},9$ bis $-4^{m},7$; strahlend weißes Licht; entweder abends am Westhimmel oder morgens in der östlichen Himmelshemisphäre zu sehen.
Mars: Äußerer Nachbarplanet der Erde, auffallend seine rötliche Farbe (der rote Planet); sehr unterschiedliche Helligkeiten, nämlich von $+1^{m},8$ bis $-2^{m},9$.
Jupiter: Der größte aller Planeten, ein auffallend heller Planet, daher kaum zu übersehen; Helligkeit von $-1^{m},7$ bis $-2^{m},9$, weißlichgelbes Licht.
Saturn: Der sonnenfernste mit freiem Auge noch sichtbare Planet strahlt in einem fahlen Licht zwischen $+1^{m},3$ und 0^{m}, in Ausnahmefällen bis $-0^{m},5$. Den berühmten Ring kann man mit einem Fernrohr ab etwa 30facher Vergrößerung erkennen.
Uranus: Ist theoretisch mit bloßem Auge gerade noch erkennbar (Oppositionshelligkeit $5^{m},5$). Wohlgemerkt „theoretisch", es empfiehlt sich auf alle Fälle ein gutes Fernglas, um Uranus zu finden! Farbe: grünlich. Die im März 1977 entdeckten Ringe sind jedoch selbst in großen Fernrohren nicht zu sehen.
Neptun: Sonnenfernster Planet, Helligkeit um $7^{m},9$; zeigt im Fernrohr ein winziges, grünblaues Scheibchen.
Pluto: Seit IAU-Beschluss vom August 2006 als Zwergplanet eingestuft, ist recht lichtschwach, Helligkeit: 14^{m}. Nur gutausgerüstete Amateurastronomen können ihn beobachten.

Die Angaben der scheinbaren Helligkeiten der Planeten sind – wie international üblich – V-Helligkeiten (nach dem UBV-System von Johnson). Die früher gebräuchlichen „visuellen" (m_{vis}) Helligkeiten sind um durchschnittlich $0^{m},2$ geringer. Man beachte, dass manche Quellen noch die veralteten Werte bringen.

Kleinplaneten

Außer den acht großen Planeten schwirren noch tausende kleiner und kleinster Planeten (Planetoiden oder Asteroiden) um die Sonne. Der erste wurde in der Neujahrsnacht des Jahres 1801 von Giuseppe Piazzi in Palermo entdeckt und auf den Namen Ceres getauft.

Heute sind über hunderttausend Planetoiden katalogisiert. Die meisten bewegen sich zwischen Mars und Jupiter um die Sonne. Einige haben jedoch sehr langgestreckte Bahnen, die die Bahnen anderer Planeten kreuzen. Sie können auch der Erde recht nahe kommen.

Einige Planetoiden, die im Jahre 2008 heller als 9^m werden, sind in der Rubrik „Planetenlauf" verzeichnet, und zwar: Ceres (1), Vesta (4), Hebe (6), Metis (9) und Eunomia (15).

Im Abschnitt „Ephemeriden hellerer Kleinplaneten 2008" (Seite 254) sind ihre Koordinaten und Kulminationszeiten angegeben.

Die Monde der Planeten

Die beiden winzigen Marsmonde, die zahlreichen Uranusmonde, die Neptunmonde und der Plutomond sind so lichtschwach, dass sie nicht mit den bescheidenen optischen Hilfsmitteln der Sternfreunde zu beobachten sind. Deshalb sind sie hier nicht aufgeführt.

Jupiter: Die vier hellsten Monde sind schon in kleinen Teleskopen leicht zu sehen: I Io, II Europa, III Ganymed, IV Kallisto. In den Monaten, in denen Jupiter zu beobachten ist, findet man eine Grafik, aus der die Positionen der Jupitermonde im umkehrenden Fernrohr ersichtlich sind. Sie soll den Benutzer die gegenseitigen Stellungen und die Bewegungsabläufe der Jupitermonde erkennen lassen. Die waagerechten Linien in der Grafik beziehen sich auf 1^h MEZ des jeweiligen Datums, das links angegeben ist. Die Schnittpunkte der waagerechten Linien mit den Kurven der Jupitermonde geben somit deren Positionen jeweils um 1^h MEZ an.

Am unteren Rand jeder Grafik findet man eine Darstellung der Jupitermondbahnen relativ zum Beobachter.

Erscheinungen der Jupitermonde sind für den Fernrohrbesitzer überaus reizvoll zu beobachten. Man sieht Bedeckungen, Verfinsterungen, Durchgänge und Schattenwürfe der Monde des Riesenplaneten auf Jupiter selbst. Sofern diese Ereignisse von Mitteleuropa aus beobachtbar sind, findet man sie in der Rubrik „Jupitermonderscheinungen" verzeichnet. Es gelten folgende Abkürzungen:

B = Bedeckung, Mond verschwindet hinter der Jupiterscheibe
D = Durchgang, Mond geht vor der Planetenscheibe vorbei
S = Schattendurchgang, Mond wirft seinen Schatten auf Jupiter
V = Verfinsterung, Mond wird vom Jupiterschatten getroffen
A = Anfang der Erscheinung
E = Ende der Erscheinung
I: Io, II: Europa, III: Ganymed, IV: Kallisto.

Beispiel: Mai: 22. 2 30 II SA bedeutet: Am 22. Mai um 2^h30^m MEZ beginnt der Schatten von Mond II (Europa) über die Jupiterkugel zu wandern.

Saturn: Schon mit einem guten Fernglas ist der Riesenmond Titan zu erkennen. Mit Fernrohren sind auch die Monde Rhea, Dione und Tethys sowie Japetus in westlicher Elongation (er ist dann rund 2^m heller) zugänglich. Für die Monate, in denen Saturn einigermaßen zu beobachten ist, findet man jeweils eine Graphik, aus der die Stellungen und die Bewegungsabläufe der Saturnmonde Tethys, Dione, Rhea, Titan und Japetus zu entnehmen sind. Die Bahnlagen der Saturnmonde relativ zum Beobachter sind unter jeder Graphik abgebildet.

Sternschnuppen

Sternschnuppen, die in Strömen periodisch auftreten, sind in den Monatsübersichten angegeben. Bei den verzeichneten Daten, vor allem, was die Häufigkeit betrifft, ist mit erheblichen Abweichungen zu rechnen.

Die in vorliegendem Jahrbuch verwendeten Daten stammen von der International Meteor Organization (IMO) und werden jährlich aktualisiert.

Die Meteorrate bezieht sich auf den Idealfall, dass der Radiant im Zenit steht. Vor allem bei horizontnahen Radianten ist die pro Stunde zu beobachtende Sternschnuppenzahl erheblich geringer. Die systematische Beobachtung heller Meteore ist auch heute noch ein dankbares Aufgabengebiet für den Amateurastronomen.

Konstellationen und Ereignisse

Diese monatliche Tabelle weist auf Konjunktionen (Begegnungen) zwischen den großen Planeten mit Sonne und Mond sowie auf alle Oppositionen zur Sonne und die größten Elongationen der inneren Planeten hin. Auch Perihel- (Sonnennähe) und Aphelstellungen (Sonnenferne) der Planeten sind angegeben.

Sind Begegnungen des Mondes mit Planeten prinzipiell beobachtbar, so sind die Winkeldistanzen topozentrisch (für +50° Breite) angegeben und durch **Fettdruck** hervorgehoben.

Für die übrigen Konjunktionen sind die Abstandsangaben geozentrische Werte (Normaldruck). Denn durch die relative Erdnähe des Mondes ergibt sich eine große Parallaxe, das heißt, der Winkelabstand des Mondes von einem Planeten kann bis etwa 1° differieren zwischen einem (fiktiven) Beobachter im Erdmittelpunkt (geozentrisch) und einem Beobachter auf der Erdoberfläche (topozentrisch). Ferner sind wichtige Ereignisse durch **Fettdruck** hervorgehoben.

Fixsternhimmel

Da die Sonne täglich um rund 1° unter den Sternen nach Osten vorrückt, ändert sich der Anblick des Himmels im Laufe eines Jahres. Genauer: Täglich durchschreiten die Fixsterne den Meridian vier Minuten früher als am Vortag. In 30 Tagen, also einem Monat, macht das schon zwei Stunden! Mitte Dezember steht das Sternbild Orion gegen Mitternacht im Süden, Mitte Januar schon um 22 Uhr, und Mitte Februar geht Orion um 20 Uhr durch den Meridian. Dadurch ändert sich zur gleichen Beobachtungsstunde die Himmelsszene mit dem Datum. Nach einem Monat ist der Anblick noch nicht allzu verschieden vom Vormonat, aber nach einem Vierteljahr (sechs Stunden!) hat sich die Szenerie völlig umgestellt. Man spricht daher von einem Frühlings-, Sommer-, Herbst- und Wintersternhimmel. Gemeint ist der Anblick des Fixsternhimmels in den Abendstunden der jeweiligen Jahreszeit.

Alle drei Monate, nämlich im Januar, April, Juli und Oktober ist daher im *Kosmos Himmelsjahr* der abendliche Fixsternhimmel ausführlich beschrieben. In den dazwischen liegenden Monaten wird jeweils ein Sternbild vorgestellt beziehungsweise werden lohnende Objekte für Feldstecher und Fernrohrbeobachter empfohlen. Im Laufe der Jahre kommt auf diese Weise eine umfangreiche Beschreibung der Sternbilder in Sage und Wissenschaft zusammen.

Die Monatssternkarte dient der schnellen Orientierung. Sie zeigt den beobachtbaren Himmelsausschnitt für 50° nördlicher Breite zur Standardbeobachtungszeit (am Monatsersten um 23^h MEZ, am 15. um 22^h MEZ). Ebenfalls in die Monatssternkarten eingetragen sind die fünf hellen Planeten (Merkur bis Saturn), sofern sie zur Monatsmitte um 22^h MEZ über dem Horizont stehen. Zum Rand hin erscheint die Sternkarte aufgehellt, es werden damit die Extinktion und die durch künstliche Lichtquellen fast immer aufgehellten Horizonte nachempfunden.

Die monatlichen Sternkarten können auch zur Beobachtung am Morgenhimmel herangezogen werden. Unter jeder Sternkarte finden sich die entsprechenden Datums- und Uhrzeitangaben. Man beachte noch, dass für andere Monate der Planetenstand nicht aktuell ist. Diese entnehme man dann der monatlichen Grafik „Planetenlauf".

Monatsthemen

Hier wird monatlich ein Kapitel aus der Himmelskunde kurz und bündig dargestellt, zum leichteren und allmählichen

Eindringen in die Wissenschaft von den Sternen.

Auch über neue Forschungsergebnisse aus der Astronomie wird berichtet.

Wer ältere Jahrgänge des *Kosmos Himmelsjahres* besitzt, möchte gelegentlich in einem Monatsthema der letzten Jahre nachsehen. Deshalb ist im *Kosmos Himmelsjahr 2001* auf Seite 249 ein Verzeichnis der Monatsthemen 1990–2000 und im *Kosmos Himmelsjahr 1989* auf Seite 193 ein Verzeichnis der Monatsthemen 1982–1989 abgedruckt.

Tabellen und Ephemeriden

Für den fortgeschrittenen Amateurastronomen sind im Anhang wichtige Beobachtungsgrundlagen vermerkt:

Auf Seite 248 findet man die **ekliptikalen Koordinaten** des Mondes, der Sonne und der großen Planeten von Merkur bis Saturn.

Die **äquatorialen Koordinaten** der Planeten und Kleinplaneten sind für das Äquinoktium J2000.0 angegeben, damit man sie leichter in vorhandene Sternkarten einzeichnen kann. Die Aufsuchkärtchen gelten ebenfalls für J2000.0.

Ferner sind Kulminationszeiten sowie die Auf- bzw. Untergangszeiten, Scheibchendurchmesser in Bogensekunden und beleuchteter Teil der Planetenscheibchen vermerkt. Bei Saturn ist noch die Ringöffnung zur Erde und zur Sonne sowie die scheinbare Ausdehnung der großen und der kleinen Ringachse angegeben.

Für Sonne, Mars und Jupiter (System I und II) sind die **Zentralmeridiane** (Meridiane durch den Scheibenmittelpunkt) jeweils für 1^h MEZ vermerkt. Ferner gibt die Sonnenephemeride die Entfernung der Sonne von der Erde in AE an sowie ihren scheinbaren Durchmesser, die Achsenlage und die Sternzeit.

Sternbedeckungen durch den Mond sind für Berlin, Dresden, Hamburg, Hannover, Düsseldorf, Frankfurt (Main), Leipzig, München, Nürnberg, Stuttgart, Wien und Zürich angegeben. Aus Platzersparnisgründen ist jeweils nur ein Positionswinkel angegeben, der lediglich dem leichteren Aufsuchen des zu bedeckenden Sternes dienen soll. In den Monatsübersichten wird unter der Rubrik „Mondlauf" in der Spalte „Sterne und Sternbilder" durch ein Sternchen (*) auf eine Sternbedeckung hingewiesen.

Veränderliche Sterne sind im Anschluss an die Fixsternmonatsübersichten aufgeführt. Für Algol (β Persei) und β Lyrae findet der Sternfreund jeweils die Minima-Zeiten, für δ Cephei die Lichtmaxima und für den langperiodischen Veränderlichen Mira (ο Ceti) den jeweiligen Helligkeitszustand. Die Aufsuchkärtchen findet man auf der hinteren Umschlagklappe. Bei den Minima-Angaben für Algol ist die Lichtzeitkorrektur (heliozentrisch auf geozentrisch) berücksichtigt.

Eine **Sternzeittafel** soll die rasche Bestimmung der Sternzeit zur abendlichen Beobachtungsstunde ermöglichen. Die Sternzeit für 1^h MEZ, bezogen auf den Meridian von Greenwich (Nullmeridian), findet man in der Tabelle „Ephemeride der Sonnenscheibe" (letzte Spalte).

Das **Julianische Datum** ist jeweils für den Monatsersten in

Das griechische Alphabet

A	α	Alpha	a	Η	η	Eta	e	Ν	ν	Nü	n	Τ	τ	Tau	t
Β	β	Beta	b	Θ	ϑ	Theta	th	Ξ	ξ	Xi	x	Υ	υ	Ypsilon	y
Γ	γ	Gamma	g	Ι	ι	Jota	i, j	Ο	ο	Omikron	o	Φ	φ	Phi	ph
Δ	δ	Delta	d	Κ	κ	Kappa	k	Π	π	Pi	p	Χ	χ	Chi	ch
Ε	ε	Epsilon	e	Λ	λ	Lambda	l	Ρ	ϱ	Rho	r	Ψ	ψ	Psi	ps
Ζ	ζ	Zeta	z	Μ	μ	Mü	m	Σ	σ	ς Sigma	s	Ω	ω	Omega	o

der Rubrik „Sonnenlauf" angegeben. Das Julianische Datum stellt eine fortlaufende Tageszählung dar, die mit dem 1. Januar des Jahres −4712 (= 4713 v. Chr.) beginnt.

Im Anhang finden sich zwei **Verzeichnisse astronomischer Institutionen**. Im Verzeichnis „Astronomische Institute, Planetarien und Sternwarten" findet man die professionellen Einrichtungen im deutschen Sprachraum.

Das Verzeichnis „Amateurastronomische Vereinigungen, Beobachtungsstationen und Privatsternwarten" enthält astronomische Vereine, Schulsternwarten sowie ehrenamtlich betriebene Sternwarten mit Publikumsverkehr. Dieses Verzeichnis soll dem Leser den Kontakt zu Gleichgesinnten erleichtern und die eigene Beobachtungstätigkeit fördern. Das Verzeichnis erhebt keinen Anspruch auf Vollständigkeit. Weitere Adressen nimmt der Herausgeber gerne auf (Anschrift siehe Seite 298).

Abbildungen

Zahlreiche Abbildungen sollen der Anschaulichkeit, dem besseren Verständnis und für die Beobachtung dienen. Viele Abbildungen sind irgendwo im Text eingestreut, werden jedoch nicht nur in einem bestimmten Monat, sondern häufiger benötigt – z. B. Sternkarten mit eingezeichnetem Planetenlauf oder Aufsuchkärtchen. Um eine gewünschte Abbildung schneller zu finden, sind die Abbildungen nicht fortlaufend durchnumeriert, sondern kapitelweise. E. steht dabei für diesen Erläuterungsteil, F. – Finsternisse, 1. für die Monatsübersicht Januar, 2. für Februar usw., T. für den Tabellenteil. Beispiele: E.3 ist die dritte Abbildung im Erläuterungsteil, 1.1 die erste im Monatskapitel Januar, 5.3 die dritte im Mai, T.5 die fünfte im Tabellenteil. Auf Seite 4 findet sich ferner ein Verzeichnis wichtiger Abbildungen und Tabellen für ein schnelles Auffinden gewünschter Grafiken und Zahlenwerte.

Kalenderzyklen

Sonnenzirkel: Ordnungszahl (1 bis 28) im Zeitintervall von 28 Jahren, nach dem die Wochentage wieder auf dieselben Daten (dieselben Monatstage) fallen. Da es sieben Wochentage gibt, aber jedes 4. Jahr ein Schaltjahr ist, so fallen nach $7 \times 4 = 28$ Jahren die Wochentage wieder auf dieselben Monatstage. Der Sonnenzirkel gibt an, welcher Sonntagsbuchstabe im betreffenden Jahr gilt.

Sonntagsbuchstabe: Gibt im ewigen Kalender den Tag des ersten Sonntags im Jahr an. In Schaltjahren gelten zwei Sonntagsbuchstaben (der zweite ist ab dem 1. März zu benutzen).

1. Januar A	5. Januar E
2. Januar B	6. Januar F
3. Januar C	7. Januar G
4. Januar D	

Epakte: Gibt das Mondalter vermindert um 1 zu Beginn des Kalenderjahres an, also die Zahl der Tage, die am 31. Dezember des Vorjahres seit dem letzten Neumondtermin verflossen sind (1–29). Für Neumond am 31. Dezember steht meist ein * statt 0. Die Epakte spielt eine Rolle bei der Festlegung des Ostertermins.

Goldene Zahl: Lateinisch Numerus Aureus oder auch Mondzirkel genannt, ist die Ordnungszahl (I bis XIX) der Jahre im Metonschen Mondzyklus. Da 235 Lunationen (synodische Monate) ziemlich genau 19 Jahren entsprechen, fallen nach 19 Jahren die Mondphasen (nahezu) auf dieselben Tage im Sonnenjahr. Die Goldene Zahl diente im Julianischen Kalender zur Bestimmung des Ostertermins. Im Gregorianischen Kalender ist sie durch die Epakte ersetzt. Die Goldene Zahl wird in römischen Ziffern geschrieben, um eine Verwechslung mit dem Sonnenzirkel auszuschließen.

Indiktion (Römerzinszahl): Zyklus von 15 Jahren im Besteuerungssystem des Römischen Reiches, das von Kaiser Augustus eingeführt wurde. Der Start (Epoche) des Zyklus erfolgte im Jahr 3 v. Chr. Heute dient die Indiktion (von lat.: indictio = Ankündigung) nur noch als chronologische Prüfzahl für das laufende Jahr. Die Indiktion läuft von 1 bis 15.

Jahresregent: Gehört traditionsgemäß ebenfalls zu den Kalenderzyklen, hat aber keine chronologische Bedeutung mehr.

Aus kulturhistorischen Gründen und da er in der Numismatik eine gewisse Rolle spielt sowie schlicht der Vollständigkeit halber ist er in der Rubrik Kalenderzyklen mit aufgeführt. Jahresregent können sein: Sonne, Mond, Merkur, Venus, Mars, Jupiter und Saturn, also die klassischen sieben „Planeten" des Ptolemäischen Weltsystems.

Weiterführende Literatur:

Erklärung astronomischer Fachbegriffe:
H.-U. Keller, *Wörterbuch der Astronomie* (2005)

Einführung in die Astronomie:
H.-U. Keller, *Astrowissen*, 3. Auflage (2004)

Sternkarten für eigene Beobachtungen:
E. Karkoschka, *Atlas für Himmelsbeobachter*, 4. Auflage (2004)

Alle drei Bücher sind im KOSMOS-Verlag erschienen.

Astronomie im Internet:
www.astronomie.de
www.sternwarte.de
mit zahlreichen Links zu astronomischen Themen.

Impressum

Umschlaggestaltung von eStudio Calamar unter Verwendung einer Illustration von Gunther Schulz.

Mit 43 Farb- und Schwarzweißfotos, 206 vierfarbigen Illustrationen von Gerhard Weiland, 5 historischen Sternkarten (Archiv Kosmos Verlag) sowie 12 Monatssternkarten von Wil Tirion.

Gedruckt auf chlorfrei gebleichtem Papier

Unser gesamtes lieferbares Programm und viele weitere Informationen zu unseren Büchern, Spielen, Experimentierkästen, DVDs, Autoren und Aktivitäten finden Sie unter **www.kosmos.de**

ISSN: 1438-3306
ISBN: 978-3-440-11021-8
Redaktion: Sven Melchert
Produktion: Siegfried Fischer
Printed in Germany/Imprimé en Allemagne

Anschrift des Herausgebers:
Prof. Dr. Hans-Ulrich Keller
Planetarium Stuttgart
Mittlerer Schlossgarten
D-70173 Stuttgart

Das Universum entdecken

€ 49,90

Mark A. Garlick
Der große Atlas des Universums
304 Seiten
ISBN 978-3-440-10553-5
€/D 49,90
€/A 51,30; sFr 86,–

Spektakuläre Fotos, dreidimensional wirkende Illustrationen, detaillierte Karten der Planeten und des Sternenhimmels – eine fantastische Darstellung unseres Universums! Das ganze Weltall auf über 300 Seiten. Mit CD-ROM „3D-Atlas des Universums"!

€ 29,90

Johannes V. Feitzinger
Galaxien und Kosmologie
224 Seiten
ISBN 978-3-440-10490-3
€/D 29,90
€/A 30,80; sFr 53,–

Ein umfassender Einblick in das aktuelle Wissen vom Aufbau und der Entstehung von Galaxien sowie der Evolution des gesamten Universums. Mit Antworten auf Fragen wie: Was sind Quasare? Wie alt ist das Universum? Warum zeigen Galaxien Spiralmuster?

Spektakuläre Aussichten

€ 34,90

Hermann-Michael Hahn
Outer Space
224 Seiten
ISBN 978-3-440-09166-1
€/D 34,90
€/A 35,90; sFr 62,–

Ein faszinierendes Porträt unseres Sonnensystems in Bildern und Texten. Prachtvolle Fotos bis hin zu den jüngsten Missionen zeigen die fremden Welten unserer Nachbarplaneten und der Sonne aus nächster Nähe. Mit großen Panorama-Fotos zum Ausklappen!

€ 19,95

Dieter B. Herrmann
Die große Kosmos Himmelskunde
208 Seiten
ISBN 978-3-440-10928-1
€/D 19,95
€/A 20,60; sFr 36,90

Warum hat Saturn einen Ring und woher kommen die Kometen? Die Kosmos Himmelskunde führt leicht verständlich durch die faszinierende Welt der Astronomie. Extra: DVD mit Videofilmen und Animationen!

Rudolf Kippenhahn

Kippenhahns Sternstunden

192 Seiten
ISBN 978-3-440-10424-8
€/D 14,95
€/A 15,40; sFr 27,90

Kurioses und Spannendes aus dem Universum weiß Rudolf Kippenhahn auf eine Weise zu berichten, als wäre die Astronomie die einfachste Sache der Welt. Seine Plauderstündchen in Buchform sind vergnüglich und informativ!

€ 14,95

Hansjürg Geiger

Auf der Suche nach Leben im Weltall

368 Seiten
ISBN 978-3-440-10504-7
€/D 19,95
€/A 20,60; sFr 36,90

Wie entsteht Leben, welche Voraussetzungen müssen erfüllt sein, wie kann man danach suchen? Hansjürg Geiger vermittelt einen einzigartigen Überblick – für jeden verständlich und mit verblüffenden Erkenntnissen.

€ 19,95

Für bewölkte Nächte ...

Jürgen Hamel

Meilensteine der Astronomie

288 Seiten
ISBN 978-3-440-10179-7
€/D 19,95
€/A 20,60; sFr 36,90

Von Großen und Gelehrten. Eine spannende Erzählung von den großen Entdeckungen und berühmten Persönlichkeiten der Astronomie. Durch einen Blick hinter die historischen Kulissen erfährt man viel bislang Unbekanntes.

€ 19,95

Wettervogel/Molitor

Können Wetterfrösche irren?

160 Seiten
ISBN 978-3-440-10741-6
€/D 12,95
€/A 13,40; sFr 24,90

Spannender Lesegenuss: verblüffende Phänomene aus dem Reich von Wolken, Wind und Wetter. Ob Bauernregeln oder vermeintliche Volksweisheiten – hier wird aufgeräumt mit liebgewonnenen Ansichten über das Wettergeschehen.

€ 12,95

KOSMOS

€ 9,95

Michael Vogel
Welcher Stern ist das?
256 Seiten
ISBN 978-3-440-10889-5
€/D 9,95
€/A 10,30; sFr 19,10

Alle Sterne und Sternbilder der Welt kennen lernen und sicher bestimmen! Mit KOSMOS-Digi-Guide für unterwegs – eine exklusive Auswahl der wichtigsten Sternbilder zum Download für Smartphone, PDA und MDA.

€ 9,95

Klaus M. Schittenhelm
Sterne finden – ganz einfach
96 Seiten
ISBN 978-3-440-10220-6
€/D 9,95
€/A 10,30; sFr 19,10

Ideal für Einsteiger – die 25 schönsten Sternbilder des Himmels schnell finden und immer wieder erkennen. Das gesuchte Sternbild ist in der Karte hervorgehoben und als Maßstab ist die Größe einer ausgestreckten Hand eingezeichnet.

Sterne und Sternbilder auf einen Blick

Hahn/Weiland
Sternkarte für Einsteiger
24 x 29,5 cm
ISBN 978-3-440-10613-6
€/D 7,95; €/A 8,20; sFr 15,30

Die beliebte Sternkarte für erste Himmelsspaziergänge! Mit übersichtlichem Kartenbild, das alle wichtigen Sternbilder zeigt, und ganz einfach zu handhaben ist. Auch für Kinder und Jugendliche!

€ 7,95

Teleskopsysteme
OSDV Göttker/Pietsch GmbH
Lohdieksweg 6
59457 Werl
Tel. ++49 (0) 29 22 / 910 90 - 64 & 65
Fax ++49 (0) 29 22 / 910 90 - 66
www.osdv.de
info@osdv.de
O.S.D.V.
Göttker/Pietsch GmbH
Losmandy
Montierung
Titan/G11/GM8
Celestron
Teleskope & Zubehör
CGE1400/ CGE1100
Tele Vue
Teleskope & Zubehör
NP101/NP127
Losmandy
Montageplatten
Rohrschellen
DIE GANZE WELT
DER
ASTRONOMIE
Hochwertige Weitwinkelokulare von
Tele Vue
Meade
Teleskope & Zubehör
JMI
Teleskope & Zubehör
Weitwinkelokulare von
Vixen
Sphinx
Montierung
SolarScope
H-Alpha-Filter
Vixen
Teleskope & Zubehör